就在一場混亂即將爆發之前：蘿拉・菲利普斯、大衛・托密歐和伊恩・史登豪斯正躺在苔原上休息，對一隻正在接近的灰熊毫不知情。

德納利國家公園面積達六百萬英畝，境內有著北美洲最高的山峰，同時也是超過一百六十種鳥類的家，其中有許多會遷徙到南美洲北部、東非和東南亞等遙遠的度冬地。

在阿拉斯加內陸進行鳥類研究時，必須時時注意灰熊（以及駝鹿，牠們和熊幾乎差不多危險）的出沒。

琵嘴鷸雄鳥正在俄羅斯遠東的苔原上不斷鳴叫，牠是全球僅存數百隻的一員，剛從黃海飛來此地。（©GERRIT VYN/CORNELL）

成千上萬隻紅胸濱鷸、黑腹濱鷸等水鳥在東凌（位於上海北方不遠處）鋼板似的泥灘上盤旋，牠們只是每年八百萬隻仰賴黃海潮間帶遷徙的水鳥中的一小部分。

特尼斯．皮爾斯瑪和朱冰潤在渤海灣岸邊搜尋黑尾鷸，這是朱冰潤博士論文研究的物種。

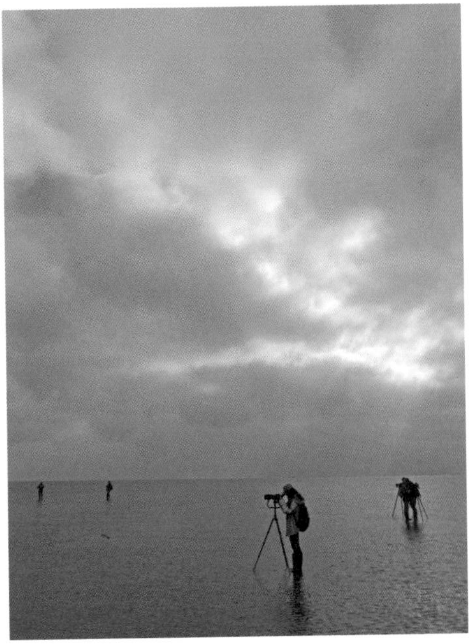

條子泥和中國黃海沿岸各地的泥灘充滿海洋無脊椎動物，牠們是遷徙性水鳥的大餐，退潮時這些泥灘會往大海延伸好幾英里。

李靜是為數不多的中國生態保育學家，她的研究顯示黃海泥灘對琵嘴鷸等十幾種長距離遷徙水鳥至關重要。

燃煤火力發電廠、風力發電機、養蝦場和車水馬龍的高速公路在黃海沿岸隨處可見，幾年前這些地方都還是豐饒的泥灘地。

這些小小的半蹼濱鷸每年秋天可以從芬迪灣直接飛到巴西，中間不必停歇。這一部分受益於牠們吃了富含奧米加三脂肪酸的無脊椎動物，就像運動員用了禁藥一樣。

大軍艦鳥每趟覓食可長達十天，期間幾乎完全不睡覺，長途飛行的候鳥也都有這種本事。圖中正在替雛鳥遮陽的是大軍艦鳥雄鳥，攝於加拉巴哥群島的赫諾韋薩島。

戴夫·布林克正在賓州炎熱的夏日中組裝一座 Motus 追蹤站的指向性天線。

金翅蟲森鶯是出乎研究人員意料的幾種鳥類之一，牠們在秋天開始遷徙的前幾週會轉移到截然不同的棲地，而我們對鳥類生活史中的這個時期仍所知甚少。

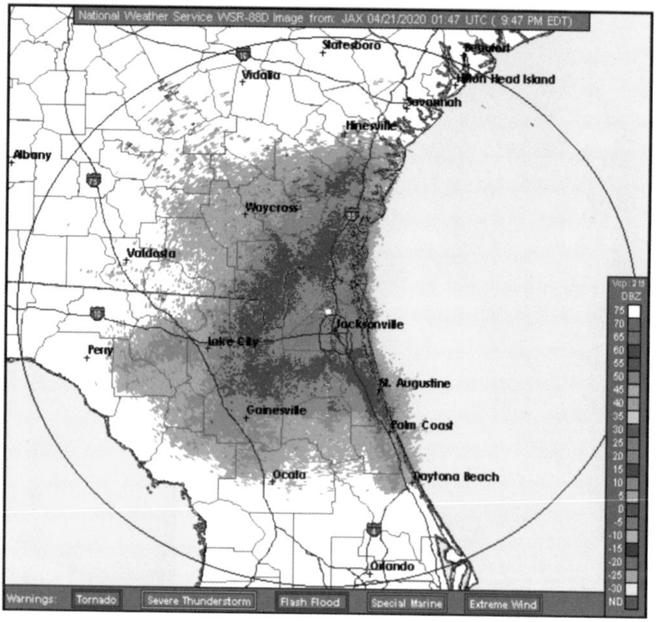

在四月一個溫暖的夜晚，都普勒雷達顯示了在佛羅里達的傑克孫維（Jacksonville）上方四散的藍綠色斑塊——這並不是雨水，而是數百萬隻正在前往北方的鳴禽在夜空中的雷達回波。需注意的是，不同於雨水，這些鳥並沒有在大西洋上空迷失方向。（國家氣象局）

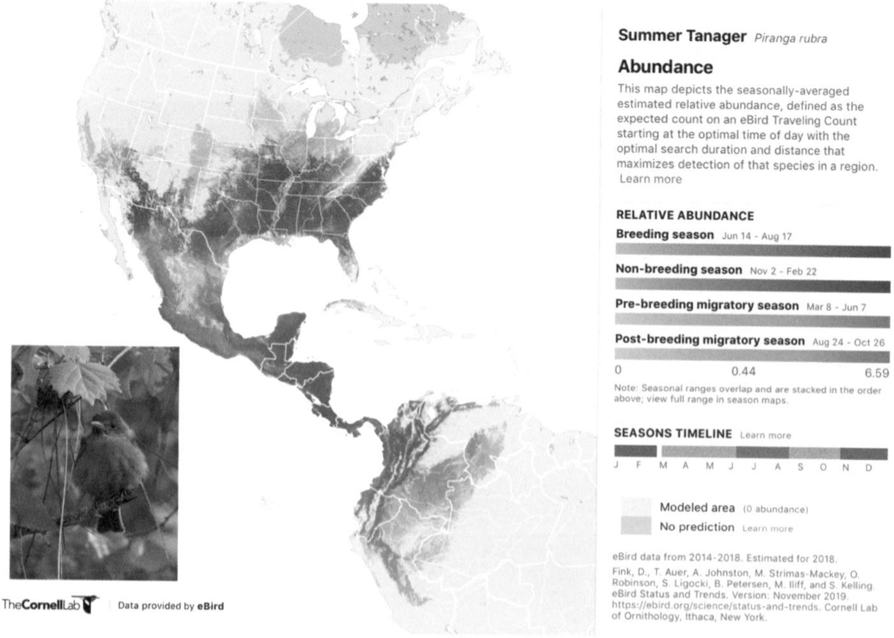

建立在賞鳥人的數億筆觀察數據上的 eBird，已被證明是至今為止用於了解鳥類豐度與遷徙行為最強大的工具之一，比如這張地圖，顯示了夏日唐納雀的年度分布情形。（地圖：eBird／康乃爾鳥類學實驗室）

納森·庫柏跟隨著微型標記發報出的嗶嗶聲。訊號透露出在巴哈馬卡特島上一處茂密的灌木叢中，一隻稀有的黑紋背林鶯的位置。

一隻嘴裡叼著毛毛蟲的公黑紋背林鶯正準備要去餵食幼鳥，牠停止動作，審視著入侵者。

巴哈馬群島有百分之八十的地勢只高過海平面三英尺或甚至更低。這裡是黑紋背林鶯在全球唯一的度冬地，這意味著海平面上升將對這個正在復甦的物種構成生存威脅。

隨著氣候暖化與每年更為提前的春季，科學家發現到有一些候鳥，特別是從熱帶地區來的長途遷徙候鳥，來不及跟上季節的快速變化。

在新紐澤西州海岸的一隻雪鴞，一個由背包掛具固定的太陽能發射器從牠的羽毛下露出一角。（©JIM VERHAGEN）

一隻雌棕煌蜂鳥坐在賓州寒冷一月的陽光下，右腳上的全新繫環閃爍著。氣候與地景的變化使棕煌蜂鳥成為蜂鳥種群擴張的先鋒之一。（©TOM JOHNSON）

五十英里外的雪士達山，在加州北部的布特谷農田和草原上隱約可見。

克里斯·文納姆小心翼翼地觀察，防備親鳥的襲擊。他從一顆雜亂的刺柏上的一個斯溫氏鵟的巢中取出一隻幼鳥，不久後就會將之歸還於巢中。

布萊恩·伍德布里奇捧著一隻剛捕獲的成年斯溫氏鵟，用頭罩使其保持平靜，與凱倫·芬利等待著牠的另一隻同伴完成繫環，以便將牠們一起釋放。

斯溫氏鵟是世界上遷徙路線最長的猛禽，每年秋天從北美的草原飛行長達八千英里抵達阿根廷的南美大草原。

數量眾多的大鸌在遙遠南大西洋中心的崔斯坦達庫尼亞島和果夫島築巢，牠們在北方正值夏季時會從新英格蘭遷徙至蘇格蘭，一年往返飛行約一萬二千英里。

黃蹼洋海燕身形只比燕子大一點點。和多數的海鳥一樣，牠們在遠離陸地的海上度過牠們的大半輩子，在不同的季節之間，遷徙往返於遙遠的北半球與南半球海洋。

夕陽將一群大紅鸛的剪影投射在塞普勒斯南部的鹽湖上——這個島嶼因為層出不窮的捕獵，被形容為候鳥的「黑洞」。

羅傑・利特與一根裹著強力膠水的鳥膠棍。這對所有不幸遇上的鳴禽來說是一個死亡陷阱。

主權基地區的警方人員伸長雙手接住降落的無人機，結束一整夜的反盜獵監視。

那加蘭邦的道路可說是非常崎嶇，只有那些心智最為堅定的人才適合這種遠離大城鎮的旅遊行程。

細長而迅速的紅腳隼在中國、蒙古和俄羅斯等遠東地區築巢；牠們會進行猛禽之中最長途的遷徙，穿越印度洋到達非洲南部。

巴諾・哈拉魯（在圖片中與作者合照）是最早為發生在那加蘭邦的紅腳隼屠殺現象發出警訊的人。（©KEVIN LOUGHLIN/WILDSIDE NATURE TOURS）

成千上萬隻紅腳隼從多揚水庫沿岸的棲息地中同時起飛。而就在幾年前，這些地方還是一場大屠殺的現場。

就像大多數的那加男人，圖片中的漁民肩上背著獵槍，腰間繫著彈弓——這也是為什麼在那加蘭邦村莊附近的野生動物數量稀少且懼怕人類的原因之一。

這隻剛被重新補獲的黑頂白頰林鶯身上的小型地理定位器儲存的數據，將展示牠從阿拉斯加到亞馬遜的遷徙細節。

德納利國家公園的彩色峽口的日出景色。

候鳥長征

A World on the Wing:

The Global Odyssey of Migratory Birds

一場飛越世界的奧德賽之旅

Scott Weidensaul
史考特・韋登索

江匀楷 林穆明 艾儒　譯

獻給艾米（Amy），一如往常但更甚以往

目次

前言

苔原大概是世界上最富麗又最舒服的床墊了。不過它的確有點潮濕，因此最好穿上雨褲和外套，即使在今天這種晴朗寒冷的日子。此時，粉橘的朝陽才剛爬上阿拉斯加山脈（Alaska Range）頂峰，德納利山（Denali）冰河覆蓋的巨岩染上了一片玫瑰紅，它座落於我們西邊七十英里處，反常地空曠無雲。

我和三位夥伴一起躺下，開心地喘了口氣，伸直雙腿，曲肱而枕之，就躺在這片海棉坐墊般鬆軟的泥炭苔、矮越橘、石蕊地衣和其他活像小人國來的苔原植物上。小歇片刻令人心曠神怡。我們凌晨兩點就開始攀登，阿拉斯加內陸亞寒帶夜空還籠罩著穿透午夜的明亮暮光。到了三點，我們一邊留意駝鹿或灰熊，一邊沿著碎石路往西走，這條路有九十英里長，將六百萬英畝的德納利國家公園暨保留區（Denali National Park and Preserve）一分為二。我們永遠不知道會遇見什麼，前一天才有隻碩大的公狼充滿戒心地在我們的國家公園管理局（National Park Service）卡車周圍踱步，牠緊張地嗅了嗅後擋泥板，離我敞開的車窗不過幾英尺。

今天倒還沒被動物打斷。凌晨四點的時候，我們已經深入公園三十英里，背著大包小包的鋁製網桿，舉步維艱地走下一條長長的斜坡，走進蜿蜒一英里的柳樹叢。鬆軟的苔原躺起來很舒服，但要徒步穿越可是件苦差事，不是一腳深深下陷，就是踩中沒注意到的草叢，高及小腿的樺樹和柳樹不斷劃過雙腳。

「嘿！嘿！」我們大喊，要是前面十英尺高的濃密樹叢裡躲著駝鹿或灰熊，這樣就能引起牠們的注意。「吧啦吧啦吧啦吧啦！」我胡亂吼著，喊什麼內容都無妨，出聲只是要避免嚇到想保護幼子的母駝鹿，或者驚動可能反射性向前衝的灰熊。不少山友會喊「嘿！熊！」，但我們從來不這樣說。熟悉阿拉斯加的人會告訴你，這句話只能留到真的有隻熊從旁邊冒出來，驚心動魄的時刻再說。除了警告熊，更重要的作用是提醒附近所有聽得見的人。

不過就像先前一樣，我們只驚起一些柳雷鳥（willow ptarmigan），六隻褐色的圓胖幼鳥一聽到牠們的母親發出不悅的叫聲就轟然四散。大夥卸下裝備，我跟著公園裡的鳥類生態學家蘿拉．菲利普斯（Laura Phillips）鑽進看起來無法涉足的糾結柳樹叢。駝鹿倒是有辦法在這裡穿梭，潮濕的地表坑坑疤疤都是牠們碟子般大的腳印，還有一堆堆橢圓形的糞粒。走著走著，樹叢間豁然開朗，竟然有一片細長的菱形草地，只有幾碼寬，開滿烏頭（monkshood）和飛燕草（larkspur）優雅的藍色花朵，邊緣還點綴著柳蘭（fireweed）的紫色花序。

然而我們要找的可不是雷鳥或野花，而是鶇（thrush），而且目的也不是賞鳥，而是要抓牠們。我往來德納利已經超過三十年，現在則要協助一項新的研究計畫，希望能更了解公園內的鳥類如何生活，牠們每年遷徙時從這裡四散，航跡橫亙四分之三個地球表面。

我們很快就架設好三面四十英尺長的霧網，讓它們在樹叢中排列成放射狀。阿拉斯加地理協會（Alaska Geographic）的大衛．托密歐（David Tomeo）和海鳥生物學家伊恩．史登豪斯（Iain Stenhouse）用鮮紅的傘繩固定好網桿。伊恩．史登豪斯是移居緬因州的蘇格蘭人，曾在阿拉斯加擔任奧杜邦學會的鳥類保育主任。我把一支木樁插進網子之間的地面，在上頭擺了一隻實際大小、有上色的木製假鶇。接著我按下飽經風霜的舊MP3播放器，它開始發出灰頰夜鶇（grey-cheeked thrush）空靈婉轉的鳴唱。目前的工作都完成了，於是我們四個往山坡上走了十到十五碼，走出柳樹叢，到開闊的苔原上坐下來小歇片刻。我們希望某隻雄鶇會聽到自己極力守護的地盤裡出現可疑的入侵者，並火速飛出灌叢，毫髮無傷地撞上我們精心設置的霧網。接著我們會在牠的腰後小心裝上地理定位器（geolocator），這個小裝置幾乎只有半公克重，接下來一年中，地理定位器會記錄鳥兒往返南美洲途經的地點，我們藉此終於能夠一窺牠遷徙壯遊途中的第一手消息。

將近一世紀以來，科學家要是想釐清鳥類飛到何處，只能仰賴替鳥繫上有數字的輕便腳環，然後期待有人再度遇見這隻鳥。繫放（banding）仍然是研究候鳥的重要方法，比方說過去一百年來共繫放了七百萬隻綠頭鴨（mallard），其中有一百二十萬隻被再度紀錄（大多由獵人發現），提供的資料對水禽（waterfowl）族群的管理大有助益。然而如果你要在偏遠地區研究一種很少被繫放、不像綠頭鴨那樣可以合法狩獵的鳥，那將會是場漫長膠著的挑戰。一百年來北美總共有八萬兩千隻左右的灰頰夜鶇被繫放，但在阿拉斯加繫放的只有四千三百一十二隻，其中甚至只有三隻再次發現：一隻是在靠近繫放地點的地方被捕獲，一隻是春天北返時穿過伊利諾州，一隻是秋天往南飛過喬治亞州。但這似乎沒能告訴我們太多資訊。

既有的繫放與觀察資料顯示，灰頰夜鶇遷徙的距離特別長。即使體重只有三十克（只比一盎司多一點），牠們仍然有本事從阿拉斯加北部和加拿大亞寒帶的針葉林與樹叢地飛到南美洲，每年往返。有些灰頰夜鶇會連續飛行六百英里穿越墨西哥灣，另一些沿著佛羅里達長長的手指狀陸地往南，再飛越加勒比海。到了冬季，牠們會隱身於南美洲北部的雨林裡，然而牠們究竟飛往那塊廣闊大陸的什麼地方？我們只有非常粗略的概念。

就在大家設法透過繫放填補知識空缺的時候，新的微型化科技也為候鳥研究開啟了令人振奮的視野。我們所用的地理定位器，只是那些能徹底改變候鳥研究的追蹤設備當中，比較平價小巧的一種。衛星發報器每件動輒四五千美元，對小型鳴禽而言也太重了；相較之下我們用的地理定位器不到一克，一個也只要幾百美元。我們的團隊由國家公園管理局的生態學家卡蘿・麥金泰爾（Carol McIntyle）帶領，正著手進行一項多年計畫，想追蹤德納利和公園內候鳥所飛往的天涯海角之間的關聯。地理定位器提供了史無前例的良機，讓我們得以追蹤這些鶇實際上的飛行路線與目的地。

不過我們得先抓到這些鶇才行。上星期標記斯氏夜鶇（Swainson's thrush）的過程非常順利，這種鳥在德納利的雲杉林裡為數眾多。然而捕捉近緣的灰頰夜鶇更有挑戰性，因此這天早上我們多放了幾組霧網，希望能有所斬獲。

苔原實在太舒服了，我休息打盹了十五分鐘左右，接著起身小跑下山丘，回到柳樹叢那兒察看抓到哪些鳥。其中一面網有隻黑頂白頰林鶯（blackpoll warbler）雄鳥頭下腳上掛在緩衝網裡，這也是遷徙距離相當可觀的鳥種，會從阿拉斯加飛往加拿大的大西洋一側，再到美國東北，接著往南持續飛行九十個小時，越過大西洋西部直達南美洲。另一網則有一隻黑頭威森鶯（Wilson's warbler）雄鳥，個頭比黑頂白頰林鶯更小，體重只有九公克（小於三分之一盎司）。我們推測在阿拉斯加中部繁殖的黑頭威森鶯會飛到德州墨西哥灣沿岸和墨西哥東部，再飛往中美洲。許多黑頭威森鶯可能會飛越墨西哥灣直達猶加敦半島（Yucatán Peninsula），但沒有人知道確切情況。以往只有一隻阿拉斯加內陸繫放的黑頭威森鶯在繁殖地外被記錄，而且是在愛達荷州，在牠們往南遷徙的半路上。

我們之後也會標記黑頂白頰林鶯和黑頭威森鶯，不過現在必須盡快釋放牠們，只能讓牠們的遷徙暫且成謎。我們今天早上的目標是鶇類，不過令人失望的是網子裡一隻也沒有。我掉頭跋涉回山坡上——說時遲那時快，寧靜的早晨頓時變成駭人的一團混亂。

「嘿！熊，有熊！」蘿拉和大衛聽起來驚慌不已，他們伸長手臂，對著黎明的蒼天瘋狂揮舞，我看不見伊恩，他被我面前的柳樹叢擋住了。

我聽見動物的呼吸聲，斷斷續續地咆哮，還有木頭爆裂的聲音，就像有人砸爛一塊二寸乘四寸的木條，我意識到那是憤怒的灰熊齜牙咧嘴的聲音。就像所有的人生跑馬燈一樣，時間彷彿慢了下來。我看不見正在暴衝的熊，但推測牠應該會從面前的柳樹叢裡現身。我僵在原地。

「有熊！」咆哮和齒牙撞擊聲現在更近了，樹叢裡充滿大型動物拔山倒樹而來的聲音，牠很近，移動得很快。大衛對我大喊：「史考特趕快跑啊！」

我衝出柳樹叢，熊就在幾碼旁經過，距離近到我聽得見牠呼吸時的粗嘎低吠，也聞得到牠身上的強烈腥羶，但隔著濃密的樹叢還是看不到牠的身影。幾秒鐘後我爬回山坡上和朋友們會合，一回頭才看見剛剛的熊：是一隻龐大的母熊，身後還跟著深毛色的一歲幼熊，牠們從柳樹叢後飛奔而去，離我們愈來愈遠，灰熊可怕之處就是跑得像馬一樣快。母熊跳上遠方山坡的苔原時，麥稈色的毛皮隨之波動，接著牠們就消失在山脊後方。

我們都不確定事發經過，只能拼湊出支離破碎的故事。起初大家都還躺著，然後熊不知道從哪裡冒出來，就在大家身後五六十英尺的地方。「我回頭想和伊恩說話，」蘿拉說，「然後就看到他後面有熊，我說『慘了！』我們連忙起身，然後熊就衝過來。」

伊恩離熊最近，「我聽到你和大衛大叫，但我動彈不得，」他邊搖頭邊用格拉斯哥口音說道，「我真的完全僵住了。」灰熊幾秒鐘內就跑來，在離伊恩只有幾英尺的時候似乎回心轉意，蘿拉和伊恩都看見母熊霎時間放棄攻擊他們，直接跑下山丘衝著我來。

「真諷刺，」大衛說，「結果完全沒看到熊的人變成最可能被攻擊的人。」我過了一秒鐘才意識到他是在說我。對憤怒的灰熊而言，三個人還是不好對付，但我形單影隻，又在柳樹叢裡進退兩難，要是熊在幾碼外看到我，又打算對我宣洩牠的憤怒與恐懼，我一定束手無策。

蘿拉深呼吸，上氣不接下氣地環顧四周。「你們覺得鳥網還在嗎？」

熊直接穿過霧網陣列，但不知為何這隻四百磅重的母熊和牠的小熊都只和網子擦身而過。而且不知道是被這場騷動驚擾，還是我們誘鳥的聲音真的奏效，霧網上掛著三隻灰頰夜鶇。現在熊已經安然遠去，我們也終於放下必須惦記安危的念頭，可以認真工作了。

我們先把鳥裝進薄布製成的鳥袋，接著在潮濕的地上攤開一小張防水布來暫放工具：幾支環鉗（banding plier）、一塊夾板、一個彈簧秤、一台小相機，和第一個地理定位器。地理定位器大約三分之一英寸長，尾端突出的塑膠短柄附有光度感測器，兩側各有一個兔耳朵似的小彈力圈。蘿拉從鳥袋裡拿出第一隻灰頰夜鶇，溫柔地握著，讓牠的脖子固定在食指和中指之間。灰頰夜鶇的體型大約是旅鶇（robin）的三分之二，淡雅的毛色惹人憐愛：上半身是淡淡的橄欖灰，灰白的胸口布滿棕色斑點，彷彿在厚紙上渲染的水彩。地理定位器不到一分鐘就安裝完畢，伊恩先把其中一個彈力圈套進鳥的一隻腳，往上拉到大腿，蘿拉再用拇指把地理定位器按在灰頰夜鶇腰後，好讓伊恩把另一個彈力圈套進牠的另一隻腳。這樣固定好的地理定位器牢牢騎在灰頰夜鶇的腰上，除了感光短柄外，其他部分都蓋在背羽底下。

蘿拉也熟練地替灰頰夜鶇繫上腳環，右腳繫標準的金屬環，左腳則繫著上黃下橘兩個塑膠環。明年春天候鳥回到德納利時，先辨識彩色腳環，會更容易找到配有定位器的鶇，以便再度捕捉、拿下定位器並讀取其中的資料。一隻接著一隻，我們處理好所有灰頰夜鶇，放走牠們時，每隻鶇一邊飛回各自棲息的柳樹，「嘰——呃」，一邊發出帶著鼻音的喝斥聲。大家收好裝備準備動身時，我發現伊恩還盯著山頂看，那是熊離開的地方。

「你知道嗎？」他說，開心的笑容帶著豁然開朗的神情，「我都不曉得自己的括約肌有這麼強壯！」

一九九〇年代，為了《御風而行》（*Living on the Wind*）這本書，有將近六年的時光，我跟著各種鳥類在西半球上山下海，探索遷徙的現象。鑽研這個主題絕大部分因為自己對此深深著迷，我一輩子都在賞鳥，約莫十年之前更陷入繫放猛禽的狂熱。我承認「繫放鳥類」起初最吸引我的，是把蒼鷹（goshawk）或金鵰（golden eagle）從天上引誘進自己的鳥網時，那種腎上腺素飆升的刺激感。好比在空中掛著毛鉤，只不過尺寸大得壯觀，目標物換成長著鋒利鳥爪的御風高手。親手替一隻隻鷹或隼繫上腳環、一次次得知這些戴著腳環的猛禽現身於遙遠的地方（無論是再捕獲〔recapture〕或已經死亡），隨著我們愈來愈了解牠們的遷徙，我也愈來愈著迷於驅動鳥類遷徙的自然力量。除了強而有力的猛禽，就連看起來最小最弱不禁風的鶯（warbler），都能憑藉人類難以想像的速度和生理韌性飛過最廣闊的距離。

這二十年來，科學家對鳥類遷徙的認識有著爆炸性增長：鳥類握有哪些能力，是如何初次啟程就知道如何獨自飛越大半個地球，側風、暴風雨和疲勞都難不倒牠們？舉個最令人費解的例子：我們從一九五〇年代就知道鳥類會利用地磁定位，鳥類學家長久以來認為這項本領源自某種生物羅盤，許多鳥類頭部都有磁鐵礦，看似足以解釋一切。結果，磁鐵礦沉積和定位能力其實沒什麼關聯，視力反倒才攸關地磁導航，出乎大家所料。鳥類如果處於紅光的波段下，而不是自然的白光環境，就會失去地磁定位的能力，和頭部有沒有那一丁點鐵質完全無關。然而究竟是什麼道理？鳥類學家至少從一九七〇年代開始就對此大惑不解。

現在我們知道鳥類透過一種量子糾纏（quantum entanglement）的形式，得以看見地球的磁場——就像字面上這麼詭異。根據量子力學理論，兩個同一瞬間產生的粒子有一種最深層的連結，本質上可以視為一體，而且即使相隔甚遠仍會彼此「糾纏」，如果有其中一個粒子受到干擾，另一個也會立刻受到波及。難怪這個效應在物理學術語中稱為「幽靈似的作用」，連愛因斯坦也無法完全苟同。

理論上，即使粒子彼此相隔數百萬光年之遠，依然保有量子糾纏。然而量子糾纏在尺度小得多的鳥類眼睛當中又是如何運作，如何造就辨別行星磁場的奇妙能力？科學家目前認為藍光的波段照進候鳥的眼睛後，會激發在「隱色素」（cryptochrome）這種化學物質中糾纏的電子對。光子帶來的能量，使糾纏的電子對分開，其中一顆電子進入相鄰的另一個隱色素分子，然而兩顆電子仍然保持糾纏。無論兩者相距多近，這個距離都代表它們對地磁的反應有些微不同，導致隱色素分子產生的化學反應會略有差異。形形色色的化學訊號一微秒一微秒擴及數不清的電子對，似乎就能在鳥類眼中形成磁場地圖。

令人驚嘆的大發現可不只這樣。科學家發現候鳥啟程之前，不必勤加鍛鍊就能增加肌肉，真希望人類也有這種能力！鳥類的肌肉組織和人類幾乎相同，因此必定是透過某些生化反應促進增生，而其中機制仍然是一個讓人心癢難耐的謎團。候鳥遷徙前也會囤積大量脂肪（許多鳥的體重甚至能在幾週內增加到兩倍以上），無論從什麼角度看來都極度肥胖，此時的血液化學也神似糖尿病和冠狀動脈心臟病患者，不過牠們卻健康無虞。此外候鳥還能持續飛行好幾天，不受睡眠剝奪所苦，牠們飛越夜空的時候，可以讓半邊大腦（以及連動的那隻眼睛）關機一兩秒，左右腦輪流休息，白天則進行幾千次為時數秒的短暫睡眠。研究人員發現了幾十種像這樣的奇特方式，讓候鳥得以應對長途飛行衍生的壓力。

科學家愈是理解鳥類的遷徙能力，我們也愈是清楚候鳥面臨的生死難關（而且日益險峻）。牠們可是每年都會完成兩趟不可思議的遷徙壯舉。這二十年來，大家才發現人類遠遠低估了鳥類純粹的生理能力。

北極燕鷗（Arctic tern）一直是長久以來公認的長途遷徙冠軍，這種淺灰色的海鳥體型和鴿子相近，會在北半球最高緯度的區域繁殖，卻到非洲、南美洲和南極洲之間的南冰洋過冬。只要在地圖上畫出牠們的航線，即使是隨手在餐巾紙上計算，也不難得出世世代代鳥類學家的結論：北極燕鷗每年遷徙的距離是兩萬兩千到兩萬五千英里。數據純屬推論，因為以前的追蹤設備不夠小，像燕鷗這樣纖細的鳥類無法攜帶。然而當發報器和記錄器愈做愈小，足以應用在其他體型大一點的海鳥身上時，北極燕鷗「推論出的」遷徙紀錄很快就被打破了。

二〇〇六年有科學家宣布，他們在紐西蘭的繁殖族群中利用地理定位器成功追蹤了十九隻灰水薙鳥（sooty shearwater）。即使繁殖季時親鳥只是「在附近」飛行覓食，捕捉魚類和頭足類回巢餵食雛鳥，這些壯碩的深灰色海鳥也會從紐西蘭往返幾千英里嚴寒的亞南極海域。而一待幼鳥羽翼豐滿，牠們便會和成鳥一起往北飛，跨過赤道抵達日本、阿拉斯加或加州外海的「冬季」覓食場（那時北半球還是夏季）。研究人員形容，這些鳥只要追隨環繞著太平洋的風向和海流，就能享有「無盡的夏日」。這可是非常遙遠的路途，有些灰水薙鳥一年飛行的路程甚至超過四萬六千英里。

到了二〇〇七年，終於研發出夠小的地理定位器了，我的蘇格蘭朋友伊恩和幾位同事總算能在格陵蘭和冰島，把地理定位器安裝在北極燕鷗腿上。隔年他們再度捕獲飛回來的燕鷗，而記錄到的資料又訴說了驚人的故事。

第一個驚喜是，北極燕鷗有兩條截然不同的南遷路徑，但無關牠們來自哪個族群。有些北極燕鷗先向東飛往非洲西北突出的陸地，接著繞回大西洋最窄的地方，抵達巴西沿岸，再沿著南極半島飛往威德爾海（Weddell Sea）。到了春天牠們會遷徙到南非外海，再度橫越大西洋飛往南美洲北部，最後才飛往北大西洋，整趟旅程是一個八字形，由振翅不息的羽翼銘刻在地球上。基於某些原因，同一個繁殖族群裡有些北極燕鷗反而幾乎都沿著非洲海岸飛行，到了好望角附近才飛越南冰洋抵達南極海岸，或在高緯度的狂風巨浪中往東飛行幾千英里，抵達印度洋南部。

總而言之，伊恩的團隊發現，即使是最缺乏雄心壯志的北極燕鷗，每年也飛了至少三萬七千英里，有些個體每年則飛了將近五萬一千英里，再次打破了最長遷徙距離的紀錄，而且是科學家以往推論的兩倍以上。更厲害的是，三年後在荷蘭標記北極燕鷗的研究團隊發現，有些個體一年飛行的距離甚至高達五萬七千英里，牠們會飛往澳洲外海，並在印度洋集結（後來發現在緬因州標記的北極燕鷗也會聚集於此）。任何海鳥學家，尤其是一兩杯啤酒下肚之後，都會坦承沒有人真的知道北極燕鷗遷徙的極限究竟在哪裡。

近年來許多關於鳥類遷徙的假設都被推翻了。勢必如此。生態學是個異常複雜的領域，我們每剝開一層洋蔥皮，只會揭露更複雜的事情。

二十年前，北美的鳥類學家還曾認為因為熱帶森林破壞所造成的度冬地流失，是遷徙性鳴禽面臨的最大挑戰，但後來他們也轉而關注那些發生在家門口的生態危機。愈來愈多研究顯示，森林破碎化對最珍稀可愛的唐納雀（tanager）和鶇這類遷徙鳴禽是嚴重的問題，這些鳥原本演化成要在完整的林地築巢。但大面積森林被分割成愈來愈小的樹叢，讓道路、管線、開發地與田地切穿森林，而各種破碎化的過程都會引狼入室：包括森林邊緣的掠食者，這些動物能在受干擾的環境生存，像浣熊、臭鼬、負鼠、擬八哥類（grackle）、烏鴉、松鴉和錦蛇，牠們都是劫掠鳥巢的好手，森林深處則少有或完全沒有這些動物的蹤跡。森林破碎化還帶來了褐頭牛鸝（brown-headed cowbird），這種草地性的鳥類會對其他鳴禽（原本只限於大平原地區）進行巢寄生。破碎化也讓森林變得更乾燥，不但昆蟲數量下降，也給巢居鳥類帶來其他的環境挑戰。

科學家追蹤森林深處鳥種（例如黃褐森鶇〔wood thrush〕）的繁殖成功率，監測牠們的巢位，觀察哪些個體產下比較多蛋、有多少蛋成功孵化長大，成為羽翼豐滿的幼鳥，得以開枝散葉孕育自己的下一代。而數十年來的研究證實，一旦大片森林被砍伐成零碎區塊，繁殖成功率就會隨著森林的分崩離析節節下降。

因此為了保護鳥類，我們必須先保護森林。防止森林破碎實際上很有挑戰性，卻是個簡單明瞭的目標，也是一九八〇年代以來鳥類保育的一大重點。然而，生態學的樹叢裡總是躲著「然而」，隨著科學家採取進一步的深入探究，更近期的研究卻揭開了出乎意料的事。除了只監測鳥類在安全完整的森林裡的繁殖成功率，科學家也著手更艱難的任務：追蹤鶇類各奔東西的離巢幼鳥，把小小的無線電發報器裝在這些青年身上，追蹤牠們遷徙之前的動向。研究人員發現，許多幼鳥竟然離開雙親築巢的廣闊老熟林，亦即離開了我們認為的唯一攸關牠們存亡的環境、候鳥保育的唯一目標。

年輕的鳴禽啟程遷徙前一個月（或更早）必須快速增重，才能應對接下來前往拉丁美洲或加勒比海的疲憊旅程。這段期間幼鳥們會聚集在演替早期的茂密灌木叢，像是被砍伐殆盡後植物開始重新生長的環境，雖然皆伐（clear-cut）某些層面上往往也被視為森林深處鳥種的棲地破壞。

但並不是說這些鳥類不需要完整的森林。牠們非常需要，但牠們需要的不只這些。科學家又再度低估了候鳥生態的複雜度。

上述推論並非出於任性的無知；研究又小又活躍、每年遷徙上萬英里的動物本來就難如登天。鳥類學一直受限於褊狹的視野，大家總選最簡單的東西來研究，事實上科學界也經常如此。兩世紀以來的鳥類學家幾乎清一色是北美洲和歐洲人，就近研究住處或工作場所附近的東西最方便，因此有很長一段時間，大家對候鳥生活的認識幾乎僅限於牠們待在溫帶繁殖地的那幾個月。直到一九七〇、八〇年代才有所改觀，著眼於熱帶度冬地的新興研究顛覆了許多大家習以為常的候鳥生態假設。以往認為這些鳥適應力強，隨遇而安，可以融入熱帶環境的任何空缺，新研究卻證實許多候鳥和共域的留鳥一樣，有高度專一性，和通常很狹窄的特定生態棲位密不可分。科學家還發現即使是同一種鳥，不同年齡和性別的個體也有截然不同的需求，會運用大相徑庭的區域或環境，比方說成年雄鳥偏好茂密的雨林，雌性幼鳥偏好比較乾燥的灌叢環境。

這項新知的出現適逢熱帶雨林保育的覺醒，大家很快就把猖獗的伐木視為新熱帶（neotropical）鳴禽蒙受的最大威脅。森鶯和唐納雀這些新熱帶的候鳥在一九八〇、九〇年代搖身一變，成為拯救雨林行動的號召，牠們可是遙遠的瀕危生態系和美國後院之間最直接，最能引發情感共鳴的關聯。

熱帶棲地的流失千真萬確，但肯定不是候鳥的唯一威脅。候鳥還面臨溫帶繁殖地的環境破壞，以及長途遷徙必經的中繼站的消失。我們無法把野生動物的一生劃分為各自為政的季節和地理單位，更何況是四海為家的候鳥。現在我們才終於有能力以應有的視角看待候鳥，不是當作某個地方的留鳥，而是考量整體。我們必須全盤理解候鳥的生命週期，才能保護每分每秒、遷徙旅程的每一步都飽受威脅的候鳥。

我們要學的事情還多著。比方說我們幾乎不知道大多數候鳥遷徙的確切路線，只對牠們駐足休息補充體力的重要地點有個粗略概念。我們太晚才發現一種鳥當中，不同地區繁殖的族群即使比鄰，遷徙路徑和度冬地點通常也截然不同（雖然聽起來毫不意外）。例如紐約和新英格蘭的黃褐森鶇大多飛往宏都拉斯和尼加拉瓜北部的狹小帶狀區域過冬，而美國中大西洋地區的黃褐森鶇則擠在猶加敦半島的叢林裡。地理定位器和繫放紀錄顯示，費城郊外的橙頂灶鶯（ovenbird）大部分遷徙到加勒比海地區，尤其是伊斯帕尼奧拉島（Hispaniola）；而阿勒格尼山脈（the Alleghenies）另一邊，靠近匹茲堡的橙頂灶鶯，卻直直飛越墨西哥灣，到中美洲北部過冬。

這些結果不只攸關學術研究。喪失一部分的度冬地，或路上重要的中繼站，可能就會導致一個地區的族群滅亡。如果想讓黃褐森鶇、橙頂灶鶯或其他數百種的候鳥整個分布範圍都族群健全、數量豐富，那麼就應務必採取比現在更廣大、更強硬的環境保護策略。

首先要獲得知識。有一批新世代的研究人員正在從事疲憊艱辛的野外工作，藉此梳理出一種鳥整個生活週期的來龍去脈，研究橫跨一年十二個月，常常得奔波於相隔上千英里的天涯海角。這個研究領域稱為「遷徙連結度」（migratory connectivity），某種意義上在兩百年或更早以前就開始成形了，那時約翰·詹姆斯·奧杜邦（John James Audubon）[1]在賓州自宅將銀線綁在菲比霸鶲（phoebe）腳上，看看每年來築巢的是不是相同的個體。幸好現在我們有了比奧杜邦的銀線更精密的工具，我們在阿拉斯加內陸冒著灰熊襲擊的風險，就是為了建立起遷徙連結度的地圖，以便更理解公園裡的鳥類確切前往何處度冬。說灰頰夜鶇去「南美洲北部」度冬已經不夠精確了，全球巨變與暖化當前，候鳥面臨的阻礙節節上升，生態保育人士需要遷徙連結度的資訊，才能護送這些鳥度過急遽窄縮的瓶頸。

這也是我自己的圓夢之旅。和許多研究、保育候鳥的人一樣，我覺得世界上如果沒有如此壯烈的遷徙之旅，光是想像起來就太貧瘠憂傷了。我也和這些人一樣，畢生著迷於鳥類的遷徙。我從兒時就心生嚮往，追尋候鳥的夢想在賓州刮著風的山脊上醞釀成形，一開始只是渴望觀察，接著愈來愈熱衷參與，從休閒賞鳥人晉身為第一線參與候鳥研究的一分子。

我並非在賞鳥圈裡長大，不過我的父母熱愛戶外活動，也以此勉勵他們這個有點怪異的兒子（雖然有時讓我摸不著頭緒）。我的母親特別留心於季節的嬗替，鳥類遷徙就是春去秋來的重要跡象。她會在庭園日誌裡草草記下秋天什麼時候有第一隻草鵐（junco）和白喉帶鵐（white-throated sparrow）出現在餵食器旁、春天什麼時候有第一批候鳥飛回我們位於賓州東部山區的院子。我們特別關心春秋過境的加拿大雁（Canada goose），牠們在一九六〇、七〇年代曾是令人興奮的季節交替的象徵（那時不遷徙的鳥類還沒占據整個美國東部市郊的辦公園區、市區湖泊和農地池塘）。

大多數的年頭，加拿大雁過境只持續一個上午，確切時間點取決於冬天的嚴寒程度，但通常會在三月初，那天我們會被加拿大雁的叫聲喚醒。我們披上外套，靴帶都還沒綁好就跑出門，迎接這一年第一個和煦的早晨，伸長脖子仰望褪色丹寧般的藍天，看著一群群V字排列的加拿大雁向北推進。從以前到現在，這都是每年大自然裡最讓我振奮的時刻。每年冬末白晝漸漸變長，積雪開始融化的時候，我們便開始期待「大雁日」，那是季節更迭的象徵。直到現在仍然如此，那天電話很早就會響，太陽才剛升起，我太太正在喝早上的第一杯咖啡的時候，我媽會在電話裡說：「你聽到了嗎？你出門了嗎？今天是大雁日！」接著我們會拖著沒繫好的靴帶出門，親臨盛況。（多年前我在州區的野生動物雜誌上寫過我們家觀察雁群的古怪傳統，有人看到了就問我完全沒在賞鳥的姐妹是否屬實。「拜託，」他說，「你們家怎麼可能會慶祝什麼『大雁日』嘛！真的假的？」「真的啊，」吉兒有點惱怒地嘆了口氣，「但不是什麼要烤蛋糕的那種慶祝。」）

因此，某種層面上我已經準備好奉獻一生追尋候鳥了，然而真正的轉捩點發生在十二歲時。那是在十月某個狂風多雲的日子，我們登上基塔廷尼山脊（Kittatinny Ridge）。該地位於阿帕拉契山脈嶺谷系統的南緣，離我家大約一小時車程，也是遷徙性猛禽的高速公路，牠們南遷的路上會乘著上升氣流滑下蜿蜒綿長的山脈。

那天恰巧是大舉飛行的最佳時機，前一晚強烈的冷鋒讓賓州刮起強勁的西北風，鷹山保護區（Hawk Mountain Sanctuary）北觀景台上空布滿密密麻麻的流線型猛禽剪影。我忘卻家人的存在，瑟縮在灰色的巨石之間，極盡所能抵擋強風，同時興奮地睜大眼睛。空中的剪影一點也不像我在圖鑑上研讀過的小插圖，但也無所謂了。那天有幾百隻猛禽從山脊滑翔而下，彷彿在空中乘著看不見的浪，我如饑似渴透過廉價望遠鏡的視野盯看著，每隻飛過的鷹都牽動我的視線。

身邊的大人喊出鳥名和所在方位：「條紋鷹（sharpie）在五點鐘方向的山坡！」

「兩隻紅尾鵟（redtail）飛過獵場左邊。」還有一隻老鷹向塑膠的貓頭鷹假鳥俯衝（大概就是為此設置的，就放在岩石間一棵沒枝椏的樹苗上，離我坐的位置不遠），我盯著牠的那幾秒鐘心跳加速，時間似乎流逝得特別慢，彷彿牠就要飛進我的望遠鏡裡。那的確是我見過最令人陶醉的奇景，至今仍歷歷在目。

當時我無法形容，說不出自己為什麼這麼感動，眼前的景象為什麼這麼迷人。鷹和隼的外型很漂亮，遷徙的盛況壯麗萬千，看著牠們如何微調翅膀和尾巴的姿勢抗衡陣風、節省體力相當引人入勝。然而直到那天傍晚回到家，我搬出鳥類書籍和《國家地理雜誌》的舊地圖，更強烈的悸動才一湧而出——我的手指順著阿帕拉契蜿蜒的山脊游移，頭一次思索這些鷹來自何方，又要飛去哪裡？以前沒有認真讀書上的細節，但這時讀到有些猛禽，正是我所看到的那些，可能是從遙遠的格陵蘭或拉布拉多飛來的，而牠們正要前往墨西哥、哥倫比亞或巴塔哥尼亞——這些地方對在賓州煤礦區邊緣長大的小孩而言，簡直是遙不可及的異國。

那天晚上我輾轉難眠，夢境中充滿鳥翼。半個世紀之後，現在的我依然深深著迷於鳥類的遷徙。

不同的是我的參與度，那趟令人興奮的鷹山之旅確立了我對賞鳥的熱忱，尤其是賞鷹。但當我成為認真的賞鳥怪咖的少年時期，賞鳥純屬娛樂，只是個人興趣。後來我在大學裡修了一堂原本沒打算選的鳥類學，我把握最後的名額，修了一位睿智慷慨的教授退休前最後一學期開的課。而那堂課讓我頭一次對迷人的鳥類科學大開眼界。

生命中就是有這麼偶然的驚喜。在我還是年輕的新聞記者時，曾向編輯毛遂自薦，想報導鷹山首位研究主任吉姆・貝納茲（Jim Bednarz）的工作，這位新科博士用小型無線電追蹤器研究遷徙的猛禽。編輯同意了，因此我也爭取到一天的機會可以和吉姆一起待在偽裝帳篷裡，筆記本隨侍在側。有次，我們的第一隻紅尾鵟收起雙翼，伸出銳爪俯衝進鳥網，那彷彿某種異教神明的信使，當下我再度感受到十二歲時那種晴天霹靂的巨變。在吉姆的指導下，幾年後我獲得聯邦政府核發的鳥類繫放證照，吉姆離職後便由我接手鷹山的繫放計畫，一段時間後又自己主持其中一個繫放站。於是很快地我也開始繫放鳴禽，接著是貓頭鷹，還有蜂鳥（hummingbird）。對候鳥近乎痴狂的好奇心不斷驅使著我。

我並不是刻意為之，卻從鳥類觀察者愈走愈深入，成為參與鳥類研究的一分子。當時我的正職工作是自然書寫（現今亦然），但田野研究佔據了生命中愈來愈大的部分。這令我感到滿足，即使我沒有科學領域的文憑。幸好鳥類學界向來都很歡迎像我這種有經驗的業餘人士的參與。

在我撰寫《御風而行》的時候，還是以旁觀者的角度看待鳥類遷徙的科學與保育，但在那之後我更深度涉足於候鳥研究，除了理解他人的成果，也親自貢獻棉薄心力。如果做研究是我的正職，搞不好反而會消磨掉不少熱忱，但目前的狀態再令我滿意不過了。譬如二十年來，我一路見證棕櫚鬼鴞（northern saw-whet owl）活動範圍的追蹤計畫，看著它發展成最大規模的研究。棕櫚鬼鴞是種可愛的小猛禽，大約是旅鶇的體型，有渾圓的腦袋和迷人的大眼睛。這些年來藉由一百位左右的志工參與，我們在賓州山野繫放了超過一萬兩千隻這種小巧的貓頭鷹，也運用許多種科技追蹤牠們的動向，諸如地理定位器、無線電發報器、前視紅外線熱像儀（forward-looking infrared）、航海雷達（marine radar）等。我也幫忙聯繫北美大陸一百二十五個貓頭鷹繫放站，整個繫放網絡全都進行這一類的研究。

有證據顯示，北美西部的蜂鳥正在演化出向東遷徙的新路徑，而不是飛往墨西哥。我同樣為此著迷，便花了幾年學習如何安全地捕捉、繫放蜂鳥，最後成為全球不到兩百位擁有證照的蜂鳥繫放員之一。現在每年秋天我都在追尋堅忍不拔的迷航蜂鳥，牠們來自阿拉斯加或美國西北太平洋地區，在秋天刮起寒風的時候會出現在中大西洋各州和新英格蘭地區，甚至常在一月的暴風雪和零下低溫中逗留。我們以往總認為這些小不點鳥兒弱不禁風，這可讓大家更一頭霧水了。

同樣的冬季強風也把雪鴞（snowy owl）從北極圈吹來了。幾年前美國東部歷經了一世紀以來最大的「雪鴞入侵」事件，我和幾位同事便發起了暱稱為「暴風雪」的研究計畫，我們在刺骨嚴寒的大雪中布設鳥網捕捉這種大型猛禽，在牠們身上安裝發報器，每分鐘精準記錄GPS衛星座標，並透過手機通訊網傳輸資料。結合這兩項尖端科技，便得以追蹤雪鴞的動向，紀錄驚人的三度空間細節。只要按幾個鍵，我們就可以追蹤這些有標記的雪鴞，看看牠們晚上是在大西洋外海捕捉水禽、在密西根或安大略的農地搜尋嚙齒類，還是在哈德遜灣乘著風浪中的夏日冰山。這個研究團隊中，有幾位同事也和我一起在美國西北安裝了超過一百座自動化的接收站，可以偵測微型無線電發報器的訊號，讓我們得以追蹤最小的鳥，甚至是蜻蜓和帝王蝶之類的遷徙性昆蟲。

我去德納利（還險遇灰熊）的那次則是另一項合作計畫，由多年前的偶然機緣醞釀而成。卡蘿．麥金泰爾研究阿拉斯加國家公園內的野鳥已有三十年資歷，她以德納利金鵰的開創性研究聞名。我對德納利也很有感情，超過三十年來幾乎每年都會造訪。幾年前我們在明尼蘇達一場猛禽研討會中構思了一項大膽驚人，也許有點瘋狂的計畫：我們決定發起開放式的研究方案，替此地隨著時間來來去去的鳥類測繪遷徙連結度的地圖，包括鳴禽、猛禽、水鳥、在內陸築巢的海鳥等等。在德納利的研究順利展開之後，我們的團隊也拓展研究版圖到其他園區，終極目標是涵蓋阿拉斯加總計五千四百萬英畝的國家公園面積。想研究候鳥遷徙這種全球尺度的現象，就需要更大的格局。

也是基於這個原因，本書將以宏觀的視角探索引人入勝的當代候鳥研究與保育。就像候鳥一樣，寫這本書不但仰賴長途跋涉，也少不了耐心。我和海鳥專家一起航向巨浪滔天的白令海、駛出外灘群島（Outer Banks）的大陸棚邊界，以便深入理解最鮮為人知的遷徙版圖。我和高科技實驗室裡身著白袍的科學家會談，好透過他們研究的次原子世界理解鳥類導航的機制。我還結識了在撒哈拉沙漠南緣工作的鳥類學家；在那漫天風沙的險境裡得一面留意要研究的鳥兒，一面提防會欣然處決或綁架他們的伊斯蘭叛亂分子。我在地中海閃躲獵槍和陷阱，試圖以看不見的游擊策略防止數百萬隻鳴禽被盜獵。我造訪中國，見證了猖獗的海岸開發與野鳥盜獵，其雖然造成保育危機，卻仍有意想不到的曙光。我還前往亞洲最偏遠的地區，在印度被世人淡忘的角落裡，昔日有馘首習俗的族人卻將殘忍的候鳥災難化為史無前例的保育大成功。

我對書中提及的科學家和保育人士都不陌生，這些年來許多人成為我的朋友和同事，大家過從甚密，都屬於致力認識和保護候鳥的全球社群。其中有些人是我的恩師，有些是合作夥伴；還有一些以前的學徒，如今已經獨當一面，完成了重要的研究。我何其有幸能和這些人共事，甚至能娓娓道出他們的發現，與充滿洞見的故事！

因此在我動筆寫這本書，再度追尋鳥類遷徙的千頭萬緒時，發現自己已和二十年前的切入點截然不同，許多層面上是從更親身經歷的角度出發。我不再只是熱情洋溢的旁觀，而是直接參與艱難刺激的研究工作，試圖釐清候鳥在地球上南來北往的方式與原因，以及該怎麼確保牠們未來仍能這樣遷徙。

然而縱使百般不情願，事實上我仍舊是個局外人，就像每個試圖參透現象內部原理的人一樣。我們最多也只能對著壯觀的全球遷徙盛會旁敲側擊，試著解讀我們周遭這些遷徙壯舉的自然本質，理解候鳥需要仰賴哪些自然系統。我們周遭的世界正在變遷，人類難以理解，也束手無策。然而鳥類，尤其是候鳥，卻打開了一扇窗，用最令人信服的方式引領我們認識這些巨變。新聞往往令人沮喪，一項統計顯示從我兒時在鷹山有如醍醐灌頂的那次經驗到現在，北美洲的鳥類數量整整減少了三分之一，也就是減少了三十億隻，血淋淋地證明我們把萬物共享的世界搞得一塌糊塗。鳥類是前車之鑑，是人類愚行首當其衝的受害者，然而如果能悉心顧及鳥類生存所需，必然會帶給人類更永續的未來。

其實候鳥無所不在，只是我們有時並不知道。昨晚睡前，我查看了美國東北部的都卜勒雷達（Doppler radar）影像，但不是要看哪裡下雨，而是看候鳥。電腦螢幕上整個地區布滿數不清的淺藍和綠色斑塊，這些雷達回波說明正有幾百萬隻鳴禽正在晴朗的夜空中向南飛行。從八月悶熱的盛夏到感恩節前霜降的深秋，每天晚上都有鳥兒川流不息飛向南方，牠們數量之多，只要大家能睜眼看看那飛過自家上空的候鳥，肯定會驚訝得說不出話。

我從幾年前在賓州利用特殊雷達進行的研究得知，像這樣的夜裡，每小時飛過的候鳥可能高達幾百萬隻，堪稱世界上最壯觀的自然奇景，而且範圍幾乎遍及全球，一年會在南極洲（南極的企鵝搖搖晃晃徒步遷徙）以外的各個大陸發生兩次。只可惜鳥群隱身於黑夜之中，我們的視力難以察覺。我們沉醉夢鄉，對頭頂上的奇觀渾然不覺。

今天早上天才剛亮，我就躡手躡腳溜出門，深怕吵醒艾米。空氣清新舒爽，秋天顯然在一夜之間降臨，我把雙手深深插進刷毛衣溫暖的口袋。樹林和灌叢裡萬頭攢動，閃過翅膀的身影。這些徹夜飛行後疲憊的鳥兒正在把握機會吃點東西，牠們接下來會繼續前進，找個安全的地方小睡幾小時。幾隻體態修長、煤灰色的貓嘲鶇（catbird）正狼吞虎嚥地吃著山茱萸（dogwood）深藍色的漿果；有隻普通黃喉地鶯（common yellowthroat）在一枝黃花（goldenrod）的花莖後面偷看我，花的顏色和牠的下巴一樣，這種圓鼓鼓的小鳥總是像鷦鷯（wren）一樣翹著短短的尾巴。還有好幾隻紅眼綠鵙（red-eyed vireo）有條不紊地在酸蘋果（crab apple）的枝葉間前進，叼出藏身其間凍僵了的昆蟲。

黑夜似乎還逗留在松樹幽暗的陰影裡，我瞥見地面附近有個拘謹的身影，於是拿起雙筒望遠鏡——灰頰夜鶇水彩渲染似的胸口羽毛和棕色的身軀映入眼簾。牠在幾碼外狐疑地打量我，輕輕發出警示叫聲。然而鳥為食亡，牠顯然又認定我沒那麼邪惡，轉身繼續踢動松針，搜尋筋疲力盡飛行十二小時後的第一餐。這隻灰頰夜鶇的翅膀覆羽末稍是淺色的，代表牠還是幼鳥，這是牠第一次遷徙。牠很可能出生於紐芬蘭或拉布拉多北部的雲杉林，和我們在阿拉斯加標記的灰頰夜鶇隔了整個大陸的距離。但我仍然萌生同樣強烈的渴望，很想像我們研究德納利的鶇類那樣深度認識牠。這隻灰頰夜鶇不但是熱鬧的早晨中熙來攘往的眾多候鳥之一，還是獨立的個體，擁有超凡獨特的一生。

牠是一隻非常普通，卻又不平凡的鳥，就像每隻躍入未知的候鳥那樣，牠受本能指引，承襲百萬代先祖的含辛茹苦，任憑無情的天擇所形塑；牠飛越蒼穹，歷經我們難以理解的險阻，憑藉幸運的機緣和強大的耐力度過千鈞一髮，仰賴自身肌肉和羽翼的力量飛過千山萬水。無數個紀元以來，往往如此就足以讓牠們成功遷徙，然而好景不常，候鳥的未來是福是禍，都掌握在我們手中。

註釋

1 編註：美國畫家、作家、博物學家，其繪製的《美國鳥類》（*The Birds of America*）有「美國國寶」之美譽，其作品對後來的野生動物繪畫有著深遠影響。本書屢次提及的環保團體「奧杜邦學會」即以其命名。

第一章

琵嘴鷸（小琵）

眼前的世界被地平線劃分為兩等分的灰色：天空是雲層籠罩的煙灰色，平整無瑕；泥灘則是斑駁的花崗岩灰與炭灰色，綿延無垠，表面薄如紙張的淺水時而倒映雲朵，時而被風吹皺。空氣有股鮮明的鹹味，而大海遠在我們東邊，在視線範圍外很遠很遠的地方。漲潮的時候，海水會倒湧回這些泥灘，水位上漲的速度令人反應不及，而黃海彷彿只是濕冷海風捎來的傳聞。

我以為雨鞋會陷進泥濘，但腳下的泥地踩起卻來像混凝土。中國江蘇省這片海灘被當地人稱為「鋼板」，無論硬度或沉積物的鐵灰色都讓這稱呼名符其實。載我們過來的大型曳引機和車斗，就算開到海堤外好一段距離的此處，也只留下淺淺的車轍。這裡寸草不生，除了幾片漂流木和零星的塑膠垃圾以外，沒有其他東西打破印著潮水波紋的平整泥灘。很難有哪裡比這種地景更了無生氣。除了我的五六個瑟縮在雨衣裡遮蔽海風和飛揚海霧的夥伴以外，這裡唯一的生命跡象是幾條潦草的爬跡——應該是一小時前潮水急速退去時，某些軟體動物或蠕蟲留下的蜿蜒小徑。

李靜從肩上卸下單筒望遠鏡，撐開腳架，用簡潔嫻熟的動作開始掃視。章麟的操作流程如出一徹，但朝著另一個方向。我們其他人只拿雙筒望遠鏡隨意瞄準地平線上的某處，基本上什麼也沒看到。然而當我放下望遠鏡，瞥向左邊時，我聽見背後有尖銳的哨音奔騰而至，回頭才發現我們被鳥群吞沒了。

鳥群從南方飛來，密密麻麻的嬌小身軀時而波動，時而聚攏，層層排列，又分裂出捲鬚，形成好幾條支流，又匯合成羽翼的巨流，全部的動作都非常迅速。第一群鳥在幾秒鐘內湧向我們，包圍我們，上千隻敏捷的小鳥橫掃而過，揚起一陣尖細的哨音——和風聲截然不同，更高昂、更急切。我跟著牠們的航向旋轉腳跟，彷彿任狂風擺布的風向雞。但牠們已經飛過我，飛向遠處，此時第二群鳥也已經掠過身旁。這些鳥大部分是紅胸濱鷸（red-necked stints），大小和麻雀差不多，是亞洲普遍的小型濱鷸，體型和體態都神似我在家鄉常看到的半蹼濱鷸（semipalmated sandpiper）。紅胸濱鷸現在正是繁殖羽，頭和喉部都泛著深紅棕色。當中還有一些黑腹濱鷸（dunlins），嘴喙下彎，與黑色的腹部；以及翻石鷸（ruddy turnstones），羽色夾雜著鏽紅、黑色和白色斑塊，有如義大利喜劇的丑角。鳥群飛行的時候，我其實看不見這些特徵，牠們看起來都是一坨移動的東西，身形和翅膀模糊不清，一下子是灰褐色，一下子上千隻疾飛的鳥同時急轉彎，動作整齊劃一得詭異，淺色的腹面又閃現出白色。

我一回頭，看見千里之外鳥群聚集如雲，牠們從微彎的地平線後某個看不見的棲息處起飛，化為變形蟲般的團塊，時而波濤鼓動，時而內縮聚攏，再變成粗短的手指伸向我們。最先飛過的那群又掉頭盤旋回來，從南方不斷湧入的鳥群下方低低飛過，形成一個十字路口。牠們降落在我們四周，無數的棕色軀體彷彿在四面八方鋪滿了數百碼的地毯。這些小型濱鷸在著陸的瞬間，旋即把嘴喙戳進泥地，急切啄食的動作此起彼落，分秒必爭。

牠們的確分秒必爭。大部分的鳥兒已經飛了數千英里，從澳洲西北部的八十英里海灘（Eighty Mile Beach）或紐西蘭的泰晤士峽灣（Firth of Thames）等南方國度遠道而來。牠們在一兩週內，又要前往俄羅斯遠東的堪察加、阿拉斯加西部的育空三角洲，或西伯利亞極圈內的安茹群島（Ostrova Anzhu）。每年大約有八百萬隻遷徙性水鳥經過黃海，利用像在東凌（Dongling）的這種泥灘沼澤休息補給。我眼中空空如也的泥灘，地表下其實就是多毛類、雙殼貝、螺類、小型甲殼類和其他各種海洋無脊椎動物的大雜燴，對飢餓的鳥類而言堪比自助餐。研究候鳥的科學家把這些關鍵驛站稱為中繼站（stopover sites）[1]，又餓又累的鳥兒在此歇腳，養精蓄銳。生態保育學家近幾十年來才完全確定保留中繼站是最根本的要事，雖然任何人，只要曾經規畫過橫越全國的公路旅行，設法搞清楚該在何時何地停下來加油、食宿，一定都能理解這個道理。

中繼站的大小和品質各異，鳥類學家打趣地把它們歸類成「緊急逃生梯」、「便利商店」和「五星級飯店」，即使它們對候鳥存亡的重要性可不是開玩笑的。就像車潮能反映高速公路休息站的優劣，上好的中繼站只要擠滿候鳥，便代表此地食物不但豐富，盛產的季節也恰逢所需，環境安全無虞，又有充裕的活動空間；而這些候鳥也演化成必須仰賴通常相距甚遠的中繼站。中繼站大多位於考驗候鳥生理極限、難以克服的地理屏障前後，例如撒哈拉沙漠南端是向北飛的鳴禽短暫歇息的最後機會，牠們接下來得先通過廣大的沙漠，再飛越地中海才能抵達歐洲；或者新英格蘭的灌叢與沿岸沼澤：鳴禽和水鳥接下來要飛一千英里橫越大西洋西部，再借助東北信風飛一千英里，才能在委內瑞拉或蘇利南的海邊降落。每條航線、每個遷徙路徑都有這種瓶頸要塞，但如果綜觀全球，黃海無庸置疑是最關鍵的中繼站，攸關更大量、更多鳥種的存亡。

拿出東半球的地圖，用鉛筆從紐西蘭附近開始往西畫，經過塔斯馬尼亞南方，再往西北延伸五千英里，包覆孟加拉灣兩岸的印度與緬甸；接著往東畫，通過中國南部與台灣，再轉向東南，畫入菲律賓、印尼、整座新幾內亞島，以及索羅門群島和斐濟等南太平洋島嶼。這就是黃海的水鳥在繁殖季以外的時間所待的區域——在這段時間，只有北半球才是冬季，因此鳥類學家傾向稱之為「非繁殖季」。接著畫另一條線，從加拿大西北地區波弗特海（Beaufort Sea）、麥肯齊河（Mackenzie River）的出海口開始，往西沿著阿拉斯加的北坡（North Slope），越過白令海和整個西伯利亞西部，直達泰梅爾半島（Taymyr Peninsula），再往南橫越俄羅斯、蒙古和中國西部，一

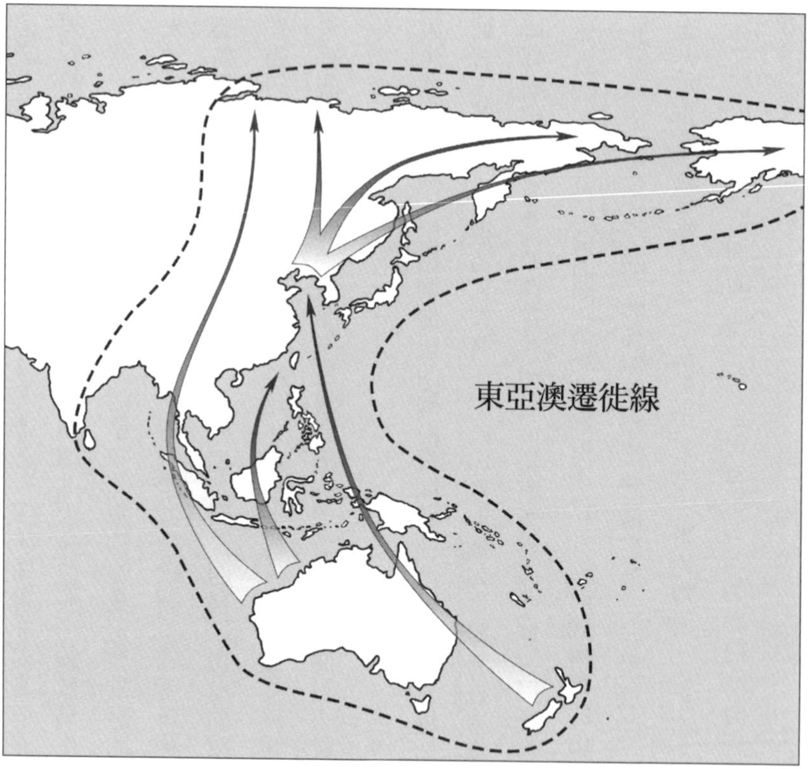

每年行經東亞澳遷徙線的遷徙水鳥約有八百萬隻，還有無數成千上萬隻遷徙性鳴禽、猛禽和其他鳥類。

路畫到青藏高原。然後向東把韓國日本都圈進來，再往東北納入堪察加、阿留申群島火山島弧，以及阿拉斯加西部的大部分面積——以上是候鳥們北返築巢繁殖的廣大範圍。

地圖上圈出的兩大區域，總共大約涵蓋了兩千七百萬平方英里，然而它們只有很小部分的重疊，就是隔開中國東部與南北韓的黃海。橫越大半個地球的東亞澳遷徙線（East Asian-Australia Flyway，簡稱 EAAF）版圖是個沙漏形，黃海不但是特別窄的腰身要塞，它的重要性更遠超過地理位置的偶然。黃海很淺，尤其是中國這側北部的渤海灣，在全球海平面比現在低幾百英尺的末次冰盛期，黃海大部分是乾燥的陸地，長江河道貫穿其中。在沿岸淺海適逢特定月相引發的大潮時，潮差可以超過二十五或三十英尺，這代表退潮時海灘將向外延伸好幾英里，露出全世界最廣闊的天然泥灘。這片泥灘受到沖進黃海的巨量沉積物滋養，因此得名：「黃」來自長江、黃河和中國東部各大河輸出的泥沙。黃河每立方碼的河水中所含的泥沙可達五十七磅重，這種充滿砂礫的泥漿似乎不該稱為河「水」。

歷史紀錄中，黃海沿岸的泥灘曾經廣達兩百七十萬平方英畝，可說是所有五星級候鳥中繼站當中最豪華的。但這五十年來，黃海有超過三分之二的沿岸濕地受到破壞，近十年來尤其嚴重。大多數的海岸破壞，美其名為「海埔新生」：疏濬大量淤泥築成阻擋潮汐的海堤，再把上百萬噸海床沉積物抽起來填滿海堤內的人造濕地，創造乾爽的陸地發展工業、農業等等。輸入海岸的河川泥沙也被阻斷，長江的主流和支流上目前共有大約五千座水壩，爭議頻頻的三峽大壩在二〇〇三年完工前，輸沙量就已經減少了百分之九十，而三峽大壩又讓僅存的泥沙銳減了百分之七十。對疲憊的候鳥而言，黃海泥灘上殘存的養分彌足珍貴，這大概也是全球各個複雜的遷徙路徑上最難的一關。

我來到黃海好幾週了，同行的還有中國、歐洲、澳洲與美國的生態保育專家學者，大家都明瞭黃海沿岸濕地對全球候鳥的重要性，以及這個生態系面臨的存亡危機。幾天前我們眼睜睜看見，曾經是濕地的位置被五座龐大的新興煉鋼廠佔據，它們長寬各有好幾英里。一位學者說道：「別無轉圜餘地了，這些候鳥已經沒有『其他地方』可去，每開發一公頃就失去更多的鳥。」國際自然保護聯盟（International Union for the Conservation of Nature, IUCN）也聲明：黃海沿岸棲地劣化、賴以為生的水鳥數量崩解，不但堪稱全球最嚴重的環境危機，對上百萬仰賴健全海洋生態的人也是巨大災難，例如漁民和養殖採集貝類的人。上述情形固然和全球其他野生動物面臨的嚴峻處境類似，但或多或少有點偶然，我來到中國沿岸才發現，無論是對這些深陷危機的鳥，或者牠們受盡凌遲的生態系而言，目前可能都是個轉捩點。在我造訪前不久，中國政府頒布了獨裁政權才辦得到的全面政策，一舉禁止黃海各地數十年來所蒙受的那些猖狂的海岸破壞，而且不容任何異議與延宕。有位生態保育學者對此表示她「樂暈了」[2]，而其他人的希望則和他們的憤世嫉俗一同發酵。在這前景堪慮的最後關頭，不敢太樂觀的確情有可原。黃海溼地的關鍵區域終於被列入國際保護區，棲地全部破壞殆盡一度看似勢不可擋，直到幾個月前才逐漸減緩。更特別的是，這一線曙光大半歸功於一種矮胖的小型濱鷸，牠們有怪異的嘴喙、巨星級的魅力，小小的前腳卻已經踏進墳墓。

海霧散了，颳起的海風把雲層吹成一條條的棉絮。「大部分都是紅胸濱鷸，」李靜說著，一面從單筒望遠鏡前起身，把飛散的長髮塞回棒球帽底下，她黃綠色的背包是幾英里內唯一的鮮豔顏色。「也許有三分之一是黑腹濱鷸，有一些灰斑鴴（grey plover），還有少數大型濱鷸（knots）和塍鷸（godwits），絕大多數都是小型濱鷸（saints and dunlin）。」章麟仍然彎腰盯著望遠鏡，握著計數器，快速用拇指按按鈕計算鳥數。鳥群壯闊萬千，但李靜要找的只有一種特別的鳥，也就是黃海生態保育的代表明星：琵嘴鷸（spoon-billed sandpiper）。琵嘴鷸就像卡通角色一樣可愛，牠們從側面看起來只是圓滾滾的普通濱鷸，頭部的紅棕色和紅胸濱鷸一樣。但如果你從正面看，牠們的嘴喙尖端是寬寬扁扁的湯匙形，彷彿有人趁它還是軟的時候拿錘子敲扁似的。沒有人知道小琵（spoonie，鳥人對琵嘴鷸的暱稱）為什麼演化出這麼無釐頭的怪嘴巴，想必和覓食有關，但確切功能就像牠們的身世一樣仍然成謎。總之「琵嘴」讓牠們活像逗趣的絨毛玩具。

作為極度瀕危的物種，琵嘴鷸也以數量極少著稱。琵嘴鷸好像從來就不普遍，只在白令海和東西伯利亞海沿岸，綿延俄羅斯東北的狹長地帶的零星幾個地點繁殖。巢位離海岸不超過幾英里，通常位於苔原延伸進嚴寒海域的岬角，上頭沒有樹木，只滿布著岩高蘭（crowberry）。一九七七年蘇維埃科學家調查了這些繁殖範圍，估計全球共有兩千至兩千八百對琵嘴鷸。接下來將近二十五年都沒有人再次深究此事，直到琵嘴鷸的數量剩下一半。情況實在危急，因次研究人員接下來進行了九年的密集調查，在原本預期有六十五對琵嘴鷸的地方，卻只找到八對。專家們得到的殘酷結論是：目前琵嘴鷸的族群只剩三百到六百隻，而且當時國際自然保護聯盟表示「已經是樂觀估計」[3]。而更謹慎的評估，則把族群上限降為四百隻，其中只有一百二十對繁殖個體。單就主要繁殖據點（如果對如此稀有的物種也稱得上）推估族群趨勢的話，譬如在遠東區楚科奇的梅內皮爾吉諾（Meinypil'gyno），數量的確一落千丈：二〇〇〇年中期還有九十對，幾年後只剩不到十對。

琵嘴鷸數量暴跌至滅絕邊緣的原因起初還不明朗，但大家很快就發現問題不是出在北極圈內。琵嘴鷸連年生下非常可愛的雛鳥，牠們活像棕色的斑駁毛球，長著和父母一模一樣的湯匙嘴，但每年幾乎所有雛鳥一離開俄羅斯就消失了。沒有人知道琵嘴鷸確切飛往何處，因此賞鳥人和鳥類學家開始地毯式搜索東南亞，在緬甸、泰國，還有孟加拉、越南以及中國南部都發現小群的琵嘴鷸。還沒有繁殖能力的琵嘴鷸幼鳥在上述地區度過生命中的第二年，也在那兒面臨亞洲水鳥的兩大危機：人民糊口所需的大量盜獵（鳥網與射殺），以及重要棲地的流失，尤其是黃海。

李靜和章麟成立了一個小型非政府組織「勺嘴鷸在中國」（Spoon-billed Sandpiper in China）[4]，參與全球力挽狂瀾的琵嘴鷸搶救行動。憑藉明星物種的保護傘效應，保育琵嘴鷸棲息的黃海沿岸，也能讓其他上百萬隻仰賴此地的鳥類受惠。琵嘴鷸最負盛名，但其他瀕危水鳥物種也岌岌可危，全球諾氏鷸（Nordmann's greenshank）的數量剩不到一千隻，與滅絕的距離只比琵嘴鷸差一點點。還有許多棲息於黃海的水鳥，像紅腹濱鷸（red knots）、大濱鷸（great knots）、黑尾鷸（black-tailed godwits）、斑尾鷸（bartailed godwits）、彎嘴濱鷸（curlew sandpipers）和反嘴鷸（Terek sandpipers）等等，數量在幾年間下降的比例可達百分之二十五。

「要怎麼找琵嘴鷸？」我試著從萬頭攢動覓食的水鳥當中看出些端倪，但除了仔細研讀過圖鑑上的繪圖外，我對琵嘴鷸該長什麼樣子毫無概念。

「要找羽色比這些小型濱鷸更淺的，」溫蒂・鮑爾森（Wendy Paulson）告訴我，她和夫婿小亨利・M・鮑爾森（Henry M. Pauslon Jr.，人稱漢克，是高盛集團的前執行長與前董事長、美國前財政部長）在二〇一一年成立了鮑爾森基金會（Pauslon Institute）。這個基金會的定位是「思想執行智囊團」，致力於中國的永續發展與環境保護。我幾年前透過鮑爾森夫婦的保育成就認識他們，那時漢克還擔任大自然保護協會（The Nature Conservancy）董事長，他們運用在中國的人脈與基金會的資源，督促政府保護海岸濕地，尤其是黃海沿岸。鮑爾森基金會在二〇一五年出版的《中國沿岸生態保育管理藍圖》影響甚巨，其中就把江蘇省沿岸，包括東凌在內的泥灘歸類為最需要及時保護的地點。這些地點的其他重要性也不容小覷：沿岸濕地是貝類養殖等當地民生經濟的重要來源，能作為海平面上升的緩衝地帶，還提供淨化水質等生態作用。

「琵嘴鷸比別的小型濱鷸大一點，顏色也淺一點，主要能由行為區分。」李靜說其他濱鷸像迷你的高速縫紉機一樣，用嘴喙上下刺探泥地；而琵嘴鷸覓食的動作是畫小圈圈。溫蒂接著補充：「牠們的嘴巴會來回擺動，在泥巴裡刷刷揮舞」，她跟漢克前幾年才在這裡看見七隻琵嘴鷸，在狂風暴雨中。

「那裡有一隻淺色的，」李靜說，「我覺得可能是——」剎那間，我們四周所有的鳥，大概五千隻，轟然起飛，盤旋成密密麻麻的一團，又像摩西分紅海一樣散開成巨大的U字形——原來有隻遊隼（peregrine falcon）衝過鳥群中間。這隻遊隼沒在狩獵，只是遊手好閒，但即使牠已經從海灘附近消失，小型水鳥們仍侷促不安，短暫降落一下就群起飛離，一而再再而三，每次飛起都讓李靜失望地嘆氣。

這幾年琵嘴鷸的數量似乎沒有明顯減少，至少沒有像大家擔心的那樣繼續暴跌。琵嘴鷸幾乎成謎的生活史在這十年間也逐漸水落石出。章麟和李靜等生態保育人士發現這裡的琵嘴鷸數量最高，有時超過一百隻。牠們每年秋天會在江蘇沿岸休息覓食兩個月，順便換下已經磨損的繁殖羽。其他學者與業餘人士也仔細搜索亞洲南部各個河口三角洲，找到以往未知的琵嘴鷸度冬地，並在其中許多地點阻止了猖獗的水鳥獵捕。因應野外的危機，保育團隊建立了一個還在站穩腳步的圈養族群，科學家使出渾身解術，成功提高了繁殖地的幼鳥數量。

中國政府禁止開發天然海岸的法令如果順利實施，也許來得及在最後一刻挽回琵嘴鷸和其他候鳥的命運。然而真正的好消息少之又少，事實上全球遷徙性水鳥面臨的危機，以徹底絕望來形容也完全不為過。水鳥數量驟減的程度好比一百多年前的旅鴿（passenger pigeon）；事實上，曾經遮天蔽日的涉禽（waders），和川流不息的旅鴿的確常常被相提並論。然而旅鴿滅絕，只是一塊大陸上少了一種鳥類；但現在有幾十種水鳥正在往滅絕的深淵墜落，全世界將面臨整大類物種的消失。全球各種水鳥幾乎都在減少，有些物種更以驚人的幅度驟減。在北美洲的長期調查顯示，目前水鳥數量基本上只剩下一九七四的一半，其中減少最多的是遷徙距離長、在北極圈繁殖的物種，例如翻石鷸、紅腹濱鷸和棕塍鷸（Hudsonian godwits）。中大西洋各州沿岸的數量調查也指出，過去三十五年內，中杓鷸（whimbrels）每年減少百分之四，令人憂心。牠們是最大型的水鳥之一，體型和小型鴨子相當，有著長又下彎的嘴喙，羽毛是栗棕和白色交錯的細格紋。二〇〇六年全球水鳥數量普查，把中杓鷸和一九八〇年代的數量做比較，發現各地調查的六十六個族群中，只有十二個數量持平或有所增加，且在那次調查後也只有每況愈下。但上述慘況並不代表生態保育學家無所作為，事實上他們已經投入大量心力保護重要棲息地構成的網絡。像是西半球水鳥保護網（Western Hemisphere Shorebird Reserve Network，WHSRN）已經涵蓋超過一百個地點，總計三千八百萬英畝，橫跨從加拿大到阿根廷的十六個國家。但即使設立了水鳥保護網，提升了這些重要棲地的能見度，卻仍無法賦予實質保護，因為管理權還是由當地或該國政府掌握，而當局未必會做出對鳥類最有利的決策。例如全球百分之九十五的西濱鷸（western sandpipers，和超過十萬隻的黑腹濱鷸、大量的灰斑鴴〔black-bellied plovers〕）每年所停棲的英屬哥倫比亞、溫哥華的弗雷澤河口（Fraser River Estuary）。此地不但被劃定為具備全球重要性的重要野鳥棲地（Important Bird Area）的水鳥保護網的其中一處，也列為拉姆薩國際濕地公約（Ramsar Convention on Wetlands）的國際重要濕地。然而弗雷澤河口仍然蒙受威脅：現有的近海港口計畫要擴建為兩倍大，此港的棧橋構造已經對河口生態造成影響。

遷徙是大多數鳥類在一年當中最危險的時間，更是許多水鳥最致命的挑戰。牠們在亞洲、非洲、加勒比海、南美洲北部的許多地區，以及地中海的某些區域，必須面對盜獵與謀生所需的獵捕。沿岸濕地正在消失，許多殘存的濕地又被人類用石塊和水泥加固以因應海平面上升，讓涉禽得以覓食的泥沙海岸變得更少。沒有安全又資源豐富的棲地可以休息、補充體力和度冬，代表許多有繁殖力的成年水鳥根本無法活著完成遷徙旅程，或因抵達築巢地為時已晚，而虛弱得沒有時間和精力繁殖。牠們也可能是抵達了繁殖地，才發現地貌受密集的農耕改變，已經不適合育幼，或跟不上急遽的氣候變遷，繁殖連年失敗。那些遷徙距離最長最壯烈的鳥，所需的時間、距離、天候、食物和體力往往都在精密調控下取得平衡，因此面臨著最大最迫切的險境。上述的危機遍及全球，但很少有地方像黃海這樣囊括了水鳥面臨的一切存亡難關。

一週前，我站在南堡（Nanpu）的海堤上，此地位於北京東南方一百英里，是從工業重鎮唐山往南深入黃海的區域。實在很難想像有哪裡的地景受人為改造的程度能比這裡更劇烈：原本超過一百平方英里的泥灘被建設成無邊無際的曬鹽池，亦即「南堡鹽場」。這裡的製鹽工業可以追溯到古代，然而近年才擴張為號稱亞洲最大的巨無霸等級。此地還有一塊同樣大的「海埔新生」地，雜亂無章蓋了有著大煙囪的化工廠、電廠冷卻塔、工業製造區、六座監獄，還有一座油井和儲油設施，全都錯落在無窮無盡灰白的鹽山之間。這個尚未完工的巨大工業港區稱為曹妃甸新區，還有一條建設中的高速公路貫穿其中，碎石路的六線道還沒鋪設好，雖然才凌晨五點，但周遭已經充滿機械的轟隆巨響。

太陽從低空的霧霾與揚塵裡升起，這些空氣污染刺痛了我的咽喉和雙眼。特尼斯・皮爾斯瑪（Theunis Piersma）背對南堡看著渤海灣，此時滿潮的海水已經漸漸從海堤退去。水鳥開始聚集到退潮後露出的灰色泥灘上，起初只有幾百隻，接著來了幾千隻，很快就集結了上萬隻——一波接著一波的大型濱鷸和小型濱鷸、反嘴鷸和彎嘴濱鷸、塍鷸和翻石鷸。牠們從漲潮時的歇腳處，也就是皮爾斯瑪背後的曬鹽池附近起飛，集結成一朵朵烏雲似地，飛來覓食和整理羽毛。

超過十年來，這些泥灘和匯集的大量水鳥一直深深吸引著皮爾斯瑪。這位六十歲的荷蘭科學家任教於格羅寧根大學（University of Groningen），灰色鬈髮在風中飛揚如雲，他可是水鳥學界的傳奇人物。事實上，在我們佇足的海提下、泥灘上覓食的紅腹濱鷸當中，就有一些屬於以皮爾斯瑪命名的中部亞種（*Calidris canutus piersmai*），牠們羽色比較鮮豔，度冬地在澳洲，繁殖地是北極圈內的幾個俄羅斯島嶼。

皮爾斯瑪的研究指出，水鳥在許多層面上堪比頂尖運動員，其不僅是候鳥中的佼佼者，更是所有脊椎動物中的體能冠軍。信天翁（albatrosses）和鸌（petrel）之類的海鳥飛行距離甚至更遠，可以橫越上萬英里的大洋，且海浪對牠們完全不是個問題。海鳥飛累了大可降落在海面上休息或睡覺，渴了也能直接喝海水（雙眼間有特化的鹽腺可以排出鹽分），餓了就抓魷魚類軟體動物和魚來吃。但對於體長只有六英吋的紅胸濱鷸來說，牠們無法停在水面，因此必須一口氣飛行好幾天，橫越印尼、菲律賓和東海，抵達北極圈的邊緣，因此東凌和南堡這樣的地方著實無可取代。

全球的遷徙尺度，再加上水鳥的生理極限，實在令人難以置信，連黃海泥灘上最小型的鳥也歷經史詩級的壯遊。就算我看見的這些小型濱鷸是在非繁殖區的最北邊（大概是印度和越南沿岸）度冬，牠們也飛了將近兩千英里才抵達此地。況且還有一些水鳥是在更南邊，像塔斯馬尼亞和紐西蘭北部度冬，表示牠們現身此地前已經飛行超過六千英里。這些水鳥還要從中國沿岸再飛幾千英里才能抵達築巢地，以大部分鳥兒要去的西伯利亞東部來說，還有三千四百英里遠。以上里程皆由體重不到一盎司的

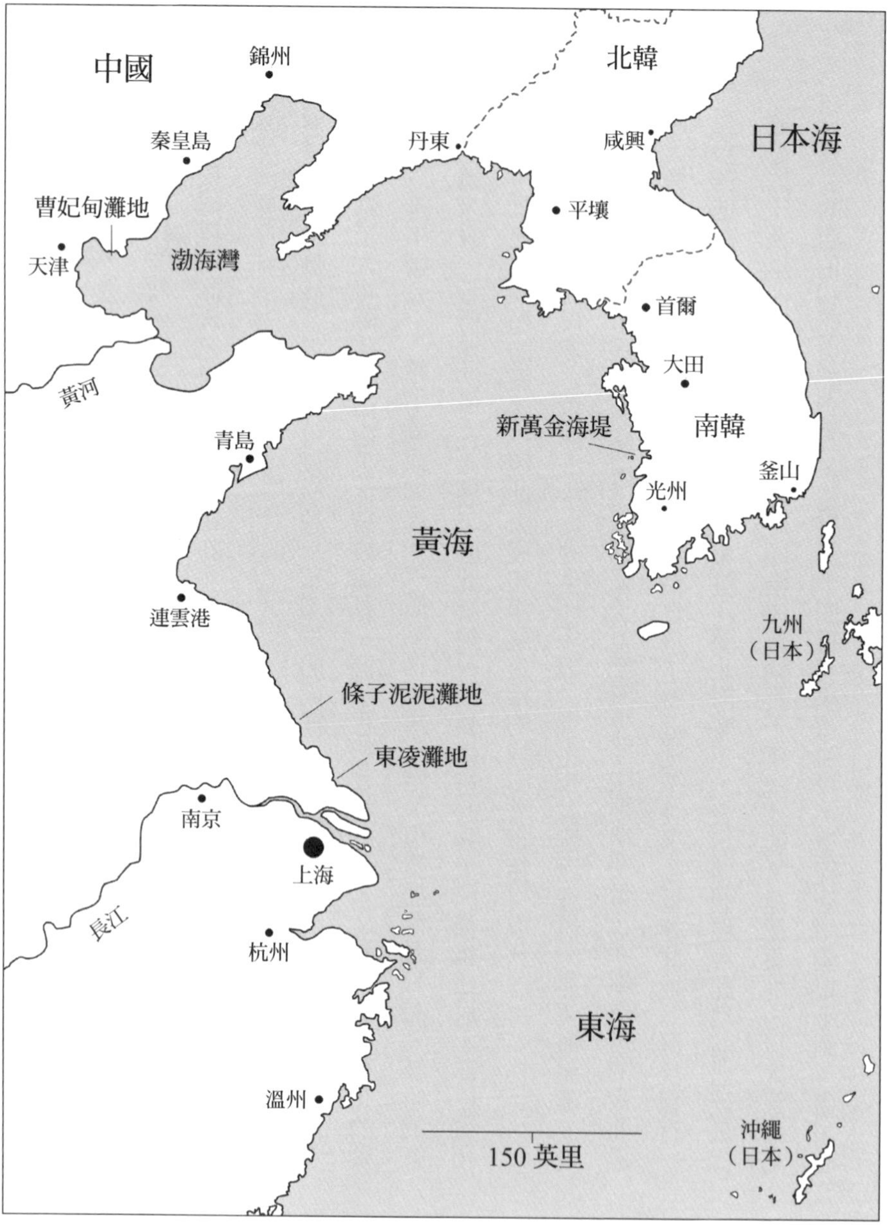

黃海位於中國和南北韓之間，是全球最重要的遷徙水鳥中繼站之一。

水鳥達成。

在稀有的遷徙水鳥中，小型濱鷸完成的旅途算不上特別引人注目。全球超過三百二十種水鳥大部分都會長途遷徙，其中至少十九種能連續飛行超過三千英里，但這只是目前已知的部分。科學家多年來受限於遙測技術，只能追蹤塍鷸這類較大型的鳥種才背得動小型衛星發報器。皮爾斯瑪便是這項研究的先驅。不過設備微型化也促成新發現：半蹼濱鷸（習性與體型和紅胸濱鷸相當的美洲物種）會往返於高北極區以及南美洲北部，這條路徑是透過地理定位器詳細追蹤得知的，就是我們在阿拉斯加裝在鶇（thrushes）身上的東西。有隻在加拿大極圈內的科茨島（Coats Island）標記的半蹼濱鷸，夏末飛到詹姆斯灣（James Bay）待了幾週養精蓄銳，再一口氣飛行三千三百英里到委內瑞拉的奧利諾科河（Orinoco River）三角洲，接著繼續沿著海岸飛往巴西的亞馬遜河口度過（北半球視角的）冬天。這樣的旅途幾乎榨乾水鳥的每項生理系統。特尼斯和同事們也研究了大濱鷸，這種鳥大約是旅鶇的體型，和體型稍小的紅腹濱鷸近緣。他們發現大濱鷸在北返的旅途中幾乎耗盡所有體力，抵達終點時可說是氣若游絲。大濱鷸從澳洲西北部出發，中途不作停留，一鼓作氣飛行超過三千四百英里抵達中國和南北韓附近，一路上燃燒體內儲存的脂肪，挪用肌肉和其它器官的成分，好提供持續拍動的飛行肌群所需的可觀能量。牠們抵達黃海時，體內幾乎所有器官都分解萎縮，只有腦部和肺部看起來不受馬拉松式飛行所影響，腸道和鹽腺這種長程飛行用不太到的器官則縮小得最多。

老實說把這種飛行比擬為馬拉松太小看鳥類了。特尼斯指出，體力輸出量最高的人類菁英運動員，像是正在進行環法自行車賽的男性選手，體能消耗是基礎代謝率的五倍。這似乎已經是最精銳、最高度訓練的人類，持續運動時能達到的上限。而水鳥長途飛行時以基礎代謝的八到九倍輸出體力，這樣持續好幾天不進食，不喝水也不休息。二〇一九年衣索比亞的跑者破紀錄在兩小時內跑完馬拉松，因此不斷被譽為「超人」。也許他真的超越了人類極限，但和鳥類相比仍然略遜一籌。半蹼濱鷸從加拿大的亞寒帶飛到奧利諾科的河口叢林，相當於連續跑了一百二十六場馬拉松，代謝率也比最傑出的人類跑者還高好幾倍。我們回顧一下：牠的體長只有六英寸，體重不到一盎司。

更多鳥兒降落在南堡，我估計不出究竟有多少，但皮爾斯瑪瞇著眼睛俯瞰海灘的盡頭，便說：「光是大型濱鷸就有一萬五千到一萬六千隻。」紅腹濱鷸和大濱鷸在退卻的潮水邊緣擠成密密麻麻的帶狀，前者是磚紅色，後者則是細密的黑白相間，背上帶著幾抹紅棕色。他還指出一隻淺灰色的諾氏鷸，貨真價實全球僅存的那一千隻當中的一員。諾氏鷸時而像單腳旋轉的芭蕾舞者，時而一個箭步往前衝，時而用細長的嘴喙直直戳刺獵物，類似鷺鷥在淺水域捕捉無脊椎動物的方式。「大家當然都很想看琵嘴鷸，但諾氏鷸也差不多稀有，」皮爾斯瑪也提醒我。一群斑尾鷸降落下來，牠們是長腿的高個子，羽色像因日曬而褪色的磚塊。這些和鴿子大小相仿的鳥兒當中，有些個體在上個秋天便完成了已知最長的陸鳥連續飛行距離：七千兩百英里，從阿拉斯加西部的繁殖地，橫越太平洋最寬的區域抵達紐西蘭，連續七到九天高強度地發揮體力，中間完全沒休息。

這樣的飛行壯舉已經相當驚人，但長途遷徙的候鳥還必須面對懸而未決的生理考驗。我們看到的這些紅腹濱鷸和大多數水鳥一樣，會在五月底六月初抵達極圈，那時地面仍被冰雪覆蓋，因此除了從中國開始連續飛行三千英里以上所必備的能量以外，牠們也得在南堡補充足夠的脂肪和蛋白質，這樣剛到繁殖地那幾週才有體力能捍衛地盤、尋找配偶，然後開始築巢（雌鳥還要準備生蛋）；因為要等苔原的冰雪融化，牠們才找得到新生的昆蟲和去年秋天殘存的最後一批乾枯漿果。旅途中的棲地破壞，將逐漸蠶食牠們增重的機會，可能讓牠們無法繁殖，甚至根本無法存活。黃海沿岸的「海埔新生」（reclamation），英文字義上是人類拿回被大海佔據的領土，但其實是人類反過來佔用了海濱。二〇〇六年南韓在新萬金（Saemangeum）蓋了好一座二十一英里長的海堤，阻斷潮水進出兩大河口。那兒原本涵蓋了超過一百五十平方英里的豐餵濕地，不但有兩萬人仰賴採集貝類維生，也維繫成千上萬遷徙水鳥的性命。但興建海堤的後果是：超過七萬隻大濱鷸立刻消失，這相當於全球數量的五分之一，而這個數字別無巧合，幾乎就是往年會在新萬金落腳的數量。

「現在我們可說是失去任何一頃濕地，就會有更多鳥兒消失，」特尼斯緊盯著望遠鏡裡的視野說道。他不只是在欣賞壯闊的鳥群，更是在搜尋資料，好作為遊說決策當局的鐵證。「這裡有一隻，黃色足旗ZHT，克里斯啊，牠是從你家那裡飛來的。」這句話是對克里斯．哈索（Chris Hassell）說的，這位頭髮斑白的英國人多年前移居澳洲，也參與皮爾斯瑪的「全球遷徙網絡」（Global Flyway Network），這是全球水鳥研究人員的合作組織。哈索的團隊每年會在澳洲西北部偏遠的海灘繫放上千隻度冬水鳥，替每隻鳥標上獨一無二的彩色塑膠腳環組合，還有「足旗」，這種腳環有個突出的塑膠片，上面可以銘刻英文字母和數字組成的編號。有了腳環和足旗，不論這些鳥遷徙到哪裡，調查人員只要遠遠看到，就能辨識牠們的身分，藉此增進我們對遷徙路徑和遷徙時間的知識。繫放更重要的功能是讓研究人員透過（有點複雜的）統計分析，估計鳥類的族群大小和年度存活率。這隻有著足旗的濱鷸就是哈索的團隊在澳洲布魯姆（Broome），他的住處附近繫放的。

「那裡還有一隻，足旗在三號位置[5]，藍／黃，紅／白，七十五，東部」皮爾斯瑪說道，意思是鳥從左腳到右腳，由上而下的腳環顏色、全身百分之七十五換上繁殖羽、屬於東部亞種（*C. c. rogersi*）[6]。紅腹濱鷸的這個亞種在西伯利亞東部繁殖，身體上半部的毛色比中部亞種（*C. c. piersmai*）更灰，後者在西伯利亞更西部的島嶼上繁殖。

我們面前的所有水鳥突然起飛，彷彿有人一聲令下。牠們振翅，宛如一陣轟然的嘆息，向右沿著海岸愈飛愈遠，聲音逐漸淡出，只剩微弱的氣音。哈索和皮爾斯瑪連忙扛起單筒望遠鏡小跑跟上，他們之前就告訴我，由於退潮的方向和南堡海堤有個夾角，調查團隊得追著潮水跳蛙式前進，幾小時內要走七八公里，才跟得上覓食的鳥群，以便近距離讀取腳環的資訊。走了幾百公尺後我們遇到梁嘉善（Katherine Leung）、麥特・史雷梅克（Matt Slaymaker）和亞德里安・波以爾（Adrian Boyle），他們已經在用望遠鏡觀察重新降落的鳥群。我和大夥待在一起，皮爾斯瑪和哈索則繼續前進，準備先去下一個水鳥覓食點。

梁嘉善曾任職於世界自然基金會香港分會（World Wildlife Fund in Hong Kong），來自中國，史雷梅克是英國人，波以爾則是澳洲人，他們和哈索都是全球遷徙網絡在南堡的團隊核心，與張正旺（Zhengwang Zhang）教授指導的一大群中國研究生共事。張教授是北京師範大學生命科學院的前副院長，也是中國鳥類學會（China

Ornithological Society）的副理事長。史雷梅克和波以爾十年來往返中國，每年四月初到六月底負責進行這些鳥類調查，而梁嘉善在這裡幫忙一週，接著要去美國德拉瓦灣（Delaware Bay）與一個國際水鳥團隊會合。就像他們研究的鳥兒一樣，水鳥專家的旅行里程也很可觀。

史雷梅克又高又瘦，窄窄的臉上掛著凌亂的深色鬍鬚，一頭長髮向後梳成髮髻。他在筆記上振筆疾書，記錄水鳥腳環的顏色組合。而我瞇起眼睛努力端詳，把單筒望遠鏡的焦距和放大倍率旋鈕轉了又轉，直到不得不承認自己根本看不出個所以然。「有個訣竅，」波以爾說，他面色紅潤，比同事矮小些，平頭上戴著一個棒球帽。「要等鳥轉過來面對你，就能同時看到兩隻腳上的所有腳環。」我發現他高估我了，鳥群遠在約三百公尺外，光線朦朧，我根本一個腳環都看不到。不過我決定默不吭聲，這三位夥伴正在辨識腳環，而這樣的距離顯然遠超我的能力範圍，我大概幫不上什麼忙。

霧濛濛的海平線上有幾艘油輪，後來哈索告訴我，有時會有超過一百艘油輪在冀東—南堡近海的油井排隊等候。此地大部分的天際線都被鑽油設施盤據，它們是二〇〇五年發現的廣大油田的一部分，長期以來也讓生態保育人士擔憂，萬一遷徙季節原油外洩，肯定是大難一場。黃海地區已經有過好幾起重大的洩漏事故和油井爆炸，沒那麼嚴重的漏油事件也屢見不鮮。風向改變的時候，油田散發的煉油味被一股廁所般的臭氣取代——那是我們北邊海埔新生地上的養豬場，它們把廢水排放到其中一些曬鹽池。空氣中偶爾才會吹來清新的微鹹海風，我們往前跑，追上退去的潮水和尾隨其後的鳥兒，在牠們飛離之前盡可能快速掃視，再沿著海堤繼續小跑。我們沿途經過穿著青蛙裝的中國漁民，他們身後拖著浮在車輪內胎上的籃子，一邊翻動泥灘採集蛤蜊。上午十點左右，我們走到海堤的盡頭，那兒有大約十英尺高的厚重乾泥牆，隔出好幾個圍著網子的水池，裡面是養殖海蜇。水鳥已經飛遠，即使皮爾斯瑪的團隊也難以辨識腳環，於是我們回南堡吃午餐，再度路過月球表面般的曬鹽池與渠道，有幾艘動力船舶正拖著長長一串堆滿鹽的小平底船。

這片泥灘地是可預測的暫時性棲地，每天兩次漲潮，海水會以驚人的速度沿著平緩的地形湧上，最後淹沒整片泥灘。當潮水上漲到一定程度，對鳥兒來說就太深了，短腿的小型濱鷸會先飛離，最後長腳的塍鷸和杓鷸（curlews）也待不住。以前牠們會往內陸飛一小段，到緊臨海岸的半鹹水濕地和沖積沼澤歇腳，然而這些環境也早已消失，開發殆盡，因此曬鹽池成為水鳥漲潮時非常重要的棲息地。實在很諷刺，因為它們也是從肥沃的泥灘開闢而成。製鹽過程中，愈來愈濃的鹽水會從一開始的蒸發池逐步移至最後的結晶池，這些淺水池有大有小，從幾百到上千英畝都有，而這裡成了鳥兒休息理毛和睡覺的避風港。在曬鹽池停棲的鳥類數量，有時高得令人跌破眼鏡：克里斯告訴我，幾年前他們曾經在一個曬鹽池裡記錄到九萬五千隻水鳥，其中六萬兩千隻是彎嘴濱鷸，佔了整個物種在東亞澳遷徙線當中的三分之一。幾天後，隔壁池則有三萬四千隻紅腹濱鷸，一樣也是遷徙線上三分之一的族群，還包括整個中部亞種超過一半的數量。

然而我們沒看到那麼多，我來訪的這陣子池水都比平常深得多，大家也不清楚確切原因。似乎有愈來愈多池塘被用來養蝦，這是有利可圖的沿海產業；還有一位中國研究生聽說，儲存的水最後是煉鋼廠要用的，就是那些好幾英里外，突出地平線的巨大工廠群。無論是什麼原因，總之水鳥無法在淺水池中間聚成一大群，因此只能擠在散落於廣闊區域的池畔土堤上。

有天下午，特尼斯和我與朱冰潤會合，這位高高瘦瘦的博士生專攻黑尾鷸。黑尾鷸和皮爾斯瑪頗有淵源，這種鳥會在他家鄉弗里斯蘭（Friesland）附近的草地和牧地繁殖。朱冰潤（水鳥調查團隊把他的姓氏英語化成Drew當作暱稱）幾年前去過荷蘭，和特尼斯一起研究黑尾鷸，但他現在在這裡研究的黑尾鷸族群離開黃海後是到外蒙古的草原繁殖。我們一路上經過數百英畝的內陸魚塭，上頭整齊蓋滿太陽能板，每一碼的水面都被遮蔽，水下仍然持續養殖水產。起初我覺得在同樣的面積上做兩件事很聰明，但特尼斯的反應卻截然不同。

「這是很恐怖的情況，」他說，「的確聰明巧妙，對能源需求大有助益，對對水鳥而言卻大事不妙。白腰草鷸（green sandpipers）、鷹斑鷸（wood sandpipers）、流蘇鷸（ruffs）、尖尾濱鷸（sharp-tailed sandpipers）、黑尾鷸和很多水鳥都會利用這些淡水魚塭，塍鷸、大型濱鷸和杓鷸則棲息更靠海的曬鹽池。如果水鳥失去漲潮時棲息的這些水塘，即使保留牠們覓食的泥灘地也無濟於事。」

朱冰潤主要的研究區域在漢沽一帶，位於渤海灣最西北的區域。我們舟車勞頓才抵達該地，為了避開車潮，先繞進錯綜複雜又擁擠的付費道路，接著又驅車穿過無邊無際的商業區，還在麥田、住宅群和曬鹽池之間塞車——這些地方從前都是泥灘濕地。我們經過大神堂的殘留建物，當地政府在五六年前拆遷此村，想改建為觀光名勝但以經費不足告終，只留下好幾英畝藍綠色塑膠網蓋著的瓦礫堆。這種固定廢棄物和磚瓦的方式在中國隨處可見，堅韌的雜草會在其中想盡辦法落腳生長。我覺得這般景緻彷彿砲火摧殘的戰地，或者末日後電影的場景。

到了海邊，我們交談時得大吼大叫，好蓋過不遠處六線道高速公路上，卡車川流不息的嘈雜聲。高速公路再過去是數十座旋轉的風力發電機，襯托著一英里外巨型燃煤發電廠的冷卻塔，還有後方好幾英里外天津市郊的天際線。現在的潮汐不適合鷸鴴覓食，因此朱冰潤轉移陣地到內陸，穿梭在上千座小鹽池之間，鳥群就聚集在池畔的順風處。有些鳥兒蓬起羽毛睡著了，但大多數忙著啄食水面。「牠們吃的是水蠅（brine flies），」朱冰潤說，「有好幾兆隻吧。」我也看見池邊的水面有成群亂飛的黑色小蟲，每隻大概是米粒大小。我們下車時，這些水蠅慵懶地在人體的背風面嗡嗡飛舞，毫無惡意地停在我們的手上腳上。除了有些水池養的豐年蝦之外，水蠅也是水鳥主要的食物來源。這裡的鳥種組合和泥灘截然不同，沒有大型濱鷸，而有黑尾鷸、翻石鷸、青足鷸（common greenshanks）、鶴鷸（soptted redshanks）、小青足鷸（marsh sandpipers）和其他鳥種，例如反嘴鴴（pied avocets）——這種時髦討喜的白鳥頭頂漆黑，翅膀上也有斜斜的黑色帶，灰藍色的長腿漫步在淺水中，嘴喙末端像針一樣尖又微微上翹，有如掛著蒙娜麗莎一般的微笑。

不過特尼斯這時只在仔細觀察黑尾鷸。科學家向來把東亞澳遷徙線上的黑尾鷸都歸類為同一個泛亞洲分部的「普通亞種」（*Limosa limosa melanuroides*），但就連我這種未經訓練的人都看得出，光是一個池塘裡就有許多不同體態、不同大小、不同羽色的黑尾鷸。其中一部分固然是性別差異，雌鳥體型較大，雄鳥則羽色較深，除此之外大多數的黑尾鷸都又大又壯碩，有著醒目的長嘴和淺色羽毛。而特尼斯指出的其中一隻雄鳥，牠的體型幾乎只有其他個體的三分之二，羽毛斑紋的顏色深得多，頭部和胸前都是飽滿的深紅棕色，牠輕巧啄食水蠅的嘴喙也比其他黑尾鷸更短更直。「這隻就是普通亞種。」特尼斯說的是這隻深色的小個子，而他和朱冰潤都認為其他比較大的黑尾鷸身分仍然成謎。其他黑尾鷸，至少包含一個在黃海歇腳，但還沒被描述的亞種，牠們很可能也有獨特的度冬和繁殖地，再再顯現我們對這條複雜的遷徙網絡所知甚少。比方說克里斯・哈索等人在澳洲西北部繫放的黑尾鷸又小又鮮豔，遺傳特徵符合典型的「普通亞種」，然而十年來研究團隊卻從來沒在南堡見過牠們，代表牠們應該有另一條遷徙路線，或可能也是另一個隱蔽族群（cryptic population）。如果朱冰潤想證實上述假說，他需要捕捉、測量、標記黑尾鷸好建立資料，困難重重；但如果這裡的黑尾鷸真的有好幾個亞種，那麼的確有重大的生態保育意義。專家估計東亞澳遷徙線上的黑尾鷸大約是十六萬隻（但持續減少），其中超過半數遷徙時都會在黃海沿岸停留。如果這些黑尾鷸其實有著數個族群，且各有不同的遷徙路徑和危機，那麼其中任何一個族群都有可能在沒人發現的情況下瀕臨滅絕。

在我們討論黑尾鷸的分類時，一輛黑得發亮的奧迪從兩個水池之間開進來，在密布車轍的路上顛簸前進並停在不遠處。下車的是一位肌肉發達的年輕男子，穿著馬球衫戴著墨鏡，接著是一位同樣時髦的年輕女子，兩人看起來完全不屬於此地。女子在車旁等候，而男子在水池一側崎嶇不平的乾燥土堤上慢慢前行，驚起整群水鳥，接著調整了池畔閘門上的進水閥。他走回去時，女子拍了幾張兩人的自拍，接著雙雙回到車裡，開車經過我們。朱冰潤對他們微笑揮手致意，我從暗色的車窗裡勉強看見回應的手勢。

「他們是地主的人，今天晚點就要把蝦子放進池裡。地主是個黑道，但我和他處得還不錯。」朱冰潤這麼說。

「你說的『黑道』是那種黑道嗎？」我問他。

「對，就是會殺人分屍的黑道。養蝦業每年都會鬧出人命，這個生意利益龐大，所以他們常為控制權大打出手，」朱冰潤接著說，「但我對這個地主有好感，他真心喜愛鳥和動物，不會像很多養蝦場那樣放鞭炮把鳥嚇走，而且他也滿喜歡我的。」

「那拜託繼續保持，」特尼斯有點目瞪口呆，「我們可不希望你被分屍。」

第二天，和往常一樣，在黎明前陰冷的南堡等大夥來接我。我試著輕輕呼吸，因為這裡一直籠罩著土黃色的空氣污染，我來到中國後很快就出現長期喉嚨痛的症狀。凌晨四點半晨光微微照亮街道，第一批上工的人慢慢騎著摩托車出門了，大家戴著口罩，有些女性甚至罩著腳踏車雨衣般覆蓋全身的衣物，又戴了袖套和手套，以免工作服沾到路上的塵土煤灰。不少人路過我的時候睜大了雙眼，打量這個背著背包，帶著單筒望遠鏡的大個子西方人。南堡不是觀光客旅行的路線，美國人可是值得佇足打量的稀客。其實，這陣子整個城裡唯一核准接待外國旅客的旅館正好整修不營業，但張教授動用了一點關係，所以在我上週抵達的時候，發現自己是這棟迷宮般、空蕩蕩的旅館裡唯一的住客。第一天早上旅館安排我在宴會廳吃早餐，四周都是鋪著桌巾的大圓桌，空曠得有回音。旅館寬敞的庭園通往街道的門每晚會緊緊上鎖，但後來我每天大清早就得出門，連最核心的工作人員都還沒起床，所以我只好翻牆出去，像逃離現場的強盜一樣。

我聽見喇叭嘟嘟作響，這就鑽進其他全球遷徙網絡夥伴所在的小箱型車裡。梁嘉善遞給我一包豬肉煎餃，熱騰騰的麵皮有點黏手。我們一路往南開向海灣，有點焦急希望別遲到，因為今天可是要接待訪客。大夥抵達海堤後不久，橘色的晨曦照亮海面時，一個小車隊也沿著碎石路顛簸而至，總共二十幾人下了車：張教授和一群他的學生、溫蒂與漢克．鮑爾森還有幾位鮑爾森基金會的同事，以及英國賞鳥人暨環境律師泰瑞．湯森（Terry Townsend），他住在北京並與中國生態保育人士密切合作。大家互相握手介紹之後，潮水開始從海堤退去，露出一點泥灘；亞德里安在我們身後嚷嚷，指東指西——上千隻鳥從漲潮時棲息的曬鹽池蜂擁而至，越過海堤沿岸的電線桿，滑翔降落下來覓食。紅腹濱鷸在晨光下閃耀著深銅色，而大濱鷸在蒼白天色的背景中也更顯漆黑。

梁嘉善、亞德里安和麥特扛著單筒望遠鏡往海岸線跑，他們有要務在身。而貴賓們也不得閒著，所有能找到能記錄到的腳環資料都非常重要。張教授和特尼斯則在後頭交關，感謝鮑爾森夫婦透過基金會遊說海岸保育事宜，兩人認為此舉是政府最近宣布填海禁令的一大關鍵。鮑爾森夫婦中，溫蒂對賞鳥比較熱衷，她正在從海灘上數量急遽上升的鳥兒當中，找出寬嘴鷸（broad-billed sandpipers）和其他比較少見的物種。漢克高大精瘦，戴著飛行員墨鏡和綠色的棒球帽，正全神貫注地和特尼斯、泰瑞與張教授熱絡討論政策，不過溫蒂時不時就把他拉回望遠鏡旁，確保他沒錯過此行必看的鳥種：「漢克你一定要來看，有諾氏鷸！」溫蒂就像這樣臨時打斷漢克。

二〇一六年，在鮑爾森基金會掌握了十年來全球遷徙網絡鳥類調查，以及張教授的研究生所搜集的資料後，和世界自然基金會一起向河北省林業局、灤南縣政府協商取得五年的協議，要將南堡泥灘設立為自然保護區。但查看了最新的自然保護區提案範圍，並與周遭飽受摧殘的地景相較之後，鮑爾森夫婦、特尼斯和張教授的沮喪都表露無遺。不但大部分泥灘沒被劃進核心保育區，且幾乎全部的曬鹽池（現在每分每秒都還有許多在那兒歇息的鳥飛過來）也都沒得到任何程度的保護。這些區域受地方政府管轄，當局不想扼殺鹽池轉型成工業或水產養殖的潛力。漢克只能希望，他與中國國家林業和草原局首長約定的會議足以帶來轉機。

關於黃海的水鳥，所謂「好消息」有很長一段時間都是紙上談兵。二〇一七年初，中國政府在黃海與渤海灣提名了十四個地點，作為申請聯合國教科文組織世界遺產（UNESCO World Heritage）的暫定名單，其中也包括南堡附近的泥灘，以及我幾天後要去找琵嘴鷸的江蘇沿岸。此舉的確象徵生態保育人士扳回一城，但某種層面上其實形同虛設。國際公約規定訂世界遺產「必須受所屬國家強力保護」，這種過渡措施無法帶來任何保障。不過，申請成為世界遺產仍然是一大突破，而更驚人的大新聞則發生在我來訪前幾個月，中國國家海洋局（State Oceanic Administration, SOA）宣布禁止黃海沿岸大多數的海埔新生工程。

「一年前還很難想像會有這麼大的進展，」泰瑞．湯森告訴我，我們站在海灣邊，一面看著鵐（buntings）、鷚（pipits）和石䳭（stonechats）在海堤上及腰的草叢中快速飛過。牠們這一大群往北遷徙的雀形目鳥類（passerines），也在這個微寒的春日早晨來到海邊。「但還是得看看最後如何執行，國家海洋局下令禁止『商業開發』，又把海埔新生地的決策權從地方提升到國家層級，看起來事關重大。幾乎所有海埔新生都是地方政府批准的商業計畫，往往不需要額外許可。鹽城一帶有些違法的海埔新生地已經被復原，像那些築起海堤但尚未填充泥沙的地區，就把海提拆除讓潮水進出。」但另一方面，這項禁令也網開一面，允許「攸關國家經濟與人民生計」的開發計畫。那天早上我們還不清楚這究竟代表哪些範圍。幾週後大家就會知道獲准開發的包括一個大型港口擴建工程——為了配合已經在先前的海埔新生地上興建的五座煉鋼廠，且就坐落於南堡和朱冰潤研究黑尾鷸的漢沽之間。港口擴建會再吞噬二十一平方英里的殘存泥灘，這想必是「攸關國家經濟與人民生計」。

不過，好消息接踵而至。成千上萬隻水鳥助陣，讓訪客親眼目睹壯觀的景象，那天早上讓大家的心情都很愉快。在黃海的水鳥遷徙季，能看見這般光景已經難能可貴。

南堡並不是黃海沿岸唯一一個嚴重缺乏保育的重要棲地。三天後，我到了大約五百英里以南，黃海南緣、長江出海口稍北的地帶。漢克・鮑爾森留在北京開會，溫蒂和我則與琵嘴鷸專家李靜等人一起造訪條子泥。此地屬於江蘇省沿岸的泥灘複合帶，常被視為整條東亞澳遷徙線上最重要的區域。

「這些是黃海僅存的泥灘中面積最大的，」李靜說道，我們一邊小心走下海堤陡峭的斜面，驚起在水泥上歇息的灰沙燕（sand martins）與金腰燕（red-rumped swallows）。「退潮時，這裡到海邊的直線距離有二十公里。」

我顯然覺得自己聽錯了：「抱歉，你說多遠？」

「你沒聽錯，二十公里。」李靜回答。大家可能會覺得這麼廣闊的區域一定能為所有水鳥提供充裕的空間和食物，然而泥地也有高下之分。李靜向我們解釋，海洋資源就像陸域生態一樣，並不會平均分布，泥灘地上很多地方對飢餓的水鳥而言可能是食物荒漠。環境也會隨著季節變化，春天物產豐饒的地區，秋天可能就沒那麼好，或者相反。況且各種水鳥專攻的食物也不同，要去不同環境用不同的方式捕捉。塍鷸類有高蹺般的長腿，可以在更深的水中跋涉，將近四寸長的嘴喙也能探索泥地深處，用觸覺找尋軟體動物與蠕蟲。紅胸濱鷸腿短嘴也短，必須在潮水剛剛退去時覓食，趕在獵物鑽進地下之前看見牠們。特尼斯·皮爾斯瑪和同事多年前發現，紅腹濱鷸還用一種在已知的動物中獨特的第六感來探測泥灘下的雙殼貝：用嘴喙快速刺探，在泥沙顆粒間的水中形成一種疏密波，波動遇到軟體動物的硬殼會反射，而鳥喙尖端密集的感官網絡能偵測到反射波，就像回聲定位。因此，泥灘上每種水鳥各有不同棲位，我們能看出這種科學家稱為「資源分配」（resource partitioning）的現象。整個早上，靠近陸地一英里左右，我們走得到的地區都生氣蓬勃，充斥著小型濱鷸等小水鳥。而構成南堡水鳥群像的大型物種，像大型濱鷸和塍鷸一類，偶爾我們才會瞥見牠們遠遠飛過。在條子泥這裡，牠們覓食的區域在好幾英里外的泥灘上，那裡的河口環境才有牠們所需的獵物。

靠近岸邊的地方還有好幾叢互花米草（smooth cordgrass, *Spartina alterniflora*），每一叢都像一個房間那麼大，這種植物原產於北美洲的潮間帶，起初引進種植是用來「加固」天然泥灘（某些地區現在仍這樣進行），但儼然成為黃海沿岸的一大問題。雖然互花米草在馬里蘭或喬治亞州等地造就了物種繁多的豐饒鹹水沼澤，但到中國卻扼殺了天然泥灘的生態，這裡沒什麼生物能在貧瘠的單一植被中生存。鮑爾森基金會已經呼籲中國政府控制互花米草，像是在條子泥和南堡等還來得及處理的地方。基金會媒合中國政府的科學家和處理互花米草入侵的美國人士，互花米草在美國西岸也是嚴重的入侵物種。

我不斷聽見附近傳來高亢的長哨音，原來是陳騰逸。這位穿著棕色迷彩外套的結實青年脖子上掛了一串小竹哨，他吹著其中一個，同時目不轉睛盯著正在飛來的一群小型濱鷸。他又吹了一聲，鳥群立刻轉過來衝向我們，像一陣快速掠過的旋風。大家都叫他騰騰，他在崇明島沿海長大，學會使用一種自製的誘鳥哨——那原本是當地獵人模仿水鳥叫聲，引誘鳥群進網用的。但身為熱心的生態保育人士與攝影師，騰騰用這項傳統技藝協助科學家和訪客觀察成千上萬聚集於此的候鳥。接著他又改吹一種奔騰的顫音，更多水鳥持續飛來，鳥群分流繚繞，彷彿中國傳統的彩帶舞，川流的鳥兒隨著隱形的彩帶棒旋轉躍動。

這裡還有好幾種小型鷸鴴，像綜合香氛乾燥花似地，混雜在大量紅胸濱鷸之中，包括尖尾濱鷸、寬嘴鷸、黑腹濱鷸，幾隻有上翹怪嘴的反嘴鷸，以及蒙古鴴（sand plovers）。蒙古鴴是現在泥灘上最亮眼的鳥種，牠們身長大約八英吋，頭頂濃豔的肉桂色漸層到背部的棕色，搭配黑色的強盜眼罩，白色的喉部鑲著纖細的黑邊，前額還有兩個車燈似的白點。我只看到一種比較大型的水鳥，是幾隻黃足鷸（gray-tailed tattlers），牠們也是數量急劇下降的東亞澳遷徙線特有物種，緊緊挨在潮溝邊緣，偶爾從混濁的水中叼起食物。泥灘上舉目所見之處除了潮水退卻留下的波紋，還繡滿了別緻的水鳥足跡，細密的路線交織又分岔，點綴著小小的孔洞，那是水鳥鍥而不捨，不斷探測地表搜尋食物的痕跡。南堡的水鳥大多以小型雙殼貝為食，而李靜認為這裡的鳥吃的是蠕蟲，以及小到幾乎通體透明的螃蟹，但大家也無法百分之百確定。

我們離岸邊大約半英里遠了，一路上小心跨越微血管網般的潮溝。有艘廢棄的大漁船甲板斜倚在泥灘上，船首面向遠方看不見的大海。我們愈往外走，就得愈小心腳步，泥土變得愈來愈濕黏。有兩次我的雨鞋差點陷在泥巴裡拔不出來，但我們還是跟著李靜的朋友李東明繼續前進，他是當地活躍的鳥類攝影師，常常在泥灘地上活動，應該很熟悉這種環境。但也許不然，說時遲那時快，李東明也一腳踩進坑洞，陷進及腰的泥淖，雖然勉強讓相機保持乾燥，起身時腳上卻只剩襪子，雨鞋已經不知去向。

「這裡一定有隻琵嘴鷸。」在我們逐一辨認出四周的水鳥時，溫蒂彎腰對著她的單筒望遠喃喃自語。條子泥算是黃海沿岸最容易找到琵嘴鷸的地點，李靜的團隊在秋天的遷徙高峰曾經記錄到一百隻，大約是這個瀕危鳥種全球族群的四分之一，表面上看起來便已足以爭取即時保護此地的提議。條子泥濕地有很大一部分已經被海埔新生工程破壞，只有部分海岸被劃定為自然保護區。然而當地政府後來又把保護區內僅有的泥灘從範圍中移除，只留下一個遠遠的近海島嶼，官方說詞是「無鳥類使用此灘地」，顯然非常可笑。「政府在八月進行鳥類調查，也沒考慮潮汐時間，還有一些報告引用了冬季的觀察紀錄，那時候鳥根本不在這。他們這些坐辦公室的人，根本不懂野外的生態。」李靜的厭惡之情表露無遺。「他們還要我排出需要保留哪些地區的優先順序，我直接說現在還剩下的所有泥灘都必須優先保留，我們已經把水鳥的生存空間壓縮到只剩這一點，再少任何一點都會對牠們造成更大的壓力。整個江蘇海岸都應該劃設成自然保護區。」

保護海岸環境不只是為了水鳥，也是為了人類。亞洲天然泥灘還存在的地方，幾乎全部都是人類和水鳥共存。光是中國就有幾百萬人仰賴採集泥灘的螃蟹和貝類維生，一些外海魚類也在泥灘孵育幼魚。條子泥曾劃設為海埔新生預定地的僅存泥灘已

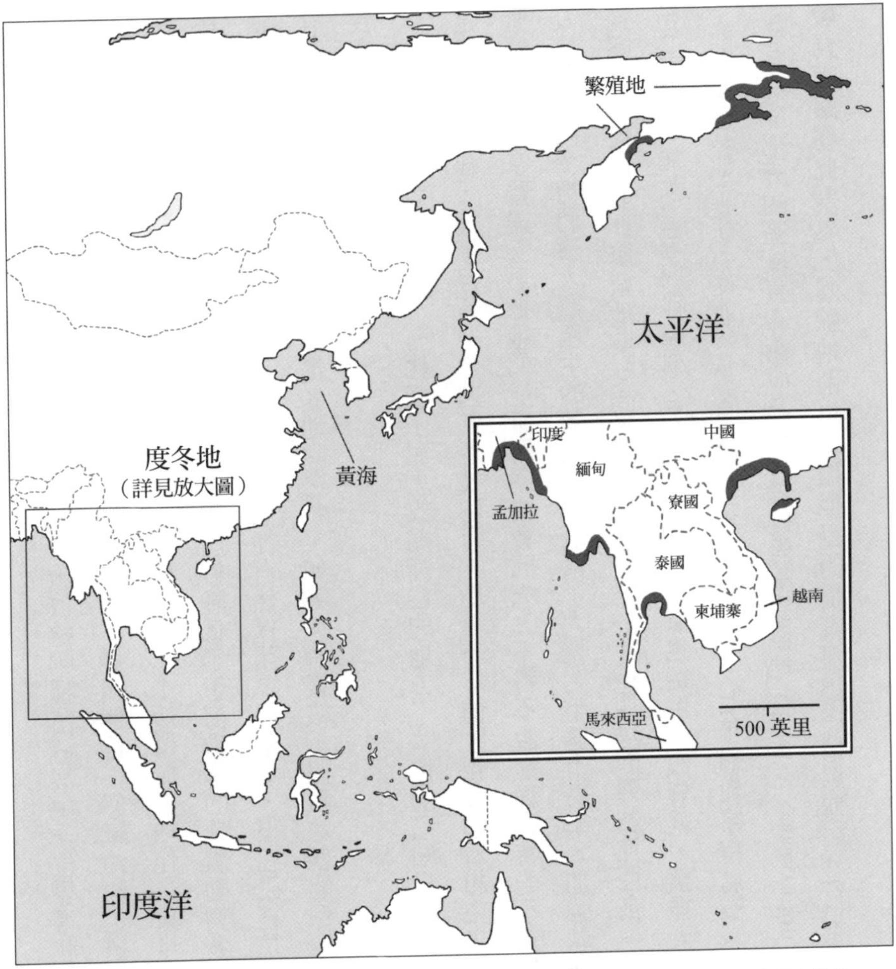

科學家近年才在東南亞發現幾個琵嘴鷸度冬地，然而候鳥調查的結果顯示，這種極度瀕危的鳥類應該還有其他尚未發現的重要度冬地。

經交還當地管理，附近村莊的漁民每年春天會施放蛤蜊種苗（其中一位覺得我們舉止可疑，我們靠近他的養殖區時非常生氣，一邊大吼一邊揮舞棍棒怒氣沖沖走過來，直到李東明把他攔住）。這些人為利用方式，某種程度上不妨礙泥灘地作為東半球水鳥遷徙的重要中繼站，雖然商業化的貝類養殖已經降低了黃海沿岸的軟體動物多樣性，但還是比海埔新生計畫好得多。條子泥雖然從自然保護區中除名，但它已經是十四個聯合國教科文組織的世界遺產提名地點之一，如果通過審核，泥灘地就能保留給蛤蜊漁民和水鳥。

對琵嘴鷸來說，恐怕沒有比條子泥更攸關存亡的地方了，目前已知只有此地會聚集這麼多琵嘴鷸，連續停留好幾週甚至幾個月。約莫十年前，琵嘴鷸看起來仍然註定會滅絕，但大家費盡心思把牠們從鬼門關搶救回來。不得不說這種奇特的小鳥散發的迷人魅力，以及牠們讓人類產生的熱忱真情也幫了大忙。整體上看來，加強執法降低了琵嘴鷸在東南亞非繁殖地蒙受的盜獵捕殺風險。在孟加拉的索納迪亞島（Sonadia Island），除了加強巡邏取締盜獵之外，生態保育學家也提供小額貸款，讓獵人改行捕魚、開店或其他工作，從而終止各種水鳥獵捕。二〇一七年緬甸摩特馬灣（Gulf of Mottama）一部分的區域宣布劃設為拉姆薩國際重要濕地（Ramsar conservation site），半數琵嘴鷸在此度冬，其餘地區也以類似目的提案保護。俄羅斯的楚科奇（Chukotka）是大多數琵嘴鷸的繁殖地，當局政府宣布要保留將近兩百英里的海岸苔原，劃設為新的「琵嘴鷸之鄉」自然公園。隨著科技進步，也有夠小夠輕的衛星追蹤器適於這種體重一盎司的小鳥，琵嘴鷸專案組（Spoon-billed Sandpiper Task Force）的國際科學團隊終於可以追蹤牠們，近一步釐清琵嘴鷸的遷徙路徑，找出大家都不知道牠們會造訪的地方。每年在已知度冬地調查到的琵嘴鷸加起來，大概只有估計族群量的一半，因此必須找到另一些可能還沒受到保護的度冬地和中繼站。

多虧了東亞澳遷徙線上的標記與目擊回報，李靜等專家現在推測，琵嘴鷸的族群可能比原本估計的八十到一百二十對更多一點，介於兩百二十到三百四十對之間。儘管這些數字是統計方法更精確的結果，不代表琵嘴鷸真的增加了，但無論如何都讓這個物種離大家曾認為的絕境更遠了一小步。目前全球數量只有幾百隻，我們仍然不能忽略巨大變故可能造成的風險，譬如氣旋風暴或原油外洩。基於這些因素，琵嘴鷸專案組和合作夥伴在英國建立了一個圈養的小族群，這個計畫一直不太順利，直到二〇一九年終於有兩隻幼鳥[7]順利長大。同時，專案組的科學家也在楚科奇採取「贏在起跑點」的創舉：為防止幼鳥在野外被吃掉或因洪水天災而死，每年夏天會從琵嘴鷸巢區拿走三十顆蛋人工孵育，幼鳥在大型戶外鳥舍餵養至羽翼豐滿後，會在夏末野放，讓牠們和野生個體一起遷徙。由於水鳥的幼鳥孵化後就能跑來跑去自己覓食，這個做法成效斐然，而失去鳥蛋的親鳥通常也會再生一窩，所以更增加了每年的幼鳥總數。這個方法立竿見影，幾年內就成功養育了一百四十隻幼鳥，其中一些已經自己回到繁殖地生育了。

然而，我們在條子泥卻一隻琵嘴鷸也沒看到。第二天是我最後的機會，我們在東凌那灰色的「鋼板」泥灘和李靜的同事章麟會合，他是中國最著名的鳥導（bird guides）之一，也是首先發現如東海岸是琵嘴鷸重要棲地的人。有別於條子泥的恬靜空曠，東凌是熱鬧繁忙的貝類養殖場，上百個員工忙得團團轉，車輛也水泄不通。這裡有好幾大片泥灘在幾年前被填為海埔新生地，我們又驅車經過單調的水產養殖區，每個養殖池有幾英畝大，一路上超過七英里的地區都是這般景象。「這兒曾經是涉禽最喜歡的棲息點，」李靜落寞地說，一邊給我看此地二〇一二年的照片：成千上萬隻水鳥靜靜停棲在廣闊無垠的淺灘上。靠近海提的地方，我們發現使用中的魚塭上面架了太陽能板屋頂，正是特尼斯口中「很恐怖的情況」——連最邊緣的棲地也不放過，讓水鳥失去漲潮時的歇腳處。（回家後我終於可以瀏覽Google Earth，不再受中國政府屏蔽。我從衛星影像測量水產養殖池的面積，它們看起來像顯微鏡裡密密麻麻的細胞，佔地共超過一萬兩千英畝。另外還有一千英畝的蓄水池，李靜說那會被規畫成水上運動園區。）

東淩殘存的泥灘，理論上是當地的蛤蜊產業保護區，由本地漁村的一間公司經營管理。潮水從陸地退卻後，來了一些拉著大車斗的曳引機，上面高高堆著鼓脹的網袋，裡面裝滿高爾夫球那麼大的種貝，正要前往近岸的蛤蜊養殖場。我們爬上一輛空車斗，車體的焊工粗糙，是完全功能取向的運輸工具。我們試著在兩條硬梆梆的長椅上坐定，這時曳引機結結巴巴地發動了，搖搖晃晃開下海堤。來到地面後，曳引機會突然急轉彎繞過水坑，我們不斷被彈起來，痛苦地在鋼製坐椅上顛簸。最靠近海提的幾千英畝灘地長滿入侵的互花米草，那對人和對鳥都沒好處，因為蛤蜊沒辦法活在這種密集生長的植被中。

一個白色的出貨紙箱砰地一聲撞上我的小腿，我把它挪開，看見上頭印有美國麻州一間海產公司的店名和商標，此地採收的蛤蜊會送去那兒。章麟皺著眉頭用腳推開紙箱：「我們離岸邊的化工大廠只有三十公里，所有的污染都沖進黃海，但這些人根本不在乎，反正自己也不吃這些蛤蜊，他們覺得美國人會吃嘛。」

從海堤一路顛簸，牙齒咯咯作響了一英里或更遠一點後，曳引機終於減速停車，讓我們伸直手腳和單筒望遠鏡的腳架，小心爬下不太穩固的金屬梯。其他曳引機繼續前行經過我們，穿著雨衣雨鞋的工人坐在成堆的蛤蜊袋上，他們往一排排掛著塑膠旗的木樁前進，那些是蛤蜊殖床的位置記號。我們身後的陸地上豎立著好幾列高聳的風力發電機，葉片在海風中慢慢轉動。然而望向大海，看起來卻是只有空曠的灰色，地平線整齊劃分泥地和天空，天空彷彿單色的背景，點綴著成千上萬的飛鳥。李靜和溫蒂火力全開，想找一隻琵嘴鷸給我看，章麟則打開一張小折疊椅，坐下來有條不紊地數著鳥，手中的計數器有如高速運轉的圓鋸機。我試著和他搭話，卻發現他言詞簡短沉悶——或許有著充分的理由。他和李靜二〇〇六年創立了非政府組織「勺嘴鷸在中國」，這些年來成效斐然，尤其成功提倡如東海岸對琵嘴鷸和其他涉禽的重要性。然而近年來，這像是場令人灰心喪志的奮戰，環視四周，到處都是他們試圖挽救，但終究失去的泥灘，他們還必須對抗冷酷無情的經濟發展壓力。即使是最單純的好消息，像是如東海岸暫時列為聯合國世界遺產提名地點，或政府下令停止黃海大部分的海埔新生工程，都讓他們保持懷疑的態度。我後來才意識到，並不是章麟特別易怒，而是李靜維持陽光開朗的修養太難能可貴。即便如此，她面對摧毀黃海的各種龐大勢力時，依舊備感沮喪。

「大概每兩個月，我就會反問自己是不是該放棄這分工作，」李靜坦承，「如果我們沒有新的進展就會非常挫敗，雖然總有一些振奮人心的解決方案，而且水鳥還在這兒。但真的很困難。」

我們花了好幾小時仔細搜索東凌泥灘，陶醉在水鳥躁動飛行的翻騰雲海之中。但要找到琵嘴鷸就像在很大的海裡撈一根難以捉摸的針。直到潮水退得太遠，最後一群鳥也飛離觀察範圍，我才意識到我就要離開中國了，卻和自己最想看見的那種鳥緣慳一面。但也許這樣才比較適當，更能強調琵嘴鷸（以及這條遷徙線上的所有候鳥）岌岌可危的處境，牠們仍然存在，卻在成為歷史或燃起希望之間來回擺盪。

前一天我們曾在如東市的郊區停留，公寓街區和中國隨處可見的工程起重機宛如高牆，深入幾年前海埔新生的麥田與沼澤。章麟想看看附近有沒有盜獵者出沒，這裡有幾個當地人會抓鷚和鵐來販售糊口。不過我們只看見一些惱怒的跳鴴（grey-headed lapwing）在周圍兜圈子，發出嘶啞的叫聲，試圖阻止我們靠近牠們的巢位。還有十幾個十歲或十一歲的小朋友，他們穿著同款式的海軍西裝外套，男生繫著領帶，女生穿著紅黑格子裙，每個人都有雙筒望遠鏡，由他們的小學校長帶隊進行賞鳥戶外教學。雖然對其中幾個孩子來說，看見美國人比賞鳥更有趣。大多數小朋友看起來真的著迷於觀察嘈雜的跳鴴；有一隻棕背伯勞（long-tailed shrike）在視野中停在那兒給他們看，像是在配合演出；還有長得像巨型燕子的燕鴴（oriental pratincole），體型和小型隼相當。隔天我們順道拜訪他們的學校，發現整個年級，包含一起賞鳥的那群小朋友都在操場上，在一捲五十英尺長的白色亞麻布上畫五顏六色、天馬行空的琵嘴鷸。版畫課的學生則在教室裡雕刻木板，上頭是自己設計的小琵圖案。這些都是李靜和章麟的組織號召當地社區為野鳥發聲的公民運動。

我想起一些科學家的提問，他們極盡所能保護琵嘴鷸，發現這小小一種鳥所帶來的公眾意識和政府關注，能激起陣陣漣漪，帶來的影響竟出乎幾年前的人們所預料，甚至有可能即時挽救局勢。「琵嘴鷸是項絕佳例證，一個物種就讓各個生態保育組織、科學團隊、補助單位、捐款夥伴和全球各地熱情的生態保育志工團結起來，萬眾一心和諧工作。」[8]他們這麼寫道，「一個物種能挽救整條遷徙路線嗎？我們還不知道，但很快就會見真章。」

即使是覺得黃海遷徙路線來日不多的人，也學著接納一種陌生的新情懷：希望。那天早上一起在南堡泥灘賞鳥後不久，漢克．鮑爾森與中國國家林業和草原局首長開會，與省政府達成共識，要把那些泥灘設立成濕地公園，這是中國的自然保護區類別之一。在二〇一九年七月，黃海濕地第一期提名的地點也通過聯合國教科文組織的世界遺產申請，因此中國當局必須依照規定，將超過十八萬八千公頃（超過四十六萬六千英畝）的沿海候鳥棲地劃設為保護區，其中也包括關鍵但脆弱的條子泥灘地，這是提名程序後期才追加的。在聯合國教科文組織的監督下，條子泥其中一些人造魚塭會復原成小琵和其他水鳥漲潮時的棲息地，控制互花米草也會是優先執行的事項。黃海其他重要的水鳥棲地，包括東凌附近的貝類養殖場和南堡泥灘，總計六十四萬三千英畝的濕地，也在聯合國教科文組織審核中的第二期世界遺產名單裡。

我離開南堡之前，某天和特尼斯一起走到海堤上。天候涼爽，陽光穿透高卷雲，從海面吹來的風掃去了霧霾。特尼斯在岩石間坐下，調整望遠鏡掃視海灘，振筆記下目擊了哪些有足旗的鳥兒。又過了一陣子，他直起身子，舒暢地嘆了口氣：「啊，真讓人心曠神怡，」他流露出滿足的神情，「現在比幾年前安靜多了，那時的海岸有如煉獄。幾年前這裡到處都是疏浚船，大把大把的泥沙被抽到海堤內，空中瀰漫著油氣。現在全都消失了。以前高速公路旁有促進工業發展的大看板，現在還是有，但上面的主角換成鳥，真的改頭換面了！但那時候泥灘上的鳥也比現在多。」

即使成群水鳥離我們有幾百公尺，還是可以清楚聽到兩音節的長哨音遠遠傳來，噗—咿—，每隔幾秒就再度出現，和我們整個早上聽見水鳥覓食的嘈雜聲很不一樣。「你聽到了嗎？」特尼斯興奮地問我。「那是紅腹濱鷸在極地求偶展示的鳴叫。幾年前我發表過一篇論文〈溫帶海岸的北極之歌〉（Arctic Songs on Temperate Shores），講的就是紅腹濱鷸有時候在遷徙途中就開始鳴叫，像在荷蘭和冰島，這裡的也是。」對習慣看到水鳥在沙灘或泥灘上默不作聲、奮力覓食的人來說，實在很難想像「濱鷸在唱歌」，就好像看見總是穿著灰色法蘭絨裝束的穩重同事突然放飛自我，在卡拉ＯＫ酒吧引吭高歌。其實很多種水鳥到了北極圈都會開始鳴唱，紅腹濱鷸的雄鳥會快速飛向空中，竄升數百英尺，在自己的領域周圍來回大繞八字，同時不斷發出我們在海堤上聽到的兩、三音節怪異嗚咽聲：噗—喔—咿—，噗—喔—咿—，噗—喔—咿—。一隻雄鳥這樣飛行，往往刺激附近的其他雄鳥競相展示，直到整個空中布滿交錯穿梭的鳥兒，苔原上繚繞著哀愁的淒厲叫聲。

紅腹濱鷸又鳴叫了，第二隻接著唱和。極地在呼喚牠們，牠們的鳴唱讓我想起這裡不過是中繼站罷了，旅途盡頭是生是死，以及那些攸關物種存續的繁衍機會，都還遠在千里之外。噗—喔—咿—，噗—喔—咿—，這些含糊的音節，聽起來既憂鬱卻又滿懷期待。

特尼斯又嘆了一口氣：「最剛開始那幾年真的很難，你懂的，我當時非常悲觀，覺得來這裡的任務就是記錄水鳥的滅絕，是很有價值，很重要沒錯。不過現在……」他愈說愈小聲，停下來聽了一會紅腹濱鷸的聲音，「不過現在，我希望自己有足夠的生命，以見證這場復甦。」

註釋

1 有些生物學家，尤其是水鳥專家所說的「中繼站」，指候鳥單純休息的地點；而同時可以休息又提供食物的地點則稱為「中途停棲站」（staging site）。一方面力求簡明，另一方面研究鳴禽等其他類群的學者未必如此區分，因此我在本書中將上述兩者統稱為中繼站。

2 Nicola Crockford, quoted in Benjamin Graham, "A Boon for Birds: Once Overlooked, China's Mudflats Gain Protections," Mongabay.com, May 11, 2018, https://news.mongabay.com/2018/05/a-boon-for-birds-once-overlooked-chinas-mudflats-gain-protections/.

3 BirdLife International, "*Calidris pygmaea*(amended version of 2017 assessment)," The IUCN Red List of Threatened Species 2017: e.T22693452A117520594. http://dx.doi.org/10.2305/IUCN.UK.2017-3.RLTS.T22693452A117520594.en.

4 譯註：中國稱琵嘴鷸為勺嘴鷸。

5 編註：關於足旗位置的判別，可參考 https://flagsightings.wordpress.com/。

6 譯註：又稱作「普通亞種」，可參考 https://taibnet.sinica.edu.tw/chi/taibnet_species_detail.php?name_code=432230。

7 譯註：Chick 一般稱幼鳥；若為晚熟性鳥類，在巢裡沒什麼毛要親鳥照顧的 Nestling 則稱為雛鳥。

8 Debbie Pain, Baz Hughes, Evgeny Syroechkovskiy, Christoph Zöckler, Sayam Chowdhury, Guy Anderson, and Nigel Clark, "Saving the Spoon-billed Sandpiper: A Conservation Update," *British Birds* 111(June 2018): 333.

第二章

量子大飛越

特尼斯和我在黃海沿岸聽見正在鳴唱的紅腹濱鷸。牠們是雄鳥，牠們的歌聲透露出體內的變化。紅腹濱鷸在澳洲度過北半球的冬天，那段時間，牠們的睪丸會縮小並失去功能。而到了此時，牠們正往北朝著繁殖地前進，生殖器官則會開始膨脹。當紅腹濱鷸的雄鳥抵達西伯利亞時，牠的睪丸會像吹氣球似的，幾乎膨脹成度冬時的一千倍大，將睪固酮送進血液。在中國海邊偶爾一時興起的鳴唱之癢，到了極圈內便化為由荷爾蒙不斷驅使的強烈慾望。

雌鳥體內也發生類似的轉變。牠們正在為繁殖做準備，縱使卵巢（只有一邊完全發育，通常是左側）膨脹的幅度不像睪丸那麼劇烈。生殖腺演化成會根據季節膨脹縮小，這在鳥類當中其實還算常見，是精簡體重的聰明對策。隨著科學家深入研究候鳥，尤其是遷徙距離極長的水鳥，他們也發現候鳥其實具備更多超凡的生理能力，得以因應遷徙的各個面向：從速度、耐力、記憶力、腦功能、代謝、到對疾病的免疫力和血液化學，族繁不及備載。有些發現不但引人入勝，也帶來促進人類健康的曙光。

候鳥可以根據所需調節體內器官的生長或萎縮；或攝取天然的「禁藥」來提升飛行效能；或儘管到了一個季節就冒出各種病態肥胖、糖尿病和近乎心臟病的跡象，但依然健康無虞。候鳥可以只讓半邊大腦入睡，藉此連續飛行好幾天、好幾週甚至好幾個月。在牠們被迫維持完全清醒的時候，也演化出應對機制，即使睡眠不足，心智似乎也能比平常更敏銳。這實在太讓前一晚沒睡好、整天苦撐的人嫉妒了。如果上述本領還不夠科幻，我們現在甚至知道候鳥會運用一種愛因斯坦不甚苟同的效應進行導航，即量子力學。

各種候鳥的遷徙途徑各異，有的距離長，有的距離短，有的白天飛，有的晚上飛，有的飛越海洋，有的飛越大陸……研究人員發現，候鳥遷徙的生理策略千變萬化，有些甚至南轅北轍。以黃海沿岸的斑尾鷸為例，牠們體型和鴿子相當，有著長長的腿和微微上翹的修長嘴喙，和朱冰潤在黑道養蝦場研究的黑尾鷸是近緣物種。斑尾鷸主要分布於舊世界，築巢地包括北歐、亞洲北部到俄羅斯遠東，以及阿拉斯加西北的潮濕苔原。在上述分布範圍中，歐洲和歐亞大陸中部的斑尾鷸會在非洲、中東、印度洋和東南亞的泥灘與紅樹林潟湖度冬。這已經是壯觀的遷徙之舉，然而在東亞和阿拉斯加繁殖的斑尾鷸（尤其是後者），牠們的旅程才簡直令人難以置信，而讓這段旅程之所以可能的生理劇變聽起來更像是由瘋狂天才實驗室所發明的。

科學家在二十年前首度使用微型衛星發報器，驚訝地發現許多斑尾鷸每年秋天從阿拉斯加西部遷徙七千兩百英里直達紐西蘭，連續飛行八到九天不間斷。這是已知最長距離的連續遷徙，所需的代謝率就像人類以四分鐘一英里的速度不斷奔跑。要完成這項壯舉，斑尾鷸得先增加一層厚厚的脂肪，牠們在阿拉斯加半島豐饒的泥灘地狼吞虎嚥，取食海灘上的蠕蟲和各種無脊椎動物，大約兩週內體重就增加到兩倍以上。每隻一．五磅重的斑尾鷸皮下和體腔內的脂肪超過十盎司重，胖得走起路來搖搖晃晃。接著牠們體內的構造快速重整，沙囊和腸道等消化器官功成身退，變小、萎縮；驅動修長翅膀的胸肌則重量倍增，心肌亦然，肺容量也增加。（和許多水鳥的研究一樣，特尼斯也參與其中，他和美國地質調查局〔US Geological Survey〕的小羅伯特．吉爾〔Robert Gill Jr.〕一起進行上述研究。）斑尾鷸在刮起秋風的時節飛離阿拉斯加橫渡太平洋，前五百到一千英里能順著強勁的風勢加速。牠們一路上必須克服極度脫水和睡眠剝奪，更別說振翅上百萬次不能稍微鬆懈的精疲力竭。不過斑尾鷸飛著飛著，又會進入順風地帶，並乘著南半球的西風完成旅途最後的大約六百英里。

抵達澳大利西亞[1]後，斑尾鷸會快速重新長出消化器官，正常覓食度過南半球的夏天。但隨著日照時數再度減短，荷爾蒙變化又引發下一波的暴飲暴食（或稱食慾亢進，hyperphagia），牠們的體重爆炸性成長，接著器官也開始萎縮（類似前一次但幅度較小）。這時斑尾鷸要往西北飛，在四月初離開紐西蘭，連續飛行八到九天、六千英里，越過西太平洋，抵達中國和南北韓。降落後，牠們週而復始長出器官、第三度暴飲暴食，準備進行最後一段大約五天的越洋飛行，「只要」再飛四千英里就能回到阿拉斯加。一位候鳥生理專家對這種遷徙之旅的評論是：「以馬拉松長跑為喻，並不足以展現候鳥長距離飛行的尺度。某些層面上，說牠們是登月探險還比較貼切。」[2]

我曾經在阿拉斯加偏遠西部的奇歐克勒維河（Keoklevik river）觀察剛抵達的斑尾鷸。那兒屬於佔地十九英畝的育空三角洲野生動物保護區，離白令海不遠，地貌平坦沒有樹木，土地飽含水分。不停歇的風搖盪著蜿蜒河畔蓊鬱的禾草及莎草，拂拭著在地勢稍高處長成高台與山脊、繁花點點的蓬鬆苔原。斑尾鷸雖然剛完成來回一萬八千英里的旅程（牠們一生中可能會飛二十五至三十趟），卻一刻也不得閒。雄鳥高高飛起，繞圈進行求偶展示，振翅的節奏停停頓頓（生物學家稱之為「擬傷飛行」，limping flight），翅膀內側的銀白羽毛在陽光下閃耀，和磚紅的身體互相輝映。同時牠也不斷鳴唱，重複著尖銳的「啊—嗚咿，啊—嗚咿，啊—嗚咿，啊—嗚咿，啊—嗚咿。」交配之後，雌鳥會在泥炭苔當中築一個舒適的杯狀小巢，裡頭襯著一束束的地衣，好孵育四顆保護色精良的蛋。如果鳥巢逃過了狐狸、賊鷗、黃鼠狼和渡鴉等掠食者的魔掌，斑尾鷸幼鳥幾乎一出生就會自己走動覓食。幼鳥長到會飛的年紀時（也只有一個月大），雙親就會離開牠們，加入第一波飛往紐西蘭的候鳥行列。斑尾鷸幼鳥單靠基因的指引，也集結起來飛往海岸，在那兒任憑本能驅使吃個不停，接著飛向廣袤凶險的大海。

我坐在奇歐克勒維河畔潮濕的地上，目睹年度遷徙循環展開序幕。我試圖想像自

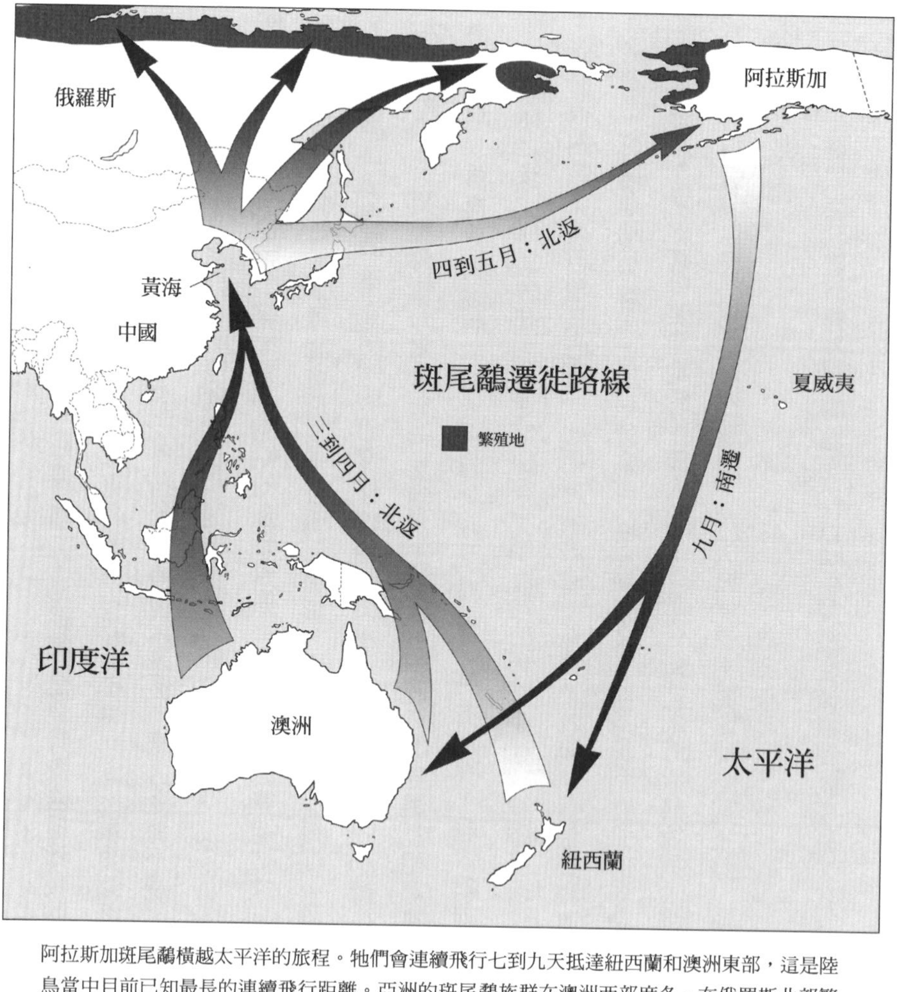

阿拉斯加斑尾鷸橫越太平洋的旅程。牠們會連續飛行七到九天抵達紐西蘭和澳洲東部，這是陸鳥當中目前已知最長的連續飛行距離。亞洲的斑尾鷸族群在澳洲西部度冬，在俄羅斯北部繁殖，飛行距離也相當可觀。

已是隻斑尾鷸幼鳥，陸地頭一次在身後漸漸遠去，蒼茫險惡的太平洋在疲憊的雙翼之下波濤洶湧，一連就是好幾天。漫漫長夜裡，南半球陌生的群星升上頭頂，該遲疑嗎？會害怕嗎？我猜得到這趟旅途鐵定又枯燥又疲憊，此外還會有其他情緒浮上心頭嗎？或是斑尾鷸幼鳥心中只有篤定，知道自己此刻就該這麼做，受生物磁場引領前往某處？斑尾鷸雌鳥靜靜坐在巢裡，我從牠深褐色的雙眼裡看不出任何答案。

阿拉斯加的斑尾鷸只是「重組體內構造」最極端的例子，這種器官可塑性在好幾類候鳥當中都很常見。例如後院一角吃著山茱萸核果的鶇或貓嘲鶇，到了夏末腸道也會擴大，好從脂肪豐富的果實中榨取每一卡路里的熱量。而且即使是同一種鳥，體態暴起暴落的模式也可能大相徑庭，在歐洲西北度冬、在格陵蘭和加拿大東部的極圈內繁殖的紅腹濱鷸，牠們往北的路上會在冰島停留大約三週半：第一週總體重只會上升一點，但心臟、胃和肝的重量都增加了，而接下來十天腸道、腎臟和腿部肌肉也會成長，這時紅腹濱鷸一面大快朵頤小型軟體動物，一面大量囤積脂肪。但有趣的是，即使牠們這時仍舊吃著不停，胃卻又開始縮小。直到要再度啟程時，牠們的胃已減少了四分之一的重量，但肝臟膨脹成兩倍重。

特尼斯（如你所料，他一樣參與了冰島紅腹濱鷸的研究）也和中國同事一起研究紅腹濱鷸中部亞種（以他為名的 *Calidris canutus piersmai*）的遷徙中繼生理學，這些鳥要從黃海飛往俄羅斯極圈內的地區。說來有趣，他們發現這些紅腹濱鷸的遷徙適應和冰島的族群很不一樣。首先，正如預期，這些從澳洲飛了四千英里抵達黃海、消瘦疲憊的鳥，需要重建器官與組織，除了啟程前就萎縮的消化道，也要彌補長途飛行時充當能量所消耗的肌肉。在過了最初這個增加蛋白質的階段後，紅腹濱鷸彷彿切換代謝模式，開始認真囤積脂肪，體內儲存的脂肪幾乎增加了十七倍，直到體重就像斑尾鷸一樣幾乎翻倍——這些能量其實超過飛往極圈所需——接著，代謝模式再度改變，牠們快速增加飛行所需的肌群，但消化器官卻不像斑尾鷸和冰島的那些紅腹濱鷸一樣縮小，黃海這些紅腹濱鷸的消化器官反倒會和胸肌一起變大，而這種趨勢在雌鳥身上尤其明顯。

為什麼要這樣呢？特尼斯和同事認為，這些紅腹濱鷸用消化器官儲存額外的脂肪和蛋白質，因為剛抵達極圈的頭幾週，環境嚴峻難以覓食。一方面牠們的時間不多，北方適合繁殖的時段很短，如果要在冬季降臨前找到配偶、建立領域、築巢並養育一窩幼雛，可沒時間先養精蓄銳恢復體力。另一方面恐怕更糟：牠們抵達極圈時，大地仍然籠罩在上個冬天的冰雪中，事實上也找不到食物。因此要成功繁殖，只得在遙遠的黃海就先攝取足夠的脂肪和蛋白質，且對於必須耗費能量生蛋的雌鳥而言尤須如此。

額外的肌肉和器官還帶來另一個優勢：水分補給。這涉及鳥類能有效率燃燒脂肪獲取能量的複雜化學機制，換作哺乳類的生理條件幾乎行不通。脫水是各種長途遷徙最大的難處之一，即使鳥類不會流汗，呼吸流失的水分仍相當可觀，這或許是很多候鳥在夜晚遷徙的原因，因為晚上空氣比較濕涼。鳥類也必須排出代謝廢物，即使它經過濃縮，依然會消耗水分。脫水對必須連續飛行好幾天、跨越海洋和沙漠等地理屏障的鳥而言，想必更是一大威脅——但似乎不是這麼回事，實驗發現，從非洲飛越撒哈拉沙漠的歐亞柳鶯（willow warbler）體內含水量正常，即使能量耗盡瀕臨餓死的個體也沒有脫水。特尼斯也參與了斑尾鷸體內水分變化的研究，以在西非和荷蘭之間連續飛行兩千七百英里的族群為例，他們把初來乍到的斑尾鷸從空中引誘進鳥網，在這些鳥體內注射少量的重水（用這種無放射性的水計算體內總水量已經行之有年）。結果他們發現遷徙了好幾天的斑尾鷸，和已經休息覓食同樣天數的斑尾鷸，體內的水平衡並無二致。

脂肪是高密度的強效燃料，蘊含的能量是蛋白質或碳水化合物的八倍，但卻不易燃燒，這也是為什麼我們哺乳類主要都從碳水化合物獲取能量。鳥類的生理適應，使牠們燃燒脂肪的效率更高，大約是人類的十倍，但脂肪分解的過程幾乎不會產生額外的水——不過肌肉和器官組織倒是可以——鳥類分解蛋白質產生的水可以比分解脂肪時高出五倍。這麼說紅腹濱鷸在黃海歇腳時增加的體重除了留作極地裡的能量，可能也是細胞一路上可以「喝」的水。麻州大學（University of Massachusetts）專攻候鳥生理學的艾力克斯・葛森（Alex Gerson）曾研究斯氏夜鶇遷徙時的水分代謝，他利用氣候條件受控的大型風洞，搭配可攜式定量核磁共振儀，得以在不傷害鳥類的前提下，快速計算運動前和運動後的淨重、脂肪量和體內含水量。葛森發現鳥類除了燃燒脂肪，也分解自己的肌肉和器官，藉此隨時調節代謝產生的水分，以補足呼吸和排泄流失的水量。比起單單燃燒脂肪，一隻略重於一盎司的斯氏夜鶇透過上述機制，飛行距離便增加了將近百分之三十，也就是多了兩千英里。對牠們這種需要長途飛越海洋的候鳥而言，這可是攸關存亡的緩衝機制。

遷徙的嚴峻選汰壓力如何從各個層面形塑候鳥的生理狀態？科學家才剛開始探討，目前發現主要的適應屬於細胞層級，包含鳥類如何快速利用脂質、增加快速運輸脂質所需的蛋白質、促進將脂肪分解成甘油和脂肪酸的機制。候鳥原本就具備大量的粒線體酵素，而在遷徙季節將近，以及在中繼站停歇時，這些氧化脂肪酸用的酵素又會再增加。

鳥類也能藉由選擇適合的食物來增進肌肉的效率和表現。半蹼濱鷸在秋季聚集於芬迪灣，在牠們即將連續飛行兩千英里前往南美洲東北海岸之前，會先在這兒覓食幾週，專挑一種小小的蜾蠃蜚屬（*Corophium*）海生端足類來吃。在芬迪灣可觀的潮差所露出的泥灘上，有數以兆計的蜾蠃蜚在洞裡棲息，研究發現蜾蠃蜚體內富含不飽和脂肪酸，比方說有益人體健康、廣受讚譽的奧米加三脂肪酸（omega-3），事實上牠們的奧米加三脂肪酸含量，甚至遠超過其他海洋無脊椎動物。對鳥類而言，奧米加三脂肪酸不僅是燃料，也能滋補飛行肌群，並提升鳥類的最大攝氧量（aerobic capacity），因此有些鳥類生理學家稱之為「天然興奮劑」。實驗發現，無法從海鮮攝取奧米加三脂肪酸的陸鳥（例如白喉帶鵐），即使是在控制飲食的圈養環境下，也可以自行合成奧米加六脂肪酸，藉此提升肌肉表現。[3]

我們從很久以前就被告誡：反覆增重減重的溜溜球飲食法並不明智。然而像斑尾鷸這樣的鳥，在非常肥胖和骨瘦如柴之間遊走，極端的程度無人能及，而且一年之內胖瘦好幾次，持續一二十年，看起來卻沒有高血壓、心臟病和中風之類會危及體重大幅變動者的問題。遷徙季節時，這些鳥血液中的化學成分會出現許多異狀，像糖尿病和冠狀動脈心臟病的徵兆，卻不會產生相應的病症。無論用什麼標準衡量，即將啟程的候鳥都該送去急診室，而不是飛上藍天。兩位研究這些生理現象的人表示：「以人類的標準來說，遷徙前的候鳥既肥胖又糖尿病，隨時都可能心臟病發猝死。」[4] 牠們保持健康的機制依舊成謎，但研究人員希望這些鳥類生理學的發現，能啟發新的人類醫療保健方式。

備妥足夠的熱量和水，只是長途遷徙必須克服的其中兩個障礙。振翅飛行也耗費大量氧氣，飛得最快、最激烈的鳥幾乎動用了最大耗氧量的百分之九十，是同體型哺乳類的兩倍以上。斑尾鷸遷徙前，循環系統內的紅血球數量會增加，提升能從每口氣吸入的氧量（人類跑者得在高海拔訓練以達到相同效果，而斑尾鷸只要待在海平面，不必運動就能增加紅血球）。紅血球增加也利於在大氣稀薄的高空呼吸，斑尾鷸通常會飛九千到一萬英尺高，那裡氣溫比較涼爽，也可以降低水分流失。那飛得更高的鳥呢？斑頭雁（bar-headed goose）和瀆鳧（ruddy shelduck）都有飛越喜馬拉雅山脈的紀錄，也就是五．四英里高的海拔，該處的有效氧含量（effective oxygen level）只有海平面的一半到三分之一（大氣中氧的比例在各個海拔皆相同，但總氣壓隨著海拔降低，肺部就愈來愈難交換氣體）。沒有氧氣輔助的人在這種環境下可能因缺氧而意識不清，回到低海拔後也可能帶來長期的認知受損。更糟的是高海拔環境可能導致腦部腫脹，造成腦水腫（cerebral edema），或肺部蓄積液體的肺水腫（pulmonary edema），兩者都能在短時間內致命。即使是菁英登山家，攀登聖母峰時也舉步維艱，每踏出一步都是一場奮戰，但他們如果抬起頭，可能會看見雁鴨或鶴飛過頭頂。

斑頭雁是飛越喜馬拉雅山脈的候鳥當中，被研究得最深入的，牠們得面對一連串令人畏懼的挑戰。斑頭雁會盡量從地勢較低的谷地飛過，但即使是山谷，和世界上其他地方相比，海拔仍然高得誇張。除了氧氣稀薄，低氣壓也代表鳥類必須更費力振翅才能浮在空中，何況這種鳥還要飛越全球最高的山區，進行鳥類當中目前已知最長距離的動力爬升（powered ascent）。成群的斑頭雁在春天從印度的低地起飛攻克喜馬拉雅山脈，以每小時平均上升三千英尺以上的步調邁進（甚至有一小時爬升超過七千二百英尺的記錄），持續超過三小時。如果考量到登山的人得花上幾週到幾個月適應這麼高的海拔，斑頭雁的遷徙著實更令人震驚。

所有鳥類（斑頭雁尤甚）都具備連菁英登山家都沒有的能力：鳥的呼吸系統遠比人類的肺更有效率。我們的呼吸系統是袋狀，把氣吸進去再吐出來，真正交換新舊氣體的比例很低，大約只有百分之五；而鳥類具備好幾個和肺相通的氣囊，分布在體內各處，甚至延伸到腿部與骨骼內，鳥類吸氣時，新鮮空氣不進入肺，而是由氣管進入身體後端的氣囊，吐氣時這些氣體才進到肺部（鳥的肺組織比哺乳類更緻密，交換氣體的面積更大）。鳥吸第二口氣的同時，不僅又把新鮮空氣送進後氣囊，也把在肺部進行交換後的氣體送往氣囊，第二次吐氣才把交換後的氣體從前氣囊吐出，同時讓新鮮的第二口氣進入肺部。以上是鳥類呼吸的四節拍步驟，這種氣體單向流動的呼吸模式，不僅獲取氧氣的效率比哺乳類高非常多，在高海拔活動時，本質上也更不容易發生肺水腫。再加上鳥類心臟的比例較大，肌肉微血管的密度也比人類更高，因此細胞層級的氣體交換也更有效率。此外鳥類腦細胞對缺氧的耐受性也高於哺乳類，不過牠們是否也不容易產生腦水腫則尚屬未知。

科學家近期發現斑頭雁除了有上述鳥類都具備的生理優勢以外，牠們在面對空氣稀薄的旅途，還演化出一套特殊的適應方法。相較於其他鳥類，斑頭雁能忍受極低的血氧濃度，休息時血氧濃度低至相當身處於四萬英尺的高空也無妨。另外，牠們的肺也比同體型的水禽更大，呼吸得更深、更慢（吸氣量和交換效率更高），血紅素的攜氧能力也更好。綜合上述條件，斑頭雁遷徙時血液中溶解了更多氧氣，得以供應給替細胞產生能量的粒線體。

你可能會認為演化的過程持續形塑候鳥，因此和那些不遷徙的鳥種相比，應該更堅韌更強壯，但出乎意料地不是這麼一回事。長途遷徙的候鳥在相隔甚遠的各個棲地間來往，接觸到的疾病可能特別多元（尤其待在熱帶時），因此也能合理推測牠們的免疫系統格外強健。然而瑞典隆德大學（Lund University）的艾蜜莉・歐康諾（Emily O'Connor）和她的團隊發現並非如此：他們比較了幾種親緣相近的鳴禽，包括純背鷚（plain-backed pipit）等熱帶非洲的留鳥、草地鷚（meadow pipit）等歐洲北部的留鳥[5]，以及林鷚（tree pipit）等遷徙往返兩地的候鳥，發現候鳥物種當中，識別病原的免疫反應基因多樣性其實偏低（雖然還是高於全年待在北方的留鳥物種）。科學家推測對候鳥而言，具備強而有力的免疫系統弊大於利，例如高免疫力會增加慢性發炎等自體免疫疾病的機率。這項研究也支持了「遠離病原假說」（pathogen escape hypothesis）：之所以演化出遷徙的行為，一部分可能是由熱帶地區疾病盛行的環境壓力驅使，離開此地可以降低脆弱的雛鳥生病的風險。歐康諾的團隊進一步強化了這個論點，他們比較歐亞非地區超過一千三百種鳴禽，尤其仔細檢視親緣相近的種群，發現非洲起源的鳥種比歐亞大陸起源的多十六倍，現在非洲的留鳥當中只有少數幾種源自北方。（後者也稱為「北方起源假說」〔northern home theory〕，長久以來推測西半球的候鳥是這樣由北方鳥種演化而來，但缺乏證據。近期研究重新建構了超過八百種新世界鳴禽的詳細演化樹，這個模型推論出美洲長途遷徙的鳥類起源於北方的機率是南方的兩倍，始於北方鳥種度冬的地區漸漸南遷。依照上述推測，這些鳥類進入熱帶地區後，再輻射演化成現在多樣化的熱帶留鳥物種。）

赫諾韋薩島（Isla Genovesa）是加拉巴哥群島最東北的島嶼，座落於距離厄瓜多海岸六百英里的太平洋中，它和群島中的所有島嶼一樣是火山島，一樣有著嚴峻的自然環境，稀疏低矮的植被緊緊攀附著破碎錯落的火山岩表面。這個略呈馬蹄形的島除了古代火山爆發留下的崩塌火山口之外，岸邊都被峭壁環繞，受到四面八方的巨浪拍擊。火山口一側與大海相連成達爾文灣（Darwin Bay），這個一英里長的避風港內有一小片海灘，藏在突出的黑色岩石後方，而這些伸入海域的岩石也構成天然的海堤。

赫諾韋薩島是一座「鳥島」，坐擁加拉巴哥群島最大的幾個海鳥築巢地：有成千上百隻紅腳鰹鳥（red-footed booby）、藍腳鰹鳥（blue-footed booby）和橙嘴藍臉鰹鳥（Nazca booby）。數千隻優雅的紅嘴熱帶鳥（red-billed tropicbird）的纖長尾羽在空中搖曳生姿，還有數不清的加島叉尾海燕（wedged-rumped storm-petrel），牠們體型像大一號的燕子，在火山岩的縫隙中築巢。加島叉尾海燕和世界上其他的叉尾海燕不同，只會在白天飛到島上，因為此地的主要掠食者是夜行性的短耳鴞（short-eared owl），深灰的羽色又和停棲的岩石相仿，夜間不易提防。我們還沒登上赫諾韋薩島，就領會了這座島的魅力，那時小艇在海灣近岸的波濤中翻騰，一隻紅腳鰹鳥飛向我們，繞了一圈之後收起修長的黑色羽翼，降落在我們這團其中一位女士的頭頂，緋紅的腳蹼舒展在她的帽子上。這隻白鳥面向海風，看起來安然自在，反觀牠腳下的遊客倒是驚喜得睜大眼睛，合不攏嘴。那是我們在加拉巴哥群島的第一天，大家很快就意識到此地「野生動物伊甸園」的美名並不只是宣傳噱頭。

接下來兩小時所有人都樂暈了，我們看著炭黑的海鬣蜥（marine iguana）爬出碎浪，活像隻迷你版哥吉拉；鰹鳥雙親正在餵養毛茸茸的白色雛鳥；此地特有的仙人掌地雀（cactus finch）正在大啖仙人掌果（prickly pear），牠可是著名的十三種達爾文雀之一。這些動物都很吸引我，但那天早上最讓我著迷的是大軍艦鳥（great frigatebird）：有的在矮樹叢裡樹枝築的巢中替雛鳥遮陽，有的在小島的強勁海風中滯空，絲毫不費吹灰之力。

大軍艦鳥的各個部位都特別長，彷彿被人從普通海鳥的體型拉成超乎常理的比例。牠們飛行時最醒目的就是可觀的雙翼：展翅有七．五英尺長，卻只有人的手掌寬，翅膀彎曲成弓形，末端驟然變細。牠們的尾羽也很長，分成深岔。牠們啄取食物時脖子可以像鷺鷥一樣伸得長長的（飛行時脖子通常縮在肩膀下），叼食物的細長嘴喙更是頭長的一倍半，末端帶著彎鉤。大軍艦鳥的雄鳥披著光亮的黑色羽毛，帶有油潤的綠色光澤，喉嚨中央露出一條緋紅的皮膚，在進行求偶展示時這個部位可以膨脹到像足球那麼大。雌鳥喉嚨和胸前的羽毛是白色，幼鳥連頭頂也是白色。無論成鳥或幼鳥，軍艦鳥都是鳥類當中翼載最低的，亦即體重和翅膀面積的比值最低。牠們極度精簡體重以便飛行，全身的骨骼甚至比羽毛更輕。演化的力量把軍艦鳥塑造成完美的飛行家，牠們不必振翅就能駕馭上升熱氣流，翱翔能力無與倫比。

一隻大軍艦鳥雄鳥滑翔回巢和雌鳥換班，後者賣力振翅凌空，在風中盤旋遠去，消失在視野中。牠們的雛鳥開始乞食，從一身蓬亂白絨毛背部冒出的黑色羽毛判斷，牠約莫三週大。雄鳥張開嘴巴向前傾身，雛鳥便一頭鑽進爸爸的喉嚨裡，雄鳥不斷反芻吐出胃裡暫存的食物，雛鳥也狼吞虎嚥。暴飲暴食終於結束後，軍艦鳥父子依偎著窩在一起，不一會就雙雙入睡了。

睡著的鳥聽起來可能沒什麼特別的，但就在幾週之前，有個國際研究團隊剛發表一篇登上各國頭條新聞的重要論文，就是關於這種在赫諾韋薩島築巢的大軍艦鳥。雖然軍艦鳥並不遷徙，但牠們每趟覓食（就像方才回巢的雄鳥，以及牠的伴侶即將展開的旅程）就動輒一週以上，要飛幾千英里橫越沒有陸地的大洋，又因為牠們的羽毛不防水，所以無法降落海面歇息。那軍艦鳥要怎麼睡覺？這項研究不單單是有趣的科學發現，更替候鳥長途遷徙的生理謎團帶來令人興奮的見解：鳥類有不睡覺、改變睡眠模式的能力，可以避免睡眠不足，並藉此因應長時間的連續飛行。

大軍艦鳥的研究由尼爾斯．羅登伯格（Neils Rattenborg）帶領，他是美國人，在德國馬克斯普朗克研究院（Max Planck Institute）主持透過鳥類研究睡眠的計畫。羅登伯格的團隊捕捉了十五隻在赫諾韋薩島築巢的大軍艦鳥雌鳥，將牠們麻醉後安裝腦電波儀（EEG sensor）監控腦部活動，並在鳥的頭部暫時黏上備有小型加速度感測器（accelerometer）的記錄器，背部羽毛上則固定上衛星追蹤器。選擇雌鳥是因為牠們體型比雄鳥大，但全部設備的總重還是低於每隻鳥體重的百分之一。這些雌鳥經過一段時間修養復原後（研究人員有確保雛鳥的安全）被放回巢位，等牠們的配偶從海上回來，就換這些帶著追蹤器的大軍艦鳥展開覓食旅程。

研究團隊在雌鳥回巢後就取下追蹤設備，結果發現牠們一趟覓食平均耗費六天，有時可能長達十天，期間飛行的距離超過一千八百英里，從加拉巴哥群島東北順時針繞了一大圈。大軍艦鳥不在赫諾韋薩島的時候，每二十四小時內平均只睡了四十二分鐘，牠們通常在日落後小睡，乘著高處的上升熱氣流飛得更高。這就是「有效短眠」（power nap），平均每次只睡十二秒鐘；雖然從腦電圖記錄看來，大軍艦鳥有時會整個大腦都會睡著，但只有半邊的大腦入睡的情況更為常見。大軍艦鳥一邊睡一邊盤旋時，通常是掌控著飛行方向的那隻眼睛的半邊大腦維持清醒。羅登伯格發現，這個現象和他博士班研究綠頭鴨時記錄到的很類似：位於鴨群邊緣的綠頭鴨小睡時會睜著朝向外界的那隻眼睛，對應的腦半球也維持清醒，以便察覺潛在的危險。大軍艦鳥不必擔心什麼掠食者，撞到別隻鳥的機率也很低，牠們會悉心跟隨海洋渦旋，在那兒最適合捕捉飛魚和頭足類。羅登伯格團隊認為大軍艦鳥晚上睜著一隻眼睛小睡，以便繼續跟著渦旋飛行，這樣早上就能處於最佳狩獵位置。

這種現象稱為「半腦睡眠」（unihemispheric sleep），在海豚和海牛等海洋哺乳動物身上也曾有過紀錄，牠們睡覺時得有意識地浮上來呼吸。最近發現人類也有類似的情形，大部分的人剛到一個新環境，第一晚總是睡不好，這個現象實在太常見，因此在睡眠科學中被稱為「第一夜效應」。布朗大學（Brown University）和喬治亞理工學院（Georgia Institute of Technology）的科學家發現：在陌生環境下，我們其中一個大腦半球如果不是完全清醒，就是「睡得比較少」（他們是這麼說的），對外界刺激比較敏銳。雖然不像鳥類一樣可以完全達到半腦睡眠，但這是人類目前已知最接近的狀態。

軍艦鳥邊飛邊睡的期間，大部分處於慢波睡眠，亦即深層睡眠，但牠們偶爾也會進入快速動眼期，相當於人類作夢的時候。陸生哺乳類在這個睡眠階段會失去肌肉張力與控制力，但要是飛行的鳥無法控制肌肉可就糟了。而研究追蹤顯示大軍艦鳥即使進入快速動眼期，仍然有辦法掌控自己的飛行狀態，這或許是因為鳥類的快速動眼期只有幾秒鐘，而人類的可能長達二十分鐘以上。無論牠們是怎麼辦到的，總之軍艦鳥能邊飛邊睡，也不限於為期一週左右的覓食旅程。另一個研究透過衛星發報器追蹤馬達加斯加外海的大軍艦鳥，發現牠們連續飛了兩個月，先是利用雲層亂流中的上升氣流爬升到二．五英里的高空，再滑翔好幾小時尋找下一股上升氣流。羅登伯格的研究標的回到赫諾韋薩島後，每天可以睡上十三小時，顯然是在補眠。那大軍艦鳥要花多久才能補足連續飛行兩個月的睡眠不足呢？或者牠們其實不必補眠？我們還不知道。

軍艦鳥體型夠大，可以攜帶資料記錄器，但大部分的候鳥可沒辦法。因此我們對於其他鳥如何權衡睡眠和飛行的需求所知甚少，不過我們知道牠們似乎不受睡眠不足衍生的問題所苦，著實令人驚奇。美洲尖尾濱鷸（pectoral sandpiper）會從南美洲的西部或南部出發，遷徙到極圈內的加拿大西部與俄羅斯一帶，抵達繁殖地時想必也睡眠不足。然而牠們的雄鳥飛抵後，立刻展開全天候求偶和保衛領域的行為，在時間體力許可的情況下盡可能和最多雌鳥交配。羅登伯格共同參與的研究團隊發現，有隻特別積極的雄鳥甚至在連續十九天內、高達百分之九十五的時間都醒著，結果看起來倒也渾然無恙。美洲尖尾濱鷸雄鳥的繁殖成就幾乎完全來自於牠能維持清醒的能力，睡得愈少生得愈多。遷徙季節來臨時，有些要遷徙的鳴禽（例如白喉帶鵐和隱士夜鶇〔hermit thrush〕）會開始躁動（稱為遷徙躁動〔zugunruhe〕，源自德文），在啟程前會減少三分之二的睡眠時間，即使是圈養的個體也不例外。牠們可以在白天小睡片刻補眠，而和那些需要橫渡大洋、沙漠等廣闊地理屏障的候鳥相較，主要行經陸路的鳥種更容易權衡飛行、覓食和睡眠的需求。即使在實驗中刻意剝奪這些鳥的睡眠，牠們也不會產生睡眠不足所伴隨的典型認知障礙——前提是要處於一年當中正確的時節。一項實驗訓練白冠帶鵐（white-crowned sparrow）啄咬發光的按鈕，要是啄對了就會獲得食物；如果不在遷徙季節又睡眠不足，牠們就會像整晚沒睡的人一樣糊裡糊塗，笨手笨腳；但若在春秋兩季，同一隻白冠帶鵐不但能啄對按鈕，反應甚至會更敏捷。和鳥類遷徙時的諸多生理層面一樣，這種現象與人類的狂躁有著顯著的相似，因此也暗示著人類生理學研究的新方向。

科學家還不知道候鳥仰賴什麼生理機制，才能至少在一年當中的特定時段免於睡眠不足之苦。不過如果腦部在遷徙前變大也許會有幫助——或者至少要長出更多儲存空間資訊的神經元。大腦生長在鳥類當中還算常見：春天來臨的時候，雄性鳴禽除了睪丸會像吹氣球一樣膨脹，大腦中掌管鳴唱和回應聲音的部位也會變大；山雀（chickadees）仰賴取用先前儲存的食物過冬，秋季時海馬迴的體積會增加百分之三十，而這個部位負責處理空間資訊和空間記憶。這樣說來，候鳥要在遙遠的旅途中導航，也應該要有更大的大腦，但出乎意料的是，和必須度過寒冬的留鳥相比，候鳥的大腦相對於體型反而比較小。或許是馱著沉重的腦袋飛行幾千英里太過費力，也或許是腦部代謝成本太高，將能量留作飛行肌群的燃料比較划算。然而研究顯示，候鳥和留鳥腦部大小的差異，更可能是出於留鳥為了因應一年四季截然不同的生存挑戰而演化出更大的腦，而非候鳥演化出更小的腦。

即使候鳥的大腦比較小，關鍵部位還是具備較高的腦力：掌管空間感知能力的海馬迴。從加拿大南方遷徙到美國東南的暗眼燈草鵐（dark-eyed junco），其海馬迴內的神經元密度比終其一生待在阿帕拉契山脈不遷徙同種個體還高，在空間記憶的實驗測試中，表現也優於後者。候鳥在秋天開始遷徙前，會長出新的神經元，科學家比較了歐洲的歐葦鶯（reed warbler）和不遷徙的南大葦鶯（clamorous warbler），前者具備的新生神經元就高了多。順帶一提，除了鳥類，其實人類也能長出新的神經元，有別於中學生物課所述。以色列特拉維夫大學（Tel-Aviv University）的謝伊・巴肯（Shay Barkan）帶領的國際研究團隊除了進行上述實驗外，也發現神經元密度與遷徙的距離相關，在他們研究的歐葦鶯和歐斑鳩（turtle dove）當中，遷徙距離（由羽毛中微量同位素判別）最遠的個體有著最旺盛的神經元生長。然而兩種鳥長出新神經的地方卻不太一樣：單獨行動、主要在夜間遷徙的歐葦鶯大部分的新生神經元位於海馬迴；而歐斑鳩大部分的新生神經元則在另一個腦區「巢皮質尾側」（nidopallium caudo-lateral）。這個腦區掌管執行層面，可能對於歐斑鳩這種日間成群遷徙的鳥比較重要，因為牠們得觀察解讀同伴的一舉一動。

不妨這麼想：歐葦鶯或許有更多神經元足以導航並處理空間資料，但歐斑鳩有好夥伴，某種層面上幾十幾百隻斑鳩結伴成群，每一隻都像是導航系統裡的一個神經元。每隻斑鳩都有內建的方向感，可能或多或少有點偏差，沒有誰完全精準，但大夥一起飛行就能平均這些誤差，做出的集體決策比任何一隻獨自飛行更好更準確。這就是「錯誤稀釋原則」（many wrongs theory），三個臭皮匠勝過一個諸葛亮。這種群眾智慧最早見證於一九〇六年，英國上百位參觀農夫市集的人比賽猜一頭去勢公牛的體重，所有人猜測的數值平均起來和牛的真實體重相差不到百分之一。

那這就讓我們談談關於導航的新興科學吧，它無庸置疑是鳥類遷徙的研究中，最讓人耳目一新的發現。幸好愛因斯坦不賞鳥，否則這個發現恐怕會讓他不太開心。

候鳥橫渡千山萬水的本領大概是牠們最可觀的生理能力，尤其是幾乎所有候鳥都只憑直覺遷徙，不必仰賴雙親或其他成鳥的協助，除了少數類群，像水禽和鶴會好幾個世代結伴遷徙。其他候鳥的遷徙地圖與生俱來，驅使牠們在一年當中特定的時節，朝著特定方向，飛行特定的時間。我們知道候鳥會利用很多種線索導航，包括山脊海岸等地形特徵、星象指標（不是辨別夜空中群星的位置和組成的圖形，而是透過北極星附近轉動較少的星星判斷北方）、太陽在空中的軌跡、隨著太陽位置變換的偏振光帶（人類看不見，但對鳥而言很明顯）等等。甚至還有揮發性化學物質構成的「氣味地圖」，這些氣味散布的範圍廣達數百平方英里，而且異常頑強，不會隨風雨和四季消退，是遷徙高速公路上的嗅覺路標。

在遷徙仰賴的諸多線索當中，最重要但數十年來最令人費解的，恐怕就是磁感定位（magnetic orientation）。一八五〇年代的學者就推測鳥類可以感應磁場，但這個假說直到一九六〇年代才獲得證實。如果你想親自嘗試，可以把小型的電磁線圈黏在會飛回家的鴿子頭上，這個看起來像圓錐高帽的玩意會產生比地磁更強的磁場，擾亂鴿子的方向感，害牠搞不清楚該怎麼回家。（如果找不到這類迷你的亥姆霍茲線圈（Helmholtz coils），把普通的長條磁鐵固定在鴿子背上也有同樣的效果）。長久以來，我們認為鳥類藉由體內少量的磁鐵礦沉積來感受磁力，因為許多鳥類上喙都有這種氧化鐵的磁性結晶。四十年前我在大學的鳥類學課讀過，長刺歌雀（bobolink）的嘴喙裡有磁鐵礦，因此不難想像這些鐵的結晶像內建的羅盤一樣，牽著鳥的鼻子往北飛。這看似簡單明瞭，但這樣解釋其實犯了幾個大毛病。首先實驗發現，鳥類無法辨別地磁的極性，不像羅盤指針會指南或指北，牠們偵測的是磁傾角，也就是磁力線和地面的交角（磁場由地球內部發散而出，靠近極地或靠近赤道磁力線角度不同）。到了一九九〇年代，科學家發現「鳥用磁鐵礦感測磁場」還有更難解釋的問題，那就是沒有人說得通為什麼鳥在黃光或紅光（後者尤甚）下，磁力羅盤就不管用了。而且除了鳥以外，幾乎每種可以感測磁場的動物，像是蠑螈、果蠅等等，在紅光照射的環境下也會失去辨別方向的能力。

事實上並不是真的沒有人能說明上述現象，而是因為提出的解釋太詭異了，以至於無人正眼看待。一位論文作者投稿到著名期刊（正巧是我讀鳥類學那年），編輯群建議他把稿子丟進垃圾桶。他沒有就此放棄，但又過了四十年，大家才注意到克勞斯．舒爾頓（Klaus Schulten）提出的概念。

一九七五年，當時舒爾頓還是年輕的物理學博士後研究員，在德國哥廷根馬克斯普朗克研究院的生物物理化學研究所，鑽研受磁場影響的化學反應。他觀察到試管中以量子尺度相連的兩個分子（稱為自由基對，radical pair）會被普通的長條磁鐵影響。舒爾頓想到這個反應可能參與了依舊成謎的鳥類磁性定位能力：鳥類特定部位的特定分子，受光照或黑暗（他不確定是何者）刺激後會形成化學羅盤，靈敏度足以偵測非常微弱的地磁。因此舒爾頓和兩位同事一起撰寫了寫滿數學推導的論文解釋上述假說，並在一九七八年投稿到德高望重的《科學》期刊。

「退還給我的文稿附了註記：『比較謹慎的科學家會把這個構想丟進廢紙簍。』」舒爾頓在二〇一〇年的採訪中回憶，「我抓抓頭左思右想，覺得自己的論點要不是太棒了，就是太笨了。最後覺得它應該還算得上是好點子，所以很快就發表到德國的期刊上了。」6

當年發表的論文並未造成轟動，這還是比較委婉的說法。現今這個領域的不少專家認為當時文章乏人問津，可能是因為舒爾頓和同事們提出了密密麻麻的數學式，有礙生物學家深究他們的核心概念。另一個原因則是當時沒有人（包括舒爾頓）知道究竟有什麼分子具備這種受光線誘發的磁場感受力。於是舒爾頓轉而投身於計算生物物理學，他結合各領域的知識，締造了豐富可觀、多采多姿的研究職涯，包括運用超級電腦模擬人類免疫缺乏病毒（HIV）的蛋白質外殼，當中涉及六千四百萬個原子。但他並未放棄自己的磁感定位論點。舒爾頓直到二〇〇〇年才回過頭探索這個議題，那時他在伊利諾大學（University of Illinois）帶領好幾個研究團隊，有人發現一種感光蛋白（photoreceptor protein）「隱色素」（cryptochrome）可能正是他在找的謎樣分子。舒爾頓合著了新的論文闡明這個概念，不僅寫得更詳盡，而且也讓非物理專業的人也更容易理解。這回學界注意到了，近期雨後春筍般快速增加的相關研究，也讓大部分的專家相信舒爾頓真的找到了磁感（magnetoreception）的聖杯。

這是個古怪的聖杯——不過在量子力學的世界裡，任何事情都滿古怪的。目前我們理解的機制大致如下：一隻候鳥振翅飛過夜空，牠抬起頭仰望群星，一粒在幾百萬甚至幾十億年前離開其中一顆恆星的光子，就這麼進入鳥兒眼中，激發了一個隱色素分子，我們幾乎可以確定它是隱色素 1a（簡稱 Cry1a）這個型態。兩者在視網上膜相遇，很可能是在雙視錐細胞（它的功能迄今成謎）這種特化視覺細胞上。光子撞掉

Cry1a的其中一顆電子，讓這個游離的電子進入相鄰的Cry1a，現在兩個分子都有奇數個電子，兩者是一個自由基對，彼此相關，以量子力學術語來說稱為「糾纏」。自由基對帶有磁性，因為電子會自旋（並不是真的像陀螺那樣自轉，而是帶有自旋角動量，但請別太介意，我們先不深究量子力學的無底洞）。像這樣彼此糾纏的粒子無論相隔多遠都互有關聯，既違反古典物理也不合常理。它們實際上是一個整體——只要測量其中一個粒子，便能推論另一個的性質，即使它遠在數百萬光年之外。

雖然愛因斯坦的研究催生了上述概念，但眾所周知他並不認同量子糾纏，甚至在一九三〇年代還譏諷其為「幽靈似的遠距作用」。然而實驗證明量子糾纏的確存在。在遷徙的候鳥眼中，數不清的自由基對可能會構成淡淡的形狀或模糊的影像，隨著鳥和地面的相對位置和當地的磁傾角而改變；鳥兒轉動頭部時便看得見，但它們很透明所以不妨礙一般視覺。不過如果你聽過量子糾纏這個詞，很可能是因為它被應用於奇怪的目的。比方說二〇一七年，中國科學家把兩個彼此糾纏的光子（至少是光子攜帶的資訊）從軌道衛星上分別「遠距傳輸」（teleport）到相距超過七百英里的兩個地面實驗站。二〇二〇年，同一個中國團隊更宣稱他們運用量子糾纏，將無法破解的加密訊息傳送到人造衛星上。雖然離《星艦迷航記》（Star Trek）中用光波輸送人物的科技還很遠，但他們的實驗成果被譽為替無法駭入的量子網路建立了第一步，或許還能發展出比光速更快的通訊系統。但諷刺的是，量子糾纏本身或許不是讓鳥看見磁場的必備過程，這個量子理論的奇異分枝可能只是「隱色素的附加產物」，和這些分子作為羅盤沒有必然關係，兩位領導此研究的人是這麼說的。[7]

規畫拜訪克勞斯・舒爾頓的行程曾讓我有點緊張，他的實驗室位於伊利諾大學香檳分校的貝克曼高等科技研究所（Beckman Institute for Advanced Science and Technology）。我先前和他聯繫過，因此二〇一六年末回電郵詢問何時方便造訪時，完全沒有心理準備會收到這樣的自動回覆：「舒爾頓博士數週前過世，享壽六十九歲。」訃聞雨露均霑地讚揚了他在計算生物學，以及替複雜的活體生物系統建模的先進技術的卓越貢獻。但對我這種賞鳥人來說，舒爾頓最重要的發現每年會飛越夜空兩次。

我們現在幾乎可以確定是自由基對、Cry1a和量子糾纏讓飛鳥擁有地磁方向感。但鳥類還有第二種磁場感應能力，是用以導航並定向的地圖感，它無法透過自由基對的理論解釋。那鳥類嘴喙的微量磁鐵礦沉積呢？我讀鳥類學時想像成鼻尖羅盤的那個構造？有個研究團隊認為它根本不是磁鐵礦，而是富含鐵質的巨噬細胞，屬於鳥類免疫系統中的白血球之一，只是製作標本玻片的染色過程中讓它們看起來像磁鐵礦。但巨噬細胞也和辨別方向無關，因此其他科學家否定這個結論，並指出三叉神經會通過鳥類的上喙，而它看起來似乎藉由某些方式賦予鳥類地圖感。如果把在俄羅斯加里寧格勒（Kaliningrad）捕捉的歐葦鶯暴露在往東邊一千公里的磁場中，牠們仍然能重新定位，試著朝向往斯堪地那維亞繁殖地的方向飛行。但如果藉由麻醉手術中切除部分的三叉神經，這些歐葦鶯就無法辨別磁場差異，飛的方向會像是自己還在波羅的海沿岸。上述的侵入性實驗，光從文字描述就足以想像鳥兒的不適，也顯示出我們對鳥類定位能力的基礎知識少之又少。進行這項俄羅斯鳥類研究的學者認為，候鳥「擁有第二種磁場感知能力，但生物學機制仍然不明。」[8]每個謎團背後永遠還有新的待解之謎。

有時候，甚至大部分的時候，最驚人的發現往往出乎意料。二〇一一年就有這樣的例子：鳥類學家在瑞士巴登（Baden），用小型資料記錄器追蹤在此繁殖的高山雨燕（alpine swift）。雨燕是所有鳥類當中最擅長在空中活動的，牠們的身形像圓鈍的雪茄，雙翼有如彎刀，幾乎退化的小腳只能攀附峭壁、洞穴和中空樹幹的垂直表面，無法行走或站在樹枝上，甚至要在空中交配。高山雨燕是特別大型的雨燕，喉部有醒目的白斑，翼展長達二十二英寸，很適合攜帶略輕於一公克的資料記錄器。這個儀器包含兩部分：一個地理定位器，科學家隔年取下時可以藉此重建雨燕這幾個月遷徙到非洲的路徑；以及一個記錄振翅動作和身體傾角的感應器，讓研究團隊分析牠們的時間分配，每天花幾小時飛行覓食、停棲或睡覺。

隔年春天，有三隻高山雨燕順利回到巴登，而記錄器搜集到的資料讓研究團隊跌破眼鏡。高山雨燕在瑞士的期間有明顯的日夜作息，白天飛行，晚上休息，而一旦這些雨燕開始往南遷徙，越過地中海和撒哈拉沙漠抵達西非，日夜作息就消失了。牠們會不捨晝夜、連續兩百天，也就是超過半年的時間看起來完全沒有降落。這肯定榮登自然界最驚人的獨特生理奇觀排行榜，搞不好還是第一名——然而高山雨燕沒多久就失去這個寶座。三年後，科學家宣布同樣在瑞典標記的普通雨燕（common swift），在西非的度冬地連續飛行了十個月，也印證了將近一世紀以前博物學家對這個物種的推測。更近期還有一個研究團隊證實在地中海繁殖的淡色雨燕（pallid swift）也有類似的行為。（而北美洲的雨燕，像是東岸的煙囪刺尾雨燕〔chimney swift〕、西岸的黑雨燕〔black swift〕和沃氏雨燕〔Vaux's swift〕在非繁殖季則顯然會停棲休息。）

雨燕究竟怎麼辦到的？牠們能在空中捕食昆蟲，邊飛邊覓食不成問題，從軍艦鳥的例子不難推測雨燕也能進行半腦睡眠。但更特別的是，雨燕在空中活動非常節省能量，更勝於擅長滑翔盤旋的軍艦鳥。近期研究顯示普通雨燕一生中有將近四分之三的飛行時間都在滑翔，牠們嫻熟運用氣流變化（例如上升熱氣流），耗費的總能量「和零並無顯著差異」。[9] 就連坐在桌前靜靜吃晚餐的人，流失的總能量都比在非洲平原上空一千英尺來回俯衝的雨燕更多。

即使候鳥已經不斷刷新我們的三觀，上述發現卻更樹立了「完全無法理解」的新標竿。普通雨燕的壽命通常是五到六年，有隻標記的個體活了十八年，這代表牠終其一生飛了四百萬英里，大多時候甚至不需要降落休息。絕大多數鳥類學家恐怕都得承認，我們一定還會發現其他超乎想像的候鳥大小事。可以預見，追蹤設備做得愈來愈小，大數據累積得愈來愈多，而它們的相輔相成，將會長足影響我們研究鳥類遷徙的能力，讓我們不斷發現驚喜。

註釋

1 譯註：澳洲、紐西蘭及附近南太平洋諸島。

2 Christopher G. Guglielmo, "Move that Fatty Acid: Fuel Selection and Transport in Migratory Birds and Bats," *Integrated and Comparative Biology* 50(2010): 336.

3 有趣的是，半蹼濱鷸自行利用增強生理表現的「禁藥」可能始於近代。遺傳證據強力顯示西北大西洋的蜾蠃蜚源自歐洲，應該是十七、十八世紀由歐洲船隻壓艙石上的淤泥夾帶而來的。這種小小的端足類挖掘泥地，用兩隻像腿一樣修長的觸角邁力耙梳泥沙中的食物。牠們為數眾多，動輒幾兆隻，因此被歸類為「生態系工程師」（ecosystem engi-

neer），意思是牠們會像人類和河狸一樣，將自己棲息的環境改頭換面。但沒有人知道蝶蠃蜚是否取代了半蹼濱鷸以前賴以為生的食物，或者是鳥類改變了遷徙策略與生理適應來利用新的環境條件。

4 Paul Bartell and Ashli Moore, "Avian Migration: The Ultimate Red-eye Flight," *New Scientist* 101(2013): 52.

5 譯註：有些其他地區的族群為候鳥。

6 Klaus Schulten, quoted in Ed Yong, "How Birds See Magnetic Fields: An Interview with Klaus Schulten," Nov. 24, 2010, https://www.nationalgeographic.com/science/phenomena/2010/11/24/how-birds-see-magnetic-fields-an-interview-with-klaus-schulten.html.

7 P. J. Hore and Henrik Mouritsen, "The Radical-pair Mechanism of Magnetoreception," *Annual Review of Biophysics* 45(2016): 332.

8 Dmitry Kishkinev, Nikita Chernetsov, Dominik Heyers, and Henrik Mouritsen, "Migratory Reed Warblers Need Intact Trigeminal Nerves to Correct for a 1,000 km Eastward Displacement," *PLoS One* 8, no. 6(2013): e65847, 1.

9 Tyson L. Hedrick, Cécile Pichot, and Emmanuel De Margerie, "Gliding for a Free Lunch: Biomechanics of Foraging Flight in Common Swifts(Apus apus)," *Journal of Experimental Biology* 221, no. 22(2018): jeb186270, 1.

第三章

我們曾經認為

普通雨燕可以連續飛行長達十個月——這項發現對羅納德・洛克利（Ronald Lockley）而言倒不是新鮮事，這位威爾斯出身的鳥類學家（不過他最聞名於世的應該是野兔的研究，也是小說《瓦特希普高原》〔Watership Down〕的靈感來源）在一九六九年就提出類似的推測。他曾在家鄉德文郡觀察到大群雨燕在傍晚時分垂直飛上天，最後消失在視線中。洛克利知道，第一次世界大戰時，有位法國飛行員夜間在將近一萬英尺的高空熄火滑翔，發現自己竟被雨燕環繞；且更早以前的博物學家，譬如早十八世紀的吉爾伯特・懷特（Gilbert White）就懷疑過雨燕事實上鮮少「腳踏實地」。「或許其他觀察家也想過雨燕怎麼能夠持續飛行如此之久，只是不想像我現在這樣貿然論定。」[1] 洛克利在南非的一場鳥類學研討會中告訴聽眾。他對提出這種大膽假設毫無顧忌。

懷疑歸懷疑，證明當然又是另一回事，洛克利在二〇〇〇年過世，享壽九十六歲，無緣見到自己的預測獲得證實。想追蹤一・三盎司的雨燕這麼小的鳥類，在一九六九年尚無可行的方式。雖然當時已經有無線電發報器，也有夠小的尺寸，但操作時需要有人手持追蹤器、隨時朝著訊號傳來的方向。追蹤較為靜止的動物已經夠難了，要追蹤遷徙的鳥可能還得仰賴飛機，且實際上恐怕需要好幾架飛機。即使有了飛機，想要持續不斷的追蹤動態目標依舊難如登天。

電子設備（尤其是提供電力的電池和太陽能板）的小型化固然改變了候鳥研究的局勢，但這只是讓大家對候鳥改觀的諸多進展之一。我有幸親自見證這些發明如何改變我們對「遷徙」的認知，恰巧也直接參與了其中一些新科技的開創性運用。這對於要研究的候鳥實在太嬌小、所有傳統發報器都不適用的人而言尤其振奮，我們首度有能力追蹤每隻鳥繁殖、遷徙和度冬的年度旅程，連最小型的鳥種也不例外。且這些新的研究方式也揭露了以往未知的危機，像為什麼有些鳥類的數量長期以來謎樣地下降，替生態保育人士指引出一條亡羊補牢的方向。我們學到相距上千英里的地方也可能息息相關，並由非常明確、特定地點的遷徙所連結。我們也意識到人類對候鳥一生中的各個關鍵階段只有片面的理解，這也是為什麼我們付出的保育心力在最好的情況下依舊不夠完善，在最壞的況下甚至適得其反。新科技的確令人振奮，但對許多瀕臨滅絕的候鳥而言，新資訊能否及時趕上還有待商榷。

「陶德，你準備好了嗎？」戴夫．布林克（Dave Brinker）嚷嚷道，一邊往上看一邊用手遮著眼睛，陽光從他的白鬍子裡穿透出來。在我們頭頂四十英尺高的地方，起重機吊籠裡有個身影豎起拇指作為答覆。

「沒問題，慢慢來，」戴夫一邊說，一邊和我一起把從吊臂斜斜垂到地上的長繩拉緊。我們繼續拉，一支九英尺長的金屬天線便緩緩升起，上頭每隔一英尺就有一條短短的金屬橫桿。天線在八月的熱風中搖晃，一寸寸接近舊電線桿的頂端。陶德・艾利格（Todd Alleger）在那兒小心翼翼伸手解開繩索，這位年輕人動作嫻熟，讓天線中間的支架沿著飽經風霜的電線桿頂端、六英尺高的金屬桿滑下，再調整天線使它指向北方，接著鎖緊螺栓固定好整套設備。

接下來一小時，我們又把三支長長的天線送上電線桿。此地位於費城西北邊幾小時車程外，在賓州狩獵委員會（Pennsylvania Game Commission）的田野辦公室後方，被玉米田和籬笆環繞。如果一旁繁忙的州際公路上有路過的駕駛注意到，他們恐怕大惑不解：為什麼在這個高清數位訊號串流的時代，還要大費周章樹立老式的電視天線？乍看之下的確如此，但這些金光閃閃的天線陣列其實是舊科技改頭換面的創舉，讓科學家首次有辦法追蹤最小的候鳥飛越最不可思議的距離的過程。

無線電追蹤科技早已行之有年，最早的技術是把特高頻（VHF）無線電發射器固定在野生動物身上，研究牠們的動向。看過自然生態紀錄片的人對它的原理應該都不陌生：小小的無線電發射器發出訊號，帶著接收器和手持天線（稱為八木天線，yagi）的生物學家負責接收訊號（以前郊區家家戶戶矗立著的老式電視天線，就由巨型的八木天線組成）。八木天線指向發射器時，它的嗶嗶聲會變大，轉到反方向則會變小，靠這樣便能得知發射器在哪個方向。這套技術實際上的確可行，但非常耗費勞力：不但得讓接收器天線組和發射器之間維持暢通無阻（山脈、建築物和密林等等都會屏蔽訊號），還得仰賴訓練有素的追蹤者每分每秒投注心力。

追蹤鹿或熊的難度本來已經很高，跟著一隻候鳥跨越重重地形就更複雜了，除非你有一支可以隨意指揮的空軍——即使這樣還是很有挑戰性。一九八〇年代末期，我參加了一個追蹤紅尾鵟（red-tailed hawk）秋季遷徙的研究團隊，我的任務是抓住鳥並把發報器固定在牠們的中央尾羽上。當時我一點也不羨慕負責追蹤的同仁，他們常常得連續驅車移動十天十一天，一路吃垃圾食物、趁隙打盹；往往追不上又快又靈活的空中目標，又常常困在車陣中或開到不熟悉的道路。追蹤團隊常常跟丟有標記的紅尾鵟，只好向我們的「空軍」求救——幾乎不必預先通知，駕駛私人飛機的退休工程師法蘭克．馬斯特斯（Frank Masters）一接到任務就會跳上他的單引擎飛機，從賓州中部飛往維吉尼亞西部或北卡羅萊納東部。他透過裝在機翼支架上的八木天線，可以重新找到空中的紅尾鵟訊號，降落後把座標告訴追蹤小組。天亮前他就會飛回家，但很可能第二天晚上又要重頭來過。

無線電追蹤技術在許多野生動物研究中仍然十分管用，我參與的貓頭鷹研究團隊多年來在阿帕拉契山脈中部用無線電追蹤棕櫚鬼鴞，成效斐然。白天棕櫚鬼鴞休息時，我們有辦法找出這種可樂罐大小的貓頭鷹在哪裡，晚上則要團隊合作，藉由三角定位法追蹤牠們在範圍有限的領域中如何移動。但現在有愈來愈多科學家改用衛星發報技術來追蹤遷徙鳥類，將訊號發送到 Argos 軌道衛星系統中，藉此得知世界上所有角落的發報器的位置。然而任何科技都是尺有所短，寸有所長，特高頻無線電又小又便宜，卻仰賴大量勞力；衛星發報器則又重又昂貴。這些年來的衛星發報器都太重了，無法用於比中型猛禽更小的鳥類，即使時至今日，最小的元件也重達五公克，代表不適用於五．五盎司以下的鳥類，也就是鴿或大型濱鷸的體型。因此有上千種小型鳥類不適用衛星追蹤，這也就包括了世界上大多數的候鳥。衛星標記也價格不斐，每個元件要價上千美元，且動用衛星系統的運算時間還要再繳交數千元年費。

不過近年來的微型化和自動化，讓超高頻無線電發報重獲新生。有了高效率的電池，現在能夠做出遠低於一公克的無線電發報器，小到足以安裝在蜂鳥身上，甚至連大型的遷徙性昆蟲，比方說帝王蝶和一些蜻蜓都適用。微型無線電發報器，加上自動化的接收站，便得以建立全球性的動物追蹤網絡，這可是我們有史以來第一次能追蹤最小型的候鳥，知道牠們是如何橫越大半個地球。這個野生動物追蹤系統稱為 Motus，源於拉丁文的「動向」，是加拿大鳥會（Birds Canada，加拿大最大的鳥類保育組織，舊名加拿大鳥類學會，Bird Studies Canada）的心血結晶。生物學家史杜．麥肯齊（Stu Mackenzie）和同事們從二〇一二年就開始測試這些稱為微型標記（nano-tags）的迷你發報器和自動化接收器。巧的是同一年我和馬里蘭州自然資源部（Maryland's Department of Natural Resources）的生物學家戴夫・布林克也在賓州的山野試著用些玩意追蹤貓頭鷹遷徙。加拿大鳥類學會那時很快就發現這項新科技對候鳥研究潛力無窮：微型標記很便宜（和要價上千的衛星標記相比），一個只要幾百美元；每個標記都使用相同頻率傳送各自的辨識碼，因此任何標記都能被任何接收器偵測到。每個接收站是由指向性天線的陣列構成，就像我們安裝的那一組，再連到一台功能非常基本的電腦、一個GPS接收器和其他幾樣設備，如果位處偏遠的話還要再架設太陽能電源，整組接收站的成本不到五千美元，而且能自動運作。科學家也預見到其中潛力，因此Motus系統在不到十年內迅速擴張成將近一千個接收站的網絡，從北極分布到南美洲南端，在歐亞非和澳洲也日益普及，以超乎想像的精細尺度追蹤成千上萬隻鳥類、蝙蝠和昆蟲。

其中許多接收站是科學家基於在當地的特定計畫建立的，例如追蹤新英格蘭沿岸燕鷗的覓食動態，或研究安大略省南部灰沙燕（bank swallow）的棲息行為。這些接收站會記錄任何進入偵測範圍（十五至二十英里，視地形與天候而定）的標記動物，因此無論新建的接收站的短期任務為何，都會對整個追蹤網有所貢獻。在加拿大極圈內標記的半蹼濱鷸如果飛到安大略省，有可能會被灰沙燕計畫的接收塔追蹤到，如果飛到喬治亞州海岸，也可能會被特別為追蹤森鶯遷徙設立的接收站記錄。

戴夫、陶德和我都是Motus美國東北部合作團隊的成員，因此可說是從另一個角度貢獻心力。除了利用Motus網絡進行自己的研究（從貓頭鷹遷徙、鳴禽遷徙的中繼生態學〔stopover ecology〕，到鳥類撞過窗戶後導航能力是否受損）之外，我們也意識到建立這套網絡對遷徙科學的整體價值。因此我們從二〇一五年開始募款，從私人資助和基金會到各州與聯邦政府贊助，用來擴增美國東北內陸的區域性接收站陣列。在舊電線桿上安裝接收塔是二〇一七年第一階段計畫的一部分，我們總共建立了二十座接收站，從伊利湖到費城每三十英里左右設一座，斜向穿過賓州。之後我們擴展版圖，先是中大西洋地區到紐約，更近期又在新英格蘭各地設立接收站。

每次去下載接收站累積的資料時，我的心情都有點像小朋友過聖誕節那樣雀躍。十二月初我回到新裝設的接收站，打開綠色的塑膠防水箱，先把自己的筆記型電腦連上裡頭的小電腦檢查它的運行狀況，一切正常，接著我再從它的記憶卡中存取資料。我把整批資料上傳到Motus的網站上，稍待系統接收處理，便能一窺上個秋季遷徙時有哪些動物從頭頂飛過，而底下的人們沉睡夢鄉，未曾留心。

資料記錄到許多鶇類，原因之一是好幾位加拿大科學家都運用Motus技術研究這類候鳥。其中一個團隊在新斯科細亞（Nova Scotia）標記斯氏夜鶇，研究牠們繁殖結束但還沒飛到南美洲時的區域性大幅移動。接收站收到超過十幾筆這個團隊標記的鳥，牠們在幾週之內飛過這裡。另一位運用Motus網絡的研究者在魁北克研究好幾種鶇是否會在繁殖季後飛往灌叢茂盛的區域，攝取豐富的果實作為遷徙所需的能量，我們的接收站也記錄到三隻這個計畫中的灰頰夜鶇飛過。還有另外六隻斯氏夜鶇和一隻灰綠蟲森鶯（Tennessee warbler）是另一個蒙特婁的計畫標記的，旨在研究都會地景中小塊棲地的重要性。這些研究都著眼於非常區域性的目標，但因為追蹤網絡涵蓋了半球尺度，所以大部分有標記的鳥向南遷徙時，一路上都會繼續被其他接收站偵測到，如果發報器的電池壽命夠長，牠們來年春天北返的路上也會再被記上幾筆。

來看看我們還記錄到哪些動物呢？有幾隻來自安大略省南部族群的家燕（barn swallow）和紅石燕（cliff swallow），還有白腰濱鷸（white-rumped sandpiper）、姬濱鷸（least sandpiper）、和小黃腳鷸（lesser yellowlegs），是加拿大亞寒帶的詹姆斯灣水鳥研究計畫標記的。另外也有伊利湖北岸標記的幾隻銀毛蝠（silver-haired bat）和一隻帝王蝶，以及一隻上個冬天在維吉尼亞東岸標記的美洲山鷸（American woodcock），牠在加拿大東部度過夏天之後再度南下。有隻維吉尼亞秧雞（Virginia rail，行蹤非常隱密，習性所知甚少的物種）也被記錄到，牠上個春天在俄亥俄州東部被標記時正在往北飛，現在則是從更東邊截然不同的路線往南飛。還有兩隻在加拿大南部標記的美洲夜鷹（common nighthawk），牠們經過這個接收站後，沿路從佛羅里達到南美洲的軌跡都被一連串的天線塔記錄下來。順帶一提，我能得知這些鳥後續的追蹤訊號和長距離飛行動態，是因為Motus系統搜集的資料大部分都是公開的，人人可以到網站www.motus.org上瀏覽，像我這樣點擊某個地方的接收站，看看那兒偵測到了哪些動物，並畫出資料中任何一隻動物的移動軌跡。

Motus在短時間內形成廣大迴響。我們對候鳥的認識大多來自鳥類繫放，根據我三十五年來的實務經驗，繫放雖然成果斐然卻勞師動眾。一九六〇年至今，北美洲已經有超過六千四百萬隻鳥被繫上腳環，但其中只有極小比例被再度記錄。水禽重複目擊的比例比較高，例如一九六〇年以來共繫放了四百六十萬隻綠頭鴨，其中將近四分之一都被再度發現（大部分是獵人打到的）。歷年繫放的斯氏夜鶇總數超過五十萬隻，卻只有少少的百分之〇．四被重複記錄；而北美北部森林數一數二常見的黑喉綠林鶯（black-throated green warbler）被重複發現的機率就更低了，只有渺茫的百分之〇．〇八。相較之下，Motus計畫在短短幾年內就從一萬七千多隻的有標記動物（大部分是鳥類）中產生超過十五億筆追蹤資料，而且記錄的內容極盡詳細，不論是時間或空間尺度上都大勝繫放資料，也讓以往沒人發現的遷徙路徑和中繼站水落石出，迫使大家注意到長年忽視的現象。以我們廣設接收站的賓州為例，這個幾乎都位於內陸的地區只有幾片大型濕地，但追蹤資料卻顯示每年五月到六月初，會有大量的遷徙性水鳥從大西洋沿岸飛進賓州上空，其中也包括許多聯邦政府列為瀕危物種，在德拉瓦灣標記的紅腹濱鷸。但從來沒有人認真想過這件事，比方說在山稜線上設立工業用風力發電廠的時候，就沒有完整考量到它們對候鳥的威脅。

Motus也讓我們一窺鳥類生命中尚屬未知的面向，提供了牠們可能蒙受哪些威脅的蛛絲馬跡。科學家尤其擔心在空中捕食昆蟲的鳥類，像是燕子和雨燕，全球這些鳥種的數量都急速下跌。加拿大鳥會在安大略省南部設立了Motus接收站的縝密網格，記錄大約六萬平方公里中每一小塊面積的資料，科學家再用只有〇·二公克重（千分之七盎司）的發報器追蹤家燕幼鳥離巢後幾個月的動向，總數超過兩百隻。沒有Motus的時代連追蹤一隻燕子都不可能實現，何況是這項研究。由於以往幾乎不可行，沒有人真的試圖釐清家燕幼鳥離巢後的遭遇，因此也沒有人料到生物學家在這項研究中的發現——獨立生活才是致命難關——在這些燕子踏上前往阿根廷的危險路途之前，就有將近百分之六十的幼鳥喪生，這的確是難以為繼的死亡率，光從這一點就足以解釋家燕的族群數量為何驟降。此外還有一項重大結論：有些物種面臨的難關其實就在自家門口，而非遙遠的世界彼端，這也代表我們要投入更多研究，好發現並改善這些問題。

這項家燕的研究也彰顯了全盤認識候鳥生活史的重要性。我們以前幾乎無法達成這一點，大家對候鳥的認識幾乎只有一鱗半爪，只局限於牠們的旅途和那些花時間觀察的人有所交集的少數時間地點，彷彿以管窺天，只能從零碎的小窗口想像牠們廣闊的生命旅程。鳥類遷徙的路徑、時間、棲息環境、飛越全球的旅途可能需要哪些資源，還有從人類的視角可能忽視哪些需求……其實人類稍稍鑽研過完整遷徙週期的候鳥種類屈指可數。而我們似乎只要觀察得更仔細些，就能發現和預期相悖的事情，甚至發現以往嘗試協助候鳥的方式可能反而幫了倒忙。

「你知道科學家哪裡惹人厭嗎？」我媽幾年前這樣問我。「科學家都說『我們曾經認為……但現在發現……』」如果我沒記沒錯，她當時是對翻來覆去的飲食保健論點不耐煩，像是吃蛋到底健不健康之類的，但我不得不承認她的說法有幾分道理。科學是一種過程，提出想法並予以檢驗，有時新的證據會推翻原先的想法。任何忠於科學方法的優秀研究人員都應該說：「我們曾經認為……但現在認為……」不過人性當然不是這麼回事，科學家也想找出不變的真理，卻也常常相信最新最誘人的研究成果，並暗自認為這個研究主題就此蓋棺論定。

過去四十年來，候鳥保育的領域就歷經了好幾次「我們曾經認為」的恍然大悟。一百多年前的「鳥類學」奠基於歐洲和北美北方的都會區，研究主軸明顯偏重溫帶的繁殖季節。研究被鳥巢套牢的鳥最輕鬆，繁殖季通常也是鳥類色彩最繽紛、歌聲最嘹亮、且最容易觀察的時候。直到一九七七年，史密森尼學會（Smithsonian Institution）資助了一場關於熱帶候鳥的研討會，西方世界的研究重點才首度離開狹隘的繁殖地，大家也才意識到候鳥畢生之中大部分的時間不是在遷徙的路上，就是在度冬地。此時熱帶森林受到濫伐的情況才開始令人擔心。一九八〇年代晚期到九〇年代初期，北美洲的生態保育人士愈來愈關心某些候鳥類群數量急速下降的跡象，尤其是在北美洲繁殖，但到加勒比海和拉丁美洲度冬的新熱帶候鳥。不難理解，很多保育人士就此認為問題出在孤島化的熱帶度冬地，他們常常把新熱帶候鳥（簡稱 neotrops）當作「拯救雨林！」的號召，懇求大眾保護叢林，說這樣才能挽救在我們的院子裡築巢的可愛鳥兒。但事實上，除了低地雨林之外，還有許多影響鳥類存亡的熱帶棲地也不斷流失，例如紅樹林沼澤、雲霧林、稀樹草原、草澤，更重要的甚至是高海拔的松櫟混合林，大多數新熱帶候鳥都在此度冬。

同時間，一九九〇年代也有愈來愈多研究指出，至少有些候鳥的問題出在自家門口。許多急劇減少的新熱帶鳥類其實是棲息於森林深處的物種，例如黃褐森鶇、猩紅比藍雀（scarlet tanager），以及許多要在完整的大面積森林深處繁殖的森鶯，牠們在地面（或接近地面的高度）築巢，如果有掠食者那就不妙了，但這種密林深處的掠食者通常不多。問題是，完整的森林所剩無幾，北美東部尤其嚴重，森林最茂密的地區也支離破碎，林地彷彿蛀洞斑斑的毯子，被道路、電線、城鎮、皆伐地、開發地分割為無數碎片。破碎棲地中，偏好在森林邊緣活動的掠食者數量很多，像是浣熊、臭鼬、負鼠、家貓、烏鴉、蛇類、冠藍鴉（blue jay）和擬八哥類，牠們都是完整森林中少見的物種。褐頭牛鸝也是，這種偏好開闊地的鳥會進行巢寄生，把鳥巢原主的蛋丟掉，取代為自己的蛋。

這又是另一記當頭棒喝——我們曾經認為，但現在發現。接下來的十年左右，出現了上百篇論文與學術期刊文章探討棲地破碎化的各個面向。諸如比較橙頂灶鶯和鶇類的繁殖成功率，在破碎的小棲地和在較大的完整森林有何差異；探討乾熱的空氣會如何滲入破碎森林的邊緣，導致落葉堆裡的無脊椎動物數量和多樣性降低，使鳥類的食物來源減少；即使只是開闢一條泥土路，這種小干擾也能讓牛鸝進入森林寄生鳥巢。還有研究人員設置自動照相機，拍攝裝了鵪鶉蛋的假鳥巢，好研究哪些掠食者最常攻擊鳥巢（結果令人訝異，可愛的花栗鼠也是北美東部主要的鳥巢掠食者之一）。除了北美東部森林鳥類受到的衝擊之外，科學家也研究了全球棲地破碎化造成的影響，結果令人震驚：全球尚存的森林中，有百分之七十的森林中心距離邊緣不到一公里，整體而言棲地破碎化讓生物多樣性流失的比例甚至高達四分之三。這項研究於是衍申出許多棲地管理的建議，旨在保護尚存的完整森林，例如劃設老熟林（old-growth）復育區，讓中齡林（middle-aged forest）不受干擾持續茁壯成熟、立法限制或禁止皆伐，或至少將砍伐面積限縮在少數幾個區域，以降低對整體森林的影響。

但這不表示熱帶棲地喪失沒關係，只代表它並不是候鳥減少的唯一原因。上述知識得來不易，一九九〇年代中期我還在撰寫《御風而行》，有段時期大家對棲地破碎化的關注達到巔峰，我也花了點時間和一個研究團隊在賓州山野做研究。該團隊由我的朋友蘿莉．古德瑞奇（Laurie Goodrich）博士帶領，她想量化棲地破碎對橙頂灶鶯繁殖的影響。橙頂灶鶯是一種森鶯，但牠們幾乎不棲息在樹冠層，而是在森林地面活動，背部橄欖棕的羽毛和腹部的條紋讓牠們能隱身於枝葉陰影中。橙頂灶鶯雖然行蹤隱密但易聞其聲，牠們「唧啾唧啾唧啾唧啾！」的鳴唱是美國東部闊葉林最有代表性的聲音之一。蘿莉和她的研究團隊從四月底到七月中，每天日出前老早就得帶著實驗設備進入野地。他們一共有十一個研究樣區，從離道路幾英里遠的廣袤稜線森林，到溪畔草地旁蚊蟲叢生的小林地，囊括各種破碎化的程度；每個樣區都要架設鳥網、播放橙頂灶鶯的鳴唱錄音、替新抓到的鳥兒繫上彩色腳環，並尋找去年繫放的個體、追蹤有腳環的橙頂灶鶯直到找出鳥巢的位置。這個任務並不容易，橙頂灶鶯就是以巧妙偽裝的鳥巢為名：牠們的巢形似古早的土灶，築在林地的落葉堆裡。（有一年蘿莉的團隊請志工添購昂貴的獵鳥犬，訓練牠依靠嗅覺尋找橙頂灶鶯的巢，結果這隻狗反而更擅長找出烏龜）。研究團隊每四天就要巡視一遍他們找到的幾十個橙頂灶鶯繁殖領域，找到鳥巢並加以檢視。這是極其艱辛的苦工，目標是確認每一巢有幾隻雛鳥成功離巢，繁殖成功率通常是這樣計算的。

等到最後一隻雛鳥離巢，蘿莉和同事們才終於鬆了一口氣，能抓抓身上的蚊蟲叮咬，開始分析這個繁殖季的資料。雖然橙頂灶鶯親鳥會繼續照顧離巢的雛鳥好幾週，但多管閒事的生物學家這時不會再窺伺牠們的生活。事實上研究森林鳴禽繁殖和棲地破碎化的這小群生物學家幾乎都做著一樣的事，都會耗費極大心力研究雛鳥期，加總成功離巢的雛鳥數來統計繁殖成功率；一旦雛鳥各奔東西由不勝其擾的親鳥看顧，就視為繁殖季結束。但這又帶我們回到生活史生物學（full-life-cycle biology）的問題：非得要了解鳥類一生當中的各個重要時期，才能知道牠們的需求和蒙受的威脅，並著手保育這種鳥。我們曾經認為，但現在發現……雛鳥離巢後，還會有另一番有待揭曉的轉折。

很少生物學家仔細審視雛鳥自離巢到開始遷徙之間的這幾個月。我們知道這是一段準備期，許多鳴禽開始累積脂肪，也進入耗費大量時間和能量的換羽過程，舊羽毛脫落、換成新長出的（許多鳴禽在夏末會全身換羽，包含翅膀和尾巴的羽毛）。這段時間乍看之下了無趣味，好像只是為了湊滿一整年而存在，不過也有些跡象顯示並非如此。比方說，鳥類學家很久以前就知道許多水禽繁殖完後會進行換羽遷徙（molt migration），移動幾百英里以上，找個安全的地方一次換下所有飛羽。牠們在新的飛羽長齊之前會有幾週的時間沒有飛行能力，這種習性幾乎是雁鴨和天鵝獨有的。而直到一九九〇年，我們才知道小型鳴禽也有類似的遷徙，研究顯示有些北美洲西部的鳥兒，包括布氏擬鸝（Bullock's oriole）、瑠璃彩鵐（Lazuli bunting）、麗色彩鵐（painted bunting）、東方歌綠鵙（warbling vireo）、和黃腹比藍雀（western tanager）會長距離遷徙到美國西南部和墨西哥北部。他們倒不會失去飛行能力，但當地夏末季風帶來的雨水滋養了豐富的昆蟲，的確提供換羽所需的營養補給。更讓人跌破眼鏡的是，到了二〇〇五年，我們才知道有些鳥，像黃嘴美洲鵑（yellow-billed cuckoo）、卡辛氏綠鵙（cassin's vireo）、黃胸巨鵖鶯（yellow-breasted chat）、黑臉擬鸝（hooded oriole）和果園擬鸝（orchard oriole）不但會在夏末往南遷徙到墨西哥西部（也位於季風帶），甚至會在那裡繁殖第二次，也就是說才剛在北方養育一窩子女後，同一個夏天又繁殖一次。「淡季」顯然遠比大家想像得更多采多姿。

然而剛離巢的幼鳥究竟遭遇哪些事仍舊成謎，一部分是因為追蹤四散在夏季密林和泥炭沼澤裡的幼鳥難如登天。在此必須強調，即使微型發報器的重量輕如鴻毛，也會或多或少降低鳥寶寶已經不高的存活率，因此許多研究人員不願意冒這種風險。多數人認為年輕鳥兒無論如何大概都會待在出生地附近直到遷徙季節來臨，不過也有一些專家指出幼鳥這時候會慢慢往南遷徙，啟程的時間比親鳥早得多。到了一九九〇年代中期，幾位研究人員在好奇心的驅使下決定面對這項棘手的挑戰：利用無線電追蹤離巢幼鳥。他們追蹤的主要是黃褐森鶇，這種鳥不但是研究森林破碎化的標準物種，也夠大夠粗壯，足以負荷小小的發報器，研究團隊便能在幼鳥離巢後持續追蹤。

但讓科學家們訝異的是，這些應該專挑森林深處生活的鳥去了南轅北轍的環境：長出糾結茂密灌叢的荒廢伐木地、森林邊緣、廢棄農地和路邊這類的地方。幼鳥們在那裡大啖成熟的黑莓，且灌叢的枝椏如此茂密，最靈活的老鷹大概也鑽不進裡頭。牠們出沒在毒漆藤、雜亂的野葡萄藤和茂密的鹽膚木叢裡，肉眼幾乎無法看進樹叢內。研究人員追蹤他們的黃褐森鶇幼鳥時，還意外發現許多其他以往被認為應該棲息在森林深處的幼鳥，例如紅眼綠鵙、橙頂灶鶯、麗色黃喉地鶯（Kentucky warbler）、黑枕威森鶯（hooded warbler）與食蟲鶯（worm-eating warbler）。發生什麼事？如果廣大的完整森林對這些鳥種至關重要，為什麼牠們的孩子會偏好伐木地的灌叢，和老熟林

（mature forest）完全相反？這簡直就像鳥類版的青少年叛逆期，偏偏不要父母的棲息地。

答案似乎在於食物與藏身處。演替早期的環境，像是灌木叢、茂密的小樹林、各種灌木和幼齡林（young forest），這些進駐裸露地的先驅植被擁有旺盛的光合作用能力，不但滋養巨量的昆蟲，在夏末也結出營養的果實和漿果，是遷徙前補充熱量的理想食物；且這種樹叢也難以進入，植物有尖銳的棘刺、躲著咬人的蜱和恙蟎，還有讓人發癢的毒漆藤（研究人員足以作證），因此也在鳥兒一生中最脆弱的階段提供了遠離掠食者的藏身處。進一步研究也證實，幼齡林和灌叢棲地對許多我們以為會厭惡這種環境的鳥來說都很重要，而且生物學家還發現棲息地之間有更出乎意料的雙向交流：森林深處的鳥種在夏末飛進灌叢，但像金翅蟲森鶯（golden-winged warbler）這種原本在灌叢間築巢的鳥類卻離開了，牠們的幼鳥會飛進老熟林。

目前有些研究鳴禽的生物學家正在重新評估，對遷徙性森林鳥類而言，究竟什麼才是「好」棲地？羅恩・羅爾博（Ron Rohrbaugh）就是其中一人，他任職於康乃爾鳥類學實驗室（Cornell Lab of Ornithology），現在是賓州奧杜邦學會森林計畫的經理，也主持黃褐森鶇的國際保育聯盟，長年以來更鑽研金翅蟲森鶯所面臨的議題。金翅蟲森鶯頭戴黑色眼罩，頭頂和翅膀都帶著一抹檸檬黃，是日益罕見的鳥種。然而即使是羅恩這樣的鳥類學家，也花了好一段時間才見「灌木」又見林。

「我們發現只要找得到幼齡林，黃褐森鶇之類的鳥就會去利用」羅恩告訴我，「成鳥會帶牠們的幼鳥到那些地方，讓幼鳥在遷徙前汲取幼齡林提供的豐盛能量增加體重。」但問題是灌叢棲地所剩無幾，大部分對森林性的鳴禽也幫助不大。美國東部有的地區只有百分之一到二的森林屬於幼齡林，主要是次生的田野和公有事業地，因此仰賴演替早期環境的物種數量都已經大幅下滑，例如褐矢嘲鶇（brown thrasher）、箱龜（box turtle）、高草原林鶯（prairie warbler）、金翅蟲森鶯和棕脇鵖鵐（eastern towhee）。環境失衡淵源已久，美國人耗盡了東部和五大湖區結構複雜的森林，繁複的森林結構要生長千年以上才得以形成，卻在十九世紀末到二十世紀初的伐木熱潮中砍伐殆盡，一棵樹也不剩。（這種森林破壞仍持續在美國西部發生，除了大半個二十世紀，時至今日我們還在砍伐無價的老樹）因此森林的序列階段（seral stages，意指各個年齡層）消失了，沒有最年輕的樹苗，沒有最年老的瑪土薩拉神木，沒有大樹倒下後露出的透光狹窄孔隙，沒有被河狸棄置的乾涸池塘長出的灌叢草地，沒有多層的次冠層（subcanopy）和高大樹木下的地被層，也沒有野火後新生的植被、蟲蛀後的枯立木……各種繁複鑲嵌且不斷變化的森林樣貌都消失了。過去一百年左右重新長出的森林非常單一，都是中齡樹木，結構複雜度很低，能提供的資源也遠遠不及鳥類所需。

「這種森林已經無法提供食物、熱量和候鳥生存所需的能量，因為缺乏林下植被。鳥兒飛來，森林卻只剩下樹冠層，鳥飛下來想找中層和地被層卻一無所獲，天然的森林結構已經消失了。」羅恩說道。

這不代表研究棲地破碎化搞錯了重點，而是說它像大家曾經一窩蜂關注的熱帶森林流失一樣，不夠全面。野生動物管理員（尤其是負責狩獵物種的人）以往就把森林邊緣視為對生物多樣性有益的優良棲地。但在棲地破碎化的研究興起之後，「森林邊緣」彷彿變成一句髒話，意義完全變調，成為全民公敵。更廣義來說，光是提到砍樹就能引起公憤。「我認為這就是討論森林破碎化的影響時，我們開始離題的地方，」羅恩表示，「當森林邊緣所佔的比例太高時，代表森林破碎化了，代表巢寄生、浣熊、臭鼬和烏鴉這種喜歡森林邊緣的掠食者出沒頻率上升。但大家在八〇和九〇年代忽視的概念是：整體而言，保留森林邊緣的環境對森林裡的生物有益，而且未必會影響仰賴森林深處核心維生的鳥種。我們大可創造出包含各個序列階段的森林地景，而不只是把一大塊方形土地上的樹通通砍光。」關鍵在於砍伐的位置與間隔，我們應該試圖創造類似自然森林的環境（一旦想通也不足為奇），讓大約百分之十的森林處於演替早期，但不是畫個形狀、砍掉裡面所有的樹，而是砍成各種棲地和樹齡鑲嵌，彷佛萬花筒圖案的景致；不沿著直線和直角砍樹，而是砍出許多蜿蜒、弧線或如墨水暈開形狀的森林邊緣。此外也要在森林深處開闢小樹叢，因為剛離巢的幼鳥不善飛行，半英里對牠們來說太難抵達了。羅恩．羅爾博認為黃褐森鶇減少的原因之一，可能就是少有繁殖鳥找得到合適的築巢地，必須得離食物豐富的灌木叢不遠，才能帶領幼鳥平安抵達。「這是黃褐森鶇族群狀況不佳的部分原因，」他說。「牠們的確有繁殖，有生出後代，但這些幼鳥的體力夠不夠面對即將展開的長途遷徙呢？」

羅恩不是唯一這麼認為的生物學家。一九九九年我認識了傑夫．拉金（Jeff Larkin），他那時還是研究生，我協助他將猶他州山區捕捉加拿大馬鹿（elk）移置到肯塔基州東部，他在那兒研究重新建立的年輕族群。傑夫獲得博士學位後，現在任教於賓州印第安那大學（Indiana University of Pennsylvania），專門研究森林裡的鳴禽，例如金翅蟲森鶯和深藍色林鶯（cerulean warbler），特別致力研究如何管理森林才有益於這些飽受威脅的鳥類。傑夫．拉金和羅恩．羅爾博有志一同，談的也都是森林的多樣性與複雜度。

傑夫告訴我，即使是鳥類學家長年認為對鳥一點用也沒有的樹齡，在一年當中的特定時節，看起來也對某些重要鳥種有強大的吸引力。他和學生一起在賓州追蹤了將近一百隻剛離巢的金翅蟲森鶯，發現許多幼鳥會從巢位所在的幼齡林移動到圓桿材

（pole-timber）林相，也就是二三十歲，雜亂生長的小樹。「我指的是樹苗密密麻麻的樹叢，大部分人都以為那裡是鳥類荒漠，」他說，「但我們發現金翅蟲森鶯和好幾種鳥混群利用這種林地。樹苗提供了藏身之處。」和羅爾博一樣，傑夫也相信保育森林鳥類務必採納這些新知，考量鳥類一整年的生活在過去總是被忽視的部分，並透過人為復育，讓美國東部和中西部齡期過於單一的森林增加複雜度。

「如果森林裡沒有各種年齡、各種結構的樹，無論是對金翅蟲森鶯、深藍色林鶯、黃褐森鶇，或任何你想得到的鳥而言，都不是最佳狀態。因為那才是我們搞砸森林環境之前，鳥類長期演化適應的地景。」傑夫告訴我，他目前的研究著重於人類該怎麼修復森林，比方說對深藍色林鶯和金翅蟲森鶯特別制定伐木計畫，這兩種鳥近幾十年來數量已經下降了百分之九十八。傑夫說，首先這個概念是在小區域內砍掉一點樹冠層，讓陽光促進林下植物生長，幾年後再回來多砍一點，藉此營造適合深藍色林鶯（雄鳥的羽毛是褪色牛仔褲的顏色）覓食的茂密植被。過了六到八年，到了這些樹苗長得太大、不適合深藍色林鶯後，會需要更大幅度的砍伐，只留下百分之二三十的樹冠層，營造出小面積的不規則灌叢；接下來的十到十五年則作為金翅蟲森鶯的築巢環境，也適合黃褐森鶇和橙頂灶鶯養育幼鳥。

上述固然不是典型的工業造林經營模式，但傑夫這樣的保育倡議者認為，這可以作為地主一方面想管理林木，一方面又想營造優良鳥類棲地的經濟替代方案。各方勢力終於有志一同，從奧杜邦學會和康乃爾鳥類學實驗室等非政府保育組織、提倡狩獵活動的披肩榛雞協會（Ruffed Grouse Society），到聯邦政府與各州機關，都決定要讓幼齡林重返自然景觀。目前各地演替早期的棲地多寡不一：在林業仍然興盛的五大湖區北部可能已經佔了百分之十五到二十五的地貌（這是金翅蟲森鶯族群狀態最好的區域，看來並非巧合），而阿帕拉契山脈可能只有百分之二到三，遠低於專家建議的百分之九到十。我也必須重申，並不是每位生物學家都認同這個新興的幼齡林論點，有人認為這樣反而阻礙中齡林自然成長為老熟林。其實拉金、羅爾博等人也一邊推動老熟林復育區，並應用林業管理技術在較年輕的森林中模擬老熟林的複雜結構，譬如創造樹冠層孔隙、增加樹冠分層、保留倒木枯枝等等。然而，「伐木」的形象依然惡名昭彰，在很多地區連小小的計畫都推動不了；幾年前在紐澤西州三千四百英畝的野生動物保護區中，曾預定開闢數百英畝演替早期環境的計畫，但受到激烈的公眾反對，從而腰斬。

美國魚類及野生動物管理局（US Fish and Wildlife Service）為此費盡心力，在二〇一六年末收購了第一筆土地，設立為「大灌叢國家野生動物保護區」（Great Thicket National Wildlife Refuge），預定總面積將高達十一萬五千英畝，橫跨從紐約到緬因六州，積極復育這個長年受到忽視的棲地。美國東北的灌叢復育，已經讓只棲息於演替早期環境的新英格蘭棉尾兔（New England cottentail）從聯邦政府的瀕危物種中移除，牠們原本是二〇〇六年被列入候選名錄的。

我們曾經認為，但現在就知道了嗎？二十年後我們的觀點又會有哪些轉變？會不會又發現遺漏了什麼重要資訊，就對目前一股腦復育幼齡林的行動大踩煞車？確實很有可能，甚至勢必會發生，但每次的「我們曾經認為」，都像又成功剝開一層超級複雜的洋蔥，更了解它的全貌。每次耗費心力釐清一種候鳥的完整生活史，似乎也學到更多奧妙的事，更理解牠們的存亡關鍵——例如北極候鳥、大西洋颶風和加勒比海獵人之間微妙的連動關係。

德瑪瓦半島（Delmarva Peninsula）的形狀總是讓我想到手掌，像一隻側面的手掌從美國大西洋中部海岸垂下來，最長的手指朝向南方。我沿著十三號高速公路開往德瑪瓦半島那隻手指瘦長的南端，靠近維吉尼亞州馬基彭戈（Machipongo）的地方。這裡的鄉野地勢平坦，環境濕潤，比海平面高不了幾公尺，縱橫著農地的排水渠道。五月底的午後乾爽宜人，田裡嫩綠的玉米苗還只到腳踝的高度，紅雀的身影在火炬松樹林外的灌叢裡閃過。我轉進一條小路，經過長著低矮米草的沼地，這種草是鼠尾粟

（salthay）。接著又經過一棟房子和一個通往黃楊溪（Boxtree Creek）的私人碼頭，碼頭大門敞開著。黃楊溪是維吉尼亞東岸錯綜蜿蜒的潮溝（tidal creek）之一，最寬處有二十英尺，漲潮時海水湧入，退潮時東南邊會綿延出好幾英里的泥灘。

放眼所及之處，大多屬於大自然保護協會設立的維吉尼亞海岸保護區（Virginia Coast Reserve），它涵蓋四萬英畝，包括了綿延五十英里的十四個屏障島和沼澤島。如同大自然保護協會所稱，這是大西洋沿岸僅存最長的海濱荒野。這個保護區的設立起初其實是要策略性防堵乞沙比克灣東海岸（Eastern shore）南段的大規模開發。一九六四年乞沙比克灣隧橋（Chesapeake Bay Bridge-Tunnel）啟用，讓這個曾經遺世獨立的地區和美國大陸接軌，它只是第一座，接下來還有一系列連結維吉尼亞和馬里蘭海岸各個屏障島的橋樑堤道，就此帶來大西洋沿岸早已蒙受的大肆開發。於是大自然保護協會開始收購德瑪瓦半島南端的島嶼，首先從預定要建設下一座橋的開發商手中買下史密斯島（Smith Island）（大自然保護協會還買了許多海邊的農場，將他們納入不可開發的永久保育協議後出售，作為進一步防止海岸破壞的手段）；此外再加上美國魚類及野生動物管理局、美國國家公園管理局、維吉尼亞州和其他永久保育協議的範圍，使得目前維吉尼亞東海岸有三分之一的區域都受到保護。因此乞沙比克灣東海岸南段不但是自然界的瑰寶，也是重要程度廣及半個地球的候鳥中繼站，對鷸鴴與其他水鳥尤其關鍵。其中，有種最引人注目的水鳥吸引我前來此地，我希望能見證這個連結熱帶與遙遠極地的年度盛事。

我停妥車子，走向聚集在碼頭上的五六個人，他們圍繞著幾台立在腳架上的單筒望遠鏡，瑟縮在刷毛衣和風衣裡，戴著帽子又戴了手套。現在氣溫只有華氏五十幾度，刺骨的東風從海灣吹進灘地。四周迴盪起沼澤鳥類的合唱：長嘴秧雞（clapper rail）結結巴巴的咕噥彷彿試著讓不聽使喚的引擎發動；有領域性的北美鷸（willet）發出響亮的「嗶喂喂，嗶喂喂」的驅逐聲；還有長嘴沼澤鷦鷯（marsh wren）連珠炮似的鳴唱。在這些聲音之外，還有幾百隻飛過的笑鷗（laughing gull）不絕於耳的呼呼呵呵作為背景。

布萊恩．瓦茨（Bryan Watts）從人群中走出來和我握手，這位瘦長男子鬍鬚斑白，脖子上掛著飽經風霜的老舊雙筒望遠鏡。接著他介紹我和這一小群人認識。亞麗珊卓（亞麗）．威爾克（Alexandra(Alex) Wilke）是大自然保護協會的海濱科學家，負責管理保護區內鳥類築巢的島嶼；而我認識的奈德．布林克利（Ned Brinkley）是《北美鳥類》（*North American Birds*）期刊的資深編輯；而這個海岸保護區退休的保育科學主任巴里．楚伊特（Barry Truitt）則咕噥道，「現在感覺不太像國殤紀念日（Memorial Day）假期啊，」他把脖子縮進外套裡，灰白的鬍子和馬尾在風中飄逸。

瓦茨是威廉瑪麗學院（William and Mary College）保育生物學中心（Center for Conservation Biology, CCB）的主任，多年來他和楚伊特一起在維吉尼亞海岸研究一種我鍾愛的水鳥。

我不確定為什麼我這麼喜歡中杓鷸，也許是因為牠們很有存在感。中杓鷸是大型的水鳥，優雅的水滴形身軀比鴿子更大更重，身上披著暖棕色細格紋的羽毛。中杓鷸休息的時候，最醒目的特徵是頭頂鮮明的條紋，以及下彎弧度柔和的長嘴。牠們用這修長的嘴喙捕捉招潮蟹，這是在維吉尼亞海岸最重要的食物來源，不過在中杓鷸的年度旅途中，也會在高地吃蝗蟲、甲蟲等昆蟲，還會在苔原吃岩高蘭、藍莓、雲莓（cloudberry）等各種夏末的果實。這副長嘴喙也是中杓鷸和其他杓鷸的屬名緣由：*Numenius*源自希臘文的 neos mene，意指新月，杓鷸鳥喙的形狀讓替這個屬命名的十八世紀科學家想到指甲弧度般的月牙。

即使在遷徙的高峰期，海邊的灘地和鹽沼擠滿大量水鳥的時候，我也幾乎沒看過中杓鷸和其他種鳥混群。牠們好像有點冷漠排外，雖然據說曾經有和極北杓鷸（Eskimo curlew）混群的記錄，後者的體型比中杓鷸小一點，應該已經滅絕了。中杓鷸飛行的身影快速又有力，牠們的翅膀修長收尖，翼形神似遊隼——遊隼可是空中無可匹敵的狠角色，也是長距離遷徙的代表。就是為了目睹遷徙中的中杓鷸，我們才在這個寒風刺骨的傍晚來到黃楊溪。每年春季，科學家和當地的賞鳥者會在這裡進行為期十天的中杓鷸調查，加總飛往北極的中杓鷸數量。

保育生物學中心和大自然保護協會從一九九〇年代初期，就開始在維吉尼亞沿岸進行中杓鷸數量的航空測量，結果令人憂心：一九九四到二〇〇九年之間，中杓鷸的數量下降了一半，布萊恩、巴里和同事們也摸不著頭緒。他們知道中杓鷸待在維吉尼亞海岸的這段時間至關重要，中杓鷸每天可以增加七．五公克左右的脂肪，基本上幾週內體重就會倍增，賴以為食的幾兆隻招潮蟹充斥著乞沙比克灣東海岸的沼澤，密度驚人，退潮時整片泥灘好像在爬一樣。「季節到了你真的會看到，中杓鷸會像吹氣球一樣胖得像顆橄欖球，」布萊恩說道。他很確定中杓鷸面臨的問題無論如何都不出在這片遺世獨立、備受呵護而且生物豐饒的地方，事實上我們對中杓鷸究竟飛往哪裡，生命中大部分的日子如何度過幾乎一無所知。布萊恩和其他科學家認為這些中杓鷸春天在維吉尼亞歇腳，會到哈德遜灣築巢（相當於這個物種繁殖地的最東邊），並在加勒比海或南美洲度冬；然而就像許多候鳥的遷徙路徑一樣，上述只不過是根據一點線索猜測的。在中杓鷸每年幾千英里的遷徙旅程中，會不會發生了什麼拖垮族群的變故呢？大家都很好奇。

幸好在布萊恩發現中杓鷸的危機時，衛星發報器已經發展得夠小，能安裝在這種十四盎司重的鳥兒身上。他的團隊從二〇〇八年開始在維吉尼亞沿岸的中杓鷸身上裝設衛星發報器，立刻就有了出乎意料的發現。第一批標記的中杓鷸裡面，有一隻飛到加拿大後向左轉，飛過原本推測的哈德遜灣，一路飛往加拿大西北地區、北極圈內的麥肯齊河三角洲，距離長達三千英里。後來也證實許多以維吉尼亞為中繼站的中杓鷸都採取這樣的路線。到了秋天，布萊恩和團隊成員再次感到震驚：他們標記的中杓鷸離開加拿大極地中部的集結處後，往東飛出加拿大沿海省分，直接飛進大西洋的熱帶風暴或颶風之中。這並非偶然的意外事件，而是頻繁發生，中杓鷸顯然是刻意為之，乘著大型風暴的氣流加速往南。

「牠們有兩條遷徙路線，」布萊恩告訴我，「其中一群大多數是在麥肯齊停留的中杓鷸，牠們會進行這種驚人旅途，一口氣從加拿大沿海省分飛到巴西，飛的時候往東邊偏移，中途離非洲的距離甚至比南美洲更近。另一群從哈德遜灣出發的中杓鷸的路線比較近岸，可能要耗時一個月才在委內瑞拉降落。看起來飛往外海的中杓鷸會待在較低溫的水域，碰上暴風雨的風險比較低；但近岸的中杓鷸就直接穿過颶風帶（Hurricane Alley）。」

研究團隊發現，縱使中杓鷸會飛越令人難以置信的距離，卻對每年一路上會停留的四五個地點異常忠誠。布萊恩提到一隻取名為「希望」的雌鳥，牠是保育生物學中心最著名的中杓鷸，在二〇〇九年被標記，持續被追蹤了將近十年，每年遷徙一萬八千英里。「希望」每年北返的時候總會在黃楊溪這兒停留，總會到麥肯齊三角洲的同一個區域築巢，總是到美屬維京群島（US Virgin Islands）的聖克羅伊島（St. Croix）上，一小片稱為大池塘（Great Pond）的紅樹林沼澤過冬。

「追蹤動物的時代來臨了，我們藉此發現了各種遷徙規律。衛星追蹤技術真的讓我們大開眼界，像這種鳥每年可以飛幾千英里，過程中卻沒佔用多少住處，」布萊恩這麼說，「就像『希望』即使飛了幾千英里，每年卻只利用大概五百英畝的範圍。我們在黃楊溪抓到牠，而牠每年都飛回黃楊溪。如果去別條溪看，又會是另一群中杓鷸」這項發現有如晴天霹靂，布萊恩說，代表著要是這個很明確、很獨特的地點發生變故，賴以為生的中杓鷸可能很難另起爐灶。（二〇一二年「希望」的發報器停止運作，因此被研究團隊移除，但牠還戴著獨特的腳環，遠遠就能被人認出。二〇一七年九月，也就是我造訪黃楊溪後的幾個月，瑪莉亞颶風（Hurricane Maria）重創聖克羅伊島，這隻行經千山萬水的中杓鷸在風災中失蹤，從此再也沒有出現在該島或維吉尼亞。）

「中杓鷸飛了幾千英里，只挑小小一塊地方當中繼站，然後又飛幾千英里，真是怪哉，」巴里這麼說，「實在讓我跌破眼鏡。」

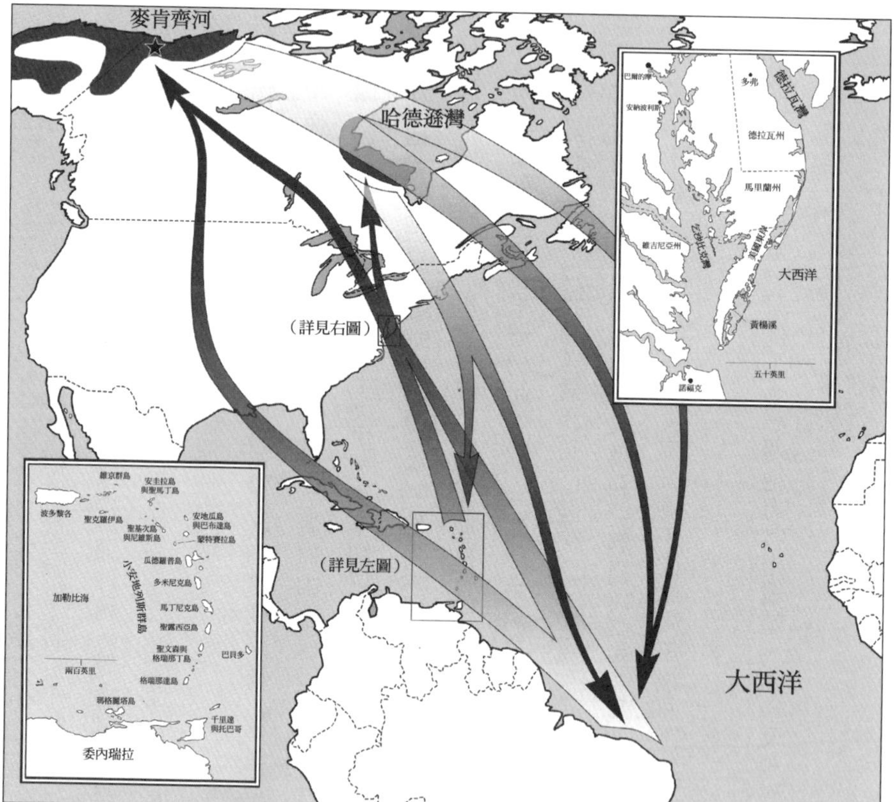

在加拿大西北地區麥肯齊河沿岸繁殖的中杓鷸每年行經環狀的遷徙路線，利用秋季大西洋西部的季風飛往小安地列斯群島和南美洲。

「的確如此，」布萊恩也同意。「追蹤技術讓我們的知識在很短的時間內獲得重大突破。」但追蹤技術也彰顯了我們所知甚少。中杓鷸為什麼會減少？二〇一一年揭曉了一部分的原因。保育生物學中心標記的兩隻中杓鷸（以黃楊溪附近的地標暱稱為「馬基」和「歌珊」），一隻飛過熱帶風暴，一隻飛過颶風；牠們歷劫生還的壯舉成為令人屏息的新聞，正如牠們的死訊一樣造成轟動：牠們筋疲力竭，試著在小安地列斯群島（Lesser Antilles）的瓜德羅普島（Guadeloupe）登陸時被當地的休閒獵人（sport hunter）射殺。這些獵人知道當北方有熱帶風暴的時候，就會有疲憊的鳥兒被迫著陸休息，這正是狩獵的好時機。雖然北美洲的生物學家一直知道狩獵水鳥的風氣仍然盛行於某些加勒比海地區，但這兩隻中杓鷸的死訊卻血淋淋突顯了遷徙水鳥在加勒比海和南美洲依然蒙受獵人的威脅。水鳥狩獵在北美洲已經禁止多年（美洲山鷸和威爾森氏沙錐〔Wilson's snipe〕除外），然而在加勒比海島嶼（如瓜德羅普島、馬提尼克島〔Martinique〕、千里達和托巴哥島〔Trinidad and Tobago〕）、南美大陸的蘇利南（Suriname）、法屬圭亞那（French Guiana）以及巴西北海岸仍是一大問題。光是在巴貝多（Barbados），每年獵捕的水鳥估計就多達三萬四千隻，其中有一萬九千隻小黃腳鷸，是當地最常獵捕的鳥種。而美洲金斑鴴（American golden plover）、短嘴半蹼鷸（short-billed dowitcher）、美洲尖尾濱鷸等等，包括紅腹濱鷸和中杓鷸之類更稀有的鳥種也是槍下亡魂，即使牠們棲息在幾個名義上的保護區內。而在南美洲東北岸的蘇利南，每年很可能有上萬隻水鳥被獵殺，其中常見的是半蹼濱鷸。即使這些鳥飛到受到保護的地區，也不見得安全無虞，加拿大沿海省分的商業藍莓園裡，農民會為了保護作物而違法射殺中杓鷸，此事對瓦茨和其他生態保育人士而言日益嚴重。

美國魚類及野生動物管理局中負責美國水鳥保育計畫（US Shorebird Conservation Plan）的召集人布萊德．安德烈斯（Brad Andres）表示，二〇一一年以前生態保育人士就開始評估狩獵水鳥造成的影響，「而『馬基』和『歌珊』被射殺的事件，讓一切突飛猛進。」研究人員想盡快釐清問題的嚴重性，布萊恩和同事們認為光是加勒比海地區狩獵造成的死亡率，就足以讓中杓鷸這種族群小的物種減少。此後隨著公眾意識提升，有些地區也加強法規：瓜德羅普島共三千位有證照的獵人，以前不受管制，但現在多了狩獵季節和獵捕量的限制。巴貝多則是由獵人自己設立狩獵限額，安德烈斯說由於當地政府在打擊毒品走私，使槍枝與彈藥變得愈來愈難取得，因此狩獵也連帶減少了。候鳥在當地為數不多的棲地是原本由獵人維護的人為「狩獵沼澤」，而其目前不是成為保護區（例如伍德伯恩水鳥保護區〔Woodbourne Shorebird Reserve〕）就是已經禁獵了。「其實三個月前剛有一個狩獵沼澤寄給我一份企畫，說想轉型成禁獵保護區，」安德烈斯告訴我，「但現在另一個大問題是如何籌措長年維護沼澤的經費來源。」如果不常常管理水位和逐漸擴張的植被，濕地對鳥類的利用價值就會下降；而萬一停止狩獵就沒有人會插手維護沼澤，使水鳥可能面臨比目前更大的危機。

如果不全盤了解候鳥的年度遷徙循環，很容易遺漏像水鳥狩獵這麼嚴重的大問題。幸好新的追蹤技術提供了我們所需的資訊，追蹤科技的革新來得正是時候，尤其大部分的候鳥都比又大又壯的中杓鷸小得多。

「飛來了！」奈德・布林克利大喊，打斷我和布萊恩與巴里・楚伊特的談話。頭幾群中杓鷸從南邊的沼澤起飛，通常一次會是二十幾隻或者更少，排成鬆散的列隊或V字形。亞麗一邊唸出中杓鷸的數量與飛行方向，一邊繼續追蹤鳥群的動向。而一旁坐著折疊椅的是她的臨時技術員，這位來自奧克拉荷馬的年輕女子穿著及膝長靴和鮮艷的粉紅色禦寒刷毛衣，把每群鳥的資料寫在記錄表上。

一大群超過一百隻的中杓鷸飛過，靠近我們的時候飛得更高，空中迴盪著牠們嘹亮起伏的顫音。在以前還有職業獵人（market-hunting）的年代，水鳥獵人根據叫聲把中杓鷸喚作「七聲鷸」（seven whistler），然而這裡的聲音已經交織成樂曲般的合唱，穿透海風，彷彿有人熱切地搖著黃銅雪橇鈴。「這是牠們的集結鳴聲！」布萊恩說道，「牠們在吸引其他中杓鷸加入，有時候會看到好幾群從沼澤裡起飛，飛進空中的那群。」中杓鷸飛行的身影精實流暢，鼓動修長的雙翼破風爬升，牠們晚上也繼續飛，天亮時會飛越安大略湖，經過多倫多附近；那裡會有賞鳥人等著牠們，中杓鷸的旅程也是這些人的年度盛事。然而中杓鷸不會就此停留，牠們將繼續向西北方前進，這趟旅途要連續飛行五天。

「牠們再度降落時，就是到北極圈內了，」布萊恩說著，這時有更多群中杓鷸起飛，飛向北方。即使研究中杓鷸這麼多年，布萊恩的聲音裡還是流露著一股敬意。

正如布萊恩．瓦茨所說，追蹤動物的時代來臨了，我們藉此發現各種以前無從觀察的遷徙規律。其中最耐人尋味，以生態保育的觀點而言也最重要的新興概念是「遷徙連結度」。

從小型鳥種的標準看來，黑頂白頰林鶯的繁殖地非常廣大，涵蓋了從英屬哥倫比亞和白令海沿岸、到拉布拉多和紐芬蘭的兩千五百萬平方英里。由於牠們每年遷徙的距離非常遙遠，黑頂白頰林鶯（以雄鳥黑色的頭頂羽毛為名）在候鳥研究中所受的關注也超乎比例，這也是我和同事把地理定位器安裝在德納利國家公園捕捉的黑頂白頰林鶯身上，研究牠們往返阿拉斯加中部的原因之一。我們已經知道國家公園內的黑頂白頰林鶯會由西向東飛行超過三千英里抵達美國東岸，再以弧線越過大西洋西部，飛行將近兩千英里直達南美洲北部，並在奧利諾科與亞馬遜盆地度冬。然而確切的地點是哪裡？我們彙整親自搜集的追蹤資料，加上其他研究人員在阿拉斯加最西邊的諾姆（Nome）、育空的白馬市（Whitehorse），和哈德遜灣邱吉爾岬（Cape Churchill）標記黑頂白頰林鶯的資料，果然發現有趣的趨勢。

在諾姆標記的黑頂白頰林鶯遷徙的路線偏北，橫越加拿大中部，從新英格蘭南部出海。我們在德納利標記的黑頂白頰林鶯和在育空標記的一樣，飛行路徑偏南，有些一路往南直達佛羅里達才飛向海洋，而在邱吉爾岬的黑頂白頰林鶯大致上往東南飛，斜向穿過前述的幾條路線，幾乎都從卡羅萊納州出海（地理定位器的資料不是非常精準，無法判斷實際地點）。抵達南美洲後，在不同地區繁殖的黑頂白頰林鶯族群也各據一方，來自諾姆的林鶯在最東南，巴西東北靠近亞馬遜河口、蘇利南和圭亞那的地區度冬。而來自邱吉爾的林鶯聚集在更西邊一千英里的亞馬遜西部，巴西、祕魯和哥倫比亞接壤的地帶。我們的德納利林鶯則在這兩群之間，還是和育空的林鶯一起，不過後者也會利用更北邊委內瑞拉的奧利諾科森林。

每個族群各有各的遷徙路徑和度冬區域，聽起來似乎很合理，然而這幾個世紀以來，人類雖然早已開始仔細審視鳥遷徙的複雜性，卻沒人想過這件事，彷彿南美洲的熱帶雨林是一個大碗公，把北美各地的黑頂白頰林鶯不分青紅皂白混在一起，再搖一搖平均灑滿整個度冬範圍。我們對遷徙連結度的知識還很粗淺，但對某些鳥種而言，似乎確實類似「大碗公」，以歐洲的西方大葦鶯（Great Reed Warbler）為例，地理定位器追蹤遷徙路徑的研究發現，牠們對非洲度冬地的連結度不算高，西班牙、瑞典和捷克的西方大葦鶯都匯集到幾內亞灣（Gulf of Guinea），而保加利亞和土耳其的大葦鶯則飛往東非。後面這兩個族群遷徙的路線是特別的逆時針迴圈，秋天往西南向飛至非洲，春天卻往東繞到阿拉伯半島。更小型的蘆葦鶯（Eurasian Reed Warbler）離開非洲的路徑也很類似，可能是由於中東地區春季的食物比較豐富。

即使繁殖地只相距幾百英里，度冬地卻可能天差地遠。譬如橙頂灶鶯，這種長得像鶇的森鶯在北美東部很常見。用地理定位器標記的研究指出，靠近分布地最西邊，薩斯喀徹溫（Saskatchewan）的橙頂灶鶯會遷徙到墨西哥南部，而好幾隻繫放再捕獲的橙頂灶鶯則是從五大湖區飛到貝里斯。直到二〇一三年才有更高解析度的資料：史密森尼候鳥中心（Smithsonian Migratory Bird Center）用了新的追蹤裝置「儲存式衛星標記」（archival GPS tag）深入鑽研橙頂灶鶯的遷徙。地理追蹤器是用感光裝置來紀錄每天的日照長度和日出日落時間，藉此計算約略的經緯度；而儲存式衛星標記內建的程式則會定期開機（這個研究是一個月一次），由軌道衛星系統取得高度精準的位置資訊，儲存進記憶體後再度待機，直到下一個記錄時間，藉此節省電力。史密森尼團隊在新罕布夏和馬里蘭標記橙頂灶鶯，第二年牠們回來繁殖時重新抓到大約半數的個體，而衛星定位資料顯示兩個族群大致上都往南飛，新英格蘭的橙頂灶鶯聚集在伊斯帕尼奧拉島和古巴東部，而馬里蘭的橙頂灶鶯路徑更偏西邊，在古巴西部和佛羅里達半島度冬。

還有其他候鳥也展現出繁殖地和度冬地之間的密切關聯。在法國、義大利和保加利亞等三個歐洲地區用地理定位器標記的新疆歌鴝（common nightingale）就呈現出很高的遷徙連結度，分別飛往西非和中非的三個度冬地。北美洲繫放再捕獲的玫胸白翅嶺雀（rose-breasted grosbeak）當中，在美國東部繁殖的個體飛到巴拿馬和南美洲北部度冬，美國中西部北邊的則飛到中美洲北部，而大平原區的玫胸白翅嶺雀會飛到墨西哥中部。科學家也更仔細分析了斯氏夜鶇瑣碎複雜的資料，這種北美鳥類不論是遺傳上和遷徙路徑的分化上都展現引人入勝的規律。

斯氏夜鶇比旅鶇小一點，胸口淺鹿皮棕的羽毛暈染著黑色斑點，眼睛周圍的米色斑塊則讓牠們看起來特別可愛。大部分在內陸繁殖（也就是繁殖地從紐芬蘭到阿拉斯加，往南延伸到阿帕拉契山脈和洛磯山脈的族群）的斯氏夜鶇背部是黯淡的橄欖綠，牠們會先往東飛很長的距離，再往南飛向巴拿馬到南美洲南部的度冬地（各個繁殖族群的確切度冬位置也不同）[2]，即使是在這片廣大範圍的最西邊，像我們在德納利研究的個體亦然；而另一群斯氏夜鶇的背部則是明亮的栗色，牠們終年都沿著太平洋岸活動，繁殖地從南加州到阿拉斯加狹地（Alaskan panhandle），遷徙到墨西哥與中美洲度冬，路徑主要也沿著海岸。但這兩個概括的分群之中還有很強的小尺度遷徙連結。加州馬林郡（Marin County）的斯氏夜鶇會遷徙一千六百英里，抵達墨西哥太平洋岸的哈利斯科州（state of Jalisco）；而從更北邊靠近溫哥華、英屬哥倫比亞的斯氏夜鶇則越過前者，遷徙到中美洲。

有趣的是在英屬哥倫比亞南部，幾個山谷裡海岸型的鏽色斯氏夜鶇和內陸型的橄欖綠斯氏夜鶇齊聚一堂，也會雜交。由於遷徙行為大部分出於本能，是DNA裡記錄的資訊，因此雜交後代的基因資訊莫衷一是，引領牠們飛往彼此矛盾的方向。借助地理定位器，我們發現有些雜交的斯氏夜鶇採取折衷方案，遷徙路線介於兩條主線之間，不過這是個難關重重的壞主意，牠們得飛越崎嶇的山脈和難以休息覓食的大沙漠。也有一些雜交個體秋天走內陸型的路線，春天走承襲自另一隻親鳥的海岸路線，往北飛之前先沿著太平洋岸繞一大圈，或者反過來。不出各位所料，牠們得承受雜牌導航能力帶來的額外考驗與路途，因此雜交的斯氏夜鶇並不常見，兩個亞種的族群維持遺傳分化，更加鞏固牠們獨特的遷徙連結度。（歐洲的黑頂林鶯〔blackcap〕也面臨類似的考驗，牠們分成奧地利和捷克的遷徙族群，分別飛往西南邊的伊比利半島和地中海東部，雜交個體會跟著倒霉的遺傳資訊誤入歧途，橫渡地中海飛進撒哈拉沙漠。）

如果遷徙連結度高，對生態保育的意義就十分重大，尤其是在世界上快速變遷的地區。有一項加拿大和美國聯合進行的研究，標記了超過七百隻黃褐森鶇，不但在北美東部的繁殖地，也在墨西哥南部到中美洲的度冬地進行標記。這項研究工程浩大，他們投入數百小時重新定位並捕捉有標記的個體，結果發現各地黃褐森鶇族群的遷徙連結度出奇地高。新英格蘭一帶，南至賓州和北卡羅萊納的黃褐森鶇幾乎只在中美洲東部度冬，度冬地包括宏都拉斯東部、尼加拉瓜和哥斯大黎加，這個族群所佔的數量超過整個物種的一半；而在美國西南部和中西部繁殖的黃褐森鶇則主要遷徙到猶加敦半島、薩爾瓦多和宏都拉斯西部。只有相對少數的黃褐森鶇在墨西哥南部度冬，而且牠們都是從美國中西部過去的。

考量到上述地區森林快速消失的程度，科學家認為中美洲東部候鳥度冬地的重要性著實不可輕忽，因此也極力主張加強這個地區的生態保育。不過研究團隊的分析結果也顯示，無論黃褐森鶇在墨西哥和中美洲的什麼地區度冬，牠們春天北返時都很有可能會經過美國中部的墨西哥灣海岸，這可是高達四分之三的黃褐森鶇都會經過的瓶頸要塞。因此在墨西哥灣沿岸的陸域環境投入大量保育心力，想必會產生廣大效益，且除了在各地繁殖的黃褐森鶇以外，每年春天還有數以億萬的幾百種鳴禽也會經過此地。追蹤技術還揭露了許多從前沒有人想過的中繼站熱點，足以規畫成保育計畫的候選地點。例如在彙整好幾個鳥類追蹤的研究結果後，科學家發現藍胸佛法僧（European roller）秋季時會聚集到非洲查德湖（Lake Chad）盆地附近的稀樹草原，也就是奈及利亞、查德和喀麥隆交界地帶。這種鴿子體型的美麗鳥種身披藍綠色和栗色的羽毛，近十年來減少了高達百分之三十的數量，在歐洲的某些地區幾乎完全消失。藍胸佛法僧棲息的稀樹草原位於撒哈拉南緣的薩赫爾（Sahel），這個地區也是許多從歐洲往南遷徙的食蟲鳥類（包括伯勞、蜂虎和杜鵑類）重要的中繼站。薩赫爾地區受到乾旱的影響日益嚴重，因此上述鳥類的減少可能並非巧合。

不過嚴格說來，即使遷徙連結度很低，追蹤候鳥的研究也可能帶來驚人的發現。最著名的例子大概非藍翅黃森鶯（prothonotary warbler）莫屬，這是北美洲東部（尤其東南部）沼澤與湖畔的鳴禽，羽色冶豔鮮黃，甚至有鳥類學家形容牠像「樹上滴下的奶油」[3]。科學家長年認為大部分的藍翅黃森鶯在中美洲南部到南美洲北部的沿岸紅樹林沼澤度冬。然而根據二〇一九年發表的研究，運用地理定位器追蹤分布範圍廣及各地的藍翅黃森鶯，發現無論牠們在哪裡築巢，從路易斯安那、維吉尼亞到威斯康辛，幾乎所有藍翅黃森鶯都聚集到哥倫比亞馬格達萊納河沿岸的一個小區域度冬，離海岸很遠，也離保育人士著重的陸域保護區很遠。技術上來說，藍翅黃森鶯的遷徙模式和遷徙連結度幾乎完全相反，但對於保育這個已經被加拿大列入瀕危的鳥種而言，研究結果意義深遠。

關於遷徙連結度如何運行，以及該怎麼用這些新知來保育候鳥，我們要學的事情還多著呢。不過有時候，科學就是這麼出乎意料，光是研究結果本身就足以令人屏息。

二〇一八年，我們的團隊在德納利的雲杉林裡抓到幾隻斯氏夜鶇，並替他們裝上儲存式衛星標記。一年後，國家公園的鳥類生態學家艾蜜莉・威廉斯（Emily Williams）和鳥類技術員塔克・格林斯比（Tucker Grimsby）再次抓到有標記的斯氏夜鶇當中剛飛回來的前三隻。其中一個標記壞掉了，在飛過大半個地球的鳥身上使用極度微型化的科技，技術性差錯在所難免；不過另外兩個標記訴說了可圈可點的遷徙連結度故事：這兩隻斯氏夜鶇都在前一年的八月離開繁殖期的領域，兩者距離不到半英里，一隻比另一隻早兩週上路。接著牠們往南遷徙，穿過育空、英屬哥倫比亞北部、阿爾伯塔和薩斯喀徹溫。九月時繞到蘇必略湖西岸，又穿過美國中西部，其中一隻還在印第安納波利斯北郊開發區（我們發現該地名為羽毛灣，令人莞爾）的某個後院待了一週。這兩隻斯氏夜鶇在九月底飛過大煙山國家公園（Great Smoky Mountains National Park）附近的藍嶺山脈（Blue Ridge Mountains），兩者的距離現在只差了幾天路程；接著牠們飛過佛羅里達狹地，飛越墨西哥灣東部，飛進加勒比海西部抵達中美洲，再轉往東邊，沿著中美地峽在十月底到達哥倫比亞。這兩隻斯氏夜鶇再以那裡為起點，又沿著安地斯山脈東麓飛了兩千三百英里。在抵達玻利維亞和阿根廷邊境的終點時，這兩隻鳥已經飛了超過八千英里，彼此卻只相距二十英里。

難道這只是巧合嗎？事實上，塔克和艾蜜莉接下來抓到的四隻斯氏夜鶇基本上也都沿著同樣的路線遷徙，目的地更幾乎一模一樣。我第一次在電腦螢幕上看著代表航跡的發光綠線橫越地球儀，每條線都匯聚到同一片窄窄的山麓森林，六隻斯氏夜鶇最後度過北半球冬季的地點彼此相距不到一百公里——那時我真的倒抽了一口氣。這又是另一個令人驚嘆的關聯性，是綿延全球，跨越南北半球，由候鳥羽翼所交織出的緊密羈絆。

註釋

1 Ronald M. Lockley, "Non-stop Flight and Migratio in the Common Swift *Apus apus*," *Ostrich* 40, no. S1(1969): 265.

2 這個迂迴的怪路線可能是末次冰河期留下的跡象，背部橄欖綠的斯氏夜鶇被限縮在美國東南殘存的針葉樹林中，緯度遠低於大陸冰河。冰河消退後雲杉和冷杉的森林往西北擴張，斯氏夜鶇也跟著拓展版圖，然而每年秋季又會再次回溯佔據東南隅的路途。還有狐色帶鵐（Fox Sparrow）、灰頰夜鶇、好幾種森鶯與其他好幾種北方針葉林的鳥類（至少有一部分的族群）也有類似的遷徙路線，推測也是差不多的原因。

3 Christopher M. Tonra, quoted in Ben Guarino, "Songbird Migration Finds a Tiny, Vulnerable Winter Range," *Washington Post*, June 21, 2019, https://www.washingtonpost.com/science/songbird-migration-study-finds-a-tiny-vulnerable-winter-range/2019/06/20/1bffa6fe-92cb-11e9-b570- 6416efdc0803_story.html.

第四章

大數據，大麻煩

阿拉巴馬海岸的黎明。位於莫比爾灣東側突出細長半島上的摩根堡，在最後的暮色中，加羅林夜鷹（chuck-will's-widows）們開始叫喚。腳下是柔軟的沙灘，我沿著一條即使閉上眼睛也能走得順暢的熟悉小徑走著，小路蜿蜒穿過美國櫟和松樹，我不時停下，拉開一張又一張的薄霧。除了加羅林夜鷹的叫聲外，這裡一片寂靜，但我已能感受到森林中的緊張氛圍，這在前幾個暖和卻幾乎沒有鳥類的四月天裡是沒有的。這早晨是如此寂靜，當我步出森林的樹蔭，走到環繞著灣邊的海堤上時，我能聽到遠處淺灘上瓶鼻海豚（bottle-nosed dolphins）微妙、如氣泡般的呼吸聲。一群海豚的背鰭劃過海灣中天然氣井架的倒影，在潮濕的空氣中縹緲而迷濛。

然而，今天早上的情況卻截然不同。前一天下午，一股冷鋒從西北方向席捲而來，帶來了降雨、狂風和驟降的氣溫。我和朋友們在距離緊放站幾英里遠的海灘別墅裡吃晚餐時，雨點敲打著屋頂，我們知道，在我們南面移動的風暴圈會阻礙那些無形的候鳥大軍，而牠們正在穿越墨西哥灣。這些鳥兒本來可以相對輕鬆地從猶加敦半島向北飛行，大約需要十八到二十個小時穿越開闊的海洋，但現在牠們必須在風暴和風暴後的狂風中艱難前行，費時要超過兩倍。許多鳥兒會死去——在一些類似風暴過後的早晨，我們會發現牠們的屍體被沖上海灘，數十隻甚至數百隻色彩鮮豔的羽毛很快就被海鷗或幽靈蟹（ghost crabs）搶食殆盡。（而且正如最近的一項研究所示，牠們還被游弋在近海的虎鯊吃掉了。）當我們睡著時，那些倖存下來，精疲力竭、飢腸轆轆的鳥兒會開始向摩根堡的海岸林聚集：用遷徙生態學（migration ecology）的術語來說，這是一條逃生通道，是牠們可以逃離迫在眉睫的死亡，並在繼續向北前行之前，抓緊時間休息和補充能量的中途站。

隨著周圍的光線愈來愈亮，我發現森林裡到處都是鳥兒，這是典型的墨西哥灣岸「大爆發」，所有賞鳥人都會將之列入重要日子名單。牠們飛快地穿過橡樹下狹窄的小徑，成為我周邊視野中閃爍的風景線，在我面前如弓形波浪般湧動著：有鶯鳥（warblers）和麻雀（sparrows）、鵐（buntings）和黃鸝（orioles）、貓鳥（catbirds）和畫眉（thrushes）、鶲鳥（flycatchers）和臘嘴雀（grosbeaks）。我和我的同事們就是為了這樣的日子來到這裡，我們可以在一上午對一千多隻鳥進行網捕和繫放，記錄每年兩次經過此一地區的候鳥遷徙潮。當我折回原路時，在每張新打開的網前，發現已經有十幾隻鳥兒被困在網中，我趕緊把牠們取出來，放進繫在我左前臂上的束口袋裡。當我走完半圈，遇到我的朋友弗雷德·摩爾（Fred Moore）從另一個方向走來，我們的手腕上都掛著數十隻鳥兒。弗雷德從我手上接過牠們，匆忙走向繫帶處進行處理，而我則轉身再次繞行。這將會是個非常忙碌的早晨。

墨西哥灣是世界上最大的遷徙咽喉之一，每年春季平均有二十億六千三〇萬隻鳥經過這裡。這個數字看起來可能精確得有點詭異，但這個精確正反映了遷徙研究領域中的一些驚人變化，以及科學追蹤鳥兒跨越廣闊距離的能力。鳥類學家已經擁有更強、更快的計算能力，他們正在計算幾乎難以理解的大量數據。舉個例子，大陸型都卜勒雷達系統的輸出數據，除了可以精準微調你收看的晚間天氣預報，還能反映夜間鳥類的活動，為鳥類遷徙繪製出一幅幾乎可以即時呈現的圖像；專家們可以計算出每立方公尺空間中鳥類的數量，區分大、中、小鳥種，甚至能分辨出候鳥的喙與尾巴。我很想把現況描述為鳥類學的黃金時代，但我猜想每個時代都曾自詡得天獨厚。毫無疑問，一八九〇年代的博物鳥類學家在為他們的收藏櫃獵取標本時，也會認為自己生活在黃金時代，這卻要歸功於無煙火藥和彈藥筒獵槍的發明。

但這確實給人截然不同的感覺，因為採用遙測技術和處理龐大資料集的新方法，使我們能夠近乎即時地了解鳥類的物種、去向、時間和數量。這使我們能夠確定被最多候鳥使用的精確地點，從而能夠更有效利用有限的土地保護資金。我們正在整合數百萬賞鳥人的每日觀察結果，揭示迄今未知的遷徙路線和中繼站；我們正在利用機器學習來教導電腦聆聽天空的聲音，透過夜間鳥鳴聲識別並統計出數百萬候鳥的數量。它還顯示了候鳥面臨的最大危險；特別的是，在北美，部分風險最高的地方和最有價值的保護區域都位於一些最大的都市區域內或附近。

這些創新的方法匯集起來的景象，既令人嘆為觀止，又讓人毛骨悚然。這些技術終於讓我們看到了鳥類遷徙的真實規模，同時也為我們提供了明顯的證據，證明我們正處於災難的邊緣。事實上，有些人認為我們已經跨過了深淵的邊緣，因為在過去的幾十年裡，僅在北美地區就有數十億隻候鳥因棲息地破壞、農藥、建築物碰撞、貓科動物和許多其他威脅而消失。但是，當人們意識到時間已經不多、形勢日趨嚴峻時，反而進一步激勵了保育人士，他們正竭力利用這些新技術尋找答案，扭轉鳥類數量急劇下降的趨勢。

這門新科學對於全球各地的候鳥保育具有巨大潛力，但首先要在墨西哥灣地區進行測試，因為墨西哥灣也許是整個西半球候鳥棲息地鏈中最關鍵的環節，它使候鳥遷徙成為可能。墨西哥灣沿岸是鳥類觀察者的聖地，只要天氣適宜，在德州的高島（High Island）或阿拉巴馬州的摩根堡和多芬島（Dauphin Island）等地，就會出現數千或數十萬隻候鳥齊聚的壯觀場面。這是世界上最適合體驗候鳥遷徙的地方之一，也是對我具有特殊意義的地區。

十五年來，我每年春天都會來到摩根堡，對候鳥進行網捕和繫環，這是我在為《御風而行》做研究時的愉快插曲。一九九七年，我正在為春季採訪之旅做準備，計畫穿越南方，寫一篇關於跨墨西哥灣候鳥洪流的文章。這些候鳥飛行超過五百英里，一口氣飛越墨西哥灣，從德州東部到佛羅里達狹地（Florida panhandle）登陸。一位名叫鮑伯．薩金特（Bob Sargent）的人在我訂閱的鳥類繫放電子郵件列表服務上發表了一些文章，談到了他和他的同事們多年來在阿拉巴馬州海岸所做的工作，並邀請任何可能路過此地的鳥類繫放愛好者前來拜訪。經過快速而親切的電子郵件交流後，我在日益膨脹的行程表上增加了一站，從沒想到這小小的改變會對我的生活產生如此巨大的影響。

我很快就發現，鮑伯是個天生的強者，他身材高大、禿頂、強壯，是位有魅力的演講者，他是阿拉巴馬北部艱苦採礦營地的產物，在空軍服役一段時間後，他成為一名熟練的電工。鮑伯接觸鳥類的時間相對較晚，起初是為了娛樂，然後是為了科學。一九八〇年代，他和妻子瑪莎（Martha）成立了蜂鳥研究小組（Hummer/Bird Study Group），這是一個由志同道合的鳥類繫放者所組成的團隊，在將近三十年的時間裡，他們每年春、秋兩季都會在摩根堡州立歷史公園（Fort Morgan State Historical Park）待上幾週，為數以萬計的鳥兒進行繫環，並教育了數千遊客；這些遊客擠在繫放桌旁觀看繫環過程，或者手中拿著一隻無比美麗的猩紅比藍雀或玫胸白翅嶺雀，聽他們宣講鳥類保護的福音。到了下一季，我也成為了團隊的一員，並且每年都會回來，直到鮑伯在二〇一四年意外去世，蜂鳥研究小組的長期工作才宣告結束。（現在阿拉巴馬州的另一組科學家以獨立名義繼續在那裡進行繫放工作）。

每年我們都會在摩根堡為數千隻鳥兒繫環，並將年齡、性別、體重、脂肪指數、各種測量數據提交給聯邦鳥類繫環實驗室（Bird Banding Lab），這只是美國每年一百二十多萬隻繫環鳥兒中的一小部分。每一次重逢，無論是一天後在我們自己的網中，還是數年後在數百英里之外，都進一步增加了我們的理解。例如，疲憊的候鳥如何迅速恢復失去的體重，以及恢復速度在不同棲息地之間的變化。（在墨西哥灣沿岸，繫環記錄顯示，對飢餓的候鳥來說最有價值的棲息地並不是我們在國家海岸和公園中保護的漂亮海灘沙丘和優美的松樹林，而是很少有人去的綠刺藤叢、橡樹灌叢和深沼澤，這些地方在保護方面一直被嚴重忽視）。鳥類學家們正在不斷尋找嶄新、創造性的方法來利用繫環數據回答有趣的問題，並應用所謂的大數據技術，對龐大的資料集進行分析，以找出並不直觀的模式和趨勢。多年來，北美地區有超過一．二億隻鳥被繫放（以及四百萬隻鳥被再次繫放）；繫放當然也算得上是大數據，但這是緩慢而費力的大數據，需要一個多世紀的時間才能建立起繫放和再次遭遇鳥類的資料庫。為建立這個資料庫所付出的努力相當艱鉅。

長期以來，海灣地區一直是鳥類遷徙先驅研究的試驗場，最近更成為展示新興技術的重要樞紐，幫助我們了解和保護鳥類遷徙。在一九四〇年代，當懷疑論者嘲笑鳥兒直接穿越海灣遷徙的說法時，路易斯安那州立大學一位年輕的鳥類學家小喬治・羅瑞（George Lowery Jr.）登上一艘貨船，來回於美國和墨西哥之間航行，記錄了每次旅行中所看到的大量遷徙鳥類。一九六〇年代，路易斯安那州立大學的研究生小西德尼・A・高特羅（Sidney A. Gauthreaux Jr.）利用墨西哥灣沿岸新建的國家氣象局雷達站的影像，首次在景觀尺度（landscape scale）上追蹤了候鳥跨海灣的遷移。（後來，當時已是克萊門森大學教授的高特羅利用這些舊存檔影像證明，幾十年來穿越海灣的候鳥數量急劇下降。）一九九〇年代，NEXRAD都卜勒雷達系統投入使用後，鳥類學家可以獲得的資訊量激增。都卜勒雷達可以顯示物體（無論是雨滴還是鳥）在空氣中移動的速度和方向，經高特羅等人培訓的新一代雷達鳥類學家（radar ornithologists）利用這項技術揭開了夜空的神祕面紗，開始了解夜間遷徙的複雜，因為絕大多數鳥類都在這個時候飛翔。

觀看雷達上的遷徙盛會不需要是專家，在任何一個國家氣象局雷達網站都可以。只需稍加練習，就能從氣象學家所說的「生物散射」（bioscatter）或「生物濺射」（bioclutter）中分辨出顏色更濃的降水帶。「生物散射」或「生物濺射」是由數百萬隻鳥兒所形成狀似空靈的淡藍色和綠色雲團，在春、秋兩季天黑後的幾個小時裡，這些雲團在都卜勒雷達站周圍的雷達上時隱時現。但生物散射有多種類型，如二〇一九年籠罩南加州的瓢蟲雲團，或二〇一七年科羅拉多州長達七〇英里的遷徙小紅蛺蝶（painted lady butterflies）也會出現在雷達上，在西南部洞穴和橋樑中每晚出現的數百萬隻蝙蝠也是如此。

儘管最初的NEXRAD雷達對鳥類學來說是革命性的進展，但這項技術並沒有停滯不前，協助天氣預報的雷達技術也在不斷進步。幾年前新升級的高解析度雷達，也為候鳥專家帶來了意料之外的好處。例如都卜勒系統現在使用「雙偏極化」（dual polarization）雷達，不再使用單一的水平波束，而是發出第二道垂直訊號，使得氣象學家能夠看到暴風雨中降水的大小和形狀，區分雨水、冰雹和雪。而雙偏極化雷達對鳥類也有同樣的作用，鳥類學家不僅可以計算出每立方公尺空域內飛行的鳥類數量，還可以區分每隻鳥的頭和尾巴，這使得研究人員能夠觀察到高空中的鳥類是如何微妙地運用橫風和其他力量，即使是在深夜的黑暗中。

使用雷達數據的最大障礙，是需要強大的原始計算能力來處理美國本土地區一百四十三個雷達站的資訊輸出。這些雷達站每隔幾分鐘就會進行一次掃描。安德魯．法恩斯沃斯（Andrew Farnsworth）記得，康乃爾鳥類學實驗室在二〇一二年啟動一項名為「鳥類播報」（BirdCast）的計畫，嘗試建立即時預測鳥類遷徙的區域性預測，當時他花了四、五個小時對來自十個區域雷達站的數據進行艱辛而且通常是手動的處理和操作，才能建立前一晚遷徙活動的單一快照。而法恩斯沃斯告訴我：「現在，我們基本上每五分鐘或十分鐘對美國東北部的十六個雷達站進行一次掃描，處理一整夜的數據可能只需要幾分鐘，而過去則需要好幾小時。」這不僅代表當前涵蓋整個美國本土四十八州版本的鳥類播報比過去更準確、更靈活，還提供了即時遷徙地圖和專家評論；更重要的是，驅動鳥類播報的演算法正在支持科學家們以截然不同的方式運用雷達鳥類學，將保育工作集中在最需要的地方。

在墨西哥灣沿岸，這不僅代表能追蹤當前的遷徙季節，以詳盡的細節觀察鳥類的移動位置和數量，也代表可以回溯到一九九〇年代中期的NEXRAD檔案，了解遷徙活動的時間表是否發生了變化，或者春季和秋季的鳥類遷徙是如何應對聖嬰現象（El Niño）、大西洋多年代際振盪（Atlantic multidecadal oscillation）或大風暴等氣候變遷。（二〇一九年，康乃爾實驗室和麻州大學的科學家們建立了霧網〔MistNet〕機器學習系統，可以自動去除存檔雷達數據中的降水訊號，只留下鳥類、蝙蝠和昆蟲的訊號，從而進一步簡化了研究過程，無論研究的是一小塊陸地還是整片大陸的空氣柱。有趣的是，霧網與康乃爾實驗室流行的鳥類識別軟體灰背隼〔Merlin〕使用相同的圖像識別人工智慧技術）。最重要的是，這些進展使科學家能夠計算出候鳥數量是否在歷年間發生變化，但這方面的消息充其量都是喜憂參半。德拉瓦大學空中生態學

（aeroecology）專案主任傑夫・布勒（Jeff Buler）是此一領域的領軍人物，他利用都卜勒檔案研究了一些地區候鳥族群的變化，例如北卡羅萊納州的秋季候鳥數量在十二年內減少了百分之二十七；東北部地區的候鳥數量在短短七年內減少了百分之二十九。而在墨西哥灣沿岸，雷達數據讓包括布勒、法恩斯沃斯等人在內的科學家團隊（由康乃爾大學博士後研究員凱爾・霍頓〔Kyle Horton〕領導）能夠非常精確地計算出每年春季平均有二十億六千三十萬隻鳥經過該地區，他們發現在截至二〇一五年的九年時間裡，遷徙強度並沒有發生明顯變化。

這篇報告讓我看到了希望，是我長久以來讀到的最令人振奮的報告之一，尤其是在看到其他地區悲觀的統計數據之後。但當我向法恩斯沃斯提及此事時，他提醒我說，海灣沿岸雷達掃描到的許多鳥類並不是問題最嚴重的候鳥，而是像鴨子和涉禽（wading birds）這樣的沿海物種，牠們的數量正在激增，而且體型也很大，因此在雷達上顯示得非常清楚。他告訴我，「其中一些物種的表現非常好，例如大白鷺（great egret）族群數量激增，而大白鷺就是巨大的雷達反射體。」

雷達數據所能做的也不僅僅是追蹤空中的情況。布勒和他的團隊將雷達與其他形式的遙測（如高解析度衛星影像）結合起來，可以回顧並觀察鳥類在面對如二〇〇五年的卡崔娜颶風這樣的巨大干擾時的反應。在卡崔娜風災中，雷達顯示了候鳥是如何放棄牠們首選的低地沼澤森林中的中繼站，因為那裡的植被已經被破壞殆盡，候鳥轉移到受損較輕、以松樹為主的高地，這通常是候鳥的次佳選擇，但在風暴過後卻是唯一的選擇；五、六週後，隨著低地開始變綠，鳥兒們又遷回了那些正在恢復中的森林。不過，最具影響力的新應用可能是利用雷達來準確找出地面上最重要的中繼站，從而進行保護和恢復——布勒發現，專注於每個都卜勒裝置發射的最低射束，也就是剛好在地面上方的射束，就可以在鳥類升入夜空開始遷徙的瞬間探測到牠們。就邏輯上而言，鳥類數量最多的地方很可能就是最好的中繼站，因此布勒和他的同事們已經能夠鎖定小至二十五英畝的棲息地。在墨西哥灣這樣的地區，每一畝沿海棲息地都是既珍貴且昂貴，了解鳥類實際上最常使用的土地，代表能更明智地使用有限的保育資金。目前，這項技術的規模正在快速擴大。二〇一八年，布勒和美國魚類及野生動物管理局發表了一項大規模研究，考察了整個中大西洋地區和新英格蘭地區的秋季中繼站。某些地區的鳥類密度在整個季節內都很穩定，就像聖誕樹上的燈泡一樣亮了起來：新英格蘭北部、阿第倫達克山脈（Adirondacks）和卡茨基爾山（Catskills）、紐澤西南部、德瑪瓦半島部分地區以及乞沙比克灣西岸。對於希望在土地保護方面獲得最大效益的機構和非營利組織來說，這份研究提供了有效保護候鳥的方針。

正如法恩斯沃斯所說，雷達的明顯缺點是，它在分類學上是不可知的。你也許可以用雙偏極化雷達來計數鳥類、計算生物數量並分辨鳥喙和鳥尾，但你無法分辨這些鳥喙是屬於紅眼綠鵙還是隱士夜鶇，是數量極多的白喉帶鵐還是聯邦瀕危的金頰黑背林鶯（golden-cheeked warbler）。如果雷達影像只是一張黑白快照，那就需要其他形式的大數據來填充色彩，在逐個物種的層面上描繪遷徙的多樣性和複雜性，如深藍色林鶯或黃嘴美洲鵑、靛藍彩鵐（indigo buntings）或猩紅比藍雀或其他數百種候鳥。在最基礎的層面上，你可以透過觀察或聆聽來提供這些細節。

遷徙的鳴禽在夜間飛行時會發出簡短的鳴叫聲，本質上是防撞警報，是避免撞上使用同一空域的成千上萬隻其他鳥類的方法。（雖然大量鳥類可能會一起在空中飛行，但牠們並不見得是成群結隊協同飛行，而是各自遷徙。）在黎明前的幾個小時裡，鳴叫聲尤其頻繁，因為此時候鳥們會愈飛愈低，尋找可以停歇一天的落腳點。直到一九八〇、九〇年代，賞鳥人和科學家們才真正開始關注夜間的飛行鳴叫，紐約的鳥類學家比爾．埃文斯（Bill Evans）就是這一領域的先驅。在遷徙高峰期，人們有可能在幾個小時內聽到數百甚至數千的飛行鳴叫聲。例如，斯氏夜鶇的鳴叫聲就像高空中的春雨蛙（spring peepers）合唱團，讓你生動地感受到隱藏在黑暗中的鳥兒數量。

只需不到一百美元，你甚至可以用埃文斯的設計製作的屋頂麥克風，記錄夜晚飛過你家上空的鳥鳴聲。他刻意設計出既廉價又令人愉悅，充滿魯布．戈德堡（Rube

Goldberg）風格[1]的作品。你可以把麥克風和一些廉價的電子零件安裝在塑膠餐盤上，然後把它們黏在塑料桶的底部（大花盆也可以），再用保鮮膜包起來防水。把它安裝在屋頂並連接到電腦，它就能錄下鳴禽、水禽、秧雞（rails）、濱鳥（shorebirds）、鴞和其他夜間候鳥的叫聲，其中有許多是你白天根本見不到的物種。而要是把一個麥克風加上其他數千個麥克風，並建立能夠自動識別和統計它們記錄下鳴叫聲的演算法，你就可以建立一個網絡，為都卜勒雷達上那些無名的小點提供身分識別。[2]

幾十年來，鳥類學家一直夢想著建立這樣的大陸音訊網絡作為雷達的補充，但技術上的挑戰一直令人生畏。首先，由於鳴叫者的身分被掩蓋在黑暗中，要破譯哪些鳴叫聲是由哪些物種發出的，需要進行大量的調查工作。（目前仍有一些未解之謎，例如一種未知鳥類的身分，牠曾多次在墨西哥東部遷徙時被記錄下來，但在北美其他地方卻沒有任何記錄）。其次，找到過濾噪音的方法，教會機器分辨和識別飛行鳴叫（這是人類耳朵和大腦最擅長的事情）一直是巨大的障礙。但是，計算能力的進步使雷達分析變得快速準確，因此同樣的進步也被應用到了音訊分析上，康乃爾大學的法恩斯沃斯便相信，他們正在接近這一目標。多年來，我曾多次與法恩斯沃斯談論音訊監測方面的進展，二〇一六年時，我為一篇關於新興遷徙科學的雜誌文章採訪他時，他有著布道者般的熱情，並有數百萬美元的國家科學基金會（National Science Foundation）的資金來支持他的熱情。

「把麥克風放在窗戶外，（在你的電腦上）執行演算，早上起床，你就能得到一張直方圖，上面有鳴叫次數和鳴叫者的物種。而且不僅可以在單個地點進行，還可以在整片地區或整個國家內進行。」他告訴我：「一切將在五年內實現。這是難以想像的飛越。它以巨大的規模開啟了全新的資訊領域。沒有其他技術能像聲學一樣，告訴我們整片大陸內哪些物種正在遷徙。」

三年後，我再次拜訪法恩斯沃斯，了解現在被稱為「BirdVox」計畫的進展情況。我發現儘管存在一些技術挑戰，但他的興奮情緒基本上沒有減弱。BirdVox是康乃爾實驗室和紐約大學音樂與音訊研究實驗室（NYU's Music and Audio Research Laboratory）的合作計畫，法恩斯沃斯是團隊中唯一的鳥類專家。「他們全是音樂人，都對以下問題感興趣：『如何對披頭四樂團〈讓它去〉（*Let it Be*）中的和弦進行分類，以及當樂團翻唱這首歌時，如何正確識別它與原版、未灌製、未發布版本中的第十二個替代版本的區別？』他們感興趣的是訊號處理，以及如何理解資訊。無論是鳥兒，還是披頭四樂團，或是城市裡的槍聲、喇叭聲、警報聲或其他聲音，他們只想了解如何提取信息。」BirdVox團隊還與谷歌的專家合作，因為讓機器識別人與智慧音箱的對話，以及讓機器識別黑臉黃眉林鶯（Townsend's warbler）的飛行鳴叫聲之間，有著許多類似的技術挑戰。

他對於建立準確、自動化的大陸聲學遷徙監測系統的五年時間框架仍然樂觀。到了二〇二〇年中，BirdVox團隊已經有了首個自動化工作流程原型，這是可以接收夜間錄音、過濾背景噪聲、識別鳥類的方法，幾乎不需要人類操作。「一旦我們做出原型，就可以開始提供給人們使用，對他們說，『嘿，試試這個，告訴我們你的想法。』」因此，計畫已經有了長足的進展，但在可信度與處理大量數據方面，它還遠遠沒有「鳥類播報」的雷達資訊那麼先進。

儘管如此，科學家們透過聆聽夜空並從基礎上改變監測和追蹤遷徙方式的可能性，仍然近在咫尺。有個案例可以說明大數據如何利用一種更基本的工具：我們的眼睛，從根本上改變我們對鳥類活動的了解。賞鳥人長期以來一直在觀察鳥類，但直到最近，所有這些目光和觀察結果才被有效利用，徹底改變我們理解遷徙的能力。這是因為從未有過像eBird這樣的工具。

eBird席捲全球。這不在任何人的預料之中，而是就這麼發生了。

至少在觀鳥界是如此。二〇〇二年，康乃爾鳥類學實驗室和國家奧杜邦學會

（National Audubon Society）聯合推出了eBird，創建者將之視為公民科學的門戶，有興趣的賞鳥人可以提供觀察數據，幫助研究人員更方便地了解鳥類的族群和遷徙情況。作為一個團體，賞鳥人們總是有一點狂熱地保存記錄：每日檢查清單、生活清單、州和郡清單、首次到達記錄、季節性晚到日期、超出遷徙範圍的稀有鳥種、繁殖確認等等。幾乎每位賞鳥人都有幾個鞋盒，裡面塞滿了幾十年前的舊清單和筆記本，或者（最近的）家用電腦上的電腦文件，裡面也有很多同樣的檔案。在數百萬的賞鳥人中，這些記錄代表了數量驚人的潛在高價值資訊，但它們基本上都無用武之地，因為這些資料幾乎都無法獲取。更糟的是，這些記錄通常在原擁有者去世或退出觀鳥愛好時就注定會被丟棄或銷毀。

eBird的目標是為賞鳥人提供一種簡便的方式，將他們的記錄提交到龐大的資料庫中，共同描繪出鳥類族群和遷徙的極其詳細的圖像。這是個絕妙的主意，但起初並未大獲成功。幫助科學研究是好事，但直到康乃爾大學和奧杜邦學會增加了一些功能，讓賞鳥人能夠利用他們的愛好中更具競爭性的那一面，eBird才真正開始起飛。eBird追蹤賞鳥人在野外的時間，輕鬆管理他們的各種列表；建立他們的目擊地圖或顯示世界各地季節性豐度的長條圖；以接近即時的方式找到特定物種出現的地點。

就這樣，很快地，數十萬名賞鳥人——首先是在北美，然後擴散到全世界——開始提交包含科學家稱之為詮釋資料（metadata）的電子檢查清單：每次外出的時間、地點和停留時間，以及他們看到的所有物種（不僅僅是稀有物種）的數量。賞鳥人可以在現場用智慧型手機提交數據，自動篩選器會標出任何不尋常或可疑的觀察記錄，區域人工審核員隨後會對任何不尋常的觀察記錄進行品質檢查。你可以上傳照片、影片和錄音來支持你的身分識別（或者只是因為您那天拍了一些很酷的照片）。每份清單都提供了單一地點、單一時間的鳥類生活詳細快照，再乘上數百萬份清單。自從成立以來，eBird一直呈指數成長；成立十年之後的二〇一二年，eBird的觀測數據達到了一億筆，而下一個一億筆僅花了兩年時間。到了二〇一八年時，總量已經成長到五．九億筆觀察紀錄，其中僅在當年的五月分，就提交了一千七百萬次的觀察紀錄。eBird的資料庫每年以三〇％或四〇％的速度持續成長，目前已收錄了全球約一萬〇三百種鳥類中，除極少數外的所有鳥類數據。（我承認：我是個糟糕透頂的eBirder，每次登錄該網站時，我那慘不忍睹到令人發笑的個人統計數據都會提醒我）。

正如eBird創建者的期望，所有賞鳥人提供的資訊已被證明是科學家和保育人士的寶藏。康乃爾實驗室利用eBird數據製作的動畫「熱圖」（heat maps），是最早、也是最引人注目的開發成果之一，它顯示了候鳥在北美的季節性分布情況——黃色和橙色在地圖上向北推移，顯示了黃褐森鶇或琉璃彩鵐等物種每週的遷徙活動情況，這些數據是從數百萬份清單中平均得出，並利用基於棲息地和環境條件的電腦建模來填補空白。根據eBird的記錄，物種特別豐富的區域會發出耀眼的光芒，但即使是物種稀少的區域也會有一抹淡淡的色彩。這些可視化數據展示了以前未被發現的中繼站和遷徙廊道，或者顯示出某些物種實際上有著獨特、不連貫的區域族群，需要採取針對性的保護措施。研究人員也可以利用這些數據繪製出特定物種分布區中受公共土地保護的面積，以及私人擁有土地的面積。[3]

不過，eBird推動實地保護工作的第一項重大的現實考驗，出現在加州的中央谷地（Central Valley）。現在的中央谷地已成為農業重鎮，但這裡曾是鳥類的天堂，有著四百多萬畝溼地，大量水禽、濱鳥和其他候鳥從這裡飛過，據估計曾經多達八千萬隻；但現在只剩下二〇萬英畝溼地，不到原來的五%。這些溼地裡擠滿了三百萬隻鴨子、一百萬隻鵝和五〇萬隻在山谷度冬的濱鳥，還有更多遷徙途中經過的鳥類。因此中央谷地被列為美國最重要、最受威脅的鳥類棲息地之一。將農田轉換回鳥類使用的永久溼地固然是件好事，但考量到中央谷地的耕地價值，購買土地進行保護的成本過高，即使對大自然保護協會這樣財力雄厚的組織也是如此。

但既然可以租，為什麼還要買呢？大自然保護協會的土地管理者們靈機一動，他們知道有些農田，例如稻田，只要在適當的時間、以適當的深度灌溉，就能為水鳥提供良好的棲息地。觀察過eBird數據後，他們還發現到許多候鳥，尤其是濱鳥，每次只在中央河谷棲息幾週，而且他們擁有美國國家航空暨太空總署（NASA）提供的高解析度水面條件數據，這使他們能夠預測水鳥需要水的地點和數量。結合這些資料集，保護協會在二〇一四年首次舉行了一次逆向拍賣，農民們競相購買淹沒稻田的機會——這是他們平常就會做的事——目的是為了清除前一年的殘梗，儘管通常深度對濱鳥來說太深而無法有效利用。在夏末秋初，濱鳥向南遷徙經過這些地區時，農民會在田裡保持幾英寸深的水，並以此得到報酬；大約在二月到四月間也是如此，太空總署的數據顯示此時地表水量最為缺乏。

從第一年的小規模為起點，所謂的「臨時溼地計畫」（pop-up wetlands program）（更正式的名稱是「鳥類回歸計畫」〔BirdReturns〕）已經在中央河谷超過五萬英畝的農田上開花結果，讓保育人員可以根據需求，從秋天到春天創造出淺溼地（在財務上來說也節省了一大筆開支。）第一年，鳥類回歸計畫就以一百四十萬美元的價格租下了超過十五平方英里的棲息地，在鳥類需要的八週左右時間內將田地保持在水中；相較下，根據大自然保護協會的計算，購買和恢復這些土地需要花費一．七五億美元，則相當於一百二十五倍的費用。鳥兒們無須說服。觀察人員發現，與未加入該計畫的田地相比，臨時溼地上的濱鳥物種數量是前者的三倍，鳥類個體數量是五倍，而與正常農耕輪作而淹沒的稻田相比，「鳥類回歸計畫」田地的鳥類數量更是高出一個數量級。而事實上，鳥類回歸計畫是在加州歷史性乾旱期間啟動，這也進一步突顯了計畫的價值，因為幾年後，當加州從創紀錄的乾旱轉為創紀錄的潮濕冬季時，大自然保護協會只需相應縮減計畫規模。

鳥類回歸計畫的管理人員使用雷達追蹤候鳥在中央谷地的活動地點和數量，但eBird提供了更多信息，詳細說明了哪些物種在哪些時間使用哪些區域，這都歸功於無數賞鳥人將他們在該地區進行休閒活動的結果給傳遞出來。這是eBird數據能為鳥類保護帶來顯著改變的首個指標，但不會是最後一個。在墨西哥灣沿岸，布勒等科學家經由雷達分析確定了重要的中繼站，但這些鳥群中，有哪些物種在每天晚上飛入天空開始遷徙時被雷達捕捉到呢？eBird再次為這個問題提供許多答案，儘管許多被雷達確定為鳥類重要中繼站的地方都是漫無人煙的小徑，或即使是最投入的賞鳥人也很難進入偏遠的沼澤低地，但這些地方往往是世界上最好的鳥類棲息地。結合eBird的定期觀察數據，以及墨西哥灣沿岸所有地區的土地覆蓋與棲地類型的高解析度衛星影像，就可以從鳥類密集的地方推測出較少被注意的地點。另一位服務於墨西哥灣專案的專家之一，康乃爾實驗室的電腦統計學家丹尼爾・芬克（Daniel Fink）解釋說，如果你從eBird的記錄中了解到某地的地形、森林覆蓋率和棲息地類型組合通常會有黑枕威森鶯、麗色黃喉地鶯和紅樹林黃色林鶯（yellow warblers），但灰頰夜鶇或白眼綠鵙（white-eyed vireos）卻不多，那麼你就可以訓練電腦模型來尋找類似的棲息地填補空白。「你可以對模型進行訓練，學習觀察到物種的出現模式，與該物種傾向於出現或不出現的土地覆蓋和棲息地類型，之間的關聯。然後，我們就可以預測該物種在一組地點（其中大部分是eBird用戶從未去過）的出現機率或豐度。」

我驚訝地發現，芬克並不是賞鳥人，而是數字專家。只是在此專案中，他的建模所關注的有趣數字恰好是鳥類，以及牠們的遷徙所創造出的迷人模式。我在二〇一六年末第一次與他交談時，他提到了一個並不合理的有趣模式——根據eBird數據對東部秋季候鳥的棲息地偏好進行建模，包括芬克在內的一個團隊發現，棲息在森林中的鳴禽似乎最常出現在人類改造的棲息地，包括都市地區。看看黃褐森鶇的模型，他說：「隨著秋天到來，你會發現落葉林的（重要性）下降，而都市裡的鳥兒卻愈來愈多。你可以看到看到鳥兒在都市足跡的出現。遷徙過程中發生了一些事情，但是是什麼呢？」

自從那次談話後，其原因似乎變得顯而易見。那就是都市的燈光。在過去幾年裡，從一些大數據線索中可以清楚地看出，都市燈光正在極大地改變著遷徙過程，尤其是在秋季，因為此時有數百萬天真、年輕的鳥兒正踏上牠們的第一次南遷之旅。正如芬克所說，這一問題的早期跡象來自eBird，它指出都市公園中一些候鳥聚集密度最高的地區。起初，人們將之歸咎於大量都市eBird使用者造成的偏差，但雷達資料後來顯示，實際上有大量的候鳥被吸引到都市。

請記住，鳥類演化出依靠微弱的星光來導航和辨別方向，而不是在那些即使最不起眼的城市中心附近、卻也在夜空中瀰漫的氾濫照明，連遠在一百九〇英里之外的飛鳥都能看到這些光線。牠們無法避開這些光線，美國至少七〇%的地區，以及全球四〇%陸地的天空都遭受到嚴重的光害，因此銀河不再可見。數個世代以來的鳥類學家都知道，人造光會使鳥類迷失方向；早在十九世紀燈塔看守人就描述過，在霧天的夜晚，遷徙的鳴禽會撞上玻璃，造成大量鳥兒死亡。閃耀的摩天大樓也是候鳥遷徙期間死亡的主要原因，因此許多城市都發起運動，說服大樓管理者在遷徙高峰期關閉燈光，而志工們每天早上都會撿拾掉落在人行道上成百上千隻死亡和垂死的鳴禽。僅在紐約市，每年就有約九萬隻鳥因撞擊建築物而死亡，即使是每年九月從曼哈頓下城射出兩束耀眼強光，為紀念九一一事件的「光之致敬」（Tribute in Light）活動，也被證明對候鳥構成了威脅。紐約市奧杜邦學會在二〇〇二年首次「光之致敬」時就發出警告，因為九月十一日恰好是東北部候鳥遷徙的高峰期。有些年分，最繁忙的遷徙時間恰好與致敬活動當晚同時出現，如二〇一〇年，連日的降雨阻擋了北方的候鳥遷徙，致敬活動當晚天空放晴，大量候鳥湧入紐約上空。雷達研究顯示，兩道光束聚集候鳥的速度是正常時的一百五十倍。自二〇〇五年起，紐約市奧杜邦學會就與致敬活動的組織者達成協議，當監測人員發現至少有一千隻鳴禽不知所措地困在光束中打轉時，聚光燈就要關閉一段時間，讓這些疲憊的飛行者散去。

現在看來，同樣的事情正在這片大陸內發生，大數據顯示了問題的規模和一些可能的解決方案。布勒參與的一項雷達研究發現，秋季候鳥的密度隨著靠近都市光源而增加，儘管最佳棲息地在更遠的黑暗區域，但候鳥像飛蛾撲火般被吸引到都市，飛向那些牠們更難以利用的中繼站，而且與建築物、通訊塔和其他障礙物更容易發生碰撞的地區。由霍頓領導的康乃爾大學研究也使用了存檔雷達數據，發現候鳥在東部秋季遭受到的人工光照最多，而在西部則是春季最多，尤其是太平洋沿岸地區。（霍頓的研究小組還發現，美國僅五％的土地面積產生了近七〇％的人造光，而芝加哥、休士頓和達拉斯是一百二十五座大城市中最嚴重的光害來源，不僅光害量高，還位於主遷徙路線的核心位置）。

這則訊息可能蘊含著教訓與一絲希望。教訓是，都市土地保護對候鳥的重要性可能遠遠超過人們的想像：不僅僅是保護剩餘土地免於開發，而且還要改善和恢復都市公園（其中許多公園被外來入侵植物侵占，對鳥類的價值有限，而且這些公園的管理更多是為了美觀和人類娛樂，而不是為了野生動物）。從為最有迫切需求的鳥類創造最大價值的角度來看，在一個相對較小的都市公園中恢復棲息地，可能比在某個偏遠地區劃出一塊龐大土地更為重要。

至於一絲希望則是，霍頓的研究小組發現，大部分的遷徙（春季和秋季）都發生在很短的時間內。每個季節，大約有半數的候鳥會在短短六、七天內經過某個都市地區。法恩斯沃斯是霍頓研究的參與者之一，他認為這項事實為非常特定、高度針對性的自動警報打開了大門：方法之一是在遷徙季節中多數候鳥經過的幾個晚上，讓都市和土地所有者關掉燈光。這是一種將「鳥類播報」的遷徙預測轉化為保護力量的方法，規模要大於休士頓等城市已經開發出的地方熄燈警報。「能夠利用大數據產生（遷徙）基線，我們就能夠觀察預測結果，然後說：『這將是個超出預期的遷徙之夜，因此我們需要齊心協力關閉燈光』，然後向中西部地區自動推送資訊，讓芝加哥、辛辛那提或其他地方熄燈。」

不過事實上，保育人士有時會覺得自己在玩打地鼠遊戲，因為就在他們開始應對舊麻煩的時候，新的挑戰又出現了。在談話過程中，法恩斯沃斯提到了幾週前伊隆・馬斯克（Elon Musk）的太空探索技術公司（SpaceX）發射了第一顆小型網路服務衛星，且未來預計將發射一萬兩千顆，這項名為星鏈（Starlink）的計畫可望（或者說可能威脅，取決於你的觀點）創造出覆蓋天空的人造星系。二〇一九年這些小型明亮物體首次進入低軌道時，天文學家們大感震驚，他們擔心最終的「超級星座」（mega-constellation，正如字面涵義）會干擾他們研究星體的能力，並改變自然天空的特性，影響地球表面的所有人。而在此之前，馬斯克還表示，他正在尋求再增加三萬顆衛星的批准。儘管批准星鏈計畫的聯邦通訊委員會（The Federal Communications Commission）再三向公眾保證，太空探索技術公司將「採取一切實際可行的措施」[4]來保護天文學，但就法恩斯沃斯和我所知，似乎沒有人停下來想想，「超級星座」會對數十億隻候鳥產生什麼影響，這些候鳥已經嘗試在一片被漂白的夜空中找到牠們的出路，而現在這個任務愈來愈難以成功。

大數據讓我們看到了遷徙的規模，它指出了問題所在，並提出解決問題的途徑。大數據可能最終會讓我們意識到，候鳥和我們這些珍愛牠們的人，是面臨著多麼巨大的風險。在我撰寫這本書的最後幾個月裡，我聽說有一篇重要的分析報告正在進行同行評審，準備在世界頂級期刊上發表，這篇論文最終將用數字來說明北美鳥類族群在過去半個世紀裡發生了怎樣的變化。該論文於二〇一九年九月發表在《科學》（*Science*）雜誌上，事實證明，它與傳聞的一樣，具有爆炸性和發人深省的內容，並證實了每一位長期賞鳥人的經驗。他們都曾感嘆鳥類數量不如以往。

這項分析由幾位頂尖的候鳥研究人員共同努力完成，他們來自康乃爾鳥類學實驗室、史密森尼候鳥中心、美國地質勘探局帕圖森野生動物研究中心（US Geological Survey's Patuxent Wildlife Research Center）、加拿大野生動物管理局（Canadian Wildlife Service）和加拿大國家野生動物研究中心（Canadian National Wildlife Research Centre）等機構。他們利用了數十種大數據證據，包括美國本土四十八州數十年的都卜勒雷達檔案、自一九〇〇年以來的聖誕鳥類計數活動（Christmas Bird Count）等長期普查、長達半個世紀每年在數千個地點系統性統計鳴鳥數量的繁殖鳥類調查（Breeding Bird Survey）監測計畫，以及其他更深入、具體的工作，如每年對北極繁殖雁群、遷徙濱鳥、沿海海鴨、天鵝和其他鳥類群體的年度統計。他們的結論是，自一九七〇年以來，約有三十二億隻鳥從北美消失，幾乎佔了北美大陸繁殖鳥類總數的三〇%，完全反映出雷達的捕捉檔案中，夜間鳥類遷徙的下降趨勢。損失最嚴重的是東部地區，那裡的鳥類主要是在熱帶和溫帶或北方森林之間遷徙的候鳥。

損失最多的是十二個科的鳥類，包括麻雀、鶯鳥、烏鶇（blackbirds）和雀鳥（finches），共減少了三十七%到四十四%；總的來說至少損失了五千萬隻個體以上的鳥類，共三十八科。作者警告說，濱鳥正經歷著三十七%的「持續、劇烈的族群損失」[5]；但草地鷚（meadowlarks）、黃胸草鵐（grasshopper sparrows）和鐵爪鵐

（longspurs）等草原鳥類的處境最為危險，自一九七〇年以來，這些鳥類已經損失了超過七億隻繁殖個體，超過其原有族群的一半。四分之三的草原鳥類正在減少，但也許最令人驚訝（也最讓人擔憂）的是，分析顯示即使是保育人士認為因適應力強而數量略多於鴿子的引進物種也在減少：歐洲椋鳥（European starling）的數量減少了一半，家麻雀（house sparrow）的數量自一九七〇年以來減少了八〇%以上；像紅翅黑鸝（redwinged blackbirds）這樣棲地廣泛的物種也是如此。正如作者們所言，旅鴿數量曾高達數十億計，但在幾十年內就消失了。「這深刻地提醒我們，即使是數量龐大的物種也可能迅速滅絕。」[6]

然而，儘管消息令人沮喪，但並非全都是壞消息。一些鳥類，如綠鵙（vireos）、啄木鳥（woodpeckers）、鳾（nuthatches）和蚋鶯（gnatcatchers）等逆勢而上，且數量的成長往往很可觀；猛禽在二十世紀早中期曾遭受直接捕獵和殺蟲劑汙染的困擾，但近幾十年來已經恢復了元氣。而溼地鳥類，尤其是水禽的成長幅度最大，原因並不神祕：水禽背後有著龐大、資金充足且具有政治影響力的支持者（如獵鴨人），而且已有數十億美元（包括來自私人團體〔如鴨子無限〔Ducks Unlimited〕〕以及州、地方和聯邦資源機構的資金）用於溼地保護和恢復。

就全球而言，情況並不樂觀。類似的研究已經指出歐洲鳥類數量大幅下降，根據一項分析顯示，一九八〇年至二〇〇九年間，鳥類數量減少了四億多隻，尤其是常見物種。但同樣地，情勢也不全然悲觀，在歐洲和北美，為稀有物種採取針對性的保護行動取得了巨大成功，但要等到一個物種幾乎消失時才採取保護行動，代價可能相當巨大，而且會耗盡一般保護工作的大部分可用資金。農田鳥類（Farmland birds）在歐洲受到的打擊尤為嚴重，那裡的農業集約化幾乎完全排擠了自然面貌，取而代之的是充滿化學物質的單一作物，這一趨勢在捷克共和國等東歐國家尤為明顯，這些國家在加入歐盟後，農田鳥類數量急劇下降。二〇一八年，法國科學家稱當地的鳥類數量在短短十五年間減少了三分之一，在其中一些物種（如草地鷚）減少了七〇%的時候，為整個歐洲大陸敲響了警鐘。「整個情況是場災難。」其中一位科學家說：「我們的鄉村正在逐漸變成名副其實的沙漠。」[7] 法國科學家將此歸咎於更強效的殺蟲劑，而德國昆蟲學家也表示他們已經記錄到該國夏季昆蟲數量下降了八〇%以上，並稱之為「昆蟲末日」（insect apocalypse）。類似證據正從世界各地湧來，包括看似原始的熱帶森林。如果沒有足夠的食物，鳥類就無法生存，世界各地都有證據顯示，地球生態系統的基礎正在崩潰。

就在《科學》雜誌發表北美分析報告前不久，我與論文共同作者之一彼得・馬拉（Peter Marra）博士進行交談，他剛剛卸任史密森尼候鳥中心主任一職，將前往喬治城大學任教。他與我分享了論文的草稿，並同意這篇論文讀起來相當沉重。「但現在我們知道了事情的真相。」馬拉告訴我：「引進物種和泛化種（generalist species）陷入困境的事實應該讓我們切實感到恐懼。但我們也知道是有可能扭轉局勢的。看看水禽對溼地保護的反應就知道了。」他說，即使近乎為時已晚，我們也應該吸取教訓，如果我們投入資金和力量，針對性的保護措施可以奏效。對於草原鳥類等處境最艱難的鳥類群體來說，集中精力恢復棲息地的模式實際上最有可能立即取得成功。

儘管如此，看著大數據所描繪的圖像，一想到在我有生之年，這片大陸上三分之一的鳥類就已經消失，我還是很難不感到絕望。因此，我很感激在我與馬拉交談後一、兩天的另一次談話。這次談話提醒我，每隔一段時間，這個世界就會呈現出過往樣貌的驚鴻一瞥，原始的、未曾減弱的遷徙力量必定會回到更早、更完整的時代那樣。每隔一段時間，世界會向我們展示，我們正在為之奮鬥的目標，只要有一點運氣，願意做出一些艱難的改變，便可能再次實現。

魁北克聖羅倫斯河（St. Lawrence River）北岸區並不是世界聞名的觀鳥勝地，但它本應是。塔杜薩克（Tadoussac）位於沙格內河（Saguenay River）匯入聖羅倫斯河處，是鷹（hawks）、鶚、水鳥和鳴禽秋季遷徙的重要咽喉，此處（主要在加拿大賞鳥人之中）聲名遠播，在這裡單日有機會看到六千隻松雀（pine grosbeaks）或八千隻黃連雀（Bohemian waxwings）。自一九九〇年代中期以來，當地的塔杜薩克鳥類觀測站（Observatoire d'Oiseaux du Tadoussac）一直在進行鳥類計數和繫環工作。不過直到最近，加拿大以外的賞鳥人才漸漸聽聞此處。很少有人知道，當地理和天氣條件恰到好處時，塔杜薩克會出現獨特的春季遷徙奇觀。而伊恩．戴維斯（Ian Davies）知道，這也正是他希望親眼目睹的景象。

戴維斯是eBird的計畫負責人，他看到了塔杜薩克鳥類觀測站春季鳥類計數的清單，其中提到了偶爾會有幾天，也許每隔幾年，就會有一、兩次，會有數以萬計的遷徙鳴禽——主要是色彩斑斕的鶯鳥——集中在聖羅倫斯河上二百多英尺高的冰川沙丘上。在全球遷徙活動日益減少的現在，這種景象愈來愈罕見，因此戴維斯和其他四位賞鳥人（他們和戴維斯都是康乃爾鳥類學實驗室的員工）於二〇一八年五月底從紐約州伊薩卡向北出發，希望能親眼一見。

在塔杜薩克，聖羅倫斯河河寬超過十五英里，寒冷的河水中棲息著藍鯨、鱈魚和白鯨。河谷的北部邊緣呈現出突然的轉變，陸地從河口爬升到被稱為加拿大地盾（Canadian Shield）的高原，寒冷的北方針葉林一直向北延伸到亞北極樹線（subarctic tree line）。即使到了五月下旬，這裡的春天也愛來不來，依附在懸崖峭壁上的低矮樺樹也才剛剛長出嫩綠的小葉子。要是再往北深入幾十英里，你會發現這裡仍是一片深冬之地，對於候鳥而言可能是場災難。乘著溫暖的南風在夜間遷徙的鳴禽往往會在不知不覺中越過邊界，黎明時分才發現自己身處已被積雪掩蓋的雲杉林中。對於麻雀等食種子的鳥類來說，這並不是什麼大問題，牠們可以刨開外殼找到食物；但像是綠鵙、鶲鳥和鶯鳥這樣的食蟲鳥類就別無選擇了，牠們必須轉身飛回溫暖的聖羅倫斯低地，只有那裡才沒有積雪，樹木長出新葉，昆蟲食物也很充足。這現象被稱之為逆向遷徙（reverse migration），因為牠們不願穿過寬闊的河流，所以一到河邊就掉頭，沿著岸邊向西南方向移動，形成巨大的波浪。這正是康乃爾大學團隊所期盼的景象。

「所以我們北上八天，基本上希望能碰上合適的因素組合，也許能看到五萬隻鳥。」戴維斯告訴我：「五萬隻鳥是我們最瘋狂的夢想。前三天完全是一團糟，大霧瀰漫、風向錯誤，只有幾十或幾百隻鳥在飛。幾個小時後我們就放棄了，去別的地方觀鳥。」後來，風向變了，從南方吹來——看起來很有希望，但康乃爾團隊無法確定，因為他們最好的工具之一都卜勒雷達無法使用，加拿大的雷達站會自動過濾掉鳥類或昆蟲等生物干擾。「加拿大沒有公開未經過濾的雷達資訊，所以你真的不知道前一天晚上發生了什麼事。」戴維斯說：「有種未知的神祕感。」

隔天早上（二〇一八年五月二十八日），起初似乎是一串無聊日子的延續，隊員

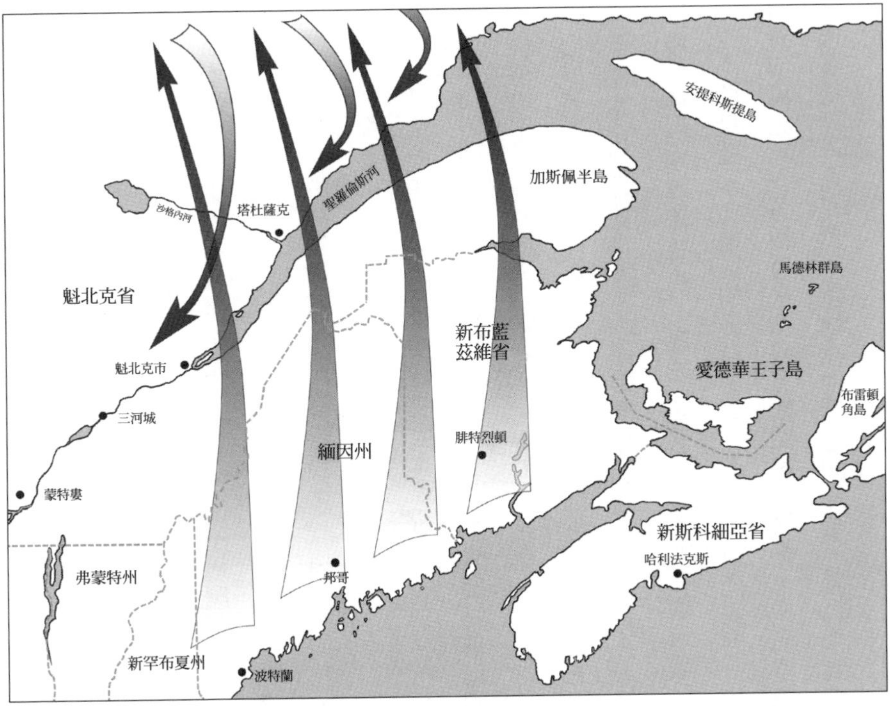

每年春天，數千萬隻候鳥在夜間往北方遷徙時會穿越聖羅倫斯河，在破曉時分遭遇到北方針葉林中的嚴寒環境。於是牠們不得不改變方向，大量聚集在河的北岸，數量之多令人震撼。

們清晨五點四十五分抵達沙丘，發現雨下得更大了，而兩位魁北克鳥友弗朗索瓦－澤維爾・格蘭德蒙（François-Xavier Grandmont）和蒂埃里・格蘭德蒙（Thierry Grandmont）也恰好在那裡。「前幾個小時基本上什麼都沒有，只有一點點小雨，我們就像是在說『好吧，就這樣了，看起來不錯，但心裡卻不這麼想。』」隨後，小群的鳥開始以五到十隻一組出現，每個人精神都為之一振。大約早上六點半，戴維斯說：「我們從沙丘上望向半島，越過聖羅倫斯河，就看到了一堵點狀的牆。天空中全都是鳥。接下來的九個小時都是如此。」

接下來的情景，就如同戴維斯當晚在eBird上所述：「這是我一生中最偉大的觀鳥之日。」他和他的朋友們用一些簡單的數學方法記錄鳥兒飛越的速度，並估算出每種鳥兒在飛行隊伍中所佔的比例，在漫長、疲憊而又令人興奮的一天裡，他們持續系統性的計數。這些鳴禽幾乎都是鶯鳥，牠們經常以每秒二十隻的速度飛過，每分鐘超過一千隻。雙筒望遠鏡的視野可以看到幾百到幾千隻鳴禽。戴維斯拍攝並發布到eBird上的片段是他的檢查清單的一部分，這些片段唯有讓人感受到事件的規模。他告訴我，這並不像是龐大、連貫的鳥群方陣；而是不斷流動的一片鳥群，沿著河流的邊緣向西南方向流動，在各個層次都有不斷閃爍的運動，在高空飛翔、在觀察者的腳邊及腿上刮擦著地面，鳥兒們不斷地在他們之間穿梭。鶯鳥飛到戴維斯的頭上，撞到他的相機和手臂。數百隻鳥在他們周圍的地面或灌木叢中覓食，如飢似渴地尋找著食物。

鳥兒無處不在，色彩和圖案瞬間閃現，每一隻都在瞬間消失，只留下最短暫的印象。綠鵙、鶇和鶲鳥躲在灌木叢中，與黑喉藍林鶯（black-throated blues warblers）、黑紋胸林鶯（magnolias warblers）和加拿大威森鶯（Canada warblers）一起躲避強風。栗頰林鶯（Cape May warblers）、栗胸林鶯（bay-breasted warblers）、黃腰白喉林鶯（yellow-rumped warblers）等飛行能力更強的鶯類，甚至連灰綠蟲森鶯這樣的小傢伙也在高空翱翔。空氣中充滿了戴維斯所說的「不間斷的飛鳴之海」，賞鳥人必須刻意地嘗試忽略。而為了識別這些飛舞的身影，團隊使用了他們以前觀察停棲或休息的鶯鳥時從未使用過的田野標記，雙筒望遠鏡幾乎成為多餘的。「這實在太瘋狂，讓人恍惚，像是在作夢。」他告訴我。他和他的朋友們沒有打算去計算如此龐大的數量，因為他們從未預料到會遇到這樣的情況。「我們是臨時想出來的。」他事後告訴我，每當流量發生變化——遷徙流中的鳥兒多了，經過他們所在位置的候鳥少了，他們就會重新開始估算，並記下時間。到了下午早些時候，風向從西南方向轉變時，強度達到了頂峰，鶯鳥以每秒五十隻的速度飛過，半小時內大約有七萬兩千隻。如此大規模的飛行，就連加拿大雷達站的演算法也無法過濾掉如此多的生物散射，現在聖羅倫斯河北岸的雷達圖只會顯示出一大塊一大塊的候鳥。

「我們既要嘗試記錄和了解所發生的一切，又要欣賞我們見過最難以置信的自然奇觀，兩者之間的矛盾可想而知。」戴維斯說。除了在白天派人到鎮上帶回一些速食外，沒有人停止計數、估算和統計。直到當天下午三點三十分，鳥兒開始慢慢減少，團隊才開始推算每分鐘的流量，並計算每種物種的百分比，而這時他們才真正意識到他們所見的一切是多麼龐大。據團隊估計，共有七十二萬一千多隻鶯鳥經過了他們在沙丘上的觀察點，正負誤差約為十萬隻。總數中估計包括七萬二千二百隻灰綠蟲森鶯（佔總量的一〇％）；五萬五百隻橙尾鴝鶯（American redstarts）（佔總量的七％）；黑紋胸林鶯和栗頰林鶯各十萬八千兩百隻（各佔十五％）。當天最常見的物種是栗胸林鶯，共計數到約十四萬四千三百隻（佔總數的二〇％）。（如果準確的話，這就大約佔了栗胸林鶯在全球數量的二％。團隊中的eBird研究員湯姆．奧爾〔Tom Auer〕在推特上說得更簡單：「今天看到的栗胸林鶯比我一生中看到的數量乘上一百倍還多。」）。大約有二萬八千九百隻橙胸林鶯（Blackburnian warblers）、七萬二千隻黃腰白喉林鶯（牠們在飛行最早和最晚的時段數量最多）和一萬四千多隻加拿大威森鶯。更令人驚嘆的是，其中很多鶯鳥都是處於繁殖期的成年雄鶯。將近十一萬隻鶯鳥因為無法識別而被簡單記錄為「鶯種」（warbler spp.），而就連多年來持續監測春季遷徙的鳥類觀察站工作人員也表示他們從未見過這樣的盛況。

「沒有人會相信我們。」戴維斯回憶起團隊在統計數據時所說的話。但實際上，沒有人真正質疑這些數據；這是一個具備必要能力和複雜技能的團隊，能夠識別數十種小型鳥類——牠們展翅飛翔，以壓倒性的數量飛過——同時還能對流量和物種比例做出不斷調整的估計。然而，我可能是少數幾個知道他和他的朋友們在事後的感受的人，當你所目睹事件的重要性開始沉澱，而你不確定能否說服沒有看到的人你沒有發瘋時，情況會變得有多麼超現實。一九九二年，我是墨西哥東部一個團隊的成員，任務是記錄最近唯一被認可的秋季猛禽遷徙，途經維拉克魯斯（Veracruz）州沿海地區。當時沒有人知道每年秋季會有約四百五十萬隻鷹、鵰（eagles）、鳶（kites）、隼（falcons）和禿鷲（vultures）從內陸山脈和墨西哥灣之間的狹窄咽喉處湧入。隨著我們的日計數不斷攀升——四萬隻猛禽、六萬隻、八萬八千隻，每個數字都遠遠超過了世界上任何統計點的單日猛禽總數——我們已經從家鄉的同事那裡得到了略帶嘲諷和質疑的評論。然後在接連幾天的惡劣天氣之後，就像在塔杜薩克一樣，天空豁然開朗，我們在驚人而艱辛的一日內計數到將近五十萬隻猛禽。我們現在知道，在維拉克魯斯只要天氣適宜，出現五十萬至一百萬隻的猛禽日很常見。但當時，我和我的朋友們坐在墨西哥傍晚潮溼的暮色中，震驚地看著我們統計的數字，心裡只有想著：沒有人會相信我們。

如果有什麼令人難以置信的事情發生在那個五月的聖羅倫斯河畔，那就是我們許多人都覺得這樣的壯觀景象早已一去不復返了。要試著接受這樣的數字仍然可能發生，幾乎是太天真了。戴維斯的清單就像是一份來自輝煌且豐富的過往的禮物，提醒著我們，如果我們能夠遏制住被遺忘的趨勢，一切皆有可能。塔杜薩克大遷徙的消息迅速傳遍了鳥類圈內外，包括《紐約時報》（*New York Times*）的版面。也許不意外地，至少會有一位氣候變遷否定論者（他也對鳥類數量減少的說法提出質疑）將此作為證據，證明那些動物權益倡導者的各種末日論都是錯誤的。但他的說法有道理嗎？正如戴維斯向我解釋的那樣，那天他們在塔杜薩克沙丘上所處的位置並沒有什麼特別之處，在聖羅倫斯河一百八十六英里沿岸的任何地方都能看到同樣的景象，那裡鳥兒的數量非常集中，因此才會有非賞鳥人在網上貼出了成群疲憊不堪的鶯鳥擠滿高速公路中央分隔島和自家後院的照片。那天有數百萬隻鳴禽經過魁北克南部，足以讓任何人對災難預測產生懷疑。當然，不同之處在於，從雷達檔案中我們知道，今天這個令人驚嘆的景象，在幾十年前其實相當普遍，只要有人知道去塔杜薩克觀察就好了。

鳥類遷徙已成過去光影，但在正確的時間和正確的地點，這道光影的威力仍然足以讓我們敬畏。候鳥的數量仍是數十億計。儘管迫在眉睫，但正如馬拉所說，至少我們知道真相。其中包括認識到，每隻穿過加拿大森林向北飛的鳥兒都帶著去年冬天的回音，而在數千英里之外的熱帶地區，數個月之前的環境條件可能就注定了牠遷徙的成敗。遷徙的這個面向現在才開始受到關注，並為我們理解如何保護數十億候鳥的飛翔和安全提供了另一個關鍵線索。

註釋

1 譯註：以間接、曲折的方式執行簡單任務的機械裝置。

2 幾年前，我和朋友傑夫．威爾斯（Jeff Wells）一起旅行，他是研究夜間飛行鳴叫的專家，當時正在為「北方鳴禽倡議組織」（Boreal Songbird Initiative）工作。我們飛往西北地區，傑夫準備在那裡的大熊湖（Great Bear Lake）邊一個偏遠的原住民村落建立幾個飛行鳴叫記錄站。我們在多倫多通過加拿大海關時，一名邊檢人員拉開傑夫行李包的拉鍊，從裡面拿出幾個大塑料花盆。他抬起頭，露出一種長期忍耐的表情，充分表達出美國人對他的國家的誤解，他說：「你知道嗎，先生，我們加拿大確實有賣這樣的東西。」我不確定傑夫的解釋對他有多大的說服力。

3 也許必然會發生的是，eBird 還催生了「夢幻觀鳥」（Fantasy Birding），這是維吉尼亞州的觀鳥者兼網路開發者馬特．史密斯（Matt Smith）的創意。如同夢幻美式足球或夢幻棒球一樣，只不過玩家不是組建一支球隊，而是每天選擇一個不同的真實世界地點，例如紐澤西州的開普梅（Cape May）或阿留申群島的阿圖島（Attu Island），而夢幻成績則是由這些地點的觀鳥者在期限裡提交的實際清單產生。「夢幻觀鳥」與「觀鳥大年」（Big Year）活動一樣，都是由觀鳥者根據 eBird 數據，比賽誰能在一個州或大陸等地理區域內看到最多的物種。如果這似乎有些深奧，那麼不妨想想，一些觀鳥者已經編製了一份超過總數一千種鳥類的清單，而這些鳥類都是由谷歌地球街景攝影車無意中拍到的，後來被極有耐心的愛好者在網路上所發現。

4 Federal Communications Commission Memorandum FCC-18– 161(Nov. 15, 2018), 13.

5 Kennth V. Rosenberg, Adriaan M. Dokter, Peter J. Blancher, John R. Sauer, Adam C. Smith, Paul A. Smith, Jessica C. Stanton, Arvind Panjabi, Laura Helft, Michael Parr, and Peter P. Marra, "Decline of the North American Avifauna," *Science* 366, no. 6461(2019): 120– 124.

6 Ibid.

7 Benoit Fontaine, quoted in " 'Catastrophe' as France's Bird Population Collapses Due to Pesticides," *The Guardian*, March 20, 2018, https://www.theguardian.com/world/2018/mar/21/catastrophe-as-frances-bird-population-collapses-due-to-pesticides.

第五章

後遺症

你是一隻黑紋背林鶯（Kirtland's warbler），剛剛升起的太陽照耀著你淡黃色的胸脯，照亮了四面八方數百英畝低矮叢生的傑克松（jack pine）林。草鵐、隱士夜鶇和稀樹草鵐（savannah sparrows）在灌木叢中歌唱，一隻高原鷸（upland sandpiper）在枯木頂上發出狼嘯，但你對牠們不屑一顧。經過漫長的北方遷徙，你在夜間抵達了此處，而你唯一的衝動就是對著黎明唱出自己的歌——一首動人的六音節短歌，既是對可能的對手提出警告，也是對潛在配偶的宣告，告訴世界密西根北部的這片土地是屬於你的。

天氣溫和、食物豐富、築巢點充足，條件再好不過了。然而，這一切可能都不重要，因為幾個月前，在一千五百英里之外的巴哈馬群島，冬雨未能降臨，使得那裡的食物匱乏，你很難累積足夠的脂肪作為遷徙燃料——你遷徙的時間晚了，到達密西根的時間也遲了。甚至在唱出春之歌的第一個個音符之前，你的處境早已岌岌可危。

科學家們曾經認為，冬季是候鳥休養生息的時期，是牠們從繁重的遷徙和繁殖工作中解脫出來，輕鬆生活的熱帶假期。但他們發現，惡劣的冬季確實會給候鳥帶來非常長久的陰影，這種生態後遺症（ecological hangover）可能會持續數月，跨越數千英里。稀少的雨水和有限的食物造成熱量不足，延遲了鳥兒遷徙的開始時間，甚至可能迫使候鳥損耗自己的肌肉和器官來完成遷徙。這增加了鳥兒在旅途中死亡的機率，即使鳥兒到達繁殖地，發現了理想的環境條件，冬季的資源短缺也可能會破壞繁殖成功的機會。

最後，由於數億候鳥賴以生存的熱帶度冬地區正在暖化和乾燥，這一趨勢預計在未來幾十年內將會加劇。在候鳥數量已經急劇下降的時候，這項發現意味著不祥的後果。

諷刺的是，最可能完整展現科學家稱之為「滯後效應」（carry-over effects）[1]的物種是黑紋背林鶯，這種鳥在一個世代前還幾乎滅絕，但現在卻經常被譽為無與倫比的保育成就。牠的生態特徵幾乎將其推向滅絕的邊緣——高度特化的棲地需求、極其有限的繁殖和度冬範圍——但也因此，牠成為了解滯後效應原因和後果的理想透鏡。不過相同的因素也可能使黑紋背林鶯的未來像過去一樣充滿不確定。

因此，要想了解密西根州北部的傑克松林在五月初的這個早晨發生了什麼，我們有必要把時間拉回到幾個月前，回到巴哈馬中部一座小島上的冬末。

納森．庫柏（Nathan Cooper）開車開得飛快，穿過陰暗的暮色，沿著一條曲折的道路行駛，路上行人、散養的雞以及狗和野貓的數量令人不安。這條名為「女王公路」的道路是條坑坑窪窪的碎石路，路面狹窄，沒有任何標誌，全長四十八英里貫穿了卡特島（Cat Island）。我們需要在日出前抵達最南端，但我們遲到了。

卡特島遠離巴哈馬的主要旅遊景點，除了一個漁船碼頭和幾個小型度假村外，它最著名的（就知名度而言）是影星薛尼．鮑迪（Sidney Poitier）的童年故鄉。學者們曾一度認為這裡可能是一四九二年哥倫布（Christopher Columbus）的首次登陸點，但在一個多世紀前歷史學家們普遍放棄了這項觀點，使得卡特島變得默默無聞。卡特島形狀像個狹長的魚鉤，面積只有一百四〇平方英里，非常纖細，大部分地區寬度僅約半英里。前一天下午，我從拿索（Nassau）搭乘一架狹窄的小型飛機，向窗外望去，這座島嶼看起來平坦且幾乎沒有特色，大部分是乾燥的灌木林，被幾條主要是沙地的道路一分為二，四周環繞著海灘、白色的防波堤和湛藍的海水。島上只有不到一千五百位居民，我必須仔細觀察才能發現相對較少的房屋，這些房屋大多緊鄰海岸或女王公路。現在當我們在黎明中開車穿越時，我驚訝地發現沿路看到的許多建築都已廢棄。

「是啊，有時候我覺得島上的空房子比有人住的還多。」庫柏說。我們經過數十處沒有屋頂的廢墟，灰色的石灰岩牆壁向天空開敞。這裡的人口只有一九五〇年代的一半，因為擁有更好工作的大型度假島嶼（或僅三百英里外的美國本土）吸引了年輕人，他們認為卡特島上的前景渺茫，在這裡，刀耕火種、飼養山羊或捕撈海螺是唯一的生存選擇。

卡特島之所以讓人難以親近，是因為這裡有著炎熱乾燥的氣候和貧瘠的土壤、長滿劇毒毒木的灌木林，以及成群的貪婪山羊。不過正因如此，可以說，這裡是世界上極為罕見黑紋背林鶯的最佳度冬地，這種俊美的鳥兒有著檸檬色的胸脯、藍灰色的背和斷裂的白色眼環。大約有一千隻這種半盎司重的鳥兒遷徙到這塊相對微小的土地上，佔全球總數的四分之一，這裡的乾燥灌木林正好為黑紋背林鶯提供了牠們喜愛的棲息地。這也是庫柏博士和他的團隊第三次回到卡特島過冬的原因。庫柏是華盛頓特區史密森尼候鳥中心的一名博士後研究員，他正在利用黑紋背林鶯獨特的生物學特性，進一步了解滯後效應是如何決定候鳥的生活，而就在幾年前，也還沒有人會相信這種觀點。庫柏的團隊將首次利用新技術追蹤黑紋背林鶯個體從度冬地到繁殖地的過程，並直接測量牠們在巴哈馬群島的狀況是如何影響牠們日後在密西根的繁殖成功率。

庫柏過去曾用過我和同事在阿拉斯加使用的光敏地理定位器（lightsensitive geolocators）追蹤黑紋背林鶯，這項研究在大眾媒體上引起了轟動，因為他的研究對象非常罕見。這項研究揭露了有關黑紋背林鶯遷徙路線至今未知的細節，但地理定位器也有其局限，它們只能對鳥的位置提供非常粗略的估計（精確度僅約一百五〇公里以內），並且只有在隔年重新捕獲同一隻鳥並下載儲存的數據後才能提供這些資訊，前提是你能重新捕獲同一隻鳥。本季庫柏使用的是微型標記，這種微型的無線電發射器只有〇．二公克重，由Motus系統的自動接收站追蹤，我和我的朋友們近年來一直在東北部各地安裝Motus系統，它已成為從北極延伸到南美洲國際網路的一部分。現在是四月中旬，如果一切順利，幾週後黑紋背林鶯離開卡特島時，庫柏就可以透過這些接收站追蹤黑紋背林鶯向北遷徙、在佛羅里達和喬治亞登陸，然後向五大湖進發的過程。一旦抵達密西根州，十一座精心選址的Motus塔上的定向天線將覆蓋黑紋背林鶯的整個核心繁殖區域，這將使庫柏和他的團隊能夠迅速重新定位被標記的鳥，並開始監測牠們的繁殖成功率。

這項計畫對任何其他鳴禽都行不通，因為沒有任何一種北美雀鳥（passerine）的活動範圍如此狹小，使得在遷徙的兩端是可有能發現同一個個體的。黑紋背林鶯似乎一直都是超本地化的鳥，原因長期以來都是個謎。第一個黑紋背林鶯標本於一八五一年在俄亥俄州採集，以著名博物學家傑瑞德．柯特蘭（Jared Kirtland）的名字命名。該標本是在他的農場中發現，但在接下來的二十五年裡只發現了另外四個標本。二十八年後，科學家們在巴哈馬群島發現了牠們的度冬地，但直到一九〇三年，也就是發現該黑紋背林鶯的半個多世紀後，人們才在密西根州北部發現了第一個黑紋背林鶯鳥巢，解開了牠們的繁殖地之謎。科學家們發現，這種鳥是終極的棲息地專家。牠們幾乎只在茂密的傑克松林中築巢，這種矮小，壽命短暫的針葉樹在貧瘠的沙質土壤中繁衍生息，在密西根下半島北部達到其北方分布區的南界。而傑克松又是消防專家，它彎曲、山核桃大小的毬果一季又一季地緊緊抱在樹上，數量不斷增加，只有被火焰燒焦後才會裂開，然後以每英畝二百萬顆種子的驚人速度釋放出來。在大火燒毀一整片成熟森林的幾年後，數百萬棵快速生長的傑克松會形成一片高過頭頂的綠灰色枝椏海洋，而黑紋背林鶯就在這些枝椏下的地衣和藍莓叢中建造牠們偽裝良好的地面鳥巢。

這是個在更新世（Pleistocene）運作良好的系統，當時冰河時期的冰川將傑克松生態系統推向東南部的沙質沿海平原。從那裡可以輕鬆飛往附近的巴哈馬群島，因為當時的海平面比現在低上數百英尺，巴哈馬群島的陸地面積是現代的足足十倍。而隨著冰川消退，傑克松一個世紀一個世紀地向北退縮，依附其上的黑紋背林鶯也隨之遷徙，每年黑紋背林鶯的遷徙距離都會更長一些，到達不斷縮小的巴哈馬群島。但這個系統仍然運作良好，因為大自然和北美原住民的火種維持了傑克松的生長。後來密西根的森林在十九世紀末幾乎完全被砍殆盡，毀滅性野火席捲了數百萬英畝的土地，奪走了數百人的生命，但也可能無意中創造了更多的繁殖棲息地。

然而二十世紀的情況卻截然不同，煙熊（Smokey Bear）[2]喊出了滅火的口號，森

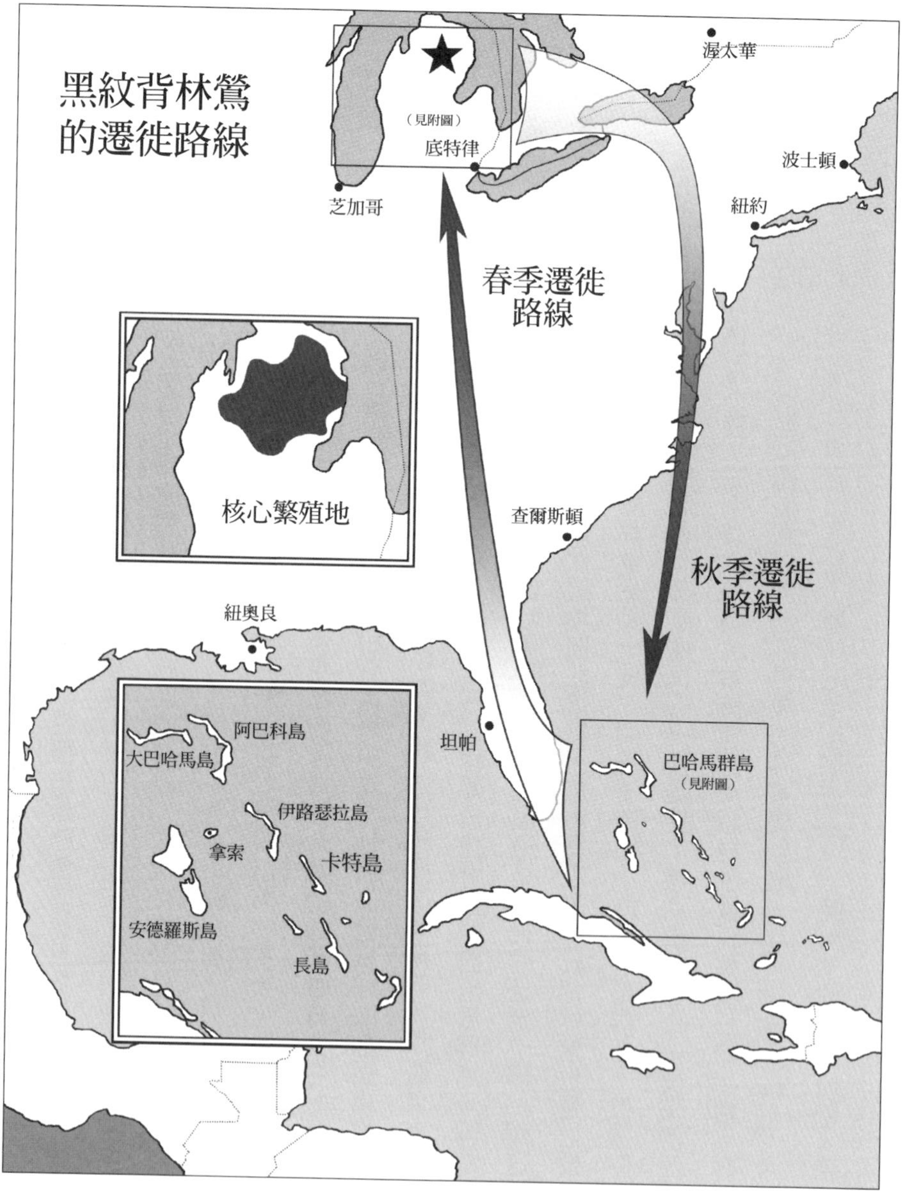

黑紋背林鶯每年都會在牠們很小的繁殖地（主要在密西根州北部）和巴哈馬幾個小島上的度冬家園之間遷徙。

林不斷生長，變得愈來愈茂密，卻沒有清理作用的火災來重置生態鐘。合適的棲地消失了，而在少數幾個用火燒出新傑克松的地方，褐頭牛鸝（新近到達該地區的鳥類）寄生進巢裡，進一步降低了生產力。黑紋背林鶯的數量可能向來都不是很高，因此在一九六七年第一份聯邦瀕危物種名單公布時，黑紋背林鶯也名列其中。結果在四年後的一次普查中，科學家們震驚發現，黑紋背林鶯的數量下降了六〇%，僅剩二百〇一隻歌唱的雄鳥。最低點出現在一九七四年，當時只能找到一百六十七隻。

於是野生動物管理者倉促行事。他們嘗試用策略引火（prescribed fire）來創造新的棲息地，但在一九八〇年，一場本應控制在二百英畝內的大火愈燒愈旺，最終燒毀了二萬四千英畝的土地，摧毀了數十棟房屋，並奪去了一位二十九歲生物學家吉姆・史維德斯基（Jim Swiderski）的生命，他當時正在努力撲滅大火。麥克湖（Mack Lake）大火引發了兩個後果：它讓相關機構不敢再用引火方式來創造黑紋背林鶯的棲息地。但在大火發生的十年後，黑紋背林鶯大量遷入新生的森林，也證明了管理人員的想法太過狹隘——他們打算創造的小片傑克松林不夠廣大。麥克湖大火雖然是場悲劇，但卻很可能拯救了黑紋背林鶯，使其免於滅絕。儘管在傑克松林地區仍會發生雷擊和人類不小心造成的野火，但如今的管理者們採用清伐和補種的方式，在二十三塊廣闊的聯邦和州土地上營造出一片片年輕的松樹林。這種途徑的成功幾乎超出了所有人的想像。如今這裡大約有四千隻黑紋背林鶯，二〇一九年時這些鳥兒已從聯邦瀕危物種名單中除名。

然而，幾乎所有的科學和保育注意力都集中在密西根州，除了十九世紀末在巴哈馬群島拍攝的七〇多隻黑紋背林鶯作為博物館藏品之外，幾乎所有的科學家都忽視了黑紋背林鶯每年在這些島嶼上度過的七個多月的時間。不過，如果庫柏和他的同事們的觀點正確，那像卡特島這樣的島嶼上，其條件理應為黑紋背林鶯的復育做出巨大貢獻。但生物學家擔心，在這個瞬息萬變的世界裡，這些條件也可能成為該物種的致命弱點。

到達島嶼南端時，太陽已經升起。庫柏在逐漸變小、未鋪設路面的小路上轉了幾個彎，然後停下來。大海就在一百碼外，耳邊是狂風激起的海浪聲和轟隆隆的巨響，搖曳的椰子樹梢清晰可見，但我們周圍是低矮茂密的林地。這裡的景色並不像日曆的照片那樣，這片林子雜亂無章，最高的樹大概有十五英尺高，下層植被密不透風。樹林裡盛產一種叫菟絲子（dodder）的寄生植物，它橙色的細卷鬚緊密覆蓋著灌木甚至整棵樹，讓人幾乎看不到厚厚的藤蔓下的植被。

「我們主要在路上工作。」庫柏一邊說，一邊甩了甩笨重的背包，將一把未出鞘的彎刀刀刃朝上，穿過背後的肩帶。「前天我們試著穿越這些樹叢，結果花了兩個小時才走了六百公尺。」

庫柏今年三十七歲，頂著一頭蓬亂的棕色捲髮，下巴留著鬍鬚，身體肌肉結實，就像一位狂熱的攀岩愛好者。他的二頭肌內側刺著精緻的刺青：一個是紀念他祖父在密西根州消防員職業生涯的老式消防車；另一個是以蒸汽龐克為主題的圖案，紀念他已故父親對科幻的熱愛。刺青上的抓痕和蟲咬結痂則證明了庫柏在巴哈馬灌木叢中的艱辛工作。

今天的另一位隊員是克里斯・福克斯（Chris Fox），他沉默寡言，留著深色的鬍子，從印第安納州保護區的辦公室工作中抽身出來做一些野外工作。福克斯把沉重的無線電接收器扛在肩上，抓著鋁製霧網桿，庫柏則打開手持捕食者呼叫器（predator caller），邁著輕快的步伐走在沙路上，向灌木叢中播放雄性黑紋背林鶯的歌聲。（一向可靠的大衛・艾倫・西伯利〔David Allen Sibley〕將黑紋背林鶯的歌聲音轉寫為『極富感染力的啡唎—唎—唎唎—咈咈—喫咃啵〔*flip lip lip-lip-tiptip-CHIDIP*〕，音調和強度不斷上升』。接下來的日子裡，我連在睡夢中都聽得到這聲音）。

我們沿著一條路跋涉，翻過一座小山，經過一棟安裝有防颶風百葉窗的新度假別墅，然後又下坡走向另一條路。林中傳來一陣憤怒的喫啵聲！這是黑紋背林鶯爭奪領地的跡象。在兩位生物學家沿著樹林邊緣架好霧網幾分鐘後，黑紋背林鶯聽到牠認為是入侵者的聲音，義憤填膺地衝進了網裡。

這隻雄鶯重十六．五克，約〇．六盎司，比一般黑紋背林鶯重幾克，表示這隻鳥找到了很多水果和蟲子。庫柏說：「牠可能會在接下來的幾天裡準備出發，我想我們在牠為遷徙而增重時逮住了牠。」除了例行測量外，研究員還從黑紋背林鶯翅膀上的靜脈抽取幾滴血；當糞便濺上他的褲管時，福克斯也已經做好準備，用小塑料鑷子舀起，部分裝進一小瓶防腐劑中，剩下的塗在一張正方形的樣本紙上。芝加哥菲爾德博物館（Field Museum）的一位同事正在研究黑紋背林鶯的微生物群系（microbiome）從冬季到夏季的變化，以及這可能對牠們的生存和生育能力產生的影響，這是首次有人進行這樣的研究。最後，黑紋背林鶯身上有一套獨特的彩色繫環，這樣就能在遠處目測到牠的身分；還有一個微型標記，位於鶯背的低處，由腿部頂端的彈性環固定。這種無線電發射器只有三分之一克重，能像摩爾斯電碼一樣發送這隻黑紋背林鶯獨有的編碼識別脈衝，使廣闊的Motus網路中的每個接收站都能接收並識別。

正當庫柏在調整發射器、福克斯擺弄接收器確保微型追蹤器正常運作時，為雜誌文章拍攝過程的攝影師卡琳．艾格納（Karine Aigner）從取景器中抬起頭來說：「還有一隻。」果不其然，第二隻黑紋背林鶯正悄悄地探尋那已經消失歌聲的來源，牠一邊有節奏地擺動尾巴，一邊在霧網附近茂密的灌木叢中跳動。福克斯開始播放聲音誘餌後不久，就捕捉到了這隻新的雄鶯；而在他們完成對這隻雄鶯的處理和標記之前，又捕捉到了第三隻雌鶯。

「我想這已經是我們捉的第六隻雌鶯了，」庫柏邊說邊從網兜裡取出這隻鳥兒。「牠們對重播的反應不如雄鳥，所以某種程度上來說，這隻雌鳥相當珍貴。」雖然牠（如大多數雌性鳴禽）的體型比雄鳥小一些，但庫柏發現牠比我們捕捉到的前一隻雄鳥還要重一點，顯示牠的身體狀況非常好。整體而言，這是庫柏的團隊在整個月裡收穫最好的一天，所以當我們在烈日下吃著花生醬和果凍三明治的晚午餐配著水時，即便來了第四隻鳥，繞著網子轉了一圈，卻不肯上鉤，我們也不覺得太難過。

不過第二天我就體會到了平時的滋味。前一晚下了大雨，天還沒亮，空氣就悶熱起來。叮人的蒼蠅和蚊子蜂擁而至，但這些蟲子與一週前科學家們對付的蟲子相比簡直不值一提，當時天氣更加炎熱，小沙蠅直接穿透過工作人員宿舍的紗窗飛進來。「我們不得不關緊窗戶，穿上長袖，把褲子塞進襪子裡，即使在室內也是如此。但我還是被咬得遍體鱗傷。」庫柏說：「太可怕了。」

我們在另一條沙路上魚貫而行，勉強穿過及腰的植被——這對黑紋背林鶯來說再合適不過了——因為這種鳥經常在地面上或地面附近覓食。庫柏指著一棵低矮的灌木說：「這就是牠們的食物。」我不禁瞪大眼睛試著看清他到底在說什麼。他說：「就在這裡。這是黑火炬（black torch），牠們最喜歡吃的植物之一。」他給我看了一些乾癟的小果實，每個直徑只有十六分之一英寸。黑紋背林鶯的另一種主食，是種被稱為野生鼠尾草（wild sage）或鈕扣鼠尾草（button sage）的馬纓丹（lantana），結出的果實同樣微小，呈紫色，只有針頭大小。這些灌木的最佳生長地，也是鳥兒的最佳棲息地，是這些被遺棄的田野和舊山羊牧場，雖然只是偶然留下，卻也得以在卡特島上維持著。

火辣的太陽正高掛頭頂，反射在白色珊瑚沙上。我們已經走了幾英里，每走一步都會打滑。汗水順著我的眼角滲了下來，這時音響裡響起了黑紋背林鶯的鳴唱，我感到大腿肌肉疼痛難忍。咈唎—唎—唎唎—咈咈—喫吔啵，停頓。咈唎—唎—唎唎—咈咈—喫吔啵，停頓。咈唎—唎—唎唎—咈咈—喫吔啵。

「一直重播不會讓你抓狂嗎？」我問。

「我現在已經聽不到了。」庫柏說：「但是在阿巴科島（Abaco）上，這確實讓我抓狂。我們從早上六點一直做到下午兩三點。我們都快瘋了，最後連頭都不敢抬。」他指的是二〇一五年他在巴哈馬群島的第一個實地考察季，當時他們的大部分調查工作都集中在巴哈馬群島北部的大島阿巴科，該島被認為是黑紋背林鶯的據點。他們幾乎連續搜索了三個多星期，每天頂著烈日行走無數英里，但庫柏和他的隊員們只發現了四隻黑紋背林鶯。他們發現，阿巴科有太多的松樹生長地，而缺乏黑紋背林鶯喜歡的低矮落葉灌木叢。因此大部分的舊記錄可能是經過而非度冬的黑紋背林鶯。（也可能存在一定程度的識別錯誤，因為巴哈馬種黃喉林鶯〔yellow-throated warbler〕也喜歡阿巴科島的松樹林，很容易被誤認為是其稀有表親）。

他們在阿巴科的記錄工作並不順利。在那個令人疲憊的季節結束後，庫柏和他的團隊來到卡特島，結果立刻發現了幾十隻黑紋背林鶯——庫柏幾乎要跪下來以示感謝。他們無意中發現了可能是這些稀有鳥類的冬季遷徙在全世界最密集的地方。

最後，我們終於聽到一隻黑紋背林鶯獨特的喫啵聲，我們捉住牠並裝上標籤，把牠的血液存檔，清理牠的糞便。「我們正在研究的一個問題是，在二千英里的移動過程中，個體的微生物群系會發生怎樣的變化？」庫柏一邊說，一邊在樣本紙上塗抹糞便。「在遷徙週期的兩個不同時期，個體體內的血液寄生蟲量是如何變化的？我們不知道在一年中的不同時期，微生物群系中存在著不同生物會產生什麼後果。」

這是本季的第五十九隻黑紋背林鶯。在僅剩的幾天時間裡，庫柏顯然無法達成為一百隻黑紋背林鶯安裝微型標記發射器的目標（最終，他的團隊只標記了六十三隻）。這是滿意但並不出色的成果，庫柏垂下的肩膀透露出他的感受。他展望著在密西根州再度進行幾個月的辛勤工作，尋找、重新捕獲和監測這些相同的鳥，然後試圖推斷牠們的冬季狀況可能會如何影響牠們之後的遷徙速度、存活率和繁殖成功率。

那天下午，我們坐在他們為這季租用的海濱別墅附有頂棚的露臺上，短短的懸崖下是湛藍的海水，卷尾鬣蜥（curly-tailed lizards）在我們腳邊掠過。福克斯正在寒冷的冬日海水中浮潛，他幾乎每天都潛水；而身材高瘦、鬍鬚蓬亂、有點像蘋果子姜尼（Johnny Appleseed）的實習生史蒂夫・凱德（Steve Caird）則在整理幾十張糞便樣本卡，這些樣本卡和他們收集的血瓶一樣，需要大量的海關文件才能帶回美國。

在庫柏概述了關於滯後效應的研究歷史，以及將最新的研究成果置入更廣大科學背景中時，積雨雲開始聚集。不久後，雨點很應景地敲打著波紋塑料的屋頂，他告訴我的很多內容，都與傳統冬天旱季的降水如何最終決定了黑紋背林鶯的生存機會有關。

早在一九七〇年代時，一些水禽科學家——有的在瑞典研究天鵝，有的在加拿大研究雪雁（snow geese）——就已經注意到，度冬地的條件可能會延續（carry over）到繁殖季節。但大多數專家認為，鳥類繁殖成功的真正驅動力是繁殖棲息地的品質，而不是幾個月前的情況。直到一九九八年才有所突破，庫柏在史密森尼候鳥中心的主管馬拉（當時還是達特茅斯學院的博士生）發表了他對橙尾鴝鶯的研究成果，引發了一場關於滯後效應的知識熱潮。

橙尾鴝鶯是活潑好動的小精靈，牠們會閃動鮮豔的翅膀和尾巴（雄鳥是橙色和黑色相間，雌鳥是黃色和灰色相間），把牠們在森林樹冠中覓食的昆蟲驅趕出來。橙尾鴝鶯是西半球數量最多、分布最廣的鳴禽之一，牠們很容易被發現，聲音洪亮，築巢位置較低，人類可以觀察到牠們，因此在各方面都是理想的研究對象，正如研究人員所說，橙尾鴝鶯是「模範物種」。科學家們利用橙尾鴝鶯來探索繁殖生態、性選擇、族群衰退等一系列問題，研究結果可能適用於一般的候鳥。馬拉在達特茅斯學院的博士生導師理察・霍姆斯（Richard Holmes）本人就是橙尾鴝鶯研究領域的領導人物，所以馬拉選擇了其中一個方向作為自己的博士研究並不令人意外。

一九九八年，馬拉和霍姆斯與加拿大野生動物管理局的基思・霍布森（Keith Hobson）根據他們對橙尾鴝鶯的研究，在《科學》雜誌上發表了一篇開創性的論文。他們發現在牙買加的度冬地，年長的雄性橙尾鴝鶯佔據了品質較好、食物豐富的潮溼紅樹林棲息地，這在很大程度上迫使雌性和年輕的雄性橙尾鴝鶯進入較乾燥的次生灌木叢，這種基於性別和年齡的棲息地分離現象在許多候鳥中都很常見。不過，無論性別如何，在潮溼森林棲息地的橙尾鴝鶯都表現良好，體重保持不變或有所增加，而在乾燥灌木叢中的橙尾鴝鶯則體重減輕，並顯示出其他身體狀況惡化的跡象。

不過當橙尾鴝鶯離開牙買加後，就無法再向北追蹤牠們了。於是馬拉和他的同事在北方森林中捕捉了不同的橙尾鴝鶯，抽取了一點血液，然後觀察樣本中穩定碳同位素（stable carbon isotopes）的比例。他們從牙買加的工作中了解到，碳同位素比例可以反映出鳥兒是在良好的森林棲息地還是貧瘠的灌木叢棲息地過冬。馬拉發現，最早到達的鳥，也就是擁有最佳領地和配偶選擇的鳥兒，是那些在潮溼森林中度冬的鳥兒；而帶有灌木叢特徵的鳥兒在則是最佳地點被佔據後才出現，牠們的體重也比早到的鳥兒輕，而且整體狀況較差。來自乾燥棲息地的雌鳥產下的雛鳥數量較少，而且這些雛鳥的離巢時間比來自良好冬季棲息地母鳥所生育的雛鳥晚。

馬拉在牙買加的學生後來發現，在乾燥的冬季，溼地棲息的橙尾鴝鶯體態維持得比在乾燥灌木叢中的橙尾鴝鶯好得多，而在潮溼的冬季，兩種橙尾鴝鶯的情況則是都相當不錯。他們還發現，如果讓來自乾燥棲息地的橙尾鴝鶯遷入潮溼的紅樹林，牠們的身體狀況會得到改善，遷徙的時間也會比留在灌木叢中的橙尾鴝鶯早，這被稱為「升級實驗」（upgrade experiment）。庫柏在牙買加度過了六個冬天，為博士學位進行研究，他逆向測試這項研究，做了降級實驗，使用溫和的殺蟲劑來減少一些研究區域上的昆蟲數量。這使區域內的橙尾鴝鶯犧牲了肌肉品質，並使牠們遷徙的出發時間大大延遲了一週。（在他回憶起那項必要但不愉快的工作時，他痛苦微笑著說：「我就像個壞蛋。」）

儘管如此，還是沒有辦法對同一隻橙尾鴝鶯進行來回追蹤，無法直接測量冬季的變化對繁殖地的鳥兒有什麼幫助或阻礙。雖然因為很常見，所以橙尾鴝鶯是很好的研究對象，但另一方面，牠們的數量過多且分布過於廣泛。北美據估計有三千九百萬隻橙尾鴝鶯，繁殖地南至喬治亞州和德州，北至拉布拉多和育空地區。牠們的冬季活動範圍從墨西哥沿海一直延伸到中美洲和南美洲北部，以及加勒比海的大部分地區。如果你試圖在遷徙路線的兩端重新定位一隻已知的個體，來直接測量冬季的滯後效應，那可真是大海撈針。但幸運的是，半個世紀以來黑紋背林鶯這一種讓人頭疼的保護對象，牠的族群數量少、分布範圍極其有限，使其成為了解滯後效應的完美物種。這是全然不同的模式，牠們的數量只有幾千隻，而不是幾千萬隻；牠們的分布範圍就全球面積而言微不足道，冬季時，幾乎所有的黑紋背林鶯都能在少數幾個小島上找到：卡特島、伊路瑟拉島（Eleuthera）、聖薩爾瓦多島（San Salvador）和其他一些小島，總面積不到一千平方英里。到了夏天，幾乎所有的黑紋背林鶯都會遷徙到密西根州的幾個郡，進一步集中在精心管理的幼傑克松林地裡。因此要了解冬季對繁殖季節的影響，沒有比黑紋背林鶯更好的研究對象了。

在卡特島上觀察候鳥的過程不斷提醒我們，對於鳥兒來說，每時每刻都很重要。從日出之前到日暮時分，牠們都在不停、瘋狂地尋找食物。有天早上，我在等待黑紋背林鶯的鳴唱時看到了一隻棕櫚林鶯（palm warbler），這是種瘦小的淡黃色候鳥，在加拿大中部北方森林築巢，鐵鏽色的鳥冠，尾巴總是搖來搖去。這隻鳥在道路兩旁茂密的灌木叢中穿行，從一個枝頭飛到另一個枝頭，在樹葉下面窺視，探入茂密的樹叢，在樹枝末端飛舞，直到最頂端。根據我的計算，在我觀察這段時間裡，牠每隔三秒左右就會啄食一些東西。

但是如果食物更少一點，棲息地更貧瘠一點，氣候更乾燥一點，迫使這隻鳥得更加努力地尋找食物呢？如果牠不是每三秒鐘就能找到一粒食物，而是平均每四秒鐘才能捕獲到一些東西呢？聽起來差別不大，但對於這隻鳥來說，這代表一天內能攝取的食物量減少了二十五％。這是巨大的缺口，牠可能無法恢復從曼尼托巴省或安大略省西部飛到這裡所消耗的能量儲備，更不用說在三、四月分再次向北遷徙所需的額外脂肪了。對候鳥而言，如此微薄的能量差距，正是成敗的關鍵。

馬拉和他同事們的工作，掀起了對一波對候鳥季節性滯後效應的研究熱潮。英國研究人員在巴哈馬群島網捕黑喉藍林鶯並進行同位素評估後發現，在溼度較高的棲息地度冬的黑喉藍林鶯，在春季遷徙時狀態會更好。科學家在阿拉斯加研究黑雁（black brant）時發現，在墨西哥最南端度冬的黑雁最晚返回亞極帶地區，而且產下的卵較小。在不列顛哥倫比亞省對卡辛氏海雀（Cassin's auklets）的同位素分析顯示，冬季以高品質橈足類動物為食的雌鳥，比以低品質岩魚為食的雌鳥更早築巢並產下較大的卵。

值得注意的是，滯後效應並不是鳥類或是候鳥所獨有的：在灰鯨（gray whale）、加拿大馬鹿、歐亞紅松鼠（red squirrels）、幾種魚類和海龜等都能發現，或可能存在滯後效應。正如我們將看到的，即使在候鳥中，科學家也發現了一些有趣的例外。儘管如此，大量證據顯示，對於大多數候鳥來說，一個季節的壞運氣可能會延續到下一個季節，甚至更久。研究舊大陸鳴禽的科學家們發現，歐洲的繁殖成功率與薩赫爾地區冬季降雨量之間的關係尤為明顯，薩赫爾地區是撒哈拉沙漠南部的邊緣地帶，數百萬隻鳥兒在那裡過冬。在度冬地發生的事情，並不僅僅局限於度冬地。（這種馬拉所謂的季節性互動，也可以在群體層面上發揮作用，而且是相反的作用——在北方經歷了一個非常成功的繁殖季，可能代表一旦到達了度冬地，將面臨更多的個體競爭。）

降雨似乎也是影響黑紋背林鶯的關鍵因素。就在庫柏說話的時候，外面下起了滂沱大雨，冷卻了空氣，湛藍的海水化為陰冷的普魯士藍。庫柏告訴我，早在一九八一年科學家們就注意到，在巴哈馬群島潮溼的冬季後，比起乾燥的冬季，出現在密西根繁殖地的雄鶯數量會更多。最近馬拉實驗室的另一位科學家莎拉．洛克威爾（Sarah Rockwell）特別指出，如果在已經是一年中最乾旱的三月分沒有降雨，黑紋背林鶯的遷徙死亡率就會大幅上升。在這種情況下，黑紋背林鶯到達繁殖地的時間會更晚，開始築巢的時間也會更晚，最後成功離巢的雛鳥數量也大幅下降。她發現年輕、經驗不足的雄鳥特別會受到冬季降雨不足的影響。

最令人擔憂的是，洛克威爾得出的結論是，這些島嶼的冬季平均降水量，只要減少十二％，就足以逆轉黑紋背林鶯從接近滅絕到數十年來大幅成長的現象，並重新陷入衰退。她指出，自一九五〇年代以來巴哈馬群島的降雨量已經減少了十四％。洛克威爾的發現不僅對黑紋背林鶯有深遠影響，而且對數百種不同物種的數億候鳥也是如此，牠們也遷徙到巴哈馬群島、安地列斯群島（Antilles）和中美洲。氣候模型顯示，加勒比海地區是地球上最重要的度冬地之一，隨著地球暖化，該地區將持續變得乾燥。（在我前往巴哈馬群島的幾週前，馬拉告訴我牙買加的冬天「乾得離譜」，即使以最近的乾旱標準來看也是如此。）未來的前景令人擔憂。康乃爾大學的研究人員，將氣候模型與有關鳴禽分布的eBird清單數據結合，預測出一旦度冬地的降雨量減少，再加上北方更暖和、更多雨的條件，將對許多在新熱帶界地區（Neotropics）度冬的物種構成挑戰。最終，這些變化帶來的滯後效應可能是該地區數百種遷徙物種能否長期生存的成敗因素。

不過，直到目前為止，所有關於滯後效應的研究都是間接而有隔閡的：研究同位素特徵，是從當前條件推斷過去的歷史。「彼得和莎拉發現強有力的證據，證明在族群層面上存在滯後效應，」庫柏繼續說：「但在個體層面上莎拉沒有能力研究。而這是我們首次能夠做到。我們可以直接觀察個體，不必使用同位素等間接技術，而是可以直接研究個體，這就消除了很多必須做出的變量和假設。」

庫柏和馬拉還將對滯後效應的關注重點從簡單的冬、夏遷徙轉移到包括遷徙在內的種種問題。遷徙是鳥類年週期中最危險的部分，據生物學家估計，像黑紋背林鶯這樣的鳴禽，每年有五〇至六〇％的死亡是發生在春季和秋季遷徙過程中。但小型鳥類的遷徙很難追蹤，因此仍然是個謎團。庫柏說：「我們想知道的是，有多少（死亡率）純粹是由遷徙期間發生的事情所致，又有多少是由過冬的好壞、離開時的狀態和離開的時間決定的。」

在巴哈馬群島進行的這項工作，以及接下來夏天在密西根進行的工作，只是一項概念的驗證測試。庫柏說，如果研究成功，他和馬拉就想在多個島嶼上展開一項更具野心、為期四到五年的研究，密切追蹤昆蟲和水果的供應情況、鳥兒的冬季家園範圍大小，以及那些佔據小而穩定活動範圍的鳥兒，與在廣闊地區漫遊的鳥兒（原因不明）之間的比較。最重要的是，他們希望比較不同島嶼上的不同降雨模式如何影響了黑紋背林鶯在密西根的狀況和下半年的繁殖能力。

雨過天晴，陽光再次出現，再一次把周圍的海面染成了朝霞般燦爛的藍色。房子周圍嚴重侵蝕的石灰岩和礫石土壤吸乾了每一滴雨水，看起來就和暴風雨前一樣乾燥。庫柏用手梳理著頭髮，把注意力轉移到將血液和糞便樣本帶回家所需的出口文書工作上。家，這個話題讓庫柏發出一聲疲憊的嘆息。「我不知道我最想念的是什麼，是我的狗還是一杯道地的啤酒。」他說。

兩天後，標記完最後一批黑紋背林鶯，庫柏和我搭乘小型飛機返回拿索。福克斯和凱德將在這裡逗留幾週，用手持無線電接收器追蹤被標記的鳥兒，確定牠們離開的確切時間。有些鳥已經飛走了，當我們的飛機越過數百英里的水域飛向佛羅里達時，我猜想，在空中的並不是只有我們。

滯後效應研究絕不僅限於新世界。萊奧・茲瓦茨（Leo Zwarts）是荷蘭的濱鳥專家，也是我的黃海朋友特尼斯・皮爾斯瑪的同事，幾年前我有幸在以色列的一次會議和長途觀鳥之旅中結識了他。萊奧曾參與位於撒哈拉以南非洲，全球最重要的一些滯後效應研究。從萊奧講述的一些驚心動魄的故事來看，這也是我聽過最艱苦的野外工作。為了避開伊斯蘭激進分子、圖阿雷格分離主義分子（Tuareg separatists）、腐敗官員和其他危險分子的注意，他和他的同事們身著當地服裝，沿著撒哈拉沙漠南部邊緣，穿越馬利（Mali）、尼日（Niger）和茅利塔尼亞（Mauritania）等局勢經常不穩定的國家，輾轉於乾旱的薩赫爾地區。他們在炎熱乾燥的季節裡連續數月待在田野中，穿越這片乾旱的灌木、草地和初生的沙漠，沿著非常長的勘測線路進行調查，到訪數千個約四英畝大的研究區，對每棵樹和灌木都測量了高度、冠徑（crown width）、樹冠體積（canopy volume）和其他參數（到他們完成研究時已量測超過三十三萬棵）；而且所有樹上的每種鳥類都被仔細記錄下來。從二〇〇七年起的九年裡，他們在薩赫爾地區進行了詳盡而艱辛的研究，這些研究顯示了他們和其他科學家每年夏天在歐洲所觀察到的變化，例如在薩赫爾地區的乾旱期間，像紅尾鴝（common redstarts）等物種數量所遭受的災難性減少，尤其是在一九七〇、八〇年代。這項史詩般研究的成果是一系列科學論文，這些論文顯示了非洲降雨量與歐洲鳴禽、燕子、濱鳥和其他物種繁殖成功率之間不同程度的相關性。（他們還在二〇〇九年與萊奧合著的《生活在邊緣》〔*Living on the Edge*〕一書中介紹了他們的早期研究成果。）[3]

我原本已經計畫好要和萊奧一起進行實地考察，雖然我不確定一個高個子、金髮碧眼、膚色蒼白的美國人要如何才能融入其中，即使有頭巾的掩護也無法保證安全。結果萊奧和他的同事們在馬利、布吉納法索（Burkina Faso）和其他幾個國家旅行了三個月後，決定在二〇一五至一六年的實地考察季結束後停止他們長期進行的非洲研究。「情況愈來愈危險了。」回國後，萊奧給我發來電子郵件：「由於存在綁架和謀殺的風險，現在幾乎沒有西方人留下來了。」他說，就連警察也開始緊張起來。「身為遊客，你可以用當地的衣服（例如必要時用頭巾遮住半邊臉）隱藏自己，但這對我們沒有任何幫助，因為我們用尼康雷射儀測量樹木，用望遠鏡搜尋鳥類，實在太顯眼了。」最後他們的主要資金來源撤回了支持，告訴科學家們不想再為他們的安全負責。

並非所有人都相信滯後效應如馬拉、茲瓦茨和許多其他該領域內人士認為的那樣普遍和重要。在歐洲有一些對立的研究，試圖解讀非洲度冬地、遷徙途經地中海期間以及北部繁殖地的條件在多大程度上影響了繁殖成功率；其中一個研究小組回顧了英國近五〇年來的繁殖記錄和非洲的冬季降水數據，得出結論認為，在預測候鳥的產卵時間和卵的大小方面，繁殖地條件的重要性是度冬地冬季降雨量的三倍以上。另一項研究則更密切地關注三個受保護的物種，也得出了不一致的結果。對於紅尾鴝來說，非洲薩赫爾地區潮溼的冬季會使在英國的繁殖季提前，產卵數也更多。英國較溫暖的春季意味著紅尾鴝和歐亞林鶯的繁殖期提前，但對斑鶲（spotted flycatchers）來說則非如此。然而這三個物種在穿越地中海時都受益於溫暖的春天，包括斑鶲和紅尾鴝的育雛數更多。

儘管特定氣候變數對特定鳥類的影響程度不同，但科學家們發現一些有趣的滯後效應例外情況，特別是在塍鷸之中。你一定還記得塍鷸，這些大型濱鳥進行著地球上最令人震撼的長途遷徙，其中包括棕塍鷸這種翼展達三〇英寸，在加拿大和阿拉斯加的少數幾個分散地點繁殖的鳥類。

納森・森納（Nathan Senner）當時是康乃爾鳥類學實驗室的博士生（他是我好友史坦・森納〔Stan Senner〕的兒子，史坦本人也是位受人敬重的濱鳥專家），他的研究對象是在阿拉斯加南部繁殖的棕塍鷸。利用地理定位器，納森發現這些鳥每年都會進行一次非凡的環形遷徙。離開阿拉斯加後，他標記的棕塍鷸向東飛到加拿大大草原覓食，隨後從加拿大中部向東馬不停蹄飛行五天、橫跨四千英里到達大西洋，然後在颶風高峰期向南飛越大西洋西部和加勒比海，抵達哥倫比亞的亞馬遜盆地。再然後，牠們經過南美洲的中心地帶向南遷徙到阿根廷，飛越南安地斯山脈向西飛行，最終到達智利海岸的奇洛厄島（Isla Chiloé），那裡幾乎是所有太平洋棕塍鷸的度冬地。幾個月後，森納標記的鳥離開奇洛厄島，但這次牠們向北飛去，沿著南美海岸線在東太平洋上飛到中美洲，飛越墨西哥灣，然後繼續向上穿過大平原，進行連續七天、六千英里的飛行，接著稍作休息。最後，牠們從那裡轉向西北，回到阿拉斯加白鯨河（Beluga River）上的繁殖地。

照理說，如此艱苦的遷徙之旅應該會給候鳥帶來沉重的負擔。納森預期會找到充分的證據，證明一個遷徙季的滯後效應會像多米諾骨牌一樣在後續的棕塍鷸生活中累積。然而他驚訝地發現，棕塍鷸在遷徙過程中能夠以某種方式彌補運氣不佳或條件惡劣的影響。棕塍鷸可能會在近兩個月的時間裡零散地進入奇洛厄島，但當鳥群再次啟程北返時，牠們會在非常緊湊的七天時間內完成遷徙。不管牠們在南行途中承受了多大的壓力，棕塍鷸都已經恢復得足以集體出發了。納森找不到牠們到達阿拉斯加的日期與繁殖成功之間的相關性，也找不到牠們遷徙階段的時間與存活率之間的任何關聯。在許多生物中都很常見的滯後效應，似乎並不怎麼適用於這種極端的候鳥。

為什麼會這樣？納森懷疑，棕塍鷸並不是真的免除於滯後效應，只是牠們以食物來保護自己。在整趟近一・九萬英里的遷徙過程中，棕塍鷸只依賴四個主要的補給站，每個補給站都有非常豐富的海洋無脊椎動物、海洋蠕蟲或富含碳水化合物的植物塊莖，棕塍鷸就在這些地方覓食。在南下途中，牠們會經過薩斯喀徹溫中部的草原溼地、哥倫比亞的亞馬遜河以及阿根廷布宜諾斯艾利斯省溼軟的南美大草原；在北上的途中，大平原的淺灘湖泊和沼澤地尤其關鍵，因為那是牠們從奇洛厄島出發，經過六千英里的持續飛行的終點站。

有了這樣肥沃、穩定的中繼站，即使是食物短缺的棕塍鷸在每個艱辛遷徙階段後，似乎也都能完全恢復。「如果沒有這樣高品質的非繁殖地，可以想像在向南遷徙期間產生的時間落差，將在整個非繁殖季節和向北遷徙期間不斷增加。」納森總結說。如果其中任何一個重要的中繼站消失或被破壞，整體情況就可能發生變化。

如果說，有哪種鳥應該為艱苦的遷徙而留下後遺症，那一定是棕塍鷸更極端的表親斑尾鷸。在已知的所有物種中，斑尾鷸的連續遷徙時間最長：從阿拉斯加飛越七千多英里空無一物太平洋，連續九天的旅程，直到抵達紐西蘭。然而即使是斑尾鷸，似乎也能在馬拉松式的旅途中抵禦厄運和挑戰。較晚到紐西蘭的斑尾鷸必須完成換羽，這是項關鍵而又耗費精力的任務，但他們可以稍微延遲換羽的時間，讓自己從遷徙狀態恢復過來，然後以比正常更快的速度完成換羽，並在三月分相對短暫的時間內，準備好與其他鳥一起離開。科學家也無法找到晚到的斑尾鷸有任何死亡率上升的跡象，牠們每年的存活率就和其他斑尾鷸一樣高。

與森納不同的是，紐西蘭的研究小組並沒有試圖推測斑尾鷸為什麼能夠彌補牠們南遷過程中遇到的問題和延誤，儘管北島潮汐河口豐富的食物儲備的確可能提供類似的資源緩衝。但即使如此，那麼牠們一離開紐西蘭也是於事無補，因為牠們向北遷徙的下一站是黃海，而正如我們已經知道的，黃海是地球上最飽受威脅的中繼站之一。紐西蘭科學家還承認，他們沒有辦法測量當斑尾鷸到達阿拉斯加後，牠們的繁殖潛力是否會受到滯後效應的影響（這也許是衡量鳥類成功與否的最重要標準。）他們寫道：「因此，最終的滯後效應……可能不易察覺，如果不對個體健康狀況進行測量，就無法真正評估。」

到目前為止，個體適應性的測量指標還很難獲得，因而要找出滯後效應也很困難。但是，一旦被標記的黑紋背林鶯開始抵達密西根州，庫柏和他的史密森尼研究小組便終於有辦法直接檢驗迄今為止主要還停留在理論階段的滯後效應了。

離開卡特島兩個月後，六月底，我在密西根州一個十字路口小鎮盧澤恩（Luzerne）附近再次與庫柏和他的團隊取得聯繫。這個小鎮位於底特律以北約三小時車程的休倫．馬尼斯蒂國家森林（Huron Manistee National Forests）中。要到達國家森林，需要行駛數英里的雙車道公路，穿過硬木和深松混交的森林，跨越流入奧薩布爾河（Au Sable River）的單寧色溪流，這條河以釣鱒魚聞名。

庫柏看起來比我上次見到他時更加疲憊。這也難怪，四月的第三週離開卡特島後，他只在華盛頓特區住了一晚（甚至不是睡在自己的公寓裡，因為他離開時把公寓轉租給了另外兩位科學家）。第二天一早，他就開著一輛裝滿設備的卡車向北駛去，一到密西根州，就開始在繁殖地周圍架設近十個四〇英尺高、頂端有天線的接收塔網路。這項工作在五月十四日及時完成，趕上了第一隻標記黑紋背林鶯的到來，最終，研究小組接收到了他們在巴哈馬群島標記的六十三隻鳥其中三十八隻的訊號，一些失蹤的黑紋背林鶯可能躲過了檢測。儘管九十八%的黑紋背林鶯都在密西根州格雷陵（Grayling）和麥奧（Mio）周圍十個郡的小區域內繁殖，但愈來愈多的黑紋背林鶯擴散到了上半島、威斯康辛州北部部分地區和安大略省南部的新繁殖地。他們沒有發現的那些鳥也很有可能是沒能在北上的旅途中倖存下來。自從他們到達之後，至少又有四隻黑紋背林鶯消失了，其中一隻在團隊的觀察下被一隻條紋鷹（sharp-shinned hawk）捕獲，另一隻在團隊捕獲進行檢查時發現受到嚴重的寄生蟲感染。

現在是黎明時刻，我正在穿過一片被露水浸溼的松樹林，試著跟上史密森尼候鳥中心的實習生卡珊德拉．沃德羅普（Cassandra Waldrop）和賈斯汀．皮爾（Justin Peel），而他們又跟隨一隻一邊歌唱，一邊在其領地周圍移動的雄鶯。天氣很冷，低窪處還殘留著一層霧氣，像是舊雪堆的幽靈。沃德羅普把頭髮盤在棕褐色的球帽下，背上斜挎著一個藍色背包，她懷疑我們追蹤的這隻鳥是在巴哈馬群島被標記的雄鶯，只要她能看上一眼就能確認。（我們在卡特島上安裝的微型發射器電池壽命很短，僅足夠讓團隊在密西根州找到這些鳥的繁殖地。到六月下旬，大部分發射器已經停止運作，但我們仍然可以找到鳥的標記色帶和尾部伸出的細長天線。）

和幾乎所有現存的黑紋背林鶯一樣，這隻雄鳥也是在人工維護的棲息地中繁殖。每年，管理人員都會在密西根州這片地區砍伐約四千英畝的成熟松樹林，然後重新種植約五百萬到七百萬株松樹苗，形成大片茂密的幼林。這些林地四周每隔三〇或四〇碼就有一小片長滿草的空地，還有一些零星的枯死立木。這是經過幾十年實驗調整和修改的理想配方，可以吸引挑剔的黑紋背林鶯。僅僅經過十五年左右的時間，這些林木就將變得過於高大和雜草叢生，不再適合黑紋背林鶯棲息，隨著管理週期的持續，黑紋背林鶯會遷徙到年輕些、新造的棲息地，這些棲息地分布在近十五萬英畝的州和聯邦土地上。在條件合適的地方，鳥兒們幾乎是比肩築巢。有天庫柏在繁殖中心的奧格摩（Ogemaw）郡告訴我：「站在這裡，你周圍十英里內可能就囊括全球約五〇%的黑紋背林鶯。」

對於第一次來到這裡的人而言，要稱這片良好的黑紋背林鶯棲息地是多麼令人困惑地平淡無奇，只是含蓄一點的說法。這些樹高六到十二英尺，以相距五、六英尺的幾何精確度栽種，形成了一堵綠色的牆，你必須強行穿過；一無邊際、沙沙作響的松樹和齊頭高的沼生櫟，全都滴著露水。你的手臂和肩膀會立即變得溼透，並被爪子般的樹枝弄髒，我很快就明白為什麼科學家們只穿最舊、最破爛的長袖襯衫。這裡幾乎沒有地標，只消片刻就會迷失方向。跟隨沃德羅普和皮爾進入松林後不久，我稍作停頓，記下了一些筆記，然後發現我不知道我的同伴們去了哪裡。地衣覆蓋的潮溼地面掩蓋了一切腳步聲，我現在只能看到四周幾碼遠的地方。我們追蹤的那隻黑紋背林鶯正在高聲歌唱，我猶豫著要不要叫出來，哪怕是小聲地叫，因為我不知道那樣會不會造成干擾。我對於在野外前十分鐘就迷路感到非常尷尬，然後我猜測一個最佳方向，硬著頭皮穿過松樹林，踉踉蹌蹌地走過機械植樹機留下的深溝，差點一頭撞上沃德羅普。

「你跟丟了嗎？這很常發生，我們經常在這裡玩馬可波羅遊戲。」她說。就在這時，一百碼外的皮爾從灌木叢中傳來問話聲：「馬可？」沃德羅普回喊：「波羅！」

「這不會嚇到鳥兒嗎？」我問。

「不會，牠們很溫順。」她說。黑紋背林鶯又唱了起來，這次她抬起頭，聚精會神地聽著。「聽到那低沉的叫聲了嗎？那通常表示牠嘴裡有食物。牠一邊唱歌，一邊為雛鳥覓食。」

在我們終於找到目標雄鳥時，卻發現牠的腿光禿禿的，不是帶有標記的卡特島鳥。但在不遠處的另一片松樹林裡，這對實習生帶我找到了一隻被標記的雄鳥和牠的配偶，牠們的第一個巢被天敵吃掉了。實習生會定期觀察這個家庭，就像觀察其他許多鳥巢一樣。雄鳥在幾碼遠的地方對我們吱吱喳喳地叫著，而雌鳥則緊緊地坐在牠的草編巢上，鳥巢深埋在一棵松樹下的藍莓和茂密的莎草中。附近的另一隻雄鳥在一臂之遙外大聲喝叱我，嘴裡還夾著幾隻毛毛蟲，牠的一隻雛鳥在樹枝上艱難地保持平衡，還不習慣離開鳥巢。「溫順」這個詞並不恰當，大多數時候，鳥兒會完全無視我們，即使我們離牠們只有幾英尺遠。

這裡的例行工作與在巴哈馬群島大致相同。每隻被標記的黑紋背林鶯在五月分到達後不久就會被重新捕獲，測量身體狀況，採集一、兩滴血和一小勺糞便樣本。標記和未標記鳥兒的鳥巢都會被監測，並記錄產卵和成功離巢雛鳥的數量。（工作人員必須非常小心，因為冠藍鴉可能會學著追蹤他們，找出可以偷竊鳥蛋或雛鳥的鳥巢位置。「我經常假裝找到鳥巢，」沃德羅普說：「在草地上做所有真找到鳥巢會做的事，如此一來，當我找到真正的鳥巢時，冠藍鴉就不會知道了。這有點滑稽：我會回頭看，冠藍鴉就飛到樹幹後面躲著我。如果可以的話，我會把牠引到褐矢嘲鶇的地盤上，褐矢嘲鶇被稱之為『鶇』可不是浪得虛名。」[4]

現在，隨著繁殖季節逐漸結束，黑紋背林鶯家庭開始解散，庫柏和他的實習生們正試著再一次網捕標記過的鶯鳥，進行最後的檢查，並在部分情況下安裝新的發射器，這些發射器將告訴科學家們黑紋背林鶯何時離開繁殖地。第二天早上，我與庫柏以及我在卡特島認識的凱德，試著找出一隻我們在前一天未能捕捉到的已標記雄鳥，同時密切關注西邊正在迅速成形的雲層。這隻鳥的活動範圍很廣，邊覓食邊唱歌，我的耳朵已經能分辨出牠是不是在銜滿給雛鳥的食物時歌唱。凱德和庫柏架起霧網，打開錄音機，幾分鐘後黑紋背林鶯就出現在手。牠的標籤號是八十六號，左腿上有淡藍色與深綠色膠環，右腿上有淡藍色膠環和編號鋁帶。

八十六號至少有三歲大（根據羽毛的細微特徵判斷），最初是四月五日在卡特島東北端的一個廢棄的舊山羊農場被標記，大約是在我到達該島的一週前。牠於五月二日離開巴哈馬群島，途中被佛羅里達州的一個Motus塔發現。五月十八日，牠出現在密西根州，被當地的接收器陣列探測到，五月二十八日被捕獲並接受檢查。在隨後的幾週裡，牠和牠的配偶養育了四隻雛鳥，是成功遷徙的典型例子。

庫柏再次把鳥拿在手上，開始了他從冬天起就沒完沒了的重複過程，甚至連八十六號也不再對此感到無奈。「十四克，」庫柏說：「嗯，和在卡特島上相比，牠的胸肌減少了很多。這也說得通，因為牠在這裡不需要胸肌。」胸肌是飛行的動力，在遷徙前會增大，一旦鳥兒到達目的地，胸肌又會變薄，這是無休止的季節性膨脹和收縮的循環。庫柏剪斷壞掉發射器的固定帶，換上了新的發射器。

「真是個暴躁的小混蛋，」他對鳥兒說，牠比平時掙扎得更厲害了，「但如果你能冷靜下來，事情就會很快搞定。我知道讓你再戴一個這玩意兒並不公平，但有時候生活就是這麼不公平。」庫柏最後檢查了一下，然後張開了手。「巴哈馬見。」鳥兒飛走了。在我們匆忙收拾好行李，踏上返回卡車的路途時，烏雲已經堆積在地平線上，大雨傾盆而下。八十六號又開始歌唱了。

這是我與史密森尼候鳥中心工作人員在野外工作的最後一個早晨。差不多三個月後，我與庫柏聯繫，了解他第一年的數據累積情況。以科學家的謹慎來說，他顯得有些猶豫——例如他還沒有計算出牠們在巴哈馬群島的身體狀況對繁殖成功率的影響，且血液和糞便樣本還在芝加哥菲爾德博物館，等待下一代的基因測試來記錄腸道微生物和寄生蟲。不過，有幾項有趣的結果已經顯而易見，首先，追蹤數據證實了之前的證據，即離開巴哈馬群島的日期決定了到達密西根州的日期，晚出發的鳥兒似乎無法彌補失去的時間。而且令人驚訝的是，發射器數據顯示，黑紋背林鶯遷徙中最危險的部分是一開始，也就是黑紋背林鶯剛離開卡特島的時候。

「我們已經知道春季遷徙是鳴禽最危險的時期，但有了這套新系統，我們就能更全面地了解這些死亡事件是何時發生。」他告訴我：「如果讓我猜的話，我會認為在佛羅里達州和密西根州之間是牠們死亡數最多的地方。畢竟，一千二百英里的路程是遷徙過程中最長的一段，而且這也是鳥兒最疲憊不堪的時刻。在途中消失的二十五隻被標記的黑紋背林鶯中，除了兩隻之外，其餘的都是在卡特島和美國海岸之間消失的，這段飛行距離相當短，只有三百英里。」也許牠們在冬季的狀態不夠好，那是個乾旱的冬季，果實乾癟，昆蟲也相對較少；這可能是個非常艱難的出發時間。庫柏推測說：「而當牠們到達佛羅里達州和喬治亞州時，那裡已經是春意盎然，這對牠們而言可能是種解脫。」還有更多證據顯示，度冬地的條件對候鳥來說相當重要。

在密西根州的最後一天，一場大雨把我們趕出了松樹林，這是個頗為諷刺的結局，因為水攸關著黑紋背林鶯的命運。而未來，黑紋背林鶯的冬季棲息地不僅會更加乾燥，而且面積將大大減少。在卡特島一個微風輕拂的下午，我們登上了安微尼亞山（Mount Alvernia），這座山海拔僅二百〇六英尺，不僅是卡特島的最高點，也是整個巴哈馬群島的最高點。整體而言，這些島嶼僅僅像是浮出大西洋海面，巴哈馬群島八〇％的地區海拔都未超過三英尺。這也代表在本世紀內，即便海平面只是略為上升（目前看來可能無法避免），也會淹沒這些低窪群島的大部分地區。

「所以你可以想像，許多棲息地正在消失。」庫柏說著，低頭俯視這個非常平坦的島嶼。「至今為止，保護黑紋背林鶯的工作幾乎都集中在繁殖地，這是正確的，也非常成功。但這並不代表（繁殖地）永遠是限制因素。我們必須開始思考，在度冬地是否有方法可以緩解這些影響？我們能否在這裡進行棲息地管理，即使在不斷變化的加勒比海？」

其中一種方法是促進有利於黑紋背林鶯的棲息地管理，例如鼓勵大量放牧山羊，但這通常是保育人士反對的做法。另一種有趣的可能是，黑紋背林鶯有可能會自然擴展到巴哈馬群島有限的冬季棲息地之外。正如該物種目前正在傳統的密西根北部分布區之外繁殖一樣，也許隨著南方條件的變化，牠們也會表現出類似的靈活性。現在至少有一些已經前往古巴，且據報導，牠們也去了伊斯帕尼奧拉島。最近在邁阿密附近拍到了一隻黑紋背林鶯，這是在美國的首次冬季記錄（黑紋背林鶯最喜歡的食物植物馬纓丹和黑火炬就生長在佛羅里達州南部），而馬拉的橙尾鴝鶯團隊則在牙買加捕捉到了第一隻黑紋背林鶯。

由於包括鶯鳥在內的大多數鳥類遷徙，都是依賴基因編碼而非學習所致，因此總有一些個體有著不一樣的軟體，驅動牠們朝著意想不到的方向前進。因而當環境條件改變時，這些先驅者可能正處於利用新環境的完美位置。有時科學家們會目睹到新遷徙路線和度冬地區的出現，包括歐洲的黑頂林鶯（blackcap warbler）和美國東南部的棕煌蜂鳥（rufous hummingbirds）。

「有些很酷的建模研究，探討整個族群要轉移到新度冬地點所需的遺傳變異程度，而這個程度相當低。」庫柏對我說，一邊望著我們腳下延伸開來的卡特島低窪森林，語氣聽起來明顯不以為然。我們思考著氣候變遷已經如何重塑地球的秩序和行程。

「所以這是可能發生，或至少有點可信。但你要知道，如果巴哈馬群島被淹沒了，那麼會有更多的黑紋背林鶯飛到古巴過冬。牠們非得如此不可。」

註釋

1 編註：指結果在原因發生了一段時間後才出現的效應。

2 譯註：美國森林管理局野火預防運動的廣告形象人物。

3 儘管名字相同，歐洲的紅尾鴝和馬拉研究了幾十年的橙尾鴝鶯並不是近親。早期的歐洲殖民者經常把熟悉的舊大陸鳥類名字用在不相關但隱約相似的北美物種上。紅尾鴝是舊大陸的鶲科鳥（與西半球的霸鶲〔tyrant flycatchers〕也沒有近親關係），而橙尾鴝鶯則是森鶯科（Parulidae）的林鶯——與歐洲的歐亞林鶯〔Eurasian wood warbler〕完全不同，後者屬於毫不相關的柳鶯科（Phylloscopidae）。是的，這有點語言上的錯亂。

4 譯註：「鶇」的原文為 thrasher，而 thrash 意為痛打。

第六章

摧毀時程

最後一群中杓鷸從維吉尼亞州東海岸的沼澤地起飛，向北飛往北極。這是我與布萊恩．瓦茨及其團隊一起參加一年一度中杓鷸觀察活動的傍晚，他們正在討論多年來追蹤這些大型濱鳥的工作、他們對於中杓鷸如何飛入颶風眼中的驚人發現，以及在加勒比海的持續捕獵對牠們構成的威脅。在我們周圍，潮汐沼澤傳出的聲音此起彼伏——有長嘴秧雞斷斷續續的咕嚕聲、海濱沙鵐（seaside sparrows）和長嘴沼澤鷦鷯的歌聲、笑鷗的狂笑聲。不過在之前的三、四〇分鐘裡，我的眼睛一直緊盯著天空，因為一群又一群的中杓鷸從我們身邊起飛向北飛去。我並沒有太在意身旁的景色，所以當我終於環顧四周時，我才驚訝地發現環境已經發生如此大的變化。一、兩個小時前，我們東面還是一望無際的綠色潮沼，延伸到離岸邊大約一英里的蘭蕭恩灣（Ramshorn Bay），然後穿過點綴在水面上更遠的大片沼澤島嶼，一直延伸到遙遠的屏障島。然而隨著潮水湧入，這一切正在迅速消失。

每隔十二小時二十五分鐘，在月球引力和地球自轉的作用下，幾乎任何一處海邊都會出現滿潮。東海岸平均潮差相當小，滿潮和乾潮之差只有幾英尺，與緬因州部分海岸十八英尺的潮差或加拿大東部芬迪灣（Bay of Fundy）高達四十三英尺的潮差相比幾乎不值一提。但在平坦、低窪的土地上，即使是一點點水也會造成很大的差異，潮汐也會隨著日期的變化而改變，最高的潮汐朔望潮（spring tides）（或稱國王潮

〔king tides〕）會在新月和滿月時出現，此時地球、月亮和太陽處於同一直線上。這一次便是朔望潮，在這個大風、寒冷的五月夜晚，大西洋正在湧動。

「那裡有隻長嘴秧雞。」布萊恩指著草坪邊緣說。我們的車就停在草坪上。一隻長嘴秧雞從水邊的植被中竄出跳上草地，牠灰色如小雞般的身體從側面看去大概是柚子的大小，但從頭尾看去卻「扁得像條鐵軌」[1]，只有幾英寸寬，就像被擠壓過似的。在一切順利時，長嘴秧雞通常都會悄悄潛行，躲在最密集的植被中，幾乎看不見；但上升的水位迫使這隻長嘴秧雞走出來，而牠把潛行提升到全新的境界，尾巴高高舉起，頭低下，脖子縮起來，蹲在牠那細長的腿上，彷彿能夠完全壓縮自己，隱身於修剪過的草叢中。最後牠放棄了隱藏，像隻飛奔的哺乳動物一樣，急匆匆地在草坪上蛇形跑過，消失在幾碼外的灌木叢中。

碼頭外是條潮汐小溪，我來的時候只有十五或二〇碼寬，現在卻變成了一條湍急的河流，寬度是原來的四、五倍。布萊恩的同伴們開始移動他們的裝備，因為他們知道低窪的車道很快就會讓碼頭變成一座孤島；他們還移動了幾輛車，這是件好事，因為半個小時後，他們停車的地方已經被一英尺半高的湍急鹽水所淹沒。布萊恩指著離岸一百碼處的一排七個黑點，是七隻長嘴秧雞，緊抓著一些漂浮的長條植物，而幾小時前這些植物還是一片數萬英畝的米草沼澤。讓我吃驚的是，長嘴秧雞一隻接一隻朝著岸邊遊去，這可不是長嘴秧雞擺出的什麼派頭，牠們在水中游得很低，只有彎曲的脖子和頭露出水面，看起來就像精緻的潛望鏡。

「牠們為什麼不飛呢？也許牠們在這麼低的水裡無法起飛。」有人說。

「或許牠們不想太招搖。」布萊恩看著向岸邊移動的小船隊說。只有一隻長嘴秧雞還留在細長的救生筏上，但那艘方舟已經沒有什麼作用了。「如果遊隼飛過來，那最好還是待在水裡。」布萊恩說。

幾秒鐘後，一隻比遊隼大得多的猛禽出現了，是隻成年的白頭海鵰（bald eagle），從樹梢的高度拍打翅膀飛出岸邊。牠掠過一隻半截身子沉入水底的長嘴秧雞，向左一擺，遠離那隻仍然站在水面上的秧雞，然後向下俯衝，從我們都沒注意到的水面上抓起了一隻長嘴秧雞。白頭海鵰轉身回到岸上，長嘴秧雞的細腿踢了幾下，然後無力地垂了下來。

「真該死，牠以前也這麼幹過！」布萊恩驚訝地噴出一聲鼻息。當我們再次看向河面時，我們一直盯著的最後一隻長嘴秧雞已經離開牠的草船，朝著岸邊前進，最後幾乎是在我們的腳邊竄出水面，掙扎著穿過半浸沒在水中的破舊籬笆，在我們剛到達時，這個籬笆距離水邊還有五〇碼遠。然後牠消失在一片雜草叢中，等待潮汐轉變。

這樣的極端潮汐在東岸愈來愈常見，這裡的海平面上升速度比全球平均快三到四倍，是北美大西洋沿岸海平面上升速度最快的地方。這是地質史（geologic history）和氣候變遷的結合。前者包含了一種稱作冰河均衡調整（glacial isostatic adjustment）的現象，二萬年前，當一英里厚的冰川冰層鋪在北面數百英里處時，這片土地像有人坐在充氣床墊的另一端一樣隆起。冰川融化後，我們北方的土地上升，而現在維吉尼亞州的地面則不斷下沉，地下水抽取更加劇了下陷，這在諸如諾福克（Norfolk）和漢普頓錨地（Hampton Roads）等城市周圍是重大問題。

但是土地沉陷只是東海岸海平面相對快速上升的部分原因。其餘則來自氣候變遷的影響。二〇一九年八月一日，在北極破紀錄的熱浪中，格陵蘭冰帽在一天之內損失了一百二十五億噸冰，足以將佛羅里達州覆蓋在五英寸深的水中。更多的水顯然會提高海平面，但隨著海洋溫度上升，現存海洋中的水也會膨脹。自一九五〇年以來，東岸的下乞沙比克灣海平面上升了十四英寸，預計到二一〇〇年時還會再上升四．五到七英尺。

兩小時前我欣賞的那片不知佔地多少平方英里的廣闊潮灘，現在已經完全被淹沒了，開闊的水面一直延伸到東面八英里外的屏障島鏈。從我下車開始就持續不斷的長嘴秧雞哼哼唧唧聲不見了，長嘴沼澤鷦鷯氣泡般的歌聲也消失了，海濱沙鵐嗡嗡的吱啵—喂哇—哺嗞（*whup-weedle-BZZZ*）聲也停了，風中除了海鷗刺耳的叫聲外，什麼聲音也沒有。「想想這樣一次極端潮汐事件對這些沼澤鳥類的影響有多大。」布萊恩說：「海濱沙鵐、尖尾沙鵐（saltmarsh sparrows）和尼爾森尖尾沙鵐（Nelson's sparrows）、長嘴沼澤鷦鷯，所有這些在潮汐沼澤中築巢的鳥兒。在這樣的潮汐期間，牠們會去哪裡？牠們的巢和卵怎麼辦？牠們的世界消失了。」

不論是維吉尼亞州的極端潮汐所帶來的影響，還是巴哈馬群島黑紋背林鶯棲息地未來可能被淹沒的現實，海平面上升，說明了氣候變遷對於候鳥保護來說有多麼重要。無論是天氣、降水、盛行風（prevailing wind）、棲息地、食物供應，甚至是鳥類疾病和寄生蟲，地球上的任何角落、地球上空每立方公尺的氣柱，以及任何候鳥年週期中的每一刻，都已經（或很快就會）受到碳排放造成的行星熱（planetary fever）影響。風向正在改變，海平面正在上升，冰川正在融化，海冰正在侵蝕，巨大的大氣循環系統正在搖擺和變化；這不僅表示北歐和阿拉斯加等地的夏季熱浪會更加極端，而且由於極地漩渦變得不穩定，北美東北部和北歐這樣的地區都將會有更極端的冬季嚴寒。在薩赫爾、地中海、美國西南部、亞洲南部部分地區和非洲南部，乾旱變得更加頻繁且嚴重，而在其他地方，如北美東部、亞洲北部和歐洲部分地區，風暴和極端降雨事件也在加劇。溫度波動不定，多數地區的氣溫都在上升，尤其是在高緯度地區；

當然全球平均氣溫也在上升，但在某些地方，春天更晚降臨也變得更冷，或者冬天變得更嚴寒，雪也下得更多，因為氣候變遷的表現方式很奇怪，並不是普遍變暖。科學家們擔心，在本世紀內許多生態系統將達到崩潰點，超出自然彈性的範圍，無法再維持整體的穩定。過去任何有理智的人都能以懷疑的眼光看待氣候變遷的證據，在工業排放是否真是罪魁禍首的問題上猶豫不決，並樂觀地認為這只是小題大作。然而這樣的日子已經結束了。

候鳥，尤其是那些已經在距離、時間、生理能力、季節性資源和可預測天氣之間取得脆弱平衡的長途候鳥，是最先受到氣候變遷影響的物種。由於鳥類分布廣泛，可見度高，許多人長期以來一直有條不紊監測牠們的數量和活動，因此牠們為氣候變遷如何改變自然系統提供了一些最早期和最重要的證據。對某些物種來說，氣候變遷的影響已經相當嚴重，但消息也並非完全令人沮喪。毫無疑問，氣候變遷會重創許多遷徙物種，有些物種似乎註定要消失；但也有一些鼓舞人心的跡象，一些物種在面對氣候變遷時表現出出乎意料的靈活，變化的速度之快是鳥類在地質史上從未經歷過的。但這變化是否足夠，也還有待觀察。

氣候變遷正在重塑遷徙的方方面面。它正在摧毀時程（tearing up the calendar），改變了鳥類為了在旅途中找到所需食物而必須在特定時刻遷徙的時間表；或者加快了季節的變化，使鳥類在繁殖季等關鍵時期愈來愈落後。氣候變遷正在改變天氣，不僅風暴愈來愈強，大陸風（continental winds）也在某些時間和地點增強，而在另一些時間和地點減弱，這對許多在遷徙關鍵時刻，依賴可靠順風的鳥類造成了未知後果，更不用說氣溫升高改變了昆蟲出現的時間，或者僅僅因為太熱而使雛鳥無法存活。氣候變遷正以戲劇性的方式重塑地景，例如沿海溼地在極端潮汐期間被淹沒；也有更微妙卻更廣泛的改變方式，例如隨著地區變得乾燥、季節性潮溼，以及更短的冬季和更漫長、炎熱的夏季（或熱帶地區乾溼季節的變化），使曾經穩定的植物和動物群落受到破壞。我們現在更知道，氣候變遷甚至改變了許多候鳥的體型和身形，因為牠們的身體會隨著溫度升高而縮小。

讓我們從變遷中的地景說起。像東海岸潮沼這樣的沿海溼地，一個許多物種，尤其是遷徙濱鳥賴以生存的脆弱棲息地，現在正面臨著海平面上升的嚴重威脅。過去隨著海平面的上升，溼地能夠隨著水深增加而向內陸移動，但如今在大多數地區，即使沼澤能跟上水位上升的速度，沿岸的開發也會阻斷這些生態系統向內陸遷移的可能。我想起了中國黃海的泥灘，以及為拯救這些泥灘所做的努力，這些努力似乎至少取得了部分成果，某種程度上是因為中國政府開始將這些溼地視為抵禦海平面上升的一種手段。但是我在黃海沿岸看到的每一片沿海溼地，都被高築的人工海堤和內陸工業發展所阻擋。隨著海平面上升，溼地將沒有明顯的遷移路線，只有被淹沒。

在世界其他地區，氣溫升高和降水減少會使地表變得乾燥。以北美洲的山間西部地區（intermountain West）[2]為例，數百萬的鴨、鵝、天鵝、涉禽、濱鳥、秧雞以及太平洋航道上其他依賴水源的候鳥都會經過大盆地（Great Basin），該地區獨特的湖泊和沼澤沒有出海口，盆地內環環相扣、鹽度逐漸升高的溼地——從淡水溼地、鹽水溼地再到高鹽溼地——充滿了鹽水蠅和鹽水蝦等無脊椎動物，使這裡成為於盆地繁殖或為遷徙而經過的水鳥的重要中繼站和集結區。例如數百萬隻黑頸鸊鷉（eared grebes）會在秋季離開牠們在美國北部和加拿大西部的繁殖地，遷徙到高鹽湖泊，特別是猶他州的大鹽湖（Great Salt Lake）和加州北部的莫諾湖（Mono Lake）；牠們會在那裡換羽並變得無法飛行，且增加很多體重，即使翅膀羽毛再次長出，也需要幾個月時間才能再次飛行。為了完成遷徙，牠們必須先禁食數週，將體重減輕三分之二，直到牠們可以再次騰空而起，然後在夜間一波一波離開。有時，一波就會有數十萬隻，飛往太平洋沿岸。

由美國地質調查局合作領導的一項研究發現，由於河流流量和積雪深度下降，黑頸鸊鷉和數百萬其他鳥類賴以生存的大盆地溼地自一九八〇年以來已經嚴重乾涸；進入溼地的水量和時間正在發生變化，當地的鳥類數量反映了這個現象——濱鳥的數量下降了七〇%；威爾森氏沙錐、黑浮鷗（black terns）、西鸊鷉（western grebes）和克拉克氏鸊鷉（Clark's grebes）等鳥類的數量也在大量減少。氣候變遷加劇了盆地內水源轉移造成的嚴重影響。研究報告的作者警告說：「在這關鍵地區，即使只是失去一小部分棲息地、食物資源或關鍵場所，也可能引發不成比例的族群下降，尤其因為附近的選擇愈來愈有限。」[3]

但對於另一個重要的遷徙樞紐，許多前往歐洲的古北界（palearctic）候鳥賴以生存的非洲薩赫爾地區，暖化對於未來可能意味著什麼，目前還沒有明確的共識。薩赫爾地區的暖化速度比地球上大部分地區都要快，至少這趨勢似乎肯定會持續下去，但是薩赫爾地區的氣候預測尤其棘手，因為它依賴於季風雨，而季風雨在氣候模型中很難準確掌握。一些預測顯示，該地區將持續乾旱，就像一九七〇、八〇年代毀滅性乾旱期間一樣；另一些最新的模型卻似乎顯示未來會更潮溼，更強烈的季風雨會向更北方漂移。還有一些模型則將兩者的差異分開，預測薩赫爾東部和中部會變潮溼，而西部則會更乾燥。但無論是哪種情況，都將對數百萬候鳥的命運產生深遠影響，這些候鳥依靠薩赫爾地區從非洲到歐洲來回遷徙。

即使往最好的預測設想，候鳥的整體狀況還是令人擔憂。美國國家奧杜邦學會結合「繁殖鳥類調查」和「聖誕鳥計數活動」的數據，以及對低、中、高排放氣候的預測，發現到本世紀末，在近六百種北美鳥類中，超過一半將失去半數以上現有地理分布範圍的棲息地。對於大約三分之一的物種來說，理論上牠們的活動範圍會擴大到新地區以彌補損失，但有一百二十六種物種將無法逃脫厄運：例如貝爾德氏草鵐（Baird's sparrow）似乎將失去在北部草原的所有繁殖棲息地，以及在墨西哥北部乾旱草原的所有度冬棲息地。即使研究發現鳥類的分布範圍可能向北擴展，但植物遷徙的現實卻會限制這樣的可能。據預測到了二〇八〇年，猩紅比藍雀將向北擴展近一千英里進入到加拿大中部，但猩紅比藍雀需要成熟的硬木森林，沒有人能指望現在詹姆斯灣周圍的北方雲杉林會在一夜之間出現完全成熟的橡樹林或楓樹林。

當然，對候鳥來說最重要的「地景」之一是陸地的上空，而氣候變遷如何改變風和天氣模式將對候鳥產生深遠影響。很少有人像康乃爾鳥類學實驗室生態學家法蘭克・拉索特（Frank La Sorte）領導的研究小組那樣深入研究這個問題，該小組正在挖掘eBird、雷達、氣候數據和其他資料，來了解鳥類如何利用目前的天空，以及未來的條件可能會如何幫助或阻礙候鳥。拉索特和他的同事們發現，春季候鳥，尤其是像鶯鳥這樣的食蟲鳥類，會仔細追蹤自三月開始從墨西哥灣向北蔓延的新植被「綠色浪潮」（green wave）。他們的研究顯示，北美東部的許多候鳥都是順時針環形遷徙，春季從北美大陸中部向上遷徙，這條路徑較長，但沿途低層噴射氣流的順南風最為強勁；然後在秋季以較短和更直接的路線向南飛越大西洋西部，其身後是盛行的西北風。在西部，候鳥似乎沿著河谷和其他綠廊遷徙，較不關注盛行風向，但如果氣候變遷導致遷徙時間與當地食物資源脫節，候鳥可能就會面臨更大的風險。

未來會是如何呢？預測像行星氣候系統這樣複雜的體系將如何反應，簡直難如登天，但隨著史上最高溫年分接踵而至，極地冰雪融化不斷刷新歷史記錄，似乎可以看出至今為止的所有模型都低估了後果。氣候學家在二〇一八年警告說，氣候暖化可能比所預測的嚴重兩倍，即使我們設法將全球平均氣溫上升幅度控制在攝氏二度以內（這本身似乎愈來愈像是白日夢）。康乃爾大學的研究小組模擬了持續變化的天氣條件可能會如何影響西半球的候鳥遷徙，預期氣候極端事件將隨著全球暖化而增加，因此研究小組利用二〇一二年三月一個奇怪的暖春來研究極端氣候對鳥類的影響。他們發現，這股暖流一開始會加速生態生產力，但在夏季後期鳥類正準備遷徙時，暖流會相應地減弱，這種情況對當時需要豐富食物的長途遷徙候鳥影響特別大。研究小組利用歷史記錄和氣候預測，以及近八〇種候鳥的 eBird 數據，觀察新的氣候環境何時會在鳥類年度週期的不同部分出現，他們的結論是，到本世紀下半葉，候鳥在熱帶度冬地和溫帶繁殖地的夏末將開始面臨新的氣候條件。到了二三〇〇年，所有八〇種候鳥將全年面臨新的氣候條件。而對長途候鳥尤為重要的盛行風也將發生變化。拉索特和他的同事結合美國一百四十三座毗連的都卜勒雷達站數據、風向預測，以及關於大多數候鳥飛行的地點、時間和高度的資訊，確定了在本世紀內春季遷徙時的順風將增加約十％，這對北上的鳥類是股助力；但秋季的西風將減少兩倍，從而降低了夜間遷徙的效率。但這也有好處，西風減弱代表在西大西洋上空向南飛行的鳥兒在北美到加勒比海或南美洲之間遷徙時，不必再像以前那樣費勁地保持航向，因為牠們不再需要對抗強烈的西風側風。

然而，氣候變遷帶來的最大威脅可能發生在繁殖地，因為候鳥腳下的季節正在發生變化。氣候變遷可能會破壞候鳥的世界，其中最典型的例子就是斑姬鶲（European pied flycatcher）。斑姬鶲是肚子圓滾滾的活潑鳴禽，雄鳥黑白相間，雌鳥棕白相間，但翅膀上都有大塊耀眼的白色斑紋。牠們從不列顛群島到俄羅斯南部繁殖，在撒哈拉以南的非洲西部過冬。牠們是歐洲研究最多的鳴禽之一，也是其中一種「模範物種」，部分原因是牠們對人工巢箱的接受度高，方便研究人員觀察，另一個原因是斑姬鶲不尋常的一夫多妻繁殖系統，雄鳥通常有多個配偶。不過最近引起最多關注的並不是斑姬鶲的性生活。

顧名思義，斑姬鶲在夏季主要以昆蟲為食，雖然成鳥會花很多時間從空中捕捉飛蟲，但在餵養雛鳥時，牠們相當依賴毛毛蟲。北半球溫帶和寒帶的許多（也許是大多數）候鳥也都有相同特徵，毛毛蟲很柔軟，雛鳥容易消化。在北方的森林裡，尤其是在橡樹為主的林地中，如許多斑姬鶲築巢的地方，春季新葉萌發後一個月左右，毛毛蟲就會大量出現。一對鳴禽可能需要在幾週內為牠們的四隻雛鳥提供超過六千隻毛毛蟲，以養育牠們到羽翼豐滿。毛毛蟲高峰期的到來並不是一種奢侈，要恰到好處地把握到達、築巢和孵化的時間，以配合毛毛蟲高峰期，才是必要條件。

對於斑姬鶲和其他從熱帶向北遷徙的鳴禽來說，這套系統大概已經發揮了數千年的作用，但在全球氣溫迅速暖化的時代，這種聯繫已經日益瓦解。北半球的春天來得愈來愈早，隨著氣溫的升高，新葉和隨之而來的毛毛蟲高峰期也逐漸提前。雖然候鳥抵達的時間也會稍早一些，但二者速度並不相同。史密森尼候鳥中心的馬拉和幾位同事對北美東部的這一現象進行了早期研究，發現春季平均氣溫每上升攝氏一度，候鳥就會平均提前一天回來，但植物長出新葉的時間卻快了三倍，使得候鳥愈來愈落後。這就是所謂的季節錯配（seasonal mismatch）（或稱物候錯配〔phenological mismatch〕），它讓像斑姬鶲這樣的候鳥陷入日益嚴重的困境。科學家們一再發現，春季變遷的速度超過了鳥類的遷徙速度，而那些必須從熱帶地區返回的長距離候鳥則會落後更多。在非洲西部森林過冬的斑姬鶲無法得知地中海或歐洲中部的春天是異常寒冷還是異常溫暖；牠的身體開始積聚脂肪、胸肌增大，以及那些為穿越撒哈拉沙漠和地中海飛行二千五百英里所必須經歷的所有生理變化的觸發因素，都早已編入了牠的基因中。遷徙前日與夜微妙變化比例的光週期，以及鳥類自身體內的晝夜節律，決定了候鳥何時向北遷徙。

這對斑姬鶲來說是場災難。一九八〇年至二〇〇〇年間，荷蘭的春季明顯提前，但鳥類學家克里斯蒂安．博斯（Christiaan Both）和馬塞爾．維瑟（Marcel Visser）發現，斑姬鶲根本沒有改變牠們的遷徙時間。不過一旦回到了歐洲，牠們確實加快了築巢和產卵的速度，成功把繁殖開始的時間提前了大約十天，以彌補天氣變暖和季節提前的影響。但牠們也只能做到這裡。兩位研究人員在二〇〇一年指出：「由於……牠們的到達日期相對缺乏彈性，繁殖的時間窗口變得過於狹窄，現在有相當一部分族群產卵太晚，無法利用到昆蟲豐度的高峰期。」[4] 儘管其他科學家已經注意到一些鳥類提前繁殖的趨勢，以及與氣候變遷之間的關聯，但博斯和維瑟還是首先提出警告，指出日益嚴重的錯配將如何從飢餓的雛鳥口中奪走食物。結果相當可怕：自一九九五年以來，英國的斑姬鶲數量減少了五〇％以上，荷蘭部分地區的斑姬鶲數量更是減少了九〇％。[5]

有趣的是，儘管北美洲的季節錯配現象愈來愈嚴重，且幾十年來候鳥的總體數量數持續下降，但卻沒有個別物種像歐洲部分地區的斑姬鶲這樣出現族群數量的巨幅減少。原因之一可能是，從拉丁美洲和加勒比地區返回的新熱帶候鳥，沿途面臨的障礙要少於必須由非洲穿越撒哈拉沙漠和地中海的歐亞北溫帶候鳥。但另一個原因可能是，在北美的一些地區昆蟲多樣性要大得多。在新罕布夏州白山的哈伯布魯克實驗林場（Hubbard Brook Experimental Forest），過去幾十年來進行了一些最重要的遷徙研究，那裡沒有毛毛蟲高峰期，在混和硬木與針葉林的混交林地裡，有數百種蛾和蝴蝶在繁殖季節期間提供給食蟲鳥類各式各樣的自助餐。反觀在以橡樹為主的森林中，昆蟲的多樣性要低得多，歐洲部分地區的情況似乎尤為明顯，當地有限的蛾類物種使得季節性毛毛蟲高峰期更加突顯。

時程的變動產生了贏家和輸家。英國自一九六〇年代以來，十四種物種中有十一種，到達日期提前了多達十天，其中在歐洲南部或非洲北部過冬的短途候鳥變化最大；許多候鳥還延長了在秋季的逗留時間，使牠們在英國的停留時間明顯延長。也許並非巧合的是，這些物種如黑頂林鶯和嘰喳柳鶯[6]，卻呈現出族群數量增加的趨勢，這可能是因為牠們現在可以在一個夏季產下兩窩雛鳥而不是一窩。二〇〇八年時，來自法國、義大利和芬蘭的科學家分析了歐洲各地鳥類觀測站的記錄，研究了一九七〇年至一九九〇年和一九九〇年至二〇〇〇年兩個時期一百種候鳥的情況，他們發現在前一個時期，一個物種的成功與否與牠在什麼地方和什麼棲息地繁殖與度冬有關；在非洲薩赫爾地區度冬的物種表現不佳，因為當地在這一時期長期乾旱。然而在一九九〇年以後，影響族群變化的唯一因素是遷徙時間：在這十年中，所有數量下降的物種都是到達時間沒有變化的物種（主要是長距離候鳥），而數量穩定或增加的物種（主要是短距離候鳥）則因提前到達，跟上較早的季節性時間，而能與昆蟲族群保持同步，並因此有時間生育更多的雛鳥。短程候鳥還有一項優勢，就是能夠在離繁殖地更近的地方監測天氣。在美國南部過冬的鳥類，例如東方菲比霸鶲（eastern phoebe）或隱士夜鶇，或是只遷徙到伊比利半島南部的鳥類，如黑頂林鶯或嘰喳柳鶯都會測試風向。如果有溫暖持久的南風，牠們就會提前幾週出發；如果是日復一日的寒冷北風，牠們就會蜷縮起來等待更好的條件。而安地斯山脈山麓的橙胸林鶯或剛果盆地的歐亞柳鶯，對數千英里以北的氣象情況則一無所知。

科學家對於氣候變遷如何重塑歐洲和北美遷徙時間的認識愈來愈清晰。這兩個地區擁有最長、最廣泛的鳥類遷徙數據集。世界其他地方的資訊相對零散得多，不過它們都描繪出一幅非常相似的圖景：飛速的季節變化以及鳥類即便有隨之修正卻滯後的反應。在日本，人們發現度冬鳥類在秋季到達的時間推遲了九天，而在春季離開的時間整整提前了三週，牠們停留在度冬地的時間縮短了一個多月。一項綜合了南半球近九〇項研究結果和一千多個資料集的大型分析發現，南半球春季提前的速度也比鳥類遷徙提前的速度快上許多。在澳洲（似乎是由季節性降雨量的變化，而非溫度的變化所決定），植物開花和結果的時間每十年提前了近十天，而鳥類遷徙的時間只改變了兩天半。相反地，對中國多個長期資料集進行的整合分析顯示，喬木和灌木的春季提前非常明顯，但實際上卻發現春季鳥類到達的時間略有推遲。不過該研究的作者提醒說，由於研究中的鳥類物種數量以及中國鳥類資料集的整體數量過於有限，因此無法得出確定的結論。

對於像斑姬鶲這樣，探討氣候變遷對單一物種影響的詳細研究較少，但已經展開的研究顯示，這個問題是可以變得多麼複雜，以及為了解決遷徙時程變化帶來的問題，可能會意外使鳥類陷入另一個問題。例如白頰黑雁（barnacle geese），這是一種黑色頭頸、面部白色的小型物種，牠們在西歐度冬，在格陵蘭島東部以及從斯瓦巴群島（Svalbard）到俄羅斯西北部的北極島嶼上繁殖。白頰黑雁到達北極的時間與融雪期一致，幾十年來，融雪期在春季每年已經提前近一天。在荷蘭度冬的白頰黑雁已經成功跟上變化，但前提是牠們必須取消在波羅的海和巴倫支海（Barents Seas）沿岸的傳統北行停留時間。在那裡，牠們曾經可以在新出現的植被上吃草長達三週，以累積產卵所需的脂肪和蛋白質儲備，然後再繼續前往繁殖地。而現在牠們為了趕上融雪期，必須提前多達十三天到達俄羅斯北極地區，但在重新恢復能量儲備之前，牠們還不具備產卵條件。產卵日期稍微提前了一些，平均產卵量也略有增加，但不足以彌補差異。如同歐洲的橡樹林，北極地區也有昆蟲高峰期，在融雪較早的年分，雛雁（牠們從出生起就以蚊子、蠓蟲和其他蟲子為食）錯過了高峰期，結果死亡率大大增加。另外，在蘇格蘭過冬的白頰黑雁得益於那裡較為溫和的冬季，儘管牠們在斯瓦巴群島繁殖地的時間錯過了昆蟲高峰期，但牠們能產下更多的卵；不過由於北極狐的捕食日益增加，存活到成年的雛鳥也愈來愈少。（由於氣候變遷，白頰黑雁和雪雁、歐絨鴨〔common eiders〕、普通海鴉〔common murres〕和其他在北極築巢的鳥類，則面臨著更巨大的毛獸威脅。隨著北極海冰的消失，北極熊捕食海豹的機會也隨之消失，絕望的北極熊更頻繁轉向鳥巢覓食，有時會吃掉九〇%的卵和雛鳥。）

納森研究的棕塍鷸是最吸引人的案例之一。因為研究顯示，氣候變遷的影響即使在單一候鳥種類中也會有巨大差異，但棕塍鷸似乎對氣候變遷所致的滯後效應免疫，而牠們是地球上遷徙時間最長的連續飛行候鳥之一。濱鳥幾乎已經融入了納森的基因中，在納森八歲時，他的父親、我的老朋友史坦．森納帶他參加了阿拉斯加威廉王子灣的銅河三角洲濱鳥節（Copper River Delta Shorebird Festival），他說那是一次「改宗」（conversion）。納森看到數萬隻西濱鷸和黑腹濱鷸擠滿了白雪皚皚的楚加奇山脈（Chugach Mountains）下的泥灘上，他立刻就迷上了鳥類，並且一發不可收拾。現在他在南卡羅萊納大學工作，和他的學生們繼續研究棕塍鷸和其他在北極繁殖的濱鳥。

納森一直在比較兩個棕塍鷸族群對氣候變遷的不同反應。其中一個族群（躲過氣候變遷影響的族群）在智利過冬，另一個族群在阿根廷的火地島（Tierra del Fuego）過冬；當南半球的夏季在三、四月結束時，所有族群都向北飛去，阿根廷族群會比智利族群晚幾週。這兩組棕塍鷸都向太平洋深處飛去，一直到加拉巴哥群島（Galapagos Islands）以西，並乘著寒冷的洪堡涼流（Humboldt Current）的順風飛行。牠們穿過中美洲和墨西哥灣，有時會在墨西哥灣沿岸登陸，但更多時候會繼續飛往堪薩斯、內布拉斯加或達科塔地區（Dakotas）的中部大平原，總共飛行六千六百英里，一氣呵成。在這裡休息和覓食後，這兩個族群開始分道揚鑣，且不僅是在遷徙路徑上，在際遇上也是。

智利鳥群向西北方向飛行，一路飛行到阿拉斯加的中南部和西部，在四月的最後一週或五月的第一週抵達。納森研究的這群棕塍鷸在安克拉治以西的白鯨河沿岸繁殖，現在比四〇年前約提前九天到達。但牠們並沒有受到季節錯配的影響，因為在牠們飛行的路線上，以及在牠們的終點站阿拉斯加，氣候暖化的速度相當平穩一致，使牠們能夠加快腳步，跟上季節變化的步伐。牠們的雛鳥孵化得正是時候，趕上了昆蟲潮，族群數量也在不斷增加。

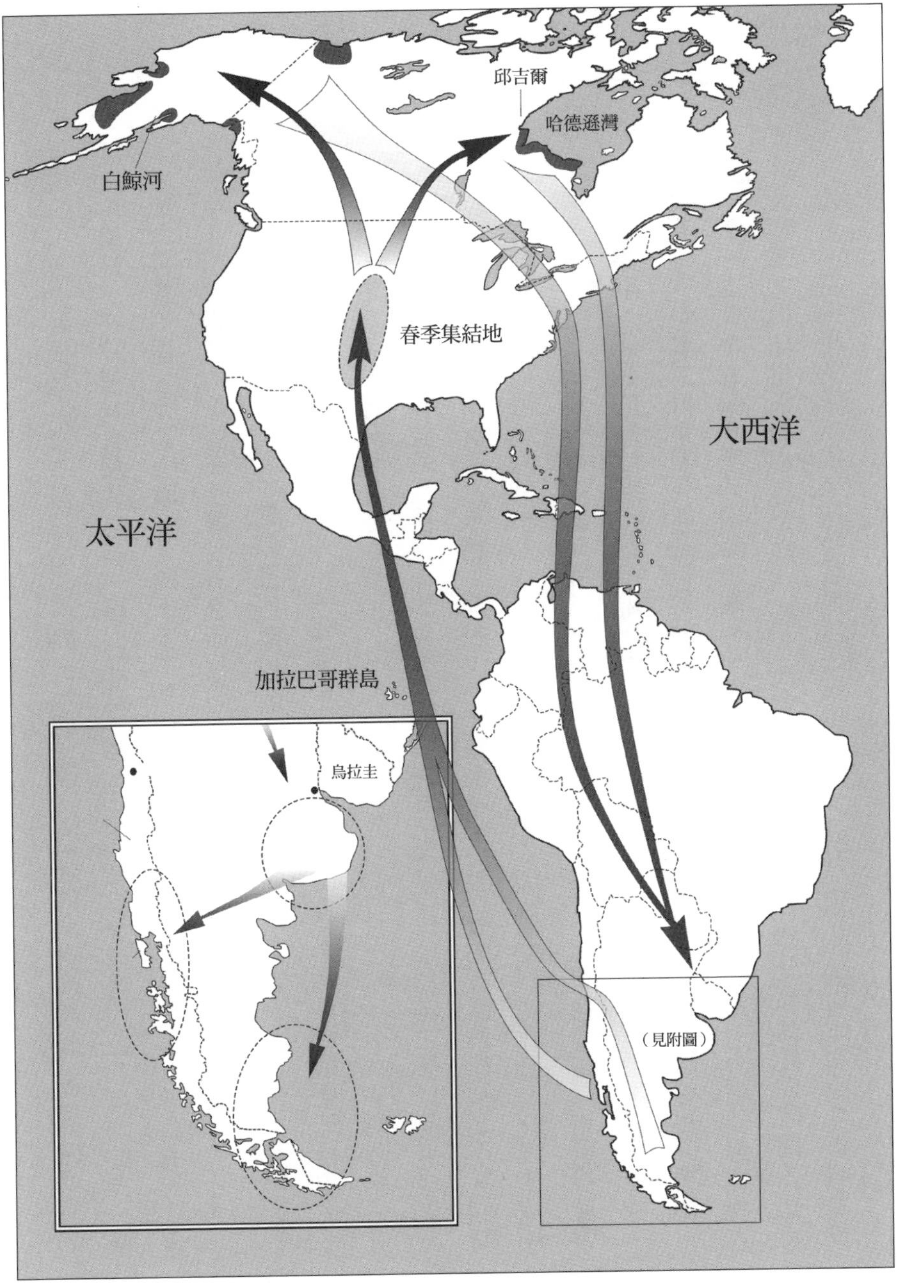

棕塍鷸在北極和亞極帶地區形成了幾個分散的族群，牠們沿著類似的路線往返於南美洲，但在春天的大平原卻出現了分歧，同時牠們在面對氣候變遷的表現也出現了不同。

而從阿根廷出發的棕塍鷸則不同。牠們比阿拉斯加的鳥兒晚幾個星期到達平原的中繼站，在那裡覓食和休息後，再向北飛二千英里到達哈德遜灣，在五月的最後一週或六月初到達，比過去晚了大約十天。為什麼會這樣？因為氣候變遷以矛盾的方式發生，哈德遜灣的棕塍鷸正遭受著季節性的衝擊。

納森告訴我：「在牠們遷徙路線的北部，從達科塔地區和草原三省（prairie provinces）[7]一直到哈德遜灣，氣候實際上正在變冷。」這是氣候變遷全球怪象的一部分，地球上的部分地區正在變冷，至少目前是如此，而且在一年中的某些時候是這樣。現在冰雪在棕塍鷸遷徙路線的最後一段徘徊得更久，使候鳥無法像以前那樣儘早向北遷徙。而且情況愈來愈糟。他說：「更糟的是，五月分的降溫狀態被夏季其餘時間的升溫狀態抵消，六月和七月在北方的部分區域正經歷最劇烈的升溫。」因此棕塍鷸不得不延後到達繁殖地的時間，從而推遲了繁殖的時間。但快速變暖還是過早就帶來昆蟲群，昆蟲的高峰期不是出現在雛鳥需要最多食物的時候，而是過早達到頂峰，使得年長的雛鳥在能量需求最高的時候食物不足。這種季節錯配讓人聯想起斑姬鶲。

「因此棕塍鷸正處於兩難境地。」他說：「牠們不能更早到達，否則就會遇到大量積雪，但如果牠們來得再晚一些，就會與雛鳥賴以生存的昆蟲高峰期時間差距更大。」結果呢？許多年來棕塍鷸都無法成功繁殖，只有六%的雛鳥能夠成長到羽翼豐滿。包括納森在內的一個美國和加拿大團隊進行的研究發現，在整個北美北極地區，與早期融雪有關的錯配現象正在增加，在北極東部尤為嚴重。也許並非巧合，那裡正是紅領瓣足鷸（red-necked phalaropes）和半蹼濱鷸等物種數量減少最嚴重的地方。儘管如此，似乎並非所有濱鳥都受到同樣的影響——半蹼鴴（semipalmated plover），一種體型豐滿的棕白色小鳥，脖子上有條黑色的帶子，牠們也與棕塍鷸一起在邱吉爾繁殖。儘管二〇一〇年昆蟲高峰期比半蹼鴴雛鳥孵化早了整整一個月、二〇一一年的高峰期比半蹼鴴雛鳥孵化晚了一週半，但研究人員發現，這兩種情況都沒有影響雛鳥的成長，顯示對於這種小型濱鳥來說，即使時程異常，也有足夠的節肢動物可供食用。

濱鳥並非僵化不變。納森和他的前導師特尼斯．皮爾斯瑪曾共同研究過舊世界中擁有非凡適應能力的黑尾鷸。「在繁殖季之外，無論從哪個角度觀察，這些鳥都能應對迎面而來的變化。」納森說。牠們曾經整個族群從荷蘭遷徙到撒哈拉以南的非洲地區，而現在，許多黑尾鷸繞道前往伊比利半島南部海岸，那裡的稻田為牠們提供了絕佳的冬季棲息地；而當西班牙或葡萄牙的條件發生變化時，黑尾鷸也能毫不費力地從二地的其中一處遷移到另一處。黑尾鷸北遷的時間也非常靈活，具體取決於歐洲的天氣。他說，在天氣特別溫和的年分，黑尾鷸可能會在一月初飛往北方；而隔年如果天氣持續寒冷，則可能等到三月中旬才開始北遷。

納森和特尼斯的研究也顯示，即使是在繁殖季節，黑尾鷸的適應能力也比預期的要強，隨著北歐夏季變得更加溫暖潮溼，牠們的繁殖季也在延長。二〇一三年三月，一場不尋常的暴風雪侵襲了荷蘭，結果剛剛抵達荷蘭的黑尾鷸出人意料地逆向遷徙到南方躲避暴風雪。這是好消息，但即使是適應力極強的黑尾鷸也無法克服一道障礙：密集的單一作物農業在很大程度上取代了曾經覆蓋著酪農場鮮花盛開的天然草地，而大多數黑尾鷸都在這裡繁殖；過早除草破壞了許多鳥巢，孵化出的雛鳥在僅存的覓食棲息地中幾乎找不到昆蟲可吃，且由於夏季氣溫升高，這些棲息地也變得更高、更密集，結果導致黑尾鷸數量急劇下降。儘管黑尾鷸在年週期的其他時候具有很強的適應能力，但卻無法適應繁殖地的變化。

「這就是問題的關鍵，」納森告訴我：「他們很靈活，直到不夠靈活。」

科學家們還發現了面對氣候變遷時靈活應對的其他例子。其中最不尋常（部分原因是它建立在一個多世紀前搜集的細緻數據的基礎之上）的案例之一是在加州發現。一九〇八年至一九二九年間，在加州大學創辦脊椎動物博物館（Museum of Vertebrate Zoology）的田野生物學家喬瑟夫．格林尼爾（Joseph Grinnell）對加州生物多樣性最豐富的許多地區進行了詳盡的調查，並記錄在七萬四千頁的大量筆記中。從二〇〇三年開始，該博物館的後繼者們開始重新調查這些相同的地點，這同樣是項艱鉅的任務。在過程中，他們發現兩次調查裡發現的二百〇二種鳥類中，有許多並未如預期般在氣候暖化的情況下將活動範圍轉移到氣候更涼爽的山坡上，而是比格林尼爾時代的鳥類平均提前七到十天繁殖。較早夏季時段的平均氣溫要比較晚夏季時段低華氏二度，使得鳥類可以在不移動的狀況下完全抵消加州在過去一個世紀中平均氣溫上升兩度的影響。

生物在面對不同環境條件下的變化能力，生物學家稱之為表型可塑性（phenotypic plasticity），可能改變植物或動物的外形、生理或行為的混合狀況。這與演化變化（evolutionary change）不同，演化變化完全是基因遺傳，並且透過世代傳承；一種生物的表型是其遺傳背景（genetic background）（基因型〔genotype〕）和環境如何影響該基因型所表現的結合。到目前為止，候鳥中真正由氣候驅動的演化變化的證據甚少，而且很難區分演化和表型可塑性，儘管區別兩者很重要。鳥類學家認為，鳥類會隨著氣候變遷而演化，但牠們能否迅速演化以抵禦氣候變遷帶來的最壞影響？或是說，表型變化只能延伸到一定程度，最終在氣候變化加速時戛然而止？當瑞典科學家觀察到西方大葦鶯從非洲返回的時間比二〇年前提前了六天時，這是演化還是表型可塑性？經過大量計算，他們得出結論是後者，但也承認他們無法確定。而德國的研究人員在研究斑姬鶲時，完全複製了一九八一年首次進行的一項經典實驗；在這項實驗中，雛鳥被圈養起來，並屏蔽了所有外部季節性線索，以確定基於基因的遷徙時間。二〇〇二年時，來自同一地區的新孵化雛鳥在完全相同的條件下（甚至使用二十一年前的籠子和屋子）進行飼養，觀察牠們的遷徙時間是否發生了變化。結果顯示，牠們在春季的遷徙時間提前超過九天，接近在附近野生族群中觀察到提前十一天的結果。（雖然實驗是在近二〇年前進行的，但這些結果最近才發表，實驗結果證實了氣候暖化帶來的演化變化。）

總是忙碌的皮爾斯瑪和他所在的研究小組，發現了在俄羅斯北極繁殖的紅腹濱鷸中出現了由氣候引起的一項令人訝異的變化，那裡和世界上許多地方一樣，季節變得混亂，三〇年來春天每年提前半天到來。在這段時間裡，紅腹濱鷸的體型開始縮小，尤其是在融雪較早的年分，雛鳥的體重更輕，喙、腿和翅膀也更短。這可能是演化的結果，也可能是（而且很可能是）表型可塑性的結果，因為錯過北極昆蟲高峰期和營養不良的紅腹濱鷸，可能無法像原來那樣成長得很好。然而一旦牠們到達西非海岸泥灘上的度冬地，這些變化就會產生生死攸關的影響。通常喙較長的紅腹濱鷸可以更容易觸及生活在較深處更大、更豐富的蛤蜊，但喙較短的紅腹濱鷸發育不良，只能在靠近海面的地方捕捉較小、較稀有的蛤蜊和低營養的海草根莖維持生計。因為氣候導致縮小的紅腹濱鷸存活率顯著較低，這或許並不讓人意外。

實際上體型縮小幾乎是對於氣候暖化的普遍反應，從鮭魚到烏賊，從蠑螈到松鼠，各種動物都出現過類似情況。紅腹濱鷸並不是候鳥中唯一的例子。密西根大學和芝加哥菲爾德博物館的研究人員檢查了超過七萬個鳥類標本，包含了四〇年來搜集的五〇多種北美物種，發現隨著鳥類各自所在的繁殖地平均氣溫升高，幾乎所有物種的體型都在縮小。但有一個值得注意的例外：鳥的翅膀長度實際上增長了，這可能是因為用於驅動翅膀的肌肉減少了，翅膀必須變得更加節能，而且因為繁殖範圍向北擴展，候鳥必須飛得更遠。（長距離候鳥的翅膀平均長度總是比短距離候鳥更長、更細。）

而對一些候鳥來說，氣候變遷帶來的最大影響不是體重或翅膀長度，卻是牠們所需的食物。北極地區氣候暖化已經在改變食物網，包括全球最受注目候鳥之一所賴以生存的食物網。

我喜歡寧靜與安詳，但在大型機場的停機坪上，二者卻難以尋得。在這個一月的夜晚，費城國際機場E航站大廈就在我身後，熙熙攘攘，嘈雜混亂，飛機來回滑行，輔助車輛交錯穿梭，或是鳴叫著警報倒車，遠方某處響起了警笛聲，更增添了幾分喧擾。我靠在一輛皮卡車開啟的乘客座位窗戶邊，冰冷的手中拿著半截魚竿，釣魚線消失在09L/27R跑道方向的黑暗中，在這條跑道上，737、A321和其他大型客機正以節拍器般驚人的節奏降落。每當一架飛機降落，甚至在輪胎的尖嘯聲和推力反向器的轟鳴聲傳來、龐大的飛機在跑道上減速之前，我都能感受到飛機著陸時的轟砰震動。

我並不是在進行某種瘋狂的釣魚活動，好吧，也並非完全不是，因為整個過程確實有點瘋狂。不過對坐在卡車駕駛座的珍妮・馬丁（Jenny Martin）來說，這只是日常工作。她是派駐機場的聯邦野生動物生物學家之一，負責把飛機和動物（主要是鳥類）安全區隔開來。她正在協助我進行一項我所參與過的最令人興奮的研究之一，研究一種可能因氣候變遷而面臨最直接、最嚴重威脅的候鳥。

黑暗中的某處有一隻雪鴞，如果能抓住牠，我們就會在牠的背上安裝新一代高科技GPS發射器，並帶牠遠離危險的機場，將牠帶到遙遠的農場放飛，以便更了解牠的行為和度冬生態。但事實證明抓住牠是個問題，傍晚的早些時候我搞砸了第一次，而且愈來愈有可能是唯一一次捕捉這隻鳥的機會。釣線通向彈簧弓形網的觸發器，這個弓形網有點像是三英尺寬的巨大捕鼠器，網中央坐著一隻鴿子，牠身上穿著特製的雙層防護皮製防彈背心。三〇年來，我一直用這工具捕捉白頭海鵰和金鵰等大型猛禽，但我過去的經驗並不不足以讓我能夠在機場中心的忙碌跑道旁的工作做好準備。也許是噪音和飛機的緣故，也許是感官過度負荷，但我更傾向歸咎於普通的新手緊張症。無論如何，當那隻巨大的白色雪鴞從暮色中如幽靈般飄出，在撲騰的鴿子上方低空盤旋，並落在捕鳥網的旁邊時，我不由自主猛抽了一下手中的半截魚竿，絆倒了網子，驚動了那隻雪鴞。當然，牠就在陷阱外面幾英尺處，於是消失在黑暗之中。

咒罵於事無補，但會讓你感覺好些。我衝出去，重新架設捕鳥網，然後和珍妮一起爬回卡車裡。幸運的是，雪鴞對人類幾乎沒有恐懼感，這或許也是牠們覺得機場異常迷人的原因之一。牠們來自北極最偏遠的地區，通常很少或根本沒有與人類接觸的經驗，牠們對樹木和噴氣式客機同樣感到陌生。由於像這樣的機場通常是城市環境中唯一平坦、沒有樹木的地方，所以雪鴞在冬季向南遷徙時，牠們通常會在機場落腳，儘管那裡有著巨大而轟鳴的「鳥」，但機場對牠們來說可能有一點像家的感覺。

我對雪鴞的興趣一直很隨意。當然，牠們非常美麗，只有巨大的白色鳥類才會如此吸引人——牠們那雙水仙花般黃色的眼睛殺氣騰騰，讓人著迷。多年來我曾在大西洋沿岸或內陸農田裡見過很多鴞，難得有出現在我所在的地區，我就想抓住幾隻給牠們戴上繫環。但我真正感興趣的鴞是一種小得多的遷徙物種，棕櫚鬼鴞這種鳥只有我的拳頭大小，我和一群志工在賓州的山區研究棕櫚鬼鴞超過二〇年了。雪鴞只是偶爾的消遣。

然而情況在二〇一三年十二月初的一天發生了改變。那天我的電話響起，另一頭是我的好朋友兼長期同事戴夫．布林克，他是馬里蘭州自然遺產部（Natural Heritage Department）的野生動物生物學家（我也曾與他合作開發Motus追蹤系統）。他問我：「你一直有在關注雪鴞的情況嗎？」

我確實有。前兩週東北部的線上論壇和觀鳥清單上出現了愈來愈多雪鴞的報導。這本身並不稀奇，雪鴞是爆發遷徙的候鳥，數量每年都會大幅波動。每年冬天至少都會有一些雪鴞出現在五大湖或新英格蘭海岸，但每隔三到五年雪鴞的數量就會激增，屆時從北極南下的雪鴞不再是幾十隻，而是數百甚至數千隻。但在二〇一三年底，我們看到的情況卻截然不同，許多人逐漸意識到，一場可能具歷史意義的入侵正在進行中。例如幾天前紐芬蘭的鳥類學家在大陸最東端的雷斯角（Cape Race）發現了約三百隻雪鴞；一位研究員用望遠鏡掃視凍原地景時，在一個地方就數出了超過七十五隻雪鴞。我們很難準確衡量幾十年來雪鴞入侵的規模，因為沒有人（即使在今天）進行過標準化的調查。但就任何人所知，這至少是自一九二六至二七年冬季以來規模最大的一次入侵，也許更早可追溯到一八九〇年代。從研究的角度來看，這確實是千載難逢的事件。「我們沒有人能夠活到再次見到這樣的事情。」戴夫說。

雪暴專案（Project SNOWstorm）於是就這樣誕生了。現在已經發展成由四〇多名研究人員、繫環員、野生動物獸醫和病理學家所組成的合作組織，他們自願貢獻出自己的時間和專業知識，幫助我們對雪鴞進行標記和追蹤（至今已超過九〇隻），從北達科塔州的大草原到五大湖的島嶼和半島、魁北克的聖羅倫斯河流域、馬里蘭州和紐澤西州的大西洋海灘、賓州的農田以及新英格蘭的海岸。我們已經跟蹤了一些個體多年，在牠們的北極繁殖地和南方度冬地之間來回穿梭（所有追蹤數據都可以在www.projectsnowstorm.org網站上的互動地圖獲取）。雖然在戴夫首次打電話給我後的幾週間、在費城國際機場的那個夜晚之後，我已經誘捕並標記了許多雪鴞，但我再也沒有經歷過那種既興奮又如釋重負的感覺——雪鴞從黑暗中再次出現，進入卡車前燈光束照明的範圍，伸出雙腳和準備捕獵的爪子，直撲進網，最後再進到我們手中。

一小時後，我們給籠子裡的鴿子（一如往常，牠毫髮無傷）餵了一頓飽餐，替雪鴞戴上繫環，並安裝了發射器，然後把這隻猛禽放進一個大寵物箱，帶著牠離開城市前往五〇英里外的艾美許（Amish）鄉村農田，那裡已經有幾十隻雪鴞在過冬了。當我們打開寵物箱門，看著這隻年輕雄性雪鴞飛過寬闊的冰凍平原進入夜幕時，時間已經接近午夜。但我們知道能夠追蹤牠的一舉一動。

由於雪鴞體型龐大且強壯，所以牠們可以攜帶火柴盒大小的太陽能發射器，這枚發射器的重量不到兩盎司，卻擁有強大的動力，讓我們可以比過去更深入了解被標記雪鴞的活動。發射器會向我們發送大量訊息，以每六秒一次的頻率，全天候記錄雪鴞的緯度、經度、高度和飛行速度。我們還能從內置的感應器獲得當地的氣溫，微型加速計甚至能記錄下鳥兒每一次拍翼和每一次狩獵的衝擊。每隔一兩天，設備中的數據機就會透過蜂巢式網路撥接向我們發送數據。借助這項技術，我們能夠以前所未有的細節，記錄下雪鴞在冬天鮮為人知的生活方式。例如許多雪鴞在沿海地區捕獵水鳥，如遠海的潛鳥和鴨子；或者在冰封的五大湖中央一待就是幾個星期（牠們也在那裡捕獵水禽，捕獵的地點是在原本封凍的冰層上、由盛行風所形成的水道與縫隙間）。我們已經開始發現，雪鴞覓食的地點和方式與牠們攝取的環境汙染物（如汞和滅鼠劑）的種類有所關聯；且透過標記緊密接觸的雪鴞，我們對牠們的社交行為也有了深入了解（牠們大多數時候並不友善，雌性雪鴞往往凌駕於體型較小的雄性雪鴞），尤其是在牠們最活躍的夜晚。而透過與機場當局合作，我們正在尋找更好的方法，讓雪鴞和飛機保持安全距離。

與任何這類的研究相同，我們的部分動力源於單純的好奇心，但真正促使我們盡可能更多、更快了解雪鴞的原因是，我們同時發現雪鴞的數量比我們過去所想像的要少得多，而且牠們正處於氣候變遷浪潮的尖端上。但由於雪鴞是在地球上最偏遠、最北端的地區築巢，因此一直很難對牠們進行普查；而綜合阿拉斯加、加拿大、格陵蘭島、斯堪地那維亞和俄羅斯的繁殖季節統計結果，得出最佳估計是目前全球雪鴞的數量約為三〇萬隻。儘管這個數字並不龐大，但還算讓人安心。然而就在我們啟動「雪暴專案」前不久，科學家們注意到這些估計忽略了雪鴞生態中一項關鍵的新發現。我們的同事在加拿大、阿拉斯加和俄羅斯展開的追蹤研究顯示，雪鴞具有高度的游牧性格，每年之間會遷移數百或數千英里；今年夏天在加拿大北極中部繁殖的雪鴞，明年可能會在格陵蘭島繁殖；現在在阿拉斯加繁殖的雪鴞明年可能會在西伯利亞繁殖。因此這些估算數字可能嚴重高估了全球雪鴞的數量。經過更仔細的分析，全球雪鴞的數量應該不超過三萬隻，甚至可能只有一萬隻。

與此同時，鳥類學家也發現氣候變遷對這種猛禽可能帶來的立即危險。記者和公眾經常向我們提出的問題是，像二〇一三至一四年登上頭條新聞的大規模雪鴞潮，是否是氣候變遷所造成的。答案是否定的，至少從十九世紀中葉以來，只要有人關注，雪鴞潮就一直存在。雖然雪鴞在冬季幾乎什麼都吃——從麝田鼠（muskrats）到鵝、從老鼠到鴨子、從兔子到海鷗；我們甚至捕獲過一隻正在保護腐爛海豚屍體不被禿鷲吃掉的雪鴞——然而在繁殖季節，牠們的命運與旅鼠（lemmings）密不可分，旅鼠是種外觀類似倉鼠的北極小型囓齒動物，北極許多地區的旅鼠數量相當規律地以約四年為週期時盛時衰，這反過來又會引發雪鴞的週期性大規模入侵。撇開一般的看法不談，大規模入侵並不是因為大量飢餓的雪鴞南飛尋找食物，而通常是幾個月前，羽翼豐滿、涉世未深的年輕雪鴞正好在食物充足的旅鼠高峰期出生。這些鳥兒的游牧特性，似乎是為了適應尋找和利用地區性旅鼠高峰期，儘管牠們是如何跨越遙遠的北極實現這點，仍然是個謎。但是如果沒有旅鼠的大量繁殖，雪鴞甚至很少嘗試築巢；而旅鼠為了達到繁殖高峰，必須在冬季繁殖，才能在厚厚的雪層保護下隔絕嚴寒。

這就是氣候變遷的實際影響。因為北極地區的氣候變遷速度比地球上任何地方都要快，而且氣候變遷會改變或消除旅鼠繁殖所需的條件。更溫暖、更潮溼的冬季會使積雪更少（或更鬆軟）；解凍的週期會更短，或凍雨造成地面結冰（這對旅鼠而言是最糟糕的環境。）這並不只是理論，在斯堪地那維亞半島，旅鼠的活動週期從一九九四年開始崩潰，二〇年來一直沒有恢復，在此期間，當地的雪鴞和北極狐幾乎都消失了；在格陵蘭島東北部，同樣的情況從一九九八年開始發生在旅鼠身上，到現在依然如此。在北極的其他地區，例如俄羅斯遠東地區的弗蘭格爾島（Wrangell Island），旅鼠的繁殖週期並未崩潰，但卻延長了，從四年延長到八年，這表示該地區的雪鴞繁殖頻率降低了。有趣的是，與這趨勢相反的地區是加拿大中部和東部的北極和亞北極地區，我們在北美東部看到的大多數雪鴞都在那裡繁殖。在該地區，雖然夏季且尤其是秋季氣溫有所上升（正如我們所見，對繁殖的濱鳥造成了很大的麻煩），但冬季仍然非常寒冷，而且自一九九五年以來，積雪深度一直在增加，這可能是秋季溼度變得較高的緣故。而這代表旅鼠的生存條件有所改善，因此也代表雪鴞的生存條件有所改善。但也許只在短期內是如此，氣候模型顯示，隨著冬季氣溫升高，這裡的積雪最終也會消失。

這對雪鴞意味著什麼，尤其是想到這些猛禽的數量只有我們十年前估計的十分之一？我們有很充分的理由認為，雪鴞與海象、北極熊和象牙鷗（ivory gulls）一樣，是最容易受到氣候變化直接威脅的少數物種之一；如果旅鼠的繁殖週期開始在整個北極地區更普遍地崩潰，如果雪鴞不能像過去那樣頻繁、成功地在許多地方繁殖，雪鴞的數量就會迅速下降。雖然我們的研究本身無法改變北極氣候暖化的軌跡，但我們可以了解雪鴞在度冬地面臨的其他威脅，從飛機、車輛到化學汙染物，讓牠們年週期的這一時期變得更安全一些，那麼我們在這裡拯救的每一隻雪鴞都有機會平安度過即將到來的北極氣候變化。

在寒冷的冬日，你會預期看到雪鴞。而看到其他候鳥則更加讓人驚訝。那天是除夕，我離開賓州中部家中時，黎明時分的氣溫是華氏十度。太陽升起時氣溫已經上升至十幾度，我按照前一天晚上接電話時潦草寫下的路線向南行駛。車後座上幾個圓柱形的鐵絲網籠隨著路上壓過的每個坑洞而嘎嘎作響。陽光灑在兩天前剛降下的雪面。一個半小時後，我駛離州際公路，沿著幾條小路來到一個寧靜的社區，然後把車停在車道上。我敲了敲門，一位大概八〇多歲的老先生應聲而出，在這麼寒冷的早晨，他充滿活力和興奮。

「進來，進來！今天早上她已經來過這裡三、四次了，現在她在她最喜歡的地方。」他帶我來到一扇面向後院的窗戶前，那裡有棵粗糙扭曲的蘋果樹，數十顆皺巴巴的熟果仍緊緊依附在樹枝上，有幾顆上頭還覆著新雪。「就在那裡，靠近頂端。」

一隻蜂鳥坐在清晨的陽光下，閃爍著金屬綠的光芒，她不停轉動著腦袋，怒視著種子餵食器裡蜂擁而至的山雀和雀鳥。在我們的注視下，她對一隻飛得太近的山雀大聲咆哮，追逐著比體型她大的鳥，發出憤怒而尖銳的聲音，我們隔著窗戶都能聽到。驅逐入侵者後，她又嗡嗡地飛到房子邊上的小門廊裡，啜飲著掛在電燈下面的鮮紅色餵食器，電燈的燈泡使裡面的糖水不會結冰。

「好的，」我說，並且對看到的一切感到安心：「我們開始工作吧。」幾分鐘後我安裝好了籠子陷阱，把餵食器放在裡面，位置和平時掛的地方一模一樣。我把誘捕器的滑門連接到無線控制的開關上，按了按遙控開關，確保它能正常運作——咻咻！——然後我重設完畢，回到屋裡。不到五分鐘，蜂鳥就從她的棲息處飛了下來，小心翼翼在空中盤旋，從幾個角度審視著這個出現在她最喜歡的水坑周圍的新東西。

她心存疑慮，轉而飛到樹上，用喙探了探幾顆乾癟的蘋果。（我以為她在找果汁，但後來我檢查其中一顆蘋果時，發現裡面也有很多休眠的果蠅幼蟲，那是日子還溫暖時所留下的）。她又回到了餵食器前，慢慢地、小心翼翼地鑽進餵食器，迅速地喝了一口，然後又迅速地飛了出來。我沒有觸動陷阱的開關，直到她進來好幾次，喝了長長的幾口後，我才按下按鈕，關上了門。

如果你對蜂鳥出現在寒冷、白雪皚皚的冬季景觀中感到奇怪，那你並不是唯一這麼想的人。每年我和一小群蜂鳥繫放者，都會接到像前一天晚上那樣的電話（北美大約只有二百位蜂鳥繫放者），電話那頭的屋主既困惑又擔心，因為當地的蜂鳥南遷已久，但當氣溫下降、秋季過渡到冬季的時，仍然至少有一隻蜂鳥在附近徘徊。他們問，蜂鳥迷路了嗎？受傷了嗎？需要救援嗎？

事實是，中西部、東部和南部秋、冬季節出現的蜂鳥數量迅速增加，牠們並沒有迷路或受傷，而是幾種通常分布在西部的物種正處於新演化遷徙路線的前沿，這種演化是由正常突變所驅動，並且得益於人類改變的地景和氣候暖化。我在賓州積雪的院子裡捕捉到的鳥兒，是一隻雌的棕煌蜂鳥，這種鳥從加州北部和愛達荷州一直到阿拉斯加中南部築巢，是世界位處最北端的蜂鳥。傳統上，棕煌蜂鳥會從洛磯山脈遷徙到墨西哥西部和中部的山區過冬。但從一九七〇年代開始，墨西哥灣沿岸的賞鳥人和後院蜂鳥愛好者開始回報有愈來愈多的棕煌蜂鳥度冬，因而路易斯安那州的南希．紐菲爾德（Nancy Newfield）等研究先驅開始對牠們進行繫環，證實了這些棕煌蜂鳥並不是鳥類學家長期假定的那樣，是迷失方向、注定失敗的流浪者，而是有著規律且可靠的候鳥，其中一些會接連六次或在更多次的冬季時返回。我們現在知道，每年從夏末到初冬，都會有數千甚至數萬隻蜂鳥出現在中西部和東部地區，而其中有十幾種西部蜂鳥，最著名的就是棕煌蜂鳥。大多數蜂鳥最終都會遷徙到南方的墨西哥灣沿岸過冬，不過也有少數蜂鳥——尤其是在氣候溫和的年分——最北可能會停留在新英格蘭和加拿大南部，因為儘管這些蜂鳥的外表看起來脆弱，卻都是非常頑強的小野獸。

請記住，遷徙是基因編碼行為，而不是有意識決定的結果。在任何候鳥族群中，總會有少數個體的軟體出現問題。某隻棕煌蜂鳥可能會本能地向西飛往太平洋，甚至在秋季向北飛往北極，而不是從不列顛哥倫比亞向南飛往墨西哥的密卻肯（Michoacan）。若是如此，顯然這些鳥兒會被淘汰出基因池（gene pool）。但向東飛的蜂鳥呢？幾個世紀前，東部沿海地區大部分都是森林，在氣候更加寒冷時，向東飛可能也意味著死刑判決。然而現在人類重新塑造了這片土地，建起了農場和花團錦簇的後院，氣候也逐漸變暖，再加上棕煌蜂鳥與生俱來的耐寒性（棕煌蜂鳥在四月到達阿拉斯加時，地面上還覆蓋著白雪，每晚都會進入類似冬眠的休眠狀態節省能量），這就為牠們提供了一個可以殖民的新世界。這些鳥類開拓者非但沒有滅絕，反而在春天回到千里之外的繁殖地，將那些曾經有害的基因傳遞給新一代。

一九九〇年代，我在摩根堡認識的已故阿拉巴馬友人薩金特，他是最早研究這種現象的繫環者之一，他訓練我為這些小而好動的鳥兒進行細緻的繫環工作，這樣我就可以將研究擴展到更北部的地區，例如我當時的家鄉賓州。在之後的近二〇年裡，我已經為一百多隻西部蜂鳥，包括棕煌蜂鳥、亞倫煌蜂鳥（Allen's hummingbird）、黑頦北蜂鳥（black-chinned hummingbird）、紅喉蜂鳥（Anna's hummingbird）和星蜂鳥（calliope hummingbird）進行了繫環，並目睹牠們在深雪和嚴寒中頑強生存的場景。（真的很冷，我的一位同事為一隻棕煌蜂鳥繫環時，牠在華氏零下九度的溫度和零下三〇多度的風寒指數〔wind chills〕中存活下來）。繫環的過程與其他鳥類大致相同，只不過帶子太小了，我必須自己製作，使用精密的珠寶剪切機裁切從聯邦鳥類繫環實驗室獲得的薄金屬片，上面印有一百個微小、獨特的字母數字代碼。帶子修剪成合適的尺寸，像這隻雌鳥的帶子正好長五．六毫米，高一．四毫米，然後在特製的夾具上成型，用特製的鉗子將帶子夾在蜂鳥的小腿上，形成完美的環狀。按比例來說，完成後的環帶戴在鳥兒身上的重量，大約就相當於男性手腕上的精緻金屬手錶。

我把手伸進籠子裡，輕輕將蜂鳥取出，蜂鳥就像對待那隻山雀一樣生氣地咒罵著我，我用尼龍襪的腳趾部分包裹牠，這是讓牠保持冷靜和受控制的簡單方法。固定繫環、測量它的翅膀、喙和尾巴只花了一點時間；我用一根短吸管吹掉了牠喉嚨和身體上的羽毛，注意到牠的皮膚下有呈現淡黃色的厚實脂肪沉積。我告訴屋主，這隻鳥正準備往南飛。我用放大鏡檢查了牠喙的上顎，很光滑——這是成年蜂鳥的標誌，因為幼年蜂鳥的喙表面會有細小的凹槽。「她不是第一次來這裡了。」我說：「她的護照已經蓋過好幾次章了。」最後我用靈敏的電子秤量了牠的體重：四．四二公克，〇．一六盎司，遠高於非遷徙時期三公克的纖瘦體重。我更加確信，牠幾天後就會飛往海灣。我向老先生解釋說，有了如此充足的燃料，她可以輕鬆地連續飛行六百英里，也許二十四小時內就能飛到喬治亞州中部。畢竟棕煌蜂鳥可是能飛越墨西哥灣這麼遠的距離的。

我們走下門廊，我讓這位老先生伸出手，請他不要動。我把蜂鳥放在他的手掌上，然後慢慢地收回手指，蜂鳥在那裡躺了大約三〇秒鐘，尾巴隨著她正常的每秒四次呼吸節奏顫動，然後嗡嗡地飛了起來，飛回蘋果樹上的棲息處。那位男士臉上滿是目瞪口呆的欣喜。

面對不斷變化的世界，蜂鳥並不是唯一演化出新遷徙路線的鳥類。最著名的例子是黑頂林鶯（Eurasian blackcap），牠是種灰色身軀、墨色鳥冠（雌鳥為鐵鏽色）的舊世界鶯鳥，根據地區族群的不同，有著一套複雜的遷徙行為，從高度遷徙到完全定居。如同蜂鳥，少數黑頂林鶯天生就帶有錯誤的基因編碼，牠們會朝著錯誤的方向遷徙，或是遷徙的距離過長或過短，或者在不適當的時間遷徙。這是大自然同時測試許多不同策略，找出有效和無效方法的過程，數萬世代中對生存不利的事物，可能會因為環境條件的變化而突然帶來優勢。因此中歐繁殖族群中的少數黑頂林鶯很可能一直向西北方向遷徙進入英國，而不是向西南方向遷徙，進入伊比利半島度冬，這種現象被稱為「鏡像遷徙」（mirror-image migration）。與北美東部的蜂鳥一樣，遷徙到英國的黑頂林鶯很少能存活，直到二十世紀環境條件發生變化。隨著冬季變暖和豐富的後花園餵鳥器，牠們現在已經成為一種常見的度冬鳥類，而且數量還在不斷增加，尤其是在英國南部。

此外，科學家們利用在德國和奧地利繁殖的黑頂林鶯羽毛中的穩定化學同位素來確定牠們的度冬區域，結果發現也許是因為遷徙距離較短，英國的黑頂林鶯族群每年春天都比伊比利地區的黑頂林鶯更早到達，而且繁殖時產下更多的雛鳥。而由於英國黑頂林鶯比伊比利黑頂林鶯來得更早，因此牠們也更傾向於與彼此配對，這種行為被稱為「選型交配」（assortative mating）。這項發現於二〇〇五年發表時，在鳥類學界引起了轟動，因為選型交配可能是鳥類向物種分化邁出的第一步。事實上後來的研究證實，僅僅幾十年後，英國和伊比利族群之間就出現了微弱但顯著的遺傳差異。生物學家曾一度認為地理隔離是演化的主要驅動力，但時間隔離也能產生作用，在此案例中，氣候變遷正在促使兩個黑頂林鶯族群分離。

目前還沒有類似的研究能確定棕煌蜂鳥是否也發生了類似的情況，但每隻繫環的鳥兒都是通往理解之路的一個數據點。在我的繫放之旅兩天後，我的電話又響了，是那位接待蜂鳥的年長紳士打來的。「她天一亮就來了，整個上午不斷回來，不喝水的時候就坐在餵食器上。」他說：「我以為她出了什麼問題，但在午餐前一小時，她起飛了，直直飛到空中。我拿著雙筒望遠鏡跑到外面，看到她平穩飛行，飛得好高，直到我幾乎看不見。」他說，她朝著正南方飛去，消失在空中。

註釋

1 編註：原文「thin as a rail」，因為長嘴秧雞英文名為 clapper rail。

2 譯註：美國洛磯山脈以西，喀斯開山脈和內華達山脈以東地區。

3 Susan M. Haig, Sean P. Murphy, John H. Matthews, Ivan Arismendi, and Mohammad Safeeq, "Climate-Altered Wetlands Challenge Waterbird Use and Migratory Connectivity in Arid Landscapes," *Scientific Reports* 9, no. 1(2019): 6.

4 Christiaan Both and Marcel E. Visser, "Adjustment to Climate Change is Constrained by Arrival Date in a Long-distance Migrant Bird," *Nature* 411, no. 6835(2001): 296.

5 與斑姬鶲共同生活在歐洲森林中的留鳥大山雀（great tits）並沒有改變牠們的產卵日期，但牠們的繁殖時間比斑姬鶲早了幾週，因此牠們並沒有面臨氣候錯配所帶來的同樣壓力。現在的情況是，斑姬鶲與大山雀爭奪鳥巢的衝突愈來愈激烈，這對斑姬鶲而言是致命的。隨著雄性斑姬鶲追趕春天的腳步，牠們發現自己愈來愈頻繁地在大山雀產卵高峰期尋找鳥巢，這往往導致了你死我活的激烈戰鬥，但斑姬鶲很少獲勝。特別是在溫和的冬季（地球暖化的另一個產物），大山雀數量特別多的時候，多達九%的雄性斑姬鶲可能會在類似衝突中喪生，被體型稍大、體重稍重的大山雀啄死。

6 譯註：原文未特指是哪種 blackcap 與 chiffchaff，經查詢英國鳥類列表為黑頂林鶯（Eurasian blackcap）與嘰喳柳鶯（Common chiffchaff）。

7 譯註：加拿大中西部亞伯達、薩斯喀徹溫、曼尼托巴三省。

第七章
鷥的復興

黎明後一小時，布特谷（Butte Valley）仍籠罩在一片陰影當中，西部崎嶇不平、被刺柏覆蓋的丘陵在七月的日出映照下熠熠生輝，流光灑落在南方四十英里外高聳積雪的雪士達（Mount Shasta）雙錐上。我與我的夥伴們踉蹌地站在一個陡峭且樹木稀疏的淺棕色草坡上，鬆動的火山岩隨著我們的每一個動作在鞋底下滾動和位移，揚起一層稀薄的塵土。在我們之下是一片排列有序的農田網格——由一排排作物組成的巨大長方形、以及一圈圈被翠綠苜蓿圍繞著的中樞灌溉機具。在遠處是加州的多里斯（Dorris）小鎮，距離俄勒岡州的邊界僅幾英里。一面美國國旗無力地懸掛在靜謐的空氣中，當地的商會對那高達兩百英尺的旗杆十分自豪，那可是密西西比河以西最高的旗竿。在那之外是一片片的艾樹和枯黃的草地，這些都屬於一萬八千英畝的布特谷國家草原的一部分。

在山谷周圍的其中一座山丘上，一位名叫克里斯・文納姆（Chris Vennum）的博士生攀在一棵高大的刺柏上，取得了極佳的視野，但他的注意力並沒有停留在美景上。一隻巨大的雌性斯溫氏鵟（Swainson's hawk）高聲尖叫著表達牠的憤怒，並不斷俯衝攻擊這位科學家，因為他正把手伸進笨重的樹枝巢中抓取牠唯一的一隻雛鳥。即使文納姆戴著鮮豔的橘色登山安全帽作為保護，他在那隻鵟每次轉身攻擊時也都會躲開，而我們也會大聲喊叫示警。他曾經歷慘痛教訓，經驗告訴他不可以對這種威嚇掉以輕心。

作為一個賞鳥人、作家和猛禽研究者，我經歷過無數次這種場景。我自己也曾不止一次在類似情況下被猛禽連續撲衝，但這並不是我這個上午的心思所在。看到那隻斯溫氏鵟在頭頂盤旋的景象——煤黑色的雙翼銳利得如同燭火尖端，晨光在牠深栗色的胸部和頭部閃閃發亮，牠那體型小一點的配偶在更遠處盤旋和鳴叫著……這深深地喚起了我對當年那段時光的回憶。二十多年前，這個物種曾面臨著迫在眉睫的生存危機以及充滿絕望的未來，在其遷徙路線的另一端、遙遠的阿根廷彭巴草原上，這些鵟在殺蟲劑的使用下日益凋零，只有一小群科學家和保育人士想著辦法以避免這場生態浩劫。我回想起當年，那段日子裡自己身處前線，見證了那場最終成功的戰役，並與那個在阿根廷平原上努力理解並對抗危機的團隊並肩作戰。現在，雖然當年的威脅和我的參與都在半個地球之外，但實際上故事的起源就是從北加州布特谷中的艾樹平原和農田之間展開的。二十年後，我回到這裡，將故事畫下圓滿句點，或許也是為了讓自己放心，確認在這個威脅倍增的世界中，我們仍可以為了更美好的未來做出改變。

地球上很少有猛禽像斯溫氏鵟那樣遠距離移動。牠們在美洲西部的草原上築巢，範圍從墨西哥北部一路向北延伸，涵蓋了北美大平原直至加拿大西南部，向西則延伸至加州的海岸山脈和中央谷地，有些甚至在育空地區北部繁殖。到了秋天，除了中央谷地的族群，所有的斯溫氏鵟都會遷徙到彭巴草原，那兒就像是南半球版的北美大平原。這個一年一度、從一片無垠的草原大地轉移到另一片的壯闊旅途，全程可長達一萬八千英里。然而在二十世紀的大部分時間裡，沒有人對其進行過任何詳細的追蹤，因為即便對於一隻兩磅重的鵟來說，追蹤設備也太笨重了。直到一九九三年，隨著第一批小型衛星發報器的出現，情況才發生了變化，當時的猛禽研究者們爭相使用發報器追蹤遊隼這種最性感迷人的猛禽，但一位加州北部的生物學家卻抱持不同的想法。「所有人都搶著研究遊隼。」布萊恩・伍德布里奇（Brian Woodbridge）在幾年後告訴我說，「但我想到的第一件事是，『我需要找到足夠的資金，把一些發報器裝到斯溫氏鵟的身上』。」

他的動機不僅是單純的好奇心而已。當時布萊恩已經研究布特谷的斯溫氏鵟近十五年了。他會爬上多刺、富含樹脂的刺柏上繫放雛鳥、用陷阱捕捉成鳥並為牠們繫上色環，以了解在這個鄰近俄勒岡州邊界、面積一百三十平方英里的山谷中築巢的數十對斯溫氏鵟的生活狀況以及血統結構。在這裡的生活是很愜意的，山谷中的苜蓿田到處都是地松鼠和田鼠，對於像鵟這樣的天生獵手而言簡直是手到擒來，這樣豐厚的回報讓牠們得以在此養育許多健康的雛鳥。然而，布特谷只是牠們世界當中的一小部分。每隔幾年，當斯溫氏鵟完成春季遷徙、回到山谷後，布萊恩就會發現那些被標記的成鳥數量大幅減少。他擔心遠在南方的未知遷徙路徑上、或是在研究不足的阿根廷度冬地某處，可能存在著一些尚未被發現的問題，導致了布特谷的鵟的死亡。這樣的擔憂在一九九三年達到頂峰，當時山谷裡的斯溫氏鵟數量遭受了前所未有的嚴重打擊。

那年夏天，當地國家森林的主管為布萊恩尋求到足夠的經費，讓他為兩隻斯溫氏鵟的成年雌鳥繫上新型的衛星發報器，在牠們南下時透過定期下載的數據追蹤牠們的秋季遷徙。但其中一隻鵟的訊號在亞利桑那州突然消失了——發報器故障。而僅存的那隻鵟沿著墨西哥灣沿岸平原，穿過中美洲的狹窄腰部，沿著安第斯山脈的東坡向南飛行。牠一抵達阿根廷，便繼續往拉潘帕省（La Pampa）前進，那裡有一片與堪薩斯州非常相似的平坦土地，這裡的農田、牧場和防風林以嚴格的直角排列成方形網格，其間夾雜著一些種植著異國桉樹的小樹林，這在西班牙語中稱作「*montes*」。那年冬天，布萊恩和他的兩個前田野助理去了那裡，打算進行一些基本的生活史研究，當時為的不是什麼重大突破，只是想搜集一些斯溫氏鵟的基礎生物學資料，因為在那之前幾乎沒有人在牠們的非繁殖地做過相關研究。三人跟隨著發報器的坐標深入了彭巴草原，並欣喜地發現，每到黃昏時分，會有高達數千隻的斯溫氏鵟成群結隊地飛來這些*monte*中棲息。

但是，當他們發現田野和林地裡散落著數量同樣可觀的斯溫氏鵟屍體時，原本的歡欣很快就被震驚和恐懼所取代。布萊恩和他的朋友們心急如焚地向當地農民詢問，並很快地了解到，這些在阿根廷度冬期間以大型昆蟲為食的鳥類，很可能是被一種叫做「亞素靈」（monocrotophos）的有機磷酸鹽殺死的。當年，地主們計畫將放牧地轉作向日葵和黃豆等行栽作物，因此正在噴灑這種強效殺蟲劑以抑制蚱蜢的爆發。於是這幾位美國研究者迅速將焦點轉移至命案現場的蒐證與鑑識上，開始有條不紊地對這場災難進行調查，並發現一些死亡的鵟的嘴裡仍叼著有毒的蚱蜢。他們在臭氣熏天的屍體和被昆蟲啃食後僅存的骨架之間仔細篩查著，在試圖估計傷亡狀況的同時，他們也發現了腳環，其中一個還是伍德布里奇幾年前在布特谷親手給雛鳥繫上的，他還曾紀錄了這隻雛鳥成年後的繁殖成功。第二年冬天，一個由美國學者、阿根廷研究人員及政府官員所組成的更大的研究團隊重返此處，他們發現了更多已死或垂死的鵟，甚至有多達三千隻倒在同一片田地中的紀錄。研究團隊估計，僅在這一小塊區域，就已有多達兩萬隻斯溫氏鵟死去，其中大部分是已屆繁殖年齡的成鳥。這些還只是遼闊彭巴草原上的冰山一角，有各種跡象顯示，這場大屠殺延伸到了這個物種在阿根廷的大部分、乃至全部的度冬地。真正的死亡數字難以估計，但很明顯的是，一旦這樣的狀況持續發生，不出幾年，整個物種——作為北美地區長久以來最常見、分布最廣泛的猛禽之一，將迅速面臨滅絕。

所幸這並沒有發生。一九九七年一月，正值南半球的盛夏，當我加入布萊恩的團隊並和他們一起第三度回到彭巴草原時，事情正朝著積極的方向發展。以美國鳥類保育協會為首的多個鳥類保育團體已經與製造商達成協議，同意將亞素靈撤出市場。阿根廷政府迅速禁止了這種化學藥劑在蚱蜢防治上的使用，回購農民手中現有的存貨，並發起了一場大型教育活動，向大眾宣導有關猛禽所面臨的生存威脅。每個人都屏氣凝神，等著見證這場災禍是否終將平息。

我們的行動基地位於查尼勞牧場（Estancia La Chanilao），這座美麗老牧場的主人是位名叫阿古斯丁．拉努塞（Agustín Lanusse）的中年男子，他的身材高瘦、目光如炬，留著黑鬍鬚與日漸稀疏的頭髮。起初，我以為他就是當地一個尋常牧場主，但很快我發現他的背景比想像中還要曲折離奇許多。阿古斯丁的叔叔是那位有名的阿根廷將軍——亞歷杭德羅．阿古斯丁．拉努塞（Alejandro Agustín Lanusse），他是該國一九七〇年政變之後掌權的軍政府成員之一。拉努塞將軍擔任了兩年的總統，重新建立了自由、直接的選舉制度，卻在一九七三年的選舉中被徹底擊敗，在那之後他促成了和平的政權轉移。在他晚年時，拉努塞將軍曾出庭作證反對軍方從七〇年代中期到八〇年代中期所發動「骯髒戰爭」（Dirty War）。他的侄子阿古斯丁對政治生涯和家族遺產毫無興趣，直到他和來自拉潘帕牧場家族的妻子結婚之前，他都在巴塔哥尼亞的偏遠地區擔任牧羊人和保護區管理員。當一九九五年布萊恩和他的同事第一次出現在查尼勞牧場時，他的妻子才剛去世不久。儘管心中充滿悲痛，阿古斯丁在接下來的幾年裡仍是孜孜矻矻地與布萊恩的團隊一起工作。與美國研究者一樣，他也十分關切這種殺蟲劑所帶來的致命代價。

我在拉潘帕的時光既奇幻又令人筋疲力盡。粉白相間的紅鶴以及從加拿大極區遷徙而來的鷸鴴類一群群地聚集在波光粼粼的湖泊周圍，打破了黃豆田和牧場的單調景致。當成群的美洲鴕（鴕鳥的南美洲近親）衝過我們面前的土路時，我們好幾次被迫踩下煞車。長脖子和長腿讓牠們看起來就像披著羽毛圍巾的恐龍。我睡在牧場附近一小片樹蔭下的帳篷裡，凌晨三點起床幫忙架設套索陷阱（bal-chatri trap），這是一種布滿單股絞線套索的小金屬網籠。這種陷阱使用活老鼠作為誘餌，然後被放置在*monte*附近的田野裡。黎明時分，空氣中瀰漫著濃郁的桉樹氣味，鵟會從樹上滑翔而下，成百上千地聚集到這些田野中，等待陽光加熱地面產生的熱氣流將牠們帶往天空。儘管在阿根廷，斯溫氏鵟主要以大型昆蟲（尤其是蚱蜢和蜻蜓）為食，但畢竟不吃白不吃，許多鵟還是會去抓誘餌老鼠，然後牠們的一隻腳便會被套住、困在陷阱上。牠們會被繫放、採集血液和羽毛樣本，以了解牠們接觸了哪種毒素；我們甚至會用酒精清洗牠們的腳，之後再透過氣相層析（gas chromatograph）分析洗下來的酒精，以評估牠們抓取過的東西上有什麼化學物質。

晚上，在宿舍洗完澡後，我們通常會聚集在牧場房屋前的草坪上，共享幾瓶冰涼的、裝在長長瓶子裡的當地啤酒。溽暑的濕氣在瓶上凝結成一串串水珠，我們準備觀賞表演，愈來愈多的鵟從四面八方飄過來，聚集在桉樹林的上空。有時牠們迎風懸停著，近乎靜止，層層疊疊布滿整片天空；有時則盤旋成雄偉的鷹柱，我們後仰著頭，看牠們直通令人眩暈的高空。與大多數猛禽不同，斯溫氏鵟在繁殖季以外的時間是高度群居性的，幾年前，當我在墨西哥東部的維拉克魯茲州（Veracruz）幫忙記錄該物種最大的遷徙瓶頸時，我們每小時可以數到數千隻正在南下的鵟從我們頭頂高高飛過。而我們在查尼勞目睹的情形甚至比那還要戲劇化好幾倍，在狀況好的夜裡，當大部分在這個區域度冬的斯溫氏鵟都聚集在查尼勞時，可能會有高達一萬隻猛禽同時出現在空中，這至今仍是我所見過的最令人敬畏的景象之一。夏日的太陽逐漸西沉，悶熱的天空轉為橘紅色，斯溫氏鵟一群群地滑落到樹上棲息；在森林昏暗的光線中，我在樹幹之間穿梭，聽見安頓下來準備夜棲的鵟在樹葉與樹枝間拍打翅膀、擺動與摩擦的聲音，還有腳底下那些乾枯的骨頭傳來的嘎吱聲響——那是仍埋葬在樹葉底下，兩年前死於亞素靈的數百隻鵟的遺骸。

我們和阿古斯丁、他的嫂子，以及他和前妻的三個十幾歲的女兒一起吃飯，這幾位纖細的年輕女性，當時已熱情地投入到我們的田野工作當中。桌腳在裝滿牛肉、馬鈴薯和水煮蔬菜的盤子底下發出痛苦的吱吱聲，香菸的雲霧在我們四周繚繞。由於拉努塞一家直到晚上十點或十點半才開始吃飯，加上野外工作不允許我們在當地傳統的午睡時間打盹，所以隨著時間推移，我們的睡眠愈來愈不足。到了最後，我們個個精神困頓、反應遲緩，感覺就像在黏稠的糖漿中游泳一般。

儘管如此，在彭巴草原上那個月的時光過得飛快，每天都有不同的任務，包括與阿根廷研究生索尼婭・卡納維利（Sonia Canavelli）一起追蹤攜帶無線電發報器的鵟，以了解牠們每天要飛行多遠去捕獵；或收集牠們反芻吐出的食繭——那是核桃大小、由幾丁質昆蟲碎片構成的粉紅色易碎團塊，用於分析以確認鳥類的食性；以及開車行駛在貫穿平坦景觀、綿延數英里的網格狀泥土路上，在其他莊園中尋找度冬斯溫氏鵟的聚集地。在彭巴草原這些塵土飛揚的小鎮上，我們看到了向農民宣導保育斯溫氏鵟、避免使用亞素靈的海報和標語；我們遇見了配戴由阿根廷保育組織和政府發放的、象徵支持保育的徽章的人；我們接受了電視台和報紙的採訪，並在當地發展出異常的知名度，導致我們經常在街上被民眾攔住，甚至有一次一位滿面春風的老奶奶遞來一個哭鬧的嬰兒要我們親吻。某天，在經歷了六、七個小時炎熱又塵土飛揚的公路調查後，我和一位學者在當地的一個牧場停車打探有關鵟的消息，我們遇到的那個工人一聽立刻就來勁了，他露出燦爛的笑容，對麥可．戈爾茨坦（Mike Goldstein）的提問熱情地點頭回應：「*sí*、*sí*。」接下來是一大串我聽不懂的、連珠炮般、帶有阿根廷口音的西班牙語，儘管期間我捕捉到很多次「*aguiluchos*」——這是指鵟這類小型猛禽的意思，還有一些手勢提到了我們進行中的繫放工作所用到的腳環。多麼美好啊，我想，這是保育理念影響深遠的另一個例子。但直到我們回到車裡，麥可才酸溜溜地解釋道，剛才那傢伙是在興致勃勃地說明他有多麼喜歡射擊這些猛禽，以蒐集牠們配戴的「手鐲」。我才意識到，在這片遙遠的土地上，危險並不僅是化學藥劑而已。

我們每天都擔心著接到阿古斯丁的牧場主朋友打電話來通知壞消息，說又有大量的鵟被化學藥劑殺死。但那樣的電話從來沒有打來過。那是潮濕的一年，蚱蜢並不構成太大的威脅；農民們已吸收了公關活動的教訓，並在噴灑農藥時改用毒性較小的化學藥劑。數年時間過去，自阿根廷傳來的消息一直是正面的，我們這才放下心來。回到加州，那些斯溫氏鵟成群消失的冬季已成為過去。我與布萊恩．伍德布里奇保持聯繫。幾年後，我聽說他離開布特谷，去了美國魚類及野生動物管理局研究北方斑點鴞（northern spotted owl）——這是一個比斯溫氏鵟更具政治色彩和挑戰性的主題。再後來，他成為該機構負責金鵰保育工作的團隊成員。儘管布萊恩離開了團隊，但其他研究生接過了他的火炬，持續維繫並擴展他長期以來進行的斯溫氏鵟研究。幾年前，我在一個猛禽研討會上遇到了其中的一位，那時距離我那段阿根廷歲月已經過去十五年了，他便是克里斯・文納姆，一位肌肉發達、留著金色寸頭的博士生。「明年夏天我們繫放雛鳥時你應該要來。」他說。「布萊恩也會去，彼得、凱倫、所有的老成員都會來幫忙。那會是一次大團圓。」最棒的是，布特谷的鵟已經從殺蟲劑導致的族群谷底中慢慢恢復了，實際上牠們的數量已經翻了一倍。他說，下一季的數量應該會再創新高。

這顯然是個好消息——畢竟現在關於候鳥的好消息很難得。於是隔年夏天，我在俄勒岡州梅德福的機場租了一輛車，穿越煙霧瀰漫的野火南下，期待著與數十年來支持著這獨立山谷中的猛禽的科學家們一起慶祝這場勝利。儘管這樣說沒錯，但這同時也是個與他們一起展望未來不確定性的機會：這樣的樂觀還能夠持續多久？這個問題困擾著每一位試圖在這快速變遷的星球上守望候鳥的人。二十年前，在全球的共同努力下，大家將斯溫氏鵟從單一而明確的危機之中拯救出來，並慶祝了這場實至名歸的保育勝利。如今，熱愛著斯溫氏鵟的人們欽佩這種鳥的適應能力，並對於牠們可以在許多人為地景中繁衍茁壯這點感到欣慰。但我也聽說了一些新的隱憂——有些新的威脅是龐大而發散的，例如氣候變遷和乾旱，有些則較為具體且令人意想不到。我的意思是，說真的，又有哪個猛禽生物學家能料想到，某天他們會為了美國人對全年都要吃到草莓的渴望，而無法安眠呢？

布特谷斯溫氏鵟的故事，既包含牠們在阿根廷幾乎被趕盡殺絕的經歷，也展現出牠們在更廣泛層面上、幫助人們認識遷徙性猛禽生態的重要性。這是個橫跨數十載、講述了科學與鳥類譜系如何一脈相承、環環相扣的故事。儘管布萊恩・伍德布里奇與谷裡的鵟的關係最為密切，但他既不是第一個、也不是最後一個研究牠們的科學家。過去的四十多年以來，從某種意義上來說，在加州的這個角落工作過的研究人員與他們的團隊已經傳承到了第四代。這次，其中的許多人來此相聚幾天，是為了幫助這一脈的最新成員克里斯・文納姆進行野外工作。正如克里斯所說的，這就像是某種大團圓。

彼得・布魯姆（Pete Bloom）是這些人當中的元老，也是西部猛禽生物學界的傳奇人物。西部的每一種猛禽，從體型嬌小的美洲隼（American kestrel），到（最著名的）加州神鷲（California condor），彼得幾乎都和牠們與打過交道。在一九八〇年代，當他參與神鷲的復育計畫時，這些大型的禿鷲因為鉛中毒和DDT所導致的蛋殼變薄而瀕臨絕種。他是負責在南加州山區捕捉最後幾隻野生神鷲的生物學家之一，

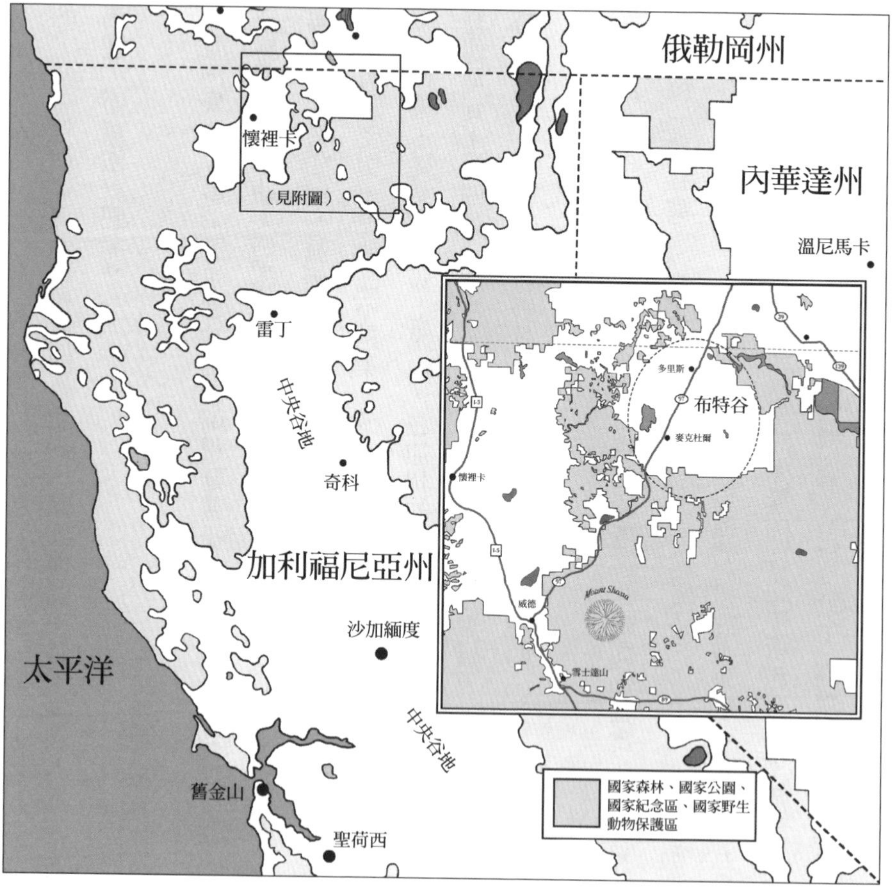

北加州的布特谷及其周圍環境。

為此他曾在小牛屍體旁的偽裝坑裡連續蹲守了幾天或幾週，準備隨時把手從一個狹窄的縫隙裡伸出來、抓住下來覓食的神鷲的一隻腿——差不多就是過去美洲印第安人為了羽毛捕捉金鵰時所使用的方式。在一九八七年的復活節星期日，布魯姆抓到了最後一隻自由飛翔的神鷲，一隻被稱為「AC9」的雄鳥，不過在當時的情況下，他和他的同事們在屍體誘餌上使用了由火藥推進的砲網，而非採用傳統的原住民技藝。AC9被圈養了十五年，在二〇〇二年被野放回原本的地盤之前，牠一共繁育了十五隻幼鳥，這些幼鳥後來成為了這個成功的圈養繁殖與再引入計畫當中的一分子。在野外繁殖出更多的幼鳥之後，AC9最終在二〇一六年消失——推測是死了，儘管他的屍體從未被發現。到那時候，已有兩百七十隻神鷲生活在野外，還有近兩百隻被圈養著。一九八七年那天所拍攝的模糊影片顯示，砲網在數十隻渡鴉和一隻巨大的神鷲頭頂上炸開並呈弧形降下，結實而瘦削、蓄有濃密黑髮與鬍鬚的布魯姆從坑里衝了出來，奔向這隻大鳥。鏡頭切換到近景，只見他和另外兩位生物學家抱著大鳥的黑色翅膀和橙紫色的腦袋，然後將牠安置在一個大狗籠中，踏上前往動物園的旅程。

布魯姆於一九七〇年代末開始在布特谷研究斯溫氏鵟，那本是加州漁獵局（California Fish and Game）在全州範圍內執行的普查的一部分，而他仍然幫忙留意著牠們。儘管斯溫氏鵟在其大部分分布範圍內仍然很常見，但在過去的一個世紀中，某些區域性族群數度出現了無法解釋的巨大崩潰。在一八九〇年代，薩斯喀徹溫省的大草原上到處都有牠們的蹤跡，但二十年後，斯溫氏鵟就從那裡消失了；在白人定居後的幾年內，蒙大拿、亞伯達和曼尼托巴的部分地區也出現了類似的族群下降或局部滅絕，這些情況或被歸咎於拓荒者的迫害，或僅僅被視為一種神祕現象。在許多這樣的地區中，斯溫氏鵟的數量會在之後回復，但很少有地方像加州那樣出現如此明顯的、或是永久性的下降。除了中央谷地和東北邊大盆地附近的鄉下，斯溫氏鵟從整個州完全消失了，其中也包含了布特谷。布魯姆的調查使得加州在一九八三年將斯溫氏鵟列為受威脅物種，該調查指出牠們在該州的族群已從歷史數量下降了超過百分之九十——從一萬七千多對減少到僅四百對。布魯姆曾經提出一個預測，後來被證實非常有先見之明，他推測在度冬地使用的殺蟲劑可能會是個影響因素。

布萊恩．伍德布里奇於一九八一年登場，他被聘請來研究該地區的遊隼，然後基本上是在遊隼季結束時，被「借」給了布魯姆以協助他進行斯溫氏鵟的研究。「彼得告訴我：『學會爬上鳥巢，盡量不要自殺』，然後基本上就讓我自己摸索了。」布萊恩回憶道。他的工作有很大部分需要從懸崖邊垂降到隼和鷹的巢中。「當我完成當季的遊隼監測時，我會四處閒逛，看看斯溫氏鵟的狀況。我在這裡和國家森林局（Forest Service）的學者成為了朋友，於是隔年他們給了我一份監測蒼鷹（northern goshawk）和斯溫氏鵟的工作。」在接下來的二十一年裡，他繼續為國家森林局工作，進行猛禽的研究。在布萊恩任期的尾聲，他聘請了內華達大學的碩士生克里斯・布里格斯（Chris Briggs）任職研究技術人員。而這作為布里格斯日後博士研究的一部分，他們開始為能找到的所有雛鷹繫上色環，這為該研究帶來了戲劇性的新轉折，我們將會在後面看到。二〇〇三年，當伍德布里奇離開美國魚類及野生動物管理局時，斯溫氏鵟計畫由布里格斯完全接手，而他又聘請了另一名碩士生——克里斯・文納姆。在我造訪時，布里格斯正在紐約的一所大學任教，而當時文納姆正在領導這個計畫，同時攻讀自己的博士學位。

正是從這些科學家的世代相承之間，一項關於斯溫氏鵟血統與譜系的研究孕育而生。因為布萊恩・伍德布里奇（和在他之前的彼得・布魯姆）對布特谷的鵟進行了長期而穩定的記錄，其中許多個體已經被布萊恩捕捉過，並以帶有各種顏色與數字組合的腳環進行繫放（這些腳環從遠處就可以輕鬆地被辨識），使他得以在一九九〇年代發現阿根廷的殺蟲劑正在造成傷亡。但是，當布里格斯（現在是文納姆）也開始對雛鳥進行色環繫放時，一個其中每隻個體都能一眼被識別、並可追溯其譜系達好幾世代的斯溫氏鵟族群便由此產生。地球上幾乎沒有其他地方進行過如此大規模的研究，而這使得研究人員能夠提出並回答許多過去令人費解的、與遷徙性猛禽的生態有關的問題。

當我抵達時，布里格斯已經在現場幫忙了。他的鬍子染上了些許斑白，正為自己不再需要整個夏天都泡在野外而增加的體重感到遺憾；布魯姆、伍德布里奇和其他幾個人則預計於當天晚上抵達。第一個上午，布里格斯和我謹慎地看著文納姆爬上糾結的枝條，那棵刺柏高大得足以俯瞰布特谷。當雌鳥俯衝時，布里格斯大聲警告，而我則站在離巢有一段距離的位置，以防幼鳥驚慌失措而逃出巢外。儘管牠們還不太會飛，卻可以輕鬆地滑翔很長一段距離。在另一側看著的是我們野外工作團隊的第四名成員，是布里格斯在紐約漢彌爾頓學院（Hamilton College）的學生之一，她名叫阿米莉亞・波伊德（Amelia Boyd），是這個持續開枝散葉的科學家族樹上的最新分支。在文納姆放下一個裝有幼鳥的藍色帆布肩背袋後，阿米莉亞將幼鳥懷抱在膝上，為牠繫腳環、秤體重和測量各種形質。這隻幼鳥幾乎是成體大小了，但翅膀和尾部的羽毛還在生長；牠出奇地平靜，安靜而自在地仰躺在電子秤上，或者耐心地蹲在一旁，等待阿米莉亞完成文書工作。

完成山坡上的巢之後，我們開了一陣子車，然後徒步穿過一片平坦的金花矮灌木和鼠尾草，來到了另外一個巢。這個巢大約有四、五十英尺高，位於一棵枝葉茂密的球形刺柏中。親鳥盤旋著、尖叫著表達牠們不滿，一如既往；體型明顯較大的雌鳥和我們離得最近。儘管沙漠的酷熱將在接近中午時達到華氏一百〇四度，阿米莉亞還是扣好了她的長袖襯衫、戴好安全帽與手套，然後爬上了樹。「爬這些刺柏就像在爬梯子。」文納姆告訴我。「很簡單，但會弄得一蹋糊塗。」他的野外工作服說明了這一點——厚重的帆布牛仔褲破爛不堪、襪子從靴子的破洞中露出，還沾上了聞起來像貓尿的樹液。當阿米莉亞的頭從樹冠的縫隙中冒出，那隻巨大的暗色雌鳥見機會來了，瞬間翻身斜撲了過來。「牠來了……快閃！」當鷲從她身旁一兩英尺處呼嘯而過時，文納姆大聲喊道。

「牠在哪？」阿米莉亞喊道，焦急地環顧四周。阿米莉亞是一名醫學預科生，因為喜歡攀爬活動而應聘了該計畫的研究技術人員，但稍早前她已承認，對於有可能會在離地五層樓高的地方、被腳上長著八支利刃的大鳥擊中頭部，她確實有點被嚇壞了。「牠在你上面很高的地方盤旋。」文納姆大聲喊道。「你不會有事的。」一兩分鐘後，阿米莉亞已把巢中唯一的幼鳥裝進袋裡，然後迅速下降到安全區域。

一旦幼鳥落至地面，親鳥就慢慢飛離了。三人迅速地處理了幼鳥，阿米莉亞從牠翅膀的靜脈中抽取了一點血液，之後她會檢查血中是否有寄生蟲並分析免疫細胞的比例。在一些鳥種中，該數據有助於預測幼鳥是否能存活到繁殖階段。但這隻幼鳥左腿上的那枚從遠處也能輕易辨識、帶有白色雙碼編號的綠色腳環，才是令這項長期研究具備非凡價值的關鍵。在最初幾年，布魯姆和伍德布里奇為所有他們所能抓到的成年斯溫氏鶇都繫上了色環，但當布里格斯在二〇〇八年接手時，他將這項計畫，擴大到幾乎包括每年他們能在這十乘二十英里大的山谷中找到的每一個巢中的每一隻幼鳥。這是一項艱鉅的任務，迄今總計已有近一千一百隻雛鳥被繫放。結果就是，現在這個巨大山谷中，有超過四分之三的斯溫氏鶇成鳥都戴著色環，成為全世界被標記比例最高的族群之一。科學家們可以據此判斷哪些個體已經返回、哪些個體已經消失、牠們是否挪動了領域、誰與誰配對、而誰又已經與牠們的長期配偶分開。最重要的是，布里格斯和文納姆現在可以為山谷中的斯溫氏鶇繪製族譜，追溯其橫跨不同世代與支系的血緣，而這也為斯溫氏鶇的生物學和行為學研究帶來了許多意想不到的見解。

舉例來說，他們了解到這個小小的繁殖族群對牠們的家園極度忠誠，除了距離僅幾英里遠、相鄰的克拉馬斯谷（Klamath Valley）之外，布特谷的繫放個體很少出現在其他地方，而且已配對的鶇會年復一年地返回到同一個巢位，就算周圍的棲息地已變得不再適合繁殖。這分令人無法理解的固執，布里格斯認為，有可能是斯溫氏鶇那與眾不同的遷徙方式所導致的結果。他告訴我：「也許，在高度機動性和卓越的遷徙距離背後，是當牠們回到繁殖地時，牠們沒有時間尋找新的棲地。」不管原因是什麼，斯溫氏鶇對於新棲地和新機會的反應異常地緩慢，即使到了今天，該物種也僅僅在布特谷南邊的部分地區緩慢拓殖當中，這些地區在一九九〇年代以前曾被灌溉用水所覆蓋，但現在成為了一大片良好但尚未被充分利用的棲息地。

研究人員還了解到，儘管大多數配對僅貢獻出少數存活到繁殖年齡的後代，但幾乎所有活到成年，並能返回築巢的幼鳥，都是由其餘三分之一的築巢雌鳥所產下的。「這真的是只靠少數幾個個體在驅動整個族群。」文納姆說道，同時摘下安全帽、揉揉自己的短髮，「牠們是超級媽媽，僅僅幾個巢就生產出大部分的補充個體（recruits）」——生物學術語，指的是存活下來進入成年階層的年輕個體——「然後其他大部分都是砲灰，牠們實在沒有太多貢獻。這真的很有趣，有些地域數十年來每年都被占據，而另一些則隨著時間推移而變化；有些配對生出了大量的幼鳥，但其中只有很少的個體能存活到回來繁殖。我們仍然不清楚是什麼因素造就了這些超級媽媽，是因為她們能夠吸引到更有經驗的雄鳥嗎？還是因為牠們能佔領到一塊好地盤，就只是運氣好？在今年早些時候，有一篇名為〈靠實力還是靠運氣〉（Pluck or Luck）的論文發表，那項研究試圖弄清楚，為什麼有些鳥是好父母而有些不是。而他們的結論是：大部分都是靠運氣。但我不知道。」

與東部更遠處的族群不同，加州的斯溫氏鵟主要是暗色型的。「型」（morph）這個專有名詞指的是單一物種中色彩變異的調色盤。在斯溫氏鵟廣泛的分布範圍中，淡色型個體是大部分地區的常態：奶油色的腹部、深棕色背部、像戴著劊子手兜帽一般的深棕色頭部與白色下巴、以及炭灰色的翼羽。不過，在布特谷中，長這樣的個體只佔族群的不到一成，其餘的鵟均是暗色型或赤色型，牠們呈現出迷人且高度變異的肉桂色、栗色和桃花心木色調。為什麼會這樣？而又是為什麼有這麼多其他的近緣物種，如紅尾鵟、王鵟（ferruginous hawk），甚至巨翅鵟（broad-winged hawk），均表現出類似的由東至西、由淡至暗的色型梯度？這個多年來一直令布里格斯深深著迷的問題，目前尚未得到解答。但因為他知道布特谷中每隻鵟的家族史，布里格斯可以證明，儘管雌性斯溫氏鵟似乎並不關心牠們配偶的顏色，雄性卻非常在意。牠們傾向選擇與自己母親具有相同色型的雌性——即所謂的「伊底帕斯情結」（Oedipal complex）。有趣的是，如果雄性選擇了與其母親的色型不相符的配偶，那麼牠們一生中所生下的幼鳥數量便會顯著較少，就連壽命都比平均短。

「這是否意味著那些雄性的質量很差，牠們就是無法吸引到那些牠們認為有吸引力的雌性？或者牠們（被迫）移動到山谷外圍，而進入了某些品質糟糕的棲地？又或者牠們只是不願意投入努力在自己覺得沒有吸引力的雌性身上？我們不得而知。」布里格斯說。一種可能性是，各種色型或許是鳥類免疫系統某些方面的可見表達。「這可能與某種MHC相容性有關。」布里格斯這麼說，然後注意到了我的困惑。

「MHC——主要組織相容性複合體（major histocompatibility complex）。」他解釋道。MHC是一組在細胞中編碼蛋白質的基因，這可以讓身體的後天免疫系統用來識別外來入侵者並觸發免疫反應。MHC基因有著極高的多樣性，而從魚類到小鼠、再到人類等各種生物的研究皆表明，交配行為最常發生在MHC基因組差異最大的個體之間。（例如：當女大學生被要求嗅聞男大學生穿過的T恤，並從中挑選哪些對她們最具吸引力時，女性幾乎總是選擇那些與自己MHC非常不同的男性。）「也許斯溫氏鵟的色型是牠們MHC的一種可見指標。」布里格斯解釋道。目前這只是個猜想，但從阿米莉亞採集的血樣或許能解釋，如果你是一隻雄性斯溫氏鵟的話，為什麼「你會想要一個女孩、和那個嫁給你的親愛老爸一樣的女孩」。選擇和自己免疫複合體不合適的配偶，可能會有損於你的繁殖成功。基於世界上很少有其他地方的猛禽族群受到如此密切的追蹤，那些關於為什麼存在超級媽媽、色型是否揭示著某些與健康有關的重要資訊，以及其他更多相關的問題，布特谷可能是唯一有機會提供解答的地方。

文納姆和他的團隊在這一季找到了將近一百個巢，創下了新紀錄，但就生產力而言，這卻遠非標誌性的一年。這是一個乾燥的夏天，而這似乎導致了嚙齒動物的數量下降，尤其是在山谷中的原生草原上、多數繁殖失敗案例發生的地方。像這樣的起起伏伏對嚙齒動物和猛禽來說是正常的，但在布特谷中，斯溫氏鵟還有這樣一條命脈——中樞灌溉機具周圍的紫花苜蓿田。在一片乾枯景象之中，這些亮綠色的圓圈是地松鼠的完美棲息地，牠們在這裡的密度高達驚人的每英畝一百三十三隻。由於地松鼠可以吃掉多達百分之四十五的苜蓿產量，農民們視牠們為災禍，並歡迎獵人們多多利用這些嚙齒動物鍛鍊準頭。他們每年春天都會射下數千隻的「吱吱」（貝氏地松鼠〔Belding's ground squirrel〕，最常見的物種）和「長尾巴的」（加州地松鼠〔California ground squirrel〕）。然而，嚙齒動物也為包括斯溫氏鵟在內的許多猛禽提供了基礎獵物來源，這解釋了為什麼這一個地區，包含加州東北部與相鄰的俄勒岡州，會成為美國猛禽最密集的地區之一。[1] 這天收工後，我們開車駛上九十七號公路，這條繁忙的卡車路線穿過山谷通往加拿大的邊境。文納姆開始詳細介紹當地的猛禽群落：「那邊那棵樹上有一對斯溫氏鵟，牠後面的那隻是紅尾鵟，而且……」他指著雙向車道的對面，「那邊有一塊斯溫氏鵟的地盤，我們叫它BLM松樹一號。在它西邊那棵矮矮的樹是另一隻叫作「袋鼠船長」的斯溫氏鵟的巢區……我需要改一下對那片領域的稱呼。我們現在才走了不到一百碼而已。你不得不說斯溫氏鵟和紅尾鵟在布特谷過得還不錯。」在布特谷中，一隻斯溫氏鵟所佔據的領域平均約有一千英畝，而在加州其他地區，領地面積可能是那個數字的十倍。這充分說明了當地食物的豐富程度。

如果說，在布特谷這四十多年的研究證明了什麼，那就是鵟、齧齒動物和紫花苜蓿之間的基本關係。但這個山谷也並非一直是松鼠或牠們天敵的天堂，過去，當摩多克（Modoc）、克拉馬斯（Klamath）和雪士達（Shasta）等印地安部落還居住在這裡時，布特谷的一百三十平方英里曾是一片廣闊的濕地，艾樹形成的小島點綴其間。這樣的棲息地非常適合遷徙性水鳥（當地人會在牠們不能飛的換羽期間狩獵），但對於斯溫氏鵟這類草原性猛禽，這裡不過是邊緣棲息地（marginal habitat）。然而，自一八六〇年代起，白人拓荒者開始將莎草沼澤排乾並改造為農田和牧場，他們迫使印第安人離開，卻為斯溫氏鵟敞開了一扇大門。在二十世紀早期的大部分時間裡，馬鈴薯和牧草栽種（以及來自周圍山區的木材）是布特谷的經濟支柱，但當布萊恩．伍德布里奇於一九八〇年代來到布特谷時，這個市場正在衰退，而那些雜草叢生的老馬鈴薯田幾乎沒辦法為鵟與牠的獵物們提供足夠的食物來源。隨著聯邦對酪農產業的補貼結束，一九六〇、七〇年代曾在山谷中蓬勃發展的紫花苜蓿產業也隨之凋零——而紫花苜蓿正是關鍵所在。

「紫花苜蓿的產量有任何一點增加，斯溫氏鵟數量都會跟著增加。」那晚在野外工作人員租來的房子外，布萊恩坐在一張戶外折疊椅上，他是這麼告訴我的。「在斯溫氏鵟分布的每一個地方，牠們都會利用農業棲息地。這真的很神奇，這種鳥對農業棲息地的依賴程度——在布特谷幾乎是百分之百。這兩個群體：鷸和農民，無論好壞，都有著密不可分的關係。」彼得．布魯姆拉過一把椅子，加入了我們的談話。儘管濃密的頭髮和鬍子已經變成銀白色，彼得仍然保持著作為一位活躍的野外生物學家應有的強健體格。布萊恩也是，他說他已經六十一歲並退休了，儘管他的山羊鬍比我上次見到他時白了許多，但每次見面都覺得他的氣色愈來愈好。車門砰的一聲關上，隨之而來的是更多的擁抱和問候，凱倫．芬利（Karen Finley）是布萊恩第一次去阿根廷野外調查時的老助理，她從俄勒岡州的威拉米特山谷（Willamette Valley）開車下來，她和丈夫在那裡經營著大規模的養蜂和蜂蜜生意。

第二天早上，我、布萊恩和凱倫一起坐在克里斯．文納姆的卡車上，尋找著文納姆非常想抓到的，一對還沒上腳環的成鳥。我們發現那兩隻鳥停棲在相鄰的兩根電線桿上，於是我們緩慢但穩定地將車開上了那條碎石路。當我們經過牠們底下時，文納姆繼續開車，凱倫打開乘客車門、小心地丟下了一個裝有老鼠的套索陷阱，布萊恩則伸長脖子盯好牠們。我們剛走不到五十碼，那隻較小的公鳥就飛下了停棲處，牠斜斜地往下落、消失在路旁的高草叢中，所以我們趕緊在一個農場的空地裡迴轉，還因此被幾隻澳洲牧牛犬狂吠，然後才加速返回陷阱處。鷸在地上扑騰著，一隻腳被套索圈住，文納姆甚至都還沒停下車，布萊恩就雷厲風行地衝了出去，身影被我們疾駛而揚起的塵土所籠罩。布萊恩把他的襯衫拋到鳥身上、抓住牠的腿，然後他和克里斯解開套索，給雄鳥戴上了一頂優雅的皮革鷹帽，好讓牠保持安靜。

當我們正討論著如何設陷阱抓剩下的那隻雌鳥時，一輛四輪摩托車突然從後方趕上我們，駕駛是個上了年紀、飽經日曬的男人，剛剛那幾隻牧牛犬中的其中一隻正坐在他的身後。他叫湯姆（Tom），頭上戴著一頂黃色飼料帽，腰間佩戴著一個大大的傑克丹尼（Jack Daniels）皮帶釦。「我只是想確定你們不會進到苜蓿田裡……我對那些來射松鼠的不爽很久了。」他說。「他們用的跳彈（ricochet）會打穿那些灌溉管路，為了一個洞我還要花三百美元換一根新的。」文納姆向他解釋我們在做什麼，他們還聊了一會兒關於斯溫氏鵟的話題。不幸的是，克里斯有這種過度使用生物學術語的傾向，他在這種情況下仍使用了「公里」而非更容易理解的「英里」來描述斯溫氏鵟史詩般的遷徙，並談到了年輕的個體如何「補充」到族群當中。但他講到了重點——這些猛禽吃掉了很多地松鼠，而地松鼠是苜蓿農民的眼中釘。

「你們忙吧。」湯姆說，一邊爬上他的四輪摩托車。「我只是想知道是誰在這裡。」

我們很快就抓住了那隻雌鳥。現在兩隻鳥的左腳上都有一個金屬環，右腳上則是綠白相間的色環。我問起凱倫，這項研究自從二十年前她擔任野外助理以來有沒有什麼改變，她抱著雌鳥，毫不猶豫地回答：

「用色環繫放幼鳥……這帶來了很大的轉變。多年前，我們會說：『哦，那根桿子上有一隻戴金屬環的鳥。』然後就只有這樣了。但是現在他們可以讀色環上的編號並說，那是來自某某巢的二齡雄鳥。阿米莉亞可以回去檢視那隻鳥的基因，看看牠的家人是誰。」

「嗯，這些鳥就像家人一樣。」布萊恩說道，一邊檢查雌鳥的腳環是否合身。凱倫點點頭。「沒錯！牠們可能是以前我認識的鳥的孫子或曾孫。我猜他們應該是吧。」

當天，晚些時候，我和梅麗莎．杭特（Melissa Hunt）坐在文納姆的卡車上。她是美國地質調查局的一名生物技術人員，負責研究該地區的蒼鷹，並在有空時支援斯溫氏鵟的工作。當東南方的天空變暗、雨幕開始遮蔽雪士達山的景色時，我們為停在中樞灌溉機具上的一對鵟設置好了套索陷阱。當風開始輕撫起長草，氣溫驟降到華氏五十度，閃電劈啪作響地落在了谷底，也在視網膜上停留了彷彿無比漫長的幾秒鐘。雄鳥飛下來了兩次，但因為陷阱位於我們看不見的高草叢中，當我們第一次開著車慢慢靠近時，發現牠只是停在附近的地上，便馬上飛走了。終於，他第三次降落，當第一滴雨在擋風玻璃上飛濺開來時，克里斯和梅麗莎抓住了牠，牠被戴上鷹帽，然後被帶上了車。

雨下得很大，還夾雜著冰雹。「我們需要找到一個有遮蔽的棚子！」文納姆在嘈雜的雨聲中大喊，同時我們的車還在土路上顛簸行進、經過一些停放的設備，然後輪子打滑，煞停在一個高高的、側面敞開的牧草穀倉底下。當藍莓大小的冰雹染白地面時，其餘的工作人員也跟在我們後面擠了進來。我們被來自金屬屋頂的噪音所環繞，幾乎無法交談，部分交流還得透過手勢進行，不過鵟還是獲得了牠的腳環。當我們完成繫放工作時，大雨和冰雹都已經過去了。

「牠的老婆會說：『咦，你剛才去哪了？為什麼會這麼乾？』」布萊恩開玩笑說，然後又變得嚴肅起來。「這麼大的冰雹，我們可能已經失去了一些幼鳥。」因為牠們的骨頭很細、又是中空的，即便是像猛禽這樣的大型鳥類也可能被大顆的冰雹打至殘廢甚至死亡；如果雌鳥沒有用自己的身體護住幼鳥的話，牠們很容易因此死去。幸運的是，當我們把這隻鵟放回牠的領地時，雌鳥從附近的巢裡衝了出來。文納姆站在他的卡車貨床上用雙筒望遠鏡觀察，他能看到牠們巢中有至少一隻的幼鳥在動，看起來沒事。

在阿根廷與死神擦肩而過的二十年後，斯溫氏鵟不僅在布特谷蓬勃發展，牠們的族群在分布範圍內大部分地區都發展得欣欣向榮。與許多高度遷徙性的鳥種不同，牠們的數量似乎很穩定；而憑藉著演化上的運氣，牠們可以在一些人為改造的地景中繁衍生息，這使得牠們的數量甚至繼續增加。「這是一個非常適應農業的物種，在一些地區甚至能適應都市環境。」文納姆說。「如果世界人口像預測的那樣達到九十億，那麼我們不得不將僅存的土地大量轉變為農業用地。但這是一個在那種情況下仍然可以適應得很好的物種。」這是事實，但一九九〇年代的教訓仍記憶猶新——並非所有土地或所有農業對牠們而言都能夠適應良好。農田中的猛禽不僅面臨來自不當化學物質的特殊風險，還會受到耕作方式改變、土地開發壓力或市場波動的影響。畢竟，正是從傳統放牧型態轉換成栽種黃豆和向日葵等行栽作物，才導致了阿根廷的農藥中毒事件。在加州，沙加緬度（Sacramento）和聖華金谷（San Joaquin）有四分之一的城市發展建立在過去的灌溉農田上；此外，葡萄的種植面積自一九九〇年以來增長了一倍以上，而人們對杏仁和橄欖的需求也呈爆炸性成長。結果就是，葡萄園和其他果園破壞了中央谷地中許多曾經的斯溫氏鵟棲息地。與此同時，過度放牧和乾燥氣候也同時在降低其餘牧場棲息地的質量，使得鵟在農田以外的選擇愈來愈少。

人們不在加州東北部的高地沙漠種植葡萄，但在布特谷，這個曾經因為苜蓿的繁榮而極大程度地促進了山谷中斯溫氏鵟族群恢復的地方，新的熱門作物是草莓。在延伸至整個加州的草莓栽培產業鏈中，這個山谷儘管只是其中一個環節，卻是一個關鍵的環節。這是個勞力密集、極度仰賴運輸與化學藥劑的產業，其複雜到令人眼花繚亂的過程，就是為了讓成熟的草莓能在一年中的大部分時間裡出現在美國人的餐桌上。由基因選殖（cloning）的細胞團培養而來的植株首先在溫室中成長，然後被轉移到炎熱的中央谷地的田地中；接著這些植物被連根挖起、以卡車運往北方氣溫更為涼爽的布特谷。它們的分株（offshoots）被稱為「子株」（daughter plant），在這裡採摘和種植，並在寒冷夜晚和溫暖白天的刺激下開花。然而，在它們開花之前，它們會被再次運送回四百英里外的南方，然後重新種植，生產出那些大顆但味道相對平淡的草莓，填滿超市貨架。

文納姆說，布特谷大約從十五年前開始種植草莓，但直到過去幾年才真正開始快速發展。我看到了四分之一的田地，每片一百二十英畝，全被塑料布覆蓋著，殺菌劑從下方被泵入，如字面上的意思，將土壤中的細菌與微生物完全殺死，以為種植做準備。（我還看到數千捆灰白色的、從前幾季留下來的老舊塑膠布捲，它們在一些農場裡堆積如山，正在崩解、坍塌，看起來就像在陽光下融化的骯髒冰淇淋。）數百名農場工人在草莓田裡勞動，其中的許多人乘著連接翼狀裝置的拖拉機，該裝置的兩側分別可搭載六個人；工人們面朝下、趴在側翼平台上，離地一英尺左右，當拖拉機車隊保持陣型、緩慢沿著田壟移動時，趴著的工人們迅速而熟練地將花苞逐一掐掉，這樣植株便不會過早開花。

對猛禽研究者來說，最立即的擔憂是種植草莓所需的無菌田地環境。「沒有任何動物會利用這些草莓田。」文納姆說道。「松鼠不會、猛禽不會。什麼都不會。」目前，草莓生產大多侷限在山谷中幾千英畝的範圍內，鵟還有其他的選擇，但如果草莓種植範圍持續擴大，情況可能會改變，尤其草莓比紫花苜蓿更依賴抽水灌溉。布萊恩・伍德布里奇告訴我，目前的抽水量，在有冬季降雪的補充下，被認為是相對來說可永續發展的。但隨著氣候暖化，氣象學家預測加州的積雪將大幅減少。「如果某天我們的水用完了，我預計那會是個重大打擊。」文納姆說。從布特谷到阿根廷，斯溫氏鵟的歷史提醒著我們，隨著候鳥每前進一英里，沿途發生重大變化的可能性也會增加。儘管生物學家對斯溫氏鵟的未來抱持樂觀態度，但他們清楚，在這個日益暖化且經常乾旱的世界中，這些猛禽的命運與水資源有著密不可分的關係，就像農業一樣。

儘管我們對於斯溫氏鵟的生態和遷徙已經有了很多了解——這要歸功於四十年來在這個偏遠山谷裡持續進行的研究工作——但我們仍然有著許多知識上的缺口。讓文納姆和布里格斯感興趣的一個問題是，當幼鳥離開繁殖地時，牠們究竟去了哪裡，以及牠們是如何到達那裡的。在過去的四分之一個世紀裡，大多數戴上衛星發報器的個體都是成鳥，其原因有二：首先，大多數的斯溫氏鵟幼鳥（就像任何鳥類的多數幼鳥一樣）在離巢後數週或數月內死亡，成為天敵、飢餓、疲憊或意外之下的犧牲品。如果你在衛星發報器上投資了幾千美元，你肯定會想把它交給一隻最有可能存活並以數據回報你的鳥身上——意思就是，一隻成鳥。但從一個不那麼自私的角度來看，研究人員通常會避免在幼鳥身上裝發報器，是因為這些鳥所面臨的情勢已經相對不利了。背包式發報器雖然輕巧，但對於缺乏經驗的年輕個體來說仍可能成為打破其生存平衡的額外負擔。基於這些因素，僅有非常少的斯溫氏鵟幼鳥曾被追蹤過。

「我們對斯溫氏鵟的了解不少，尤其是發生在山谷裡的事，但幼鳥是個難解的謎團。」那天晚上文納姆告訴我。「意思是，牠們生命之中的兩、三、四年時光，對我們來說都還只是一個大問號。」僅有的極少證據表明，這些幼鳥會在春天時從阿根廷返回，但文納姆表示，如果知道有些斯溫氏鵟幼鳥會像魚鷹（osprey）一樣先在南美洲停留個一兩年、直到成長至可以繁殖的年紀之後再回繁殖地，他也不會感到太意外。曾經，文納姆得以在六隻布特谷的年輕個體身上安裝衛星發報器，但其中只有兩隻活得夠久，可以向南遷移並成功返回；另外的其中兩隻甚至未能活到離開山谷。但是來自這些存活的年輕個體、以及其他追蹤成鳥的數據顯示，當斯溫氏鵟穿過美國西南部進入墨西哥時，牠們也在鎖定有中樞灌溉系統的地方，就像在家鄉時一樣。這條充滿紫花苜蓿和囓齒動物的高速公路，將一路通往彭巴草原。

然而在那之後，我們一直相當技術性的話題卻急轉直下，給了我沉重的一擊。克里斯．布里格斯正在解釋十年前、當他還在攻讀博士學位時，他是如何前往阿根廷並希望在那裡誘捕一些斯溫氏鵟的。他當時的目標是檢驗牠們血液中的化學同位素和壓力荷爾蒙；這可能在生物學方面能提供重要的啟發，但在學術外皮底下，隱藏著的是這位猛禽狂熱者的興奮之情，他終於有機會親眼看到我們在九〇年代末見證的壯觀景象——由數千隻斯溫氏鵟群聚盤旋形成的鷹柱。但問題是，他找不到這些鵟，或者是說，沒有找到很多，完全跟他預期的不一樣。「我們在那裡就是找不到鳥。我們在兩星期內見過的最大鳥群可能只有幾百隻斯溫氏鵟。我們去了所有你們去過的、包括查尼勞還有其他地方。且因為鳥群都不是很大，我們整趟只抓到了三隻鳥，而且我告訴你，那三隻還是費盡千辛萬苦才抓到的。」

「天啊！」我震驚地說道。在牧場的那些夜晚，看著不計其數的鵟聚集在一起的畫面，是我此生旅行與鳥類探險經歷當中最為寶貴的一段回憶。我內心有一部分一直懷揣著希望，希望有一天能回到那裡，站在潮濕的夏日黃昏中，再次觀賞當年的壯麗場景。但那種景象可能不復存在，這就像得知一個意外的死訊一樣，我的心彷彿被掏開了一個大洞。

「真的很遺憾，克里斯。那真的是很令人驚嘆的景象。」

「噢，當我準備去那裡，並想著終於能親眼目睹這一切時，我簡直無法形容當時的我有多興奮。」布里格斯說，他的肩膀垮了下來。「我不想說看到幾百隻鳥是令人失望的，但……」他的話音漸漸聽不見了，然後他搖了搖頭。「誰知道呢？或許還是有大的鳥群，只是我們不知道牠們在哪裡。那裡給我們的感覺是，斯溫氏鵟只是比較分散，牠們並不是都在拉潘帕北部的核心區域，也就是你們當年看到牠們的地方。」他說，目前沒有大規模死亡的跡象，也沒有顯示族群數量下降的證據。也許一九九〇年代，我和我的伙伴們只是幸運而已，也許是諸多巧合下造就的結果，像是蚱蜢的大爆發帶動了致命殺蟲劑的使用，進而促使斯溫氏鵟集中在彭巴草原的那一個區域。我們所認為的典型，可能其實是個例外，甚至可能是史無前例的。

我們不得而知。而這正是候鳥研究的美麗與哀愁。還有很多事情等著我們去做。即使有了日新月異的科技發展、科幻感十足的遙測技術、大數據分析、雷達、衛星發報器，以及其他各式各樣的嶄新技術與工具，對於鳥類遍布全球的遷徙旅程，我們所不知道的仍遠遠超過我們所知道的。世界很大，儘管人類無所不在，但我們並非無所不知。在遠方某片遼闊的大地，無數里程從牠們雙翼底下掠過，那裡還藏有許多祕密，而只有鵟自己才知道了。

註釋

1 鉛中毒是對猛禽的嚴重威脅。當紅尾鵟、白頭海鵰、金鵰、渡鴉和其他鳥類撿食被射殺並棄置的地松鼠屍體時，牠們常會因此承受極高的鉛含量。不過由於主要的松鼠射擊季節是在春季，那時遷徙性的斯溫氏鵟尚未返回布特谷，因而逃過了鉛中毒的劫難，是真正意義上地「躲過一顆子彈」（dodge a bullet）。對加州所有猛禽來說，值得慶幸的是，一項領先全國、在全州範圍內禁用鉛彈的法令在二〇一九年正式生效了。

第八章

陸棚之外

看看地圖，你會發現外灘群島形成了美國東海岸的突出下巴，像是一個自大的拳擊手，邀請著每個經過的颶風，朝它揮拳。長年以來，無數的暴風雨侵襲了這條細長的屏障島鍊，它從維吉尼亞州東南部延伸兩百多英里進入北卡羅萊納州，由北至南包圍了奧伯馬灣（Albemarle Sound）和柯里塔克灣（Currituck Sound），以及東岸最大的潟湖——巨大的帕姆利科灣（Pamlico Sound），共計覆蓋三千多平方英里的水域。在沿著十二號高速公路的長途行駛中，途經卡羅拉（Corolla）、馬頭（Nags Head）、羅丹薩（Rodanthe）和巴克斯頓（Buxton），你仍可看到那些暴風雨席捲後的痕跡。在外灘群島其間的許多地方，島嶼已經只剩不到半英里寬、高度距海平面不過幾碼；隨著海平面上升和暴風雨肆虐，加上農用排水溝渠與運河的推波助瀾，海水不斷向內陸推進，並殺死了沿岸的樹林，在其身後留下一片死灰色的「幽靈森林」（海水也經常在颶風期間沖毀十二號公路的部分路段，直到這條作為外灘地區旅遊業命脈的公路被匆忙地重建起來。）

儘管這樣的地理條件使得屏障島這根歪曲手指在颶風和熱帶風暴的侵襲之下十分脆弱，卻也使它成為了任何對海鳥遷徙感興趣的人心目中的聖地。正因為它的位置，特別是在外灘最南端的哈特拉斯村（Hatteras）附近，這裡位處大陸棚及遠處深水區與陸地距離最近的邊緣，是最容易從岸邊觸及墨西哥灣流的地方。從這裡出發的，是通往一個迥然不同的世界的捷徑，那裡是遠洋遷徙者的世界。像是歐洲的雨燕，一年中有八九個月都飛行在空中，幾乎完全斷絕與陸地的聯繫；這些遠洋海鳥，如水薙鳥（shearwater）、信天翁、海燕（storm-petrel）等等，牠們的季節性移動，是關於遷徙的最深奧的謎團之一。在一些案例中，我們無法確定牠們究竟棲息在哪個半球，更令人驚訝的是，我們甚至對於外海還有哪些未知物種，一無所知。

在八月的旅遊旺季，即使是平日，沿著外灘群島開車也會是一段漫長的旅程。在龜速通過觀光小鎮和紅綠燈以及那些擠滿外灘北部的公寓大樓、餐廳與海灘商店之後，你會抵達豌豆島國家野生動物保護區（Pea Island National Wildlife Refuge）的邊界，終於能稍稍鬆一口氣。再往南一點，你就進入了七十英里長的哈特拉斯角國家海灘（Cape Hatteras National Seashore）——高聳的沙丘虎視眈眈，從海的那一側吞沒碎石子路，而廣闊的鹽沼與河口灘地則在另一側延伸至地平線盡頭。

當我終於抵達哈特拉斯島的南端，也就是這條路的盡頭，並在旅館辦理好入住時，夜幕降臨了。我卸下了我的裝備：一些食物和一個冷藏箱、一個過夜包、一個裝著雙筒望遠鏡和相機的背包。同時，有三個大學年紀的男生也卸下了他們的必需品——一整個後車廂的啤酒，然後一箱箱搬進了他們的房間。看到他們的房間在我樓下一層並隔了半個單元，我鬆了一口氣，因為我有種感覺，我在他們終於打算睡覺之前就得起床了。

我在四點時起床。多虧了耳塞，我度過了安靜的一晚。到了五點時，我已經開了幾英里，到達渡輪碼頭旁的一個小船塢，距離哈特拉斯灣僅幾步之遙。停車場裡已經停了十幾輛車。星星被隱藏在厚厚的雲層後面，但氣溫已經來到了華氏八十度左右，儘管有陣陣微風，但空氣悶熱潮濕，我感覺就像隔著濕毛巾呼吸一樣。北方的天空有閃電劃過，但距離很遠，因此雷聲在傳導途中就消失了。「歡迎來到潮濕的哈特拉斯。」布萊恩．帕特森（Brian Patteson）對我們說道；我們十個賞鳥人（都是男性，大多比我年長一點）正集合在他的船、六十一英尺長的「海燕二號」（*Stormy Petrel II*）的前甲板上。我們站在駕駛室發出的紅光之中，帕特森穿著短褲和褪色的無袖T恤，一隻手梳過他的頭髮，開始進行安全示範，當討論到救生衣和人員落水演習時，還偶爾會拿起手電筒看看手上的資料。「從來沒有人落海過，但我們最好還是做好準備，尤其是在像今天這種日子。」他以在外灘生活數十年所形成的維吉尼亞口音說道。他在那裡經營著漁船租賃業務，但在墨西哥灣流流域進行海鳥觀察已然成為他的專長。帕特森吸引了來自世界各地的賞鳥人們，他們渴望一窺通常只有參加長途遠洋航程才能接觸到的鳥類生態。

「等我們通過沙洲，外面就會有點晃、有點刺激。」帕特森說道。「現在是低潮，我們要走一條比較遠的路線離開海灣，可能需要四十分鐘。然後還需要，噢，也許還需要兩個小時才能到達陸棚邊緣（shelf break）。再過幾分鐘，等天亮到看得清楚方向時，我們就出發。」

我們把行李放在小小船艙裡的長椅底下，然後在甲板上調整好自己的位置。帕特森則在凱特．薩瑟蘭（Kate Sutherland）和艾德．科里（Ed Corey）的幫助之下啟航了。凱特．薩瑟蘭是他長期合作的領隊；艾德．科里則是該州的一位野生動物學家，他留著紅鬍子，每隔幾週就會從羅里（Raleigh）過來幫忙導覽。

船沿著一條複雜而曲折的航線行駛，穿梭於標示著看不見的淺灘與沙洲的浮標之間。隨著我們航行漸遠，其中一些浮標在增強的風浪之中變得蒼白。這段海岸以「大西洋墓地」（Graveyard of the Atlantic）之稱而聞名，幾個世紀以來已有五千多艘船隻在這裡沉沒，僅僅在哈特拉斯附近就有約六百艘。我望向後方，看到一場巨大的雷雨籠罩在帕姆利科灣的上空。我們的尾流劃破了海灣裡深藍灰色的海水，一艘白色的小漁船跟隨在數百碼之外，而在我們之上的，是風暴雲層有如雕刻般的底部。大雨從雲層中心開始，一路傾瀉至遠方的海灘，形成了一幅數英里寬的、濃密卻輕透的雨幕。

在我右手邊，濃烈而賁張的橙紅色光芒從錯落的雲層間窺探而出，那是剛剛升起的太陽的碎片。差不多在這時候，船開始在逐漸增大的波浪中搖擺，船頭飛濺著水花。帕特森的聲音從廣播系統中傳出：「好，我們要到沙洲了。大家最好都進到船艙裡。現在吹的是西南風，為了避免噴濺，我們要關閉右舷。」我是最後一個離開甲板的，而當時長椅已經坐滿了。於是，當浪頭衝擊著船艉、船開始搖擺彈跳、顛簸愈來愈劇烈時，我伸手抓住了一排延伸至整個船艙天花板的木製扶手。我站在離敞開的左舷門幾英尺遠的地方，往外看出去便是朝陽躲入雲層之前的美景，但多數時候，我只在意著當下那個近乎密閉的船艙裡是有多麼地悶熱和潮濕。我的雙手濕濕黏黏的，汗水順著我的前臂流下，然後從手肘滴落；在我迅速濕透的襯衫底下，我能感受到細流沿著我的背部和體側蜿蜒而下。就算只鬆開一隻手也是有風險的，當船身重重地落在波浪的低谷裡、浪花在船艙上交錯並在甲板上匯流成河時，儘管我已經雙手並用，還是好幾次差點失去了平衡。

這個情況持續了很長一段時間。我的雙臂和手開始疼痛，小腿肌開始抗議。我試圖透過眨眼，擺脫逐漸聚集在我眼角皺褶裡的汗水，但收效甚微。我們到底要怎麼在這種鬼情況下使用望遠鏡？我甚至不確定當時機來臨時，我有沒有辦法移動到船艙外，儘管外面略為涼爽的空氣十分誘人。就在我們離開碼頭大約兩個半小時後，海面戲劇性地平靜了下來——我們已經越過陸棚邊緣，並進入了墨西哥灣流。一個接著一個，我們謹慎地離開船艙，在傾灑的明媚陽光中眨了眨眼，陰霾已被我們遠遠地拋在後面。我有點像是桃樂絲，從黑白色調的龍捲風中走出，踏入了色彩繽紛的奧茲國。這裡的海水呈現一種生動而澄澈的蔚藍，與近海的深灰色截然不同，海面上覆蓋著一條條被風吹成帶狀的金色馬尾藻（sargassum）浮島，這種熱帶海洋中的漂浮海藻形成了綿延數英里的搶眼黃色線條。銀色與虹藍色的飛魚從我們的船頭浪中起飛，牠們像打水漂般沿著水面掠過，直到展開的翼狀鰭捕捉到升力，便可乘風滑翔數百碼之遠。

我對劇烈的天氣轉變感到震驚。「這是正常的嗎？」我問凱特。她戴著一副厚重的橡膠手套，正小心翼翼地將腥臭的黃色魚油倒進一個罐子裡。這個罐子將會被掛在船尾，裡面滴下來的魚油會浮在海面上，吸引那些利用絕佳嗅覺在大洋上覓食的海鳥們。

「吹這種風的話，是的。」她一面說，一面將罐子蓋緊，然後從冷藏箱裡取出一塊冷凍的魚雜，將其放入浸在尾流中的金屬網籠裡。「今天吹的是西南風，而墨西哥灣流流向東北，方向相同，所以海浪和風是順向的。現在感覺比剛才好多了，對吧？」

真是種輕描淡寫的說法。現在我們只要稍加小心，便可以在寬敞的甲板上來回走動、與其他賞鳥者互相交流，這是在剛才的航程中難以辦到的。我們當中包含一位從英國遠道而來的夥伴、佛羅里達州國家河口中心的主任、來自長島的一位身上刺有繽紛圖樣的環境教育者，以及一位七十五歲的密西根大學英語與詩學教授——他十分樂意和我們解釋十四世紀歐洲詩歌與他目前研究的饒舌音樂之間有著四拍節奏的相似性，並引用了幾句略為粗俗的歌詞來支持他的論點。

這位教授，麥克林．史密斯（Macklin Smith），在某些賞鳥社群裡也是個名人。他在北美洲看過九百多種鳥類，這使他在美國賞鳥協會統計的北美鳥種數排名中拿下第一，並已經占據那個位置好多年了。史密斯是帕特森海鳥團的常客。「我從七〇年代開始來這裡，那時還沒有人知道海上有什麼。」當我們搖搖晃晃地站在後甲板上，掃視天空尋找鳥兒時，他告訴我。「我不期望今天能看到什麼新東西，但是誰知道呢？」

真的是誰都難以預料。布萊恩．帕特森在哈特拉斯的運營，就像世界上其他幾家持續突破界限的遠洋賞鳥公司一樣，不斷重新定義我們對海鳥及其遷徙的認識。相較於遷徙研究其他的一切，令人吃驚的發現與稀奇古怪的物種才是遠洋海鳥調查中的常態——在這點上我是再清楚不過了，畢竟那是來自我自己血淋淋的經驗。當我在前一年的冬天聯繫帕特森時，我向他說明我對遠洋鳥類遷徙的謎團感興趣，並想知道什麼時間出海最有可能遇到意外驚喜，他立刻建議五月底——那是各種怪東西最常出沒的時候。但不幸的是，當時在那個時間點，我需要前往阿拉斯加進行一年一度的德納利

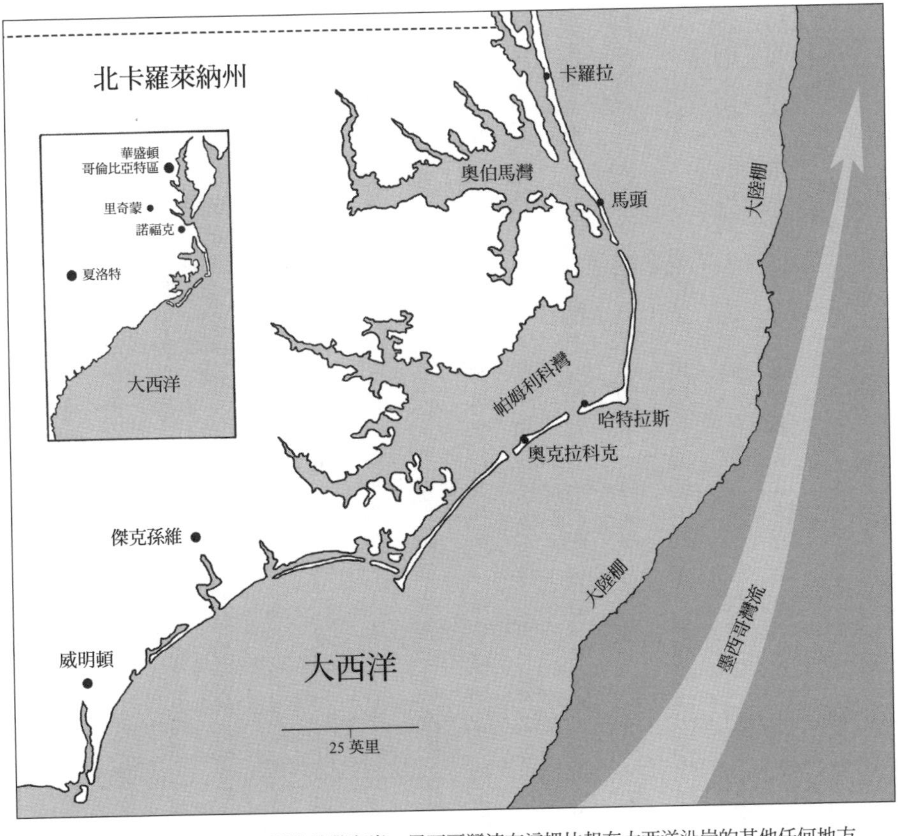

哈特拉斯角和北卡羅萊納州的外灘海岸，墨西哥灣流在這裡比起在大西洋沿岸的其他任何地方都更靠近陸地，這使得賞鳥者和研究人員異常容易接近這個通常遙不可及的遠洋世界。

野外工作，所以我改訂了八月的幾個船班。因此，當聽到帕特森在五月底的某次航程中發現了一隻黑背白腹穴鳥（Tahiti petrel），我也並不感到非常意外。那是一種翼形狹長、深灰色並有著白色腹部的大型鳥類。即使按照海鳥的標準，那也是個令人大吃一驚的發現，誠如其英文俗名所指，黑背白腹穴鳥在馬克薩斯群島（Marquesas）、社會群島（Society Islands）和法屬玻里尼西亞（French Polynesia）等西南太平洋島嶼上繁殖，牠們會上岸並在雨林底層挖洞產卵。該物種在夏威夷附近被記錄過幾次，在墨西哥的下加州（Baja Mexico）與哥斯大黎加附近的太平洋沿岸也很罕見；不只是從來沒有在北卡羅萊納州附近被見過而已，而是在整個大西洋範圍內都未曾被記錄過。

「有人認為牠可能是被暴風雨吹過巴拿馬的。」史密斯說，他也錯過了這種最稀有的好鳥。但究竟為什麼一隻太平洋的海鳥會不合理地出現在另外一片海洋當中，實在是誰也說不準。又或者，牠出現在大西洋中真的是「不合理」的嗎？我們甚至連這個都無法確定。大西洋的面積高達四千一百萬平方英里，本就沒有多少人會在茫茫大西洋中——首先，花心思留意一隻稀有海鳥；其次，還要能辨識物種，這使得有可能發現牠的人數少的可憐；而這個極小的數字還很大程度地受制於必須往返於陸地、相對較短的航程。除了像布萊恩和他的團隊這樣的鳥導，很少有人每年在海上度過超過幾天以上的時間。黑叉尾海燕（Swinhoe's storm-petrel）是一種全黑的小型海鳥，在東岸外海僅被紀錄過五、六次；牠們一度被認為只在日本與黃海附近的西太平洋海域繁殖，且分布範圍不超過印度洋以西——直到有少數個體，被發現在摩洛哥附近的薩維奇群島（Selvagem Islands）上繁殖。另外，最近有至少一隻短尾水薙鳥（short-tailed shearwater）在鱈魚角（Cape Cod）附近被拍到；這是一種煙灰色的海鳥，體型與大型燕鷗差不多，在澳洲本土及塔斯馬尼亞附近的小島上築巢，並且通常在北太平洋和白令海度過非繁殖季。而鱈魚角的紀錄，是該物種在大西洋的僅僅第三筆。如此出乎意料的案例，在知道了接下來的這個發現之後，也許就合理多了：在南冰洋（Bouvet Island）中的布威島（Bouvet Island）上有一個短尾水薙鳥的繁殖族群，那裡與南極洲、南美洲與非洲南端之間的距離大致相等，並且位在最近的其他繁殖族群以西一千兩百多英里之外。

所以，麥克林和我都錯過了黑背白腹穴鳥。但在這如洗澡水般溫暖的洋流之上（布萊恩的水溫感測器定在了華氏八十五度，僅比燠熱的夏季空氣涼爽一點），還有其他稀有物種需要注意。我們正位於超過三千英尺深的海域中，並穩定地向更深的地方航行。在東南沿海的大部分地區，大陸棚實際上是一連串的階梯與平臺，從陸地向外延伸數百英里，從近岸的淺海逐步下降至深淵；然而，在哈特拉斯附近，海底像是直接墜入深淵中消失了。當我們離岸大約三十英里、深度接近六千英尺時，凱特大喊：「黑頂圓尾鸌（black-capped petrel）！黑頂圓尾鸌在兩點鐘方向、正在往右邊飛！」我們蜂擁到船的右舷、擠滿了欄杆。此時，一隻與小型鷹類差不多大的鳥迎著風、在高空中張開牠修長而漸尖的雙翼，展示著白色的翅膀內側；接著，牠定格半晌，而後快速而平緩地滑向水面，白色的後頸與白腰在深色的海面上閃閃發光。牠再次騰空而起，並重複方才的滑翔動作。這種飛行模式巧妙地利用了水面與高處的風速差異，被稱為動力翱翔（dynamic soaring）。它的原理是這樣的：鸌轉向風吹來的方向，像駕駛帆船一樣調整翅膀迎風的角度，使牠減緩前進速度的同時卻能迅速獲得高度，就像逆著風拉扯風箏線一樣；攀升數秒後，牠在風中翻滾轉向，令風從其尾部吹來，此時牠再俯衝進入風速較慢的空氣層，失去高度並提升水平速度，直到牠再次轉身面朝風中。透過不斷重複這個循環，海鳥之字形地前進，並穿越海洋，期間不太需要拍翅，並且幾乎不消耗自身的能量。[1]

最後這一點很關鍵，因為像鸌和信天翁這樣的遠洋海鳥，每年都要飛行數萬英里、冒著風吹浪打穿越海洋，牠們的年度移動距離比其他任何遷徙鳥類都要遠。像賤鷗這樣的水鳥專精於破釜沉舟的衝刺，牠們消耗巨大的能量，在幾天之內穿越像海洋這樣極端惡劣的環境；遠洋海鳥則是從容不迫，在演化的形塑之下，適應了這個可以一次性滿足所有需求長達數個月、甚至數年的環境——那是連陸地的概念都不曾存在過的汪洋大海。這對管鼻類（tubenoses）來說尤其如此，這個類群的海鳥因長著奇特的管狀鼻孔而得名，濃鹽液會從管狀的鼻孔中流出，牠們藉此排出飲用海水後體內多餘的鹽分。管鼻類包含了剛才提到的鸌、跟牠非常相似的水薙鳥、翼展可達十一英尺的信天翁，以及如燕子般嬌小玲瓏的海燕。

我們擠在欄杆上看的黑頂圓尾鸌屬於圓尾鸌屬（*Pterodroma*），原文的意思是「有翼的奔跑者」。這個名字似乎很貼切，因為我們眼睜睜看著牠瞬間消失在海平面上。幸運的是，第二隻很快就出現了，並且在我們附近停留了比較長的時間。黑頂圓尾鸌是個瀕危物種，但在二十世紀的大部分時光裡，牠們都還只是個謎團。曾有為數眾多的黑頂圓尾鸌在加勒比海的六個島嶼上繁殖，當地說西班牙語的殖民者稱牠們為「小惡魔」（*diablotins*），因為當牠們披著夜幕進出巢穴時，會發出怪異的午夜啼哭。然而，到了十九世紀中葉，牠們似乎滅絕了，原因是捕獵和引入的掠食者；唯一暗示牠們依然倖存的線索，就是偶爾會有人在海上看到與牠們特徵相符的圓尾鸌。直到一九六三年，才有少數黑頂圓尾鸌被發現在伊斯帕尼奧拉島上的高地築巢，這個繁殖族群目前可能僅有不到兩千隻個體。根據雷達研究，最近在多明尼加的島上發現了一個極小的殘存族群（儘管當地進行過很多次搜索，但上一次的目擊紀錄已是在一八六二年），同時，牠們也有可能在古巴和牙買加築巢。（諷刺的是，在伊斯帕尼奧拉島上發現「小惡魔」的年輕生物學家大衛．溫蓋特〔David Wingate〕，同時也是一九五一年重新發現百慕達圓尾鸌〔Bermuda petrel，又稱 cahow〕的人。百慕達圓尾鸌是唯一一種在稀有性和拉撒路〔Lazarus〕[2] 傾向上都更勝黑頂圓尾鸌的海鳥物種，牠們曾被認為在十六世紀中葉就已經滅絕，而現今的族群數量仍然少於一百二十對。）

在外灘群島，百慕達圓尾鸌只是偶爾可見，而黑頂圓尾鸌儘管稀有，但在五到十月這段期間還是可以期待的，帕特森的海鳥團有時候能看到數百隻。已知牠們分布最北可至新斯科細亞的墨西哥灣流流域中，但少數幾隻配戴衛星發報器的黑頂圓尾鸌大部分時間都在哥倫比亞和紐澤西海岸之間的海上活動，停留在大陸棚之外的深水區域。這個將近一百五十萬平方英里的範圍也許看似廣大，但對遠洋候鳥來說，在其中移動簡直就像是在鄰里間閒逛。當管鼻類海鳥毫不費力地在無盡的海風中滑翔時，距離簡直失去了意義，牠們的旅程串連起一片片相距萬里但食物極其豐沛的海域。漂泊信天翁（wandering albatross）擁有十一英尺長的翅膀，是所有信天翁當中最大的。在其兩年一次的繁殖之間的「休息年」，牠們可能飛行長達七萬四千英里、環繞南極洲二到三圈，期間從未見過陸地。遠洋海鳥追逐著隨季節消長的海洋資源而居，每隔一年或兩年才返回陸地，且幾乎都是些偏僻而遙遠的小島，遠遠地隔絕了來自周圍大陸的掠食者。牠們待在陸地上的短暫時光，幾乎只達生物學上產卵（總是只有一個）和育雛所需的最低要求。牠們較長的壽命得以彌補這種極低的繁殖率，目前已知最長壽的野生鳥類是一隻名叫「智慧」（Wisdom）的黑背信天翁（Laysan albatross），當牠在一九五六年被繫放時已經是成鳥了，而牠在至少六十九歲的高齡，仍然會每年返回夏威夷島鏈上的中途島繁殖。

在認識海鳥的同時，你也會開始熟悉一些冷僻的地理名詞，像是胡安・費南德茲群島（Juan Fernandez Islands）、特林達迪和馬丁瓦斯群島（Trindade and Martin Vaz）、德塞塔群島（Desertas Islands）、豪勳爵島（Lord Howe）、馬里恩島（Marion）和安蒂德波斯群島（Antipodes Islands）等。這些全球海鳥繁殖熱點，大多數人聽都沒聽過，更別說從地圖上找到了。由三個火山島組成的崔斯坦達庫尼亞（Tristan da Cunha），便是眾多島嶼中的典型代表。這個小島鏈坐落於空蕩蕩的南大西洋中央，是地球上有人居住的島嶼當中最為偏遠的：島上的數百名英國公民距離南非約一千五百英里，距離巴西則有兩千多英里遠。其中的兩個島嶼、以及南方兩百五十英里之外更加孤立的果夫島（Gough Island），棲息著許多種海鳥，包括跳岩企鵝（rockhopper penguin）、幾種信天翁、各種海燕、水薙鳥、鸌、以及鵜燕（diving-petrel）。果夫島常被稱為世界上最大的海鳥島，總計有超過五百萬對海鳥在此築巢，其中包括特有的（和極度瀕危的）特島信天翁（Tristan albatross），以及超級可愛的烏黑信天翁（sooty albatross）——一種煙灰色的海鳥，戴著白色眼圈，細長的黃色條紋沿著深色嘴喙的兩側向上彎曲、形成一抹害羞的微笑。這裡的海鳥數量相當驚人——有兩百萬對鋸鸌（prion）（一種主要為非遷徙性的小型鸌）在果夫島築巢，其中包含一百萬對麥氏鋸鸌（McGillivary's prion），這個直到二〇一四年才被獨立出來的新種；一百萬到一百五十萬對往返於巴西和非洲南部之間的大西洋圓尾鸌（Atlantic petrel）；以及一百萬對大鸌（great shearwater），牠們會在南半球的冬季向北遷徙，前往鱈魚角和蘇格蘭西北部之間的北大西洋海域覓食。但即使是在像果夫島這樣偏遠且看似安全的地方，海鳥也面臨著全新且奇特的威脅。

果夫島並不對外開放，那裡唯一的前哨站是一個小小的南非氣象站。幸運的是，並不是所有的海鳥島都這般難以親近。在哈特拉斯之旅的幾年之前，我把我的裝備塞進一艘橡皮艇，和兩個夥伴一起小心翼翼地駕駛並靠岸在基德尼島（Kidney Island）的鵝卵石海灘上。這個八十英畝大的小島位於阿根廷南端的福克蘭群島（Falkland Islands）當中（阿根廷試圖宣稱該群島為馬爾維納斯群島〔Las Malvinas〕）。島上沒有樹木，而是被一種當地人稱為「tussac」[3]的叢生禾草所覆蓋，只能說是發展成熟的原生草原。這個高達九至十英尺的物種形成了一層厚重的帷幔，我們必須推開它才能前進。我跟隨著克雷格・杜奎爾（Craig Dockrill），當時福克蘭保育組織（Falklands

Conservation）的負責人，並相信他不會讓我們一頭撞上那些重達六百磅的憤怒公海獅——牠們在我們四周低吼咆哮，空氣中瀰漫著一股牠們的濕狗味。

我們與暮色賽跑，迅速地在一小塊空地上搭好了帳篷，然後跟著克雷格走到島嶼的盡頭。此時，我們頭頂上方的空氣被鳥群旋風所填滿，形成一片壯觀而凌亂、在迅速暗下的天空中舞動的景象。這是數以萬計的灰水薙鳥，事實上，大約有一百萬隻左右，牠們在巨大禾草的根部之間築巢。鳥兒們在等待時機——巨大的漏斗狀鳥群不斷地順時針旋轉，隨著天色漸暗，加入的鳥隻也逐漸增加。如果牠們過早著陸，而微弱的光線仍足以視物，牠們可能會被在鳥群周圍伺機而動的天敵襲擊，像是棕賊鷗（brown skua），一種體型粗壯結實、長得像海鷗的鳥類；或是巨大得與信天翁不相上下的巨鸌（giant petrel）。這兩種海鳥已經演化成極具攻擊性的掠食者，隨時準備撲向任何粗心大意的水薙鳥。（幾天之前，我才看到兩隻巨鸌，牠們的頭頸部沾滿了鮮血，快速殺死並支解了一隻像米格魯一樣大的巴布亞企鵝〔gentoo penguin〕。因此，我能理解水薙鳥的謹慎態度。）霧氣瀰漫過來，幾分鐘後我們便什麼也看不見了，僅能依稀辨認高聳草叢的模糊輪廓，這正是水薙鳥們一直等待著的時刻。在籠罩著我們的潮濕夜色中，我能聽見沉重的砰砰聲，像是有人向我們扔馬鈴薯一樣——這是鳥兒們笨拙地著陸的聲音，牠們在空中是優雅的化身，但在地面卻笨手笨腳的。有一隻差

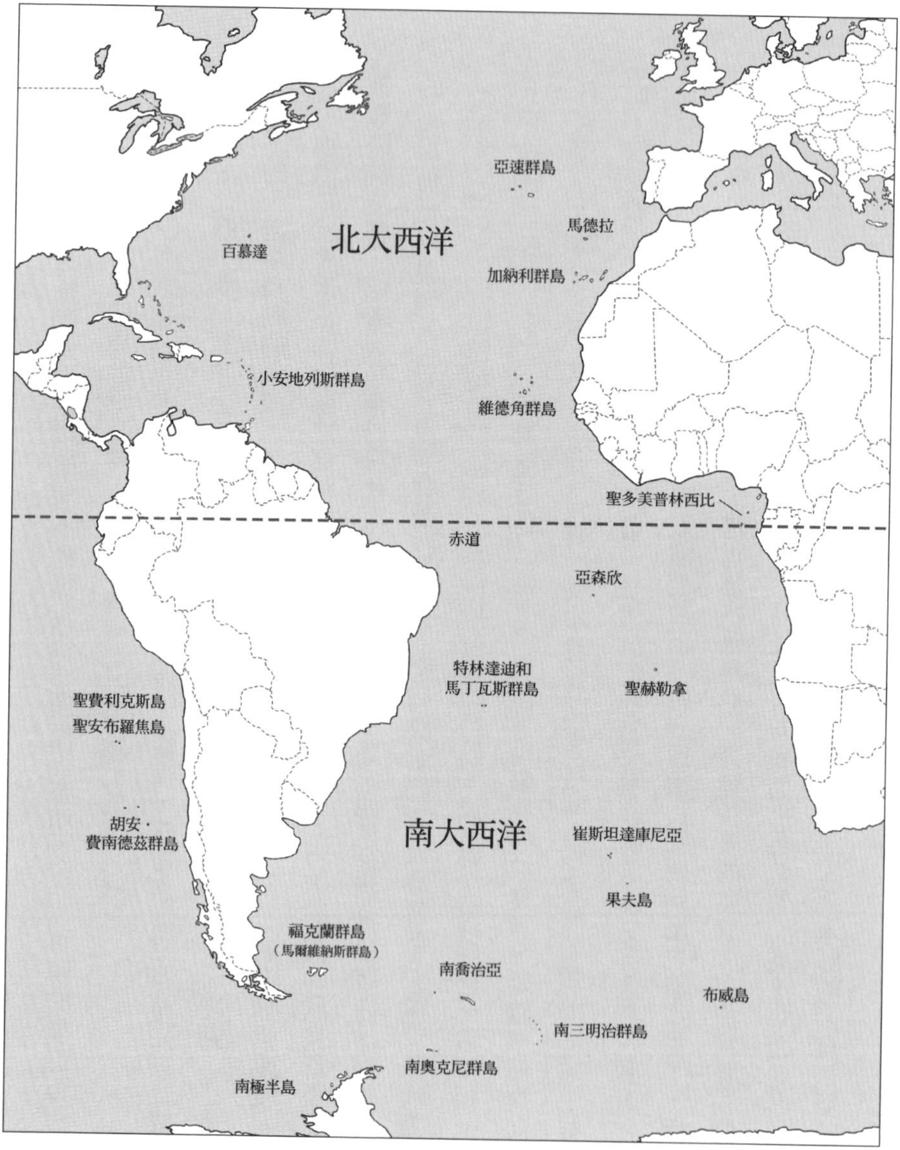

北大西洋和南大西洋上的重要海鳥繁殖島嶼。

點沒撞到我的頭，正好被我的頭燈光束照到，那是一隻鴨子大小的鳥，一身光澤的棕灰色，長著細長的鉤狀喙。牠的翅膀還未合攏，在掙扎著爬進巢穴之前用牠閃亮的黑色眼珠盯著我瞧。

灰水薙鳥是全世界數量最多的海鳥之一，也是唯一已知同時佔據大西洋和太平洋的水薙鳥。在我訪問基德尼島的前幾年，科學家們為島上的幾隻灰水薙鳥繫上了衛星發報器，發現當牠們離開福克蘭群島時，牠們的行進速度非常快，在大約三週內就向北移動了約一萬兩千英里。牠們首先向外飛入南大西洋中央，接著在趕上東南信風時左轉九十度，幾乎切過突出的巴西東部；然後沿著大西洋中洋脊（將大西洋從中分開的巨大深海裂谷）的西坡前進，最終抵達紐芬蘭以東的大淺灘（Grand Banks），並在此度過北半球的夏季。牠們不會在這趟旅途中逗留，和許多遷徙性陸鳥一樣，這些水薙鳥沒有中繼站可以休息，但牠們也不會在離開福克蘭群島之前囤積大量脂肪。相對地，追蹤數據顯示牠們使用了一種「邊飛邊吃」（fly and forage）的策略，沿途見機行事、吃下任何牠們能捕捉到的獵物，但最主要的能量補給還是要等牠們抵達生產力豐沛的北部海域，那裡有著肥美的毛鱗魚（capelin）、魷魚以及磷蝦。這種策略之所以能支持海鳥們跨越如此驚人的距離，也要歸功於牠們的動力翱翔飛行模式，幫助牠們在旅途中節省下非常多能量。

基德尼島上的水薙鳥顯示出非常強的遷徙連結度——所有被繫放的鳥都有非常相似的飛行路線，並且都在紐芬蘭附近同一個相對小的區域中度過北半球的夏季。但有趣的是，來自太平洋的灰水薙鳥並非如此，牠們其中的少部分在澳洲東南部築巢，另一部分則在智利沿海；但大多數（估計有兩千一百萬隻）在紐西蘭繁殖，那裡的毛利人每年會在傳統的收穫季捕捉約三十六萬隻幼鳥。而那些倖存下來的個體，每年會繞著太平洋進行「8」字形的遷徙，總里程高達四萬六千英里，幾乎是福克蘭族群的兩倍。另外，當研究人員在紐西蘭族群的一些配對的灰水薙鳥身上安裝地理定位器後，發現牠們會選擇高度個性化的路線來完成這段旅程。其中一對一起向東飛到智利南部沿海，然後就分開了——一隻擁抱南美洲的海岸，並在下加州半島和加州度過南半球的冬季（即北半球的夏季），而牠的伴侶則是乘上盛行的東信風，往西北方飛到日本，最後抵達西伯利亞堪察加半島附近的海域；另一對中的一個成員採取了一條更直接的路線前往日本和堪察加半島，而牠的伴侶則在阿拉斯加灣（Gulf of Alaska）沿岸度過北半球的夏季。套句追蹤牠們的研究人員的話來說，這些水薙鳥「利用了整個太平洋……從南極海域到白令海……從日本到智利。」[4]

現在的季節已經太晚了，我不指望哈特拉斯附近會出現灰水薙鳥。牠們在這裡是春季的物種，不會在八月的大熱天裡出現。坦白說，按照哈特拉斯的標準，那是鳥況相對普通的一天。來自紐澤西、長島和麻州附近海域的報告顯示，許多經常在外灘群島出沒的鳥類在那個夏天已經向北移動了數百英里，原因不明。但當天的收穫還是夠我們忙的了。一隻奧杜邦氏鸌（Audubon's shearwater），該類群中體型較小的成員，從船頭呼嘯而過，牠柳葉狀的翼尖在滑翔和轉彎時劃過海面，然後一頭扎進漂浮的亮黃棕色馬尾藻團中，以捕食……好吧，沒有人能確定這種海鳥吃什麼，儘管曾經有人觀察到牠吃鬼頭刀吐出的魷魚碎塊，但據推測牠主要捕食魚類、魷魚和浮游甲殼類動物。無論如何，馬尾藻團是天然的自助餐廳，是墨西哥灣流中的生物多樣性浮島，庇護著一系列令人眼花繚亂的微小甲殼類、蠕蟲、軟體動物以及數百種魚類，其中不乏一些像旗魚一樣最終會長成海洋中最大型物種的幼體。俯衝的水薙鳥驚飛了幾條小飛魚——隨著時間推移，我發現自己愈來愈著迷於這些快速掠過的小小奇蹟，牠們有著千變萬化的顏色、複雜的「翅膀」圖樣、以及觀察者為牠們取的一些異想天開的名字：「馬尾藻侏儒」（sargassum midgets）和「紫翅帶」（purple bandwings）、「大西洋死靈法師」（Atlantic necromancers）和「玫瑰脈透翅」（rosy-veined clearwings）、「暗黑破壞神」（diablos）和「斑翅」（patchwings）以及「莓翅」（berrywings）。那些最小的、無法辨認的飛魚幼體被稱為「藍色小精靈」（smurfs），在我看來這是個完美的名字。

馬尾藻中還常常棲息著小群的紅領瓣足鷸。儘管這種纖細的水鳥只比麻雀大一點，但牠們在開闊的外海度冬，並且早已開始牠們的「秋季」遷徙，儘管按照人類曆法來說現在還是夏天。紅領瓣足鷸在許多方面都是奇怪的鳥類，牠們是（深吸一口氣）逆雌雄二型性（reverse sexually dimorphic），主要是一夫一妻制，但時不時會出現階段性一妻多夫制、偶爾出現階段性一夫多妻制。從鳥類學術語翻譯過來，這意味著雌性體型比雄性更大、顏色更為鮮豔；在牠們於北極度過的單一繁殖季期間，雌性有時會接受與多個雄性結為伴侶，而雄性與第二隻雌性配對的頻率則較低。在五月底和六月，當紅領瓣足鷸抵達繁殖地時，雌性呈磨砂灰色，脖子上點綴著明亮的栗色，而雄性與其相似，但較為黯淡、保護色較佳。這是因為瓣足鷸也轉換了牠們的性別角色——雌鳥會激烈地爭奪雄鳥並保護潛在的配偶免受其他雌鳥的侵擾，而一旦牠們將四顆一窩的卵產在隱藏於苔原草地裡的杯狀巢中，雌鳥就會放棄對雄性的照料，並尋找其他伴侶。雄性瓣足鷸體內的泌乳激素水平，這個通常與雌性育幼行為相關的荷爾蒙，相比於其他物種的雄鳥簡直爆表，是他們一肩扛起了孵化和撫育雛鳥的責任。

紅領瓣足鷸在整個北半球的亞北極帶與北極地區繁殖，大部分歐亞族群在阿拉伯海、東印度群島之間以及俾斯麥群島（Bismarck Archipelago）以東度過冬季；至於北美的族群……好吧，那就複雜多了。那些來自北極西部的族群遷徙到靠南美一側的太平洋度冬，主要待在寒冷的洪堡涼流撞上祕魯海岸的那片海域，在這裡，富含營養的海水被帶到表層，孕育出大量的浮游生物；而那些來自加拿大東部北極地區的鳥兒曾經會在每年秋天聚集於芬迪灣的入海口，更具體地說，是在緬因州與加拿大新布藍茲維省（New Brunswick）交界處的帕薩馬科迪灣（Passamaquoddy Bay），鳥類學家早在一九〇七年就注意到了這一現象。吸引瓣足鷸們的似乎是一種名為 *Calanus finmarchicus* 的浮游動物，芬迪灣中強大的漲退潮，將牠們從出海口的深水域推了上來。然而，芬迪灣的紅領瓣足鷸下一站將去往何處，仍然是一個謎團，畢竟從未有人在冬季的大西洋中發現過大群的紅領瓣足鷸。一些生物學家推測，牠們必是穿越了中美洲、加入西部族群並在太平洋度冬，而其他人則認為這不太可能，畢竟中美洲幾乎沒有過該物種的紀錄。然而到了一九八〇年代末期，這個疑問被一個更大、更令人擔憂的謎題所取代，因為芬迪灣的大量紅領瓣足鷸就如陽光下的白雪一般，正在消融殆盡。

我的朋友查爾斯．鄧肯（Charles Duncan），當時他在偏遠的馬柴厄斯（Machias）的緬因州立大學擔任化學教授，但後來成為了西半球水鳥保護網的負責人，他在暑假期間結識了當地的一位船長，因而親眼目睹了紅領瓣足鷸消失的過程。「他讓我參加他在帕薩馬科迪灣和大馬南島（Grand Manan）附近的賞鯨觀光行程。」查爾斯回憶道。「我當時把每日物種清單保留下來，只是為了更有條理地做記錄，並沒有特別的目的。」而在那之後，他才慢慢意識到出了什麼問題，一九八五年，查爾斯每天仍能在帕薩馬科迪灣數到幾十至幾千群的瓣足鷸，數量高達兩萬隻；但到了第二年，他的最大計數下降了一個量級，剩下兩千隻；第三年，量級再次下降到兩百隻，然後第四年只剩下二十隻，最後終於一隻也不剩。

「一開始，我們以為只是忽略了一些事情，比如說我們去的潮汐時間不對、風向不對，或諸如此類的。大約到了第三個夏天，鳥的數量還是每況愈下，我們開始意識到大事不妙了。我們是否目睹了一整個物種或族群的崩潰，而沒有其他人注意到？我們覺得應該把這個情形說出去，但我們應該跟誰說呢？」查爾斯起草了信件，寄到了美國魚類及野生動物管理局、加拿大野生動物管理局和緬因州內陸漁業和野生動物部門（Maine Department of Inland Fisheries and Wildlife）。「這些單位的人我一個都不認識。」他告訴我。「我只是個業餘賞鳥人，而我的專業是化學教授。我們實在不知道發生了什麼事，也不知道我們或者任何人能做什麼來解決這個問題。」

時至今日，仍沒人能肯定當年究竟發生了什麼。一些生物學家認為，問題可能出在一九八〇年代早期與中期發生於太平洋的一系列強烈聖嬰現象，當時太平洋的海面溫度急劇升高，導致海洋食物鏈的崩潰以及數百萬隻海鳥的死亡。如果芬迪灣的瓣足鷸在該海域度冬的話，這或許會是造成牠們大量死亡的元凶。然而，其他人，包括查爾斯在內，對這樣的解釋並不買單，其中一個說不通的地方是，發生聖嬰現象的時間點無法說明為何族群的崩潰是發生在五年期間。於是，他們將矛頭指向了另一個更為根本、但同樣無法解釋的現象，那就是*Calanus*屬浮游動物在帕薩馬科迪灣的表層海水中消失了，而那裡曾經是瓣足鷸的聚集地。如查爾斯所說，「這家餐廳已經不再提供食物了。」隨著歲月流逝，其他地方也沒再發現過如此高濃度的浮游生物群了，很明顯這不是暫時的異常。查爾斯注意到，還有幾十萬隻瓣足鷸仍然棲息在芬迪灣中的另一個區域，那裡還有一些*Calanus*聚集，並可能與牠們在非洲西海岸度冬的近親灰瓣足鷸（red phalarope）一起活動；且還有幾百隻被發現在東南沿岸附近度冬，離我搭乘海燕二號出海的地方很近。但是，這麼多候鳥如此突然且莫名其妙地消失，在世界上任何地方都是前所未見的。

然而，伴隨著意想不到的轉折，一個關於芬迪灣鳥兒的謎團似乎已經被解開了，而答案竟來自三千英里之外的北海中部。儘管大部分在歐洲繁殖的紅領瓣足鷸會在阿拉伯海度冬，但那些在斯堪地那維亞、蘇格蘭和愛爾蘭築巢的卻不會，而且沒有人知道牠們去了哪裡。於是，在二〇一二年，蘇格蘭北部昔得蘭群島（Shetland Islands）的科學家們將地理定位器裝在了九隻瓣足鷸身上。隔年，雖然他們只回收了一隻，但那隻鳥已經飛越大西洋，沿著美國東海岸南下，穿過墨西哥灣和中美洲，前往南美洲西北部度冬，總計飛行了將近七千英里。在隨後的幾年裡，更多標記的昔得蘭群島瓣足鷸也做了同樣的事情，而那些在格陵蘭和冰島標記的個體也是如此。如果那些地區的瓣足鷸會在不同大洋之間來去，那也能合理地認為，芬迪灣的個體也會這麼做。

現在我們已經深入了墨西哥灣流流域，帕特森開始讓海燕二號轉回原來的航向，使它與之前的尾流平行。在潮濕的空氣中，我們能看見也能聞到船尾正在滴落的魚油。帕特森開始留意被這層魚油薄膜吸引過來的鳥類——白眉燕鷗（bidled tern）和烏領燕鷗（sooty tern）三三兩兩地飛過，意圖明顯，牠們都是沿著墨西哥灣流向北漂泊的加勒比物種。與管鼻類不同，牠們依靠視覺捕獵，對於這層油膜的氣味毫無反應。這種氣味倒是吸引來了一群群的黃蹼洋海燕（Wilson's storm petrel），牠們聚集在海面上盤旋，在小口品嘗魚油的同時，一面用纖長的腿和帶蹼的腳掌拍打水面。黃蹼洋海燕經常被描述為世界上數量最多的野生鳥類，但其實並不是，這個封號可能得歸給紅嘴奎利亞雀（red-billed queala），一種數量可能多達十五億隻的非洲雀類。儘管如此，黃蹼洋海燕在全球範圍內也有高達一千萬對繁殖對，主要分布於南冰洋中的島嶼、群島和半島上，而且至少還有數量與之相當的未繁殖成鳥與幼鳥，因此黃蹼洋海燕絕非罕見。黃蹼洋海燕也是世界上分布最廣的鳥類之一，在非繁殖季節幾乎可以在

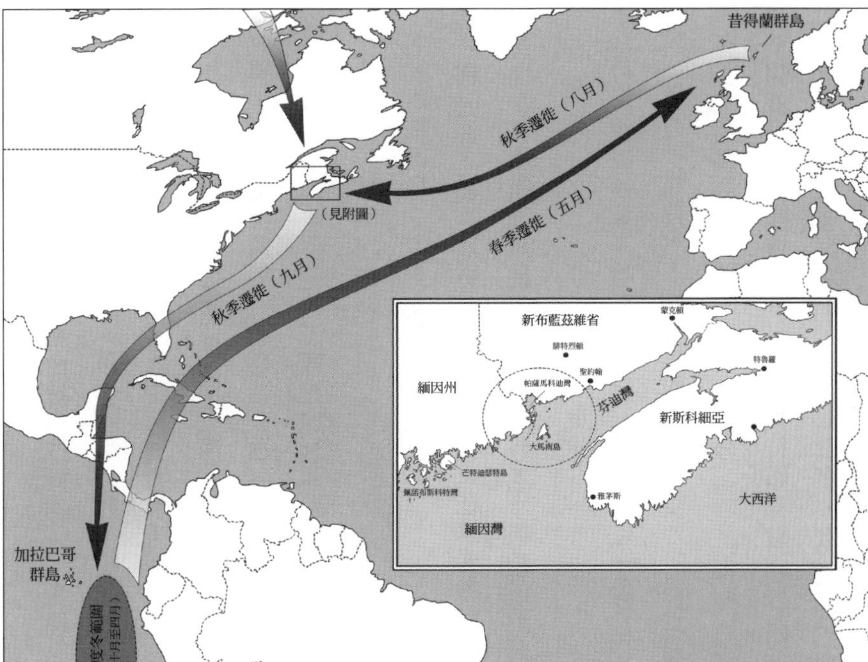

地理定位器的追蹤數據顯示，來自昔得蘭群島的紅領瓣足鷸會越過北大西洋和中美洲，中途於芬迪灣稍做停留，最終前往南美洲的西北海岸附近度冬。儘管加拿大東部北極地區族群的度冬地尚未明瞭，但看起來牠們也是這樣，循著類似的路線前往太平洋。

除了北太平洋以外的所有主要海域和海灣中找到牠們。僅僅七英寸的體長、黑咖啡的羽色、尾上腰間包覆著的亮色白斑、跟生義大利麵一樣細的雙腿——黃蹼洋海燕看起來太嬌弱了，簡直無法想像牠們如何承受海上的生活。相比於其他遷徙海鳥，這些海上的小精靈們在對與海洋有關的信仰上更受到崇敬，海燕（petrel）一字是彼得（Peter）的暱稱，指的是牠們啪嗒啪嗒地掠過海面時，看起來就像是在水上行走——就像使徒彼得一樣，抱持著堅定的信仰在加利利海上大步前行。在加拿大沿岸，牠們被稱為「Careys」，這個名字簡化自牠們在英國的一個古老暱稱「Mother Carey's chickens」，而該暱稱則是「*Mater Cara*」的一種變體，意指「親愛的母親」，是指稱聖母瑪利亞的一種方式（或許起源於義大利文）。在惡劣的海洋環境中，水手們會尋求神的幫助，然而，如果這種幫助失敗了，一些老水手相信海燕是他們溺水同袍的靈魂轉世。

「哇！各位，快看這隻！哈考氏叉尾海燕（band-rumped storm petrel）！」凱特喊道。「在我們正後方，比較大、翅膀比較長的那隻。」這隻鳥看起來就像是打了類固醇的黃蹼洋海燕，比鳥群裡其他的鳥大了三分之一。牠的白腰比黃蹼洋海燕更寬、更亮；相比於雙翅僵直的黃蹼洋海燕，牠的飛行顯得鬆弛與散漫。牠經過了幾次，然後很快地消失在青金石色的波浪之中，我趕緊以寥寥數語將牠、以及沿途看到的其他物種記在筆記中。但問題是，即便盯著那不斷增長的名單，我也無法真正確定我到底看到了什麼。迄今為止，我們所發現的幾乎所有海鳥（請原諒我以海事來比喻）都還漂流在繪製（chart）粗略的分類之海中。等一下，這變得愈來愈混亂了。

讓我們以哈考氏叉尾海燕為例。這種鳥在大西洋東部的一系列島弧上繁殖，延伸範圍長達四千五百英里，從北邊的亞速群島（Azores）一直延伸到葡萄牙的貝倫加島（Berlengas Islands），然後穿越馬德拉（Madeira）和位於非洲西北部的加納利群島（Canary Islands），再經過兩千四百英里，抵達位於南大西洋中部的亞森欣（Ascension）和聖赫勒拿（St. Helena），並可能包含了幾內亞灣中聖多美（São Tomé）附近的一些小島嶼。還有其他族群在加拉巴哥群島、夏威夷和日本繁殖。首先，如此廣泛分布但又相互隔離的群落，暗示著將牠們全部歸為一個物種可能是有問題的。但除了分布範圍，牠們之間的差異又相對細微，比如尾巴的形狀——還需記得，對這種鳥類而言，距離的意義並不大。然而，當科學家們檢驗了每個族群的ＤＮＡ後，幾乎沒發現什麼證據顯示群落間存在基因交流。儘管牠們在非繁殖季可能分布廣泛，但海燕們似乎對牠們的出生地有著絕對的忠誠。

更重要的是，在許多繁殖島上，存在著兩個截然不同的築巢族群，牠們使用相同的洞穴，但卻是在一年當中的不同時期：一個在熱季，另一個則在涼季——這有點像是鳥類的分時度假，如果你能接受這種比喻的話。牠們在生理上有所不同，熱季族群的尾巴通常分叉得更深，涼季族群的尾羽則較接近方形，某些族群還發展出了不尋常的鳴聲。亞速群島上的熱季族群已經正式被劃分為一個獨立物種，並以一位葡萄牙鳥類學家的名字命名——蒙氏叉尾海燕（Monteiro's storm-petrel）。他是最早發現該季節性差異的人，但在其後不久就因為空難而逝世。基因研究表明，在這個複合群中還有其他物種等待被描述，僅在北大西洋就存在另外三種，全球範圍內則可能高達十種，如今仍隱藏在現在被視為是哈考氏叉尾海燕的物種當中。

「那隻是格氏（Grant's）嗎？」當一隻有著白腰的叉尾海燕消失在海浪之後，我詢問艾德和凱特。格氏叉尾海燕是哈考氏叉尾海燕複合群當中，那些或許是、又或許不是的潛在物種之一，牠們是亞速群島、加納利群島、馬德拉群島以及非洲西北部與葡萄牙附近其他島嶼上的涼季繁殖者，雖然還沒有人正式描述過，並為牠們取一個學名。

「我需要再看清楚一點。」凱特說，「不過牠看起來滿大隻的，而且每年這個時候我們這邊都有機會看到格氏。」從晚春到八月之間，格氏叉尾海燕在墨西哥灣流流域相當常見，最遠偶爾會到北邊的鱈魚角，向西則涵蓋墨西哥灣。與熱季繁殖個體相比，牠的頭部更大、嘴喙更重、鳴叫聲也不同，但說實話，就連專家也還在摸索牠們的辨識特徵，因此我也只能在筆記中牠名字的旁邊打上一個大大的問號了。

我的困惑並沒有就此結束。還記得我看到的那隻一頭栽進馬尾藻中覓食的奧杜邦氏鸌嗎？就像哈考氏叉尾海燕一樣，最好將牠們視為一個複合群，其中物種的DNA證據顯示了不同程度的相關性。一些專家已經將奧杜邦氏鸌分為三群：在加勒比地區繁殖的那些，被認為是「真正的」奧杜邦氏鸌；在維德角群島築巢（過去曾涵蓋百慕達地區）的物種被稱為「維德角小鸌」（Boyd’s shearwater）；以及在亞速群島和加納利群島之間繁殖的「北大西洋小鸌」（Barolo shearwaters），牠們在北美附近曾經被記錄過幾次。而在這些潛在物種當中的每一種之下，都可能還有更精細的分類——加勒比族群之下有三個形態差異明顯的分支可能屬於不同物種，而北大西洋小鸌這個物種之下則隱藏著更多物種。克氏猛鸌（Cory’s shearwater）是一種大型的淺褐色海鳥，夏季在東岸十分常見，目前就已經有幾個新種從克氏猛鸌底下拆分出來了，包含在突出的非洲西部附近島嶼上繁殖的維德角水薙鳥（Cape Verde shearwater），以及來自地中海的史氏猛鸌（Scopoli’s shearwater），這兩種都會在哈特拉斯的海鳥團中出現。二〇一七年，在帕特森的一次航程中出現了一隻奇怪的海燕，看起來不像是任何野外圖鑑當中的任何一個物種；無論牠是雜交種、某種常見種的怪異且未知的羽色，還是某種極其罕見且從未被科學描述過的海鳥，沒有人能夠確定。兩年後，同一隻鳥、或是另一隻長得很像的鳥再次出現，令帕特森的團隊將其命名為「威士忌探戈狐步海燕」（Whiskey Tango Foxtrot petrel）。史蒂夫・N・G・豪威爾（Steve N. G. Howell）是一位來自加州的鳥類學家兼海鳥專家，每年都會來帕特森的海鳥團導覽幾次，並撰寫了權威的北美水域海鳥圖鑑。其中他將許多海鳥的分類地位描述為「具爭議性」，但這其實只是對複雜現況的輕描淡寫。當然，鳥類並不在乎這種情況，問題出在我們這些喜歡將事物分門別類的人類身上，當我們試圖釐清這些鳥類之間的關係（以及演化歷史）時，卻發現這個過程就像想把方釘塞進圓孔一樣地令人沮喪，以至於我們不禁想問：「什麼鬼？」[5]

但是，了解分類學，對於保護遷徙性海鳥至關重要。其中許多物種只有極小的族群數量，還面臨著來自海上以及繁殖島嶼上的各種威脅，因此科學家迫切地想弄清楚，究竟牠們是廣泛分布而相當安全的單一物種？或者其實是由多種高度地域性、可能非常稀有的神祕物種所組成的大雜燴？布萊恩・帕特森和他團隊看到的黑頂圓尾鸌有兩種型態：一種是黑臉型，另一種的臉則比較偏白；前者的體型略小，被認為繁殖於伊斯帕尼奧拉島，可能還有牙買加，而後者的體型稍大，相較於黑臉型，白臉型的飛羽換羽時程顯示牠們可能在一年中的較早時候繁殖，並且可能在小安地列斯群島築巢——事實上，人們對於該物種在伊斯帕尼奧拉以外的其他繁殖地點所知甚少。這毫不奇怪，一些專家認為這兩種型態很可能是不同的物種。還有些個體的顏色介於兩型之間，這可能代表還有其他未知族群，或者牠們只是主要兩型的未成熟個體。根據海上調查的結果估計，黑頂圓尾鸌（包括所有色型）的總數在一千到兩千隻之間，但科學家們只掌握到伊斯帕尼奧拉島上的大約五十個巢穴，那麼其餘的個體在哪裡呢？

科學家們正嘗試解開這些謎團，但研究海鳥也面臨著獨特的挑戰。「去年，美國鳥類保育協會和我們一起出海，我們嘗試捕捉一些黑頂圓尾鸌，並在牠們身上放置追蹤器，以找出牠們在哪裡繁殖。」凱特跟我說道。但你要怎麼在茫茫大海中捕捉一隻自由飛翔的鳥兒呢？我當時肯定一臉震驚，因為她解答了我尚未問出口的疑惑。「他們準備了漂浮的霧網和用來操作網的皮艇，專門用來抓海鳥。我們在滿月的晚上出海，這樣我們才能看到圓尾鸌在哪裡覓食。但那次我們連半隻海燕都沒看到。我們真的不覺得那樣會有用，鳥是很聰明的。」

事實證明，科學家們最終在隔年取得了成功。來自保育組織、美國地質調查局南卡羅萊納州魚類和野生動物合作單位（South Carolina Cooperative Fish and Wildlife Unit）、克萊門森大學（Clemson University）、全國漁獵基金會（National Fish and Wildlife Foundation）以及加勒比鳥會（BirdsCaribbean）的研究人員們，再次與帕特森和他的團隊攜手合作。這一次，他們請來了紐西蘭北島海鳥保育信託基金會（Northern

New Zealand Seabird Trust）的專家，並帶來一種特別設計的網槍，當圓尾鸌被漂浮魚雜的氣味吸引而飛過來查看時，便可以將牠們從半空中撈下來。該團隊將希望寄託在他們安裝衛星發報器的十隻黑頂圓尾鸌身上（包含白臉型、黑臉型和中間型），希望牠們終將帶領科學家們抵達加勒比海域中前所未知的築巢地點，並由此開始揭開海燕的神祕面紗。

我曾經參與過一項募款計畫，目標是好多好多的錢，用來撲殺老鼠以拯救海鳥，好多好多的海鳥。

我不想失禮，但就如同捕捉老鼠需要誘餌一樣，想要吸引人們為了撲殺那些正在摧毀海鳥群落的老鼠而捐錢，也需要一個噱頭。對於許多關心鳥類的人來說，當時北美最知名的賞鳥者、野鳥圖鑑的作者大衛．艾倫．西伯利就成了最佳代言人，業內人士委婉地稱讚他「吸金能力超強」。大自然保護協會的阿拉斯加分會在與美國魚類及野生動物管理局的合作之下，催生出了該項計畫：他們將邀請十幾位對鳥類和鳥類保育充滿熱情的超級富豪，把他們帶到北半球最偏遠的地方之一——阿留申群島西部，並希望說服他們出資一百萬美元之類的，以用於在重要的海鳥繁殖島上撲殺老鼠。如果一趟與數百萬隻野鳥、鯨魚、海獅和海獺同遊、令人驚嘆的野性海洋之旅還不夠的話，但願「與大衛．西伯利同行賞鳥一星期」的機會足夠誘人，足以說服富豪們同意這筆交易。另一方面，這對西伯利也有好處，他終於有機會看到鬚海雀（whiskered auklet）——這種橘子大小、超級可愛的不倒翁，長著華麗的面部羽毛和白色鈕扣般的眼睛，除了北太平洋這個與世隔絕的角落之外，在其他任何地方都找不到。而這也是數不多的、他尚未在野外見過的北美鳥種之一。沿途中，富人們將被展示一座鼠患肆虐的島嶼，在那裡，早年隨船隻來到島上並倖存下來的鼠類，已經將曾經一度繁榮的海鳥群落吃到滅絕；同時，他們也會參觀一些像基斯卡（Kiska）這樣的島嶼，僅有少數老鼠在二戰期間落腳此處，而現在徹底消滅牠們則可以拯救數千萬隻在此築巢的鳥類。他們還會參觀一些曾有過狐狸的島嶼，牠們被俄羅斯和美國毛皮商人所引入，在耗費了大量人力與經費之後，現在已經完全從島上移除。（在這之中我的工作是：不要擋路、拍很多照片、還有為保護協會的雜誌撰寫文章。）

這就是為什麼我會搭上嘈雜的渦輪螺旋槳飛機、向西飛往阿留申群島中的倒數第二個島嶼——中雅島（Shemya），我們將在那裡與一艘聯邦海洋調查研究船會合。中雅島坐落於我們的出發點安克拉治（Anchorage）以西約一千八百英里處，這相當於從納許維爾（Nashville）到洛杉磯的距離，是阿拉斯加最接近亞洲的地方，而這漫長的路途中幾乎全是寒冷、荒涼的海域和無人居住的島嶼。這些因素的結合顯得特別重要，尤其是在飛行員宣布申雅島的天氣從最低飛行條件轉為極度惡劣時。於是，我們掉頭並重新飛往埃達克（Adak）；後來，出於相同的原因，我們又從埃達克改道到烏納拉斯卡島（Unalaska Island）的荷蘭港（Dutch Harbor）；再後來，有消息指出荷蘭港的天氣也愈來愈糟了，但我們無論如何必須降落，因為我們的燃料幾乎快用光了（沒錯。）

我們最後並沒有抵達申雅島，也沒有踏上鼠害肆虐得最嚴重的島嶼。經過後勤的一些巧妙安排，我們最終見到了魚類及野生動物管理局的研究船 *R/V Tiglax*，[6] 並花了幾天時間探索阿留申群島中部。我在島嶼兩側陡峭的斜坡上數百英尺處幫忙生物學家進行巢穴調查，數不清的小海雀（auklet）、斑海雀（murrelet）和海燕，正在我們的腳下、茂密海濱草叢之間的洞穴裡孵卵及育雛。凌晨一兩點，在短暫仲夏夜之前的漫長暮色中，我們看見數量驚人的海鳥（可能有五十萬隻）形成難以想像的巨大鳥群，牠們盤旋在一座休眠火山周圍，等待降落在安全的夜幕之中。（事實上，這座名為卡薩托奇〔Kasatochi〕的火山並不如我們想像的處於休眠狀態，三年後它爆發了，差點燒死在那裡工作的兩名生物學家。）然後我們發現了大衛想看的鬚海雀，其中一隻在夜色中被駕駛室昏黃燈光所迷惑、跌落在甲板上。當牠被一位生物學家抱在手中、目光在我們之間穿梭時，牠捲翹的黑色冠羽和長絲狀的白色「鬍鬚」滑稽地擺動著。

我在鼠類與鳥類的議題上想了很多。「真正讓我徹夜難眠的不是海上漏油事件。」幾年前，一位生物學家朋友這樣告訴我，當時我們遠在白令海，身處普里比洛夫群島（Pribilof Islands）中的聖喬治島（St. George），正看著數十萬隻海鳥叢聚於原始峭壁上。「即使是嚴重的燃油外洩，也有恢復的機會。但老鼠外洩？老鼠是永遠無法擺脫的。」

在遷徙性海鳥的一生中，最危險的階段看似是牠們在大洋上漂泊、只能任憑狂風暴雨擺布的時光，但海洋對他們來說其實沒什麼可怕的。時至今日，對於許多物種來說，最大的威脅在陸地上等待著牠們，因為對於人類、以及人類的跟班們（如大鼠與小鼠、貓與狗、山羊與綿羊等等）來說，現在已經沒有什麼地方是牠們到不了的了，即便是在我們離開之後，我們的共生者仍留了下來並造成嚴重的破壞。數千年來，在距離與隔離的雙重保障下一直十分安全的島嶼，對於這些缺乏自衛本能的鳥類來說，現在卻可能成為牠們上岸時的死亡陷阱。在*Tiglax*研究船上，一位研究基斯卡島上老鼠和鳥類之間交互作用的生物學家，詳細地描述了老鼠如何逐步啃食活鳥的大腦。即使面臨極度痛苦與死亡，這些海鳥仍本能地坐在巢中一動也不動，保護著牠們僅有的一枚蛋。

坐落於空曠的南大西洋、崔斯坦達庫尼亞群島之一的果夫島，或許沒有什麼地方比這裡來得更加離奇、更戲劇化了。如同前面提到的一樣，果夫島是全球最重要的海鳥繁殖島之一，這裡是二十二種、高達數百萬隻海鳥的家園，包含幾種僅在該島繁殖的特有種，其中便有特島信天翁，牠們在全球的數量僅略超過五千對。信天翁是世界上最大的鳥類之一，體重超過十五磅，翼展長達十英尺，而牠們似乎對大多數危險都無動於衷，更別說是在果夫島上威脅到牠們存亡的老鼠了。

十九世紀的海豹獵人顯然將小家鼠（house mice）引入了果夫島，在那裡，囓齒動物們發現了一個沒有天敵的世界。牠們每年冬天都會經歷一段青黃不接的時期，這段時間很難找到昆蟲和種子，但那正好是許多果夫島的海鳥返回島上築巢的時候。隨著時間的推移，果夫島的小家鼠不僅演化得愈來愈偏肉食性，牠們的體型也愈來愈大，時至今日牠們的體型已是普通小家鼠的一．五倍。此外，牠們每年會殺死果夫島上大約三百萬隻海鳥雛鳥。這場大屠殺包括了所有信天翁物種五分之四的雛鳥、瀕危的大西洋圓尾鸌三分之二的雛鳥，以及麥氏鋸鸌的幾乎所有的卵和雛鳥。麥氏鋸鸌，這種瀕臨滅絕的穴居海鳥直到二〇一四年才在科學上被描述，而以目前的速度，牠們將會在幾十年內滅絕。（許多其他小型、也在洞穴營巢的鸌、鋸鸌與海燕物種，曾經在果夫島上也有著可觀的數量，如今卻變得十分稀有，以至於科學家無法獲得太多有關牠們的數據。）對於這些鳥類來說，那是一種特別殘忍的死法。由於老鼠只能小口地啃咬，牠們在雛鳥身上咬開了多處傷口，而這些缺乏對陸域天敵防禦本能的雛鳥，只是無動於衷地坐在那裡，任憑一隻隻老鼠在幾天的時間裡慢慢地啃食自己，逐漸地失血、無力，直至死亡。對於體型與鴿子相當的鋸鸌而言，很少有幼鳥在孵化後能存活超過幾天。而特島信天翁每兩年只產一枚蛋，失去任何一隻幼鳥都會對這個物種造成嚴重打擊。不僅如此，一直以來重挫信天翁整體族群量的延繩釣漁業，也是該物種所面臨的威脅之一。近期，科學家們首次記錄到了老鼠攻擊果夫島上成年信天翁的案例，這樣的事態發展令人擔憂，可能導致這些壯麗的鳥類在二〇三〇年之前滅絕。

令人驚訝的是，果夫島並不是唯一一個老鼠成為生存威脅的海鳥繁殖島。位於南非外海、印度洋上的馬里恩島上居住著多種入侵哺乳動物，包括小鼠、綿羊和山羊。在一九五〇年代，五隻家貓被釋放在島上以控制鼠害，但相反地，牠們蓬勃發展的後代開始捕食在島上繁殖的鸌，每年可殺死高達五十萬隻。歷經了十六年的努力，這些貓最終在七〇年代末期被完全移除，儘管該方面的努力獲得了成功，卻也使得老鼠的族群徹底失控，和果夫島一樣，老鼠們開始殺死大量海鳥的雛鳥與成鳥，但這次的方法是剝下牠們的頭皮。在紐西蘭以南四百七十英里之外，亞南極群島之一、由火山岩形成的安蒂德波斯群島，也曾面臨過鼠患的問題。這裡生活著二十多種受威脅的海鳥，包括安島信天翁（Antipodes albatross），以及數種特有的田鷚、鸊與小型鸚鵡；

對於囓齒動物造成的島嶼生態浩劫，這些鳥類都曾深受其害。然而，多年前我那位在阿拉斯加的老朋友可能搞錯了很重要的一點：鼠患並不是、再也不是永遠無法擺脫的了。紐西蘭是島嶼復育的先驅，一直想方設法地將大鼠、小鼠以及其他非原生物種從瀕臨滅絕的島嶼生態系統當中移除，而這些技術正被推廣到全世界，且應用的規模愈來愈大。二〇一六年，專家們使用直升機，系統性地將七十噸的殺鼠劑噴灑在安蒂德波斯主島和周圍島礁的每吋土地上，該項工作由成功的募款活動「無價之鼠」（Million Dollar Mouse）支付；在那之後，訓練有素的工作犬嗅出了少數倖存的老鼠。兩年過後，紐西蘭宣布這些島嶼已經成功「脫鼠」。麥覺理島（Macquarie），塔斯馬尼亞南方近一千英里外的另一個亞南極島嶼，在歷時七年、耗資兩千五百萬澳元以清除當地的大鼠、小鼠與兔子之後，終於宣布該島的害獸被完全消滅。

史上最具野心的害獸移除行動才剛剛在南喬治亞（South Georgia）落幕。該島嶼坐落於南美洲與南極洲之間，是一座異常美麗、崎嶇多山且生物資源豐富的島。幾年之前，當我在福克蘭群島（離南喬治亞最近的聚落所在）時，我看見部署完成的直升機隊攜帶著一百多噸藍綠色餌料，在三年期程中的第一個夏季向整座島嶼投放。該島的面積高達三百八十平方英里，是麥覺理島的八倍，這也使得該行動成為有史以來最大規模的移除嘗試。二〇一五年的投毒行動完成後，又過了兩年，該團隊再度回到了南喬治亞，這次他們將蠟製標記、以及抹上花生醬或植物油作為誘餌的「咀嚼卡」覆蓋了整座島嶼，只要有任何老鼠嘗試啃咬，便會在這些小卡上留下痕跡；內部塗有餌料的管子則被放置在各種可能的區域，用以記錄老鼠的足跡。而就像在安蒂德波斯群島一樣，工作犬（戴上嘴套以免咬到好奇的企鵝）也在整個島上進行地毯式搜尋——結果他們沒有發現一隻老鼠、或是任何老鼠的蹤跡。而且令保育人士感到又驚又喜的是，在捕食壓力解除之後，島上的瀕危鳥類族群非常快速地做出了正面的反饋。

歷經了多年的準備，以及由於其極其偏遠的位置所造成的一些延誤，類似的移除行動原定於二〇二〇年二月在果夫島上展開，但新冠病毒卻在此時爆發了。由十二名英國皇家鳥類保護協會（Royal Society for the Protection of Birds）人士組成的團隊不得不從島上撤離，而移除計畫至少推遲了一年。假設該計畫成功了，這些人隨後也會將重點轉移到馬里恩島，那裡是剝頭皮老鼠的所在。近期一項針對島嶼哺乳類移除效益的評估將果夫島列為第三位，僅次於墨西哥的索科羅島（Socorro Island）和聖何塞島（San José Island），當這些島上的有害物種被消滅時，將能為最大數量的瀕危物種帶來最大的效益。儘管如此，有些人的想法則更是宏大——紐西蘭最初並沒有原生的哺乳類掠食者，而白鼬（stoat）、大鼠與袋貂（opossum）等哺乳類的引入對島上的鳥類造成了毀滅性的影響；儘管紐西蘭人在移除島嶼哺乳類的方面已經取得長足進展，但就在二〇一六年，時任總理約翰・凱伊（John Key）設定了一個目標，打算要在二〇五〇年之前消滅全國範圍內的所有非原生掠食者。這聽起來是在癡人說夢，不過，就在不久以前，人們也認為處理像南喬治亞島那樣大的面積是不可能的。同一份有關島嶼害獸的全球性評估還計算出，透過清除全世界一百六十九個島嶼上的非原生哺乳動物，人類可以拯救目前瀕臨滅絕的所有脊椎動物當中的十分之一，包含各種鳥類、特有的哺乳類、爬行類以及兩棲類動物。

至於我和大衛・西伯利所參與的那個把富豪們引誘到阿留申群島的滅鼠計畫，最後怎麼樣了呢？好吧，儘管任務沒有完全按照計畫進行，但它確實實現了最終目標，這筆錢已經籌到了。幾年後，美國魚類及野生動物管理局會將這筆錢、以及其他更多經費（總計近兩百五十萬美元）運用在一個你所能想像的最合適的目標——在阿留申群島西部的一個佔地十平方英里、名為拉特（Rat）的島嶼上消滅褐鼠（Norway rat），這裡的鼠類最初是在一七八〇年代一艘日本船隻遇難後被沖上岸的。而這真的有效！海鸚（puffin）、小海雀以及其他種類的海鳥在消失幾個世紀以後首次回到了這座島。隨著害獸的消失，在當地阿留申領袖的敦促之下，美國地理名稱委員會（US Board on Geographic Names）於二〇一二年正式恢復了該島的傳統名稱：「Hawadax」。現在老鼠仍然存在於阿留申群島的其他十六個島嶼上，而預算削減則阻礙了其他進一步的嘗試，包含將老鼠、狐狸、兔子、甚至是牛從牠們不應該存在的島嶼上移除——但這至少是一個開始。

註釋

1 我的朋友羅布．比爾加德（Rob Bierregaard）使用高精度的ＧＰＳ裝置來追蹤魚鷹的年輕個體。令他驚訝的是，在牠們從新英格蘭海岸飛越大西洋西部、長達兩千英里不停歇的飛行當中，竟然也採取了動力翱翔的方式。這是首次在猛禽身上記錄到這種飛行模式。

2 譯註：拉撒路物種指那些在歷史紀錄中消失後再度出現的物種。

3 譯註：扇葉早熟禾（Poa flabellata）。

4 Scott A. Shaffer, Yann Tremblay, Henri Weimerskirch, Darren Scott, David R. Thompson, Paul M. Sagar, Henrik Moller, Graeme A. Taylor, David G. Foley, Barbara A. Block, and Daniel P. Costa, "Migratory Shearwaters Integrate Oceanic Resources Across the Pacific Ocean in an Endless Summer," *PNAS* 103, no. 34(2006): 12799– 12802, p. 12799.

5 譯註：原文為「WTF」，呼應前面提到的 Whiskey Tango Foxtrot petrel。而前面的這個命名，則是帕特森等人對於這種未知海鳥的玩笑性暱稱。

6 譯註：tiglax 為阿留申語中「鷹」的意思。

第九章

躲避神的目光

凌晨兩點，在這個溫暖且略帶悶熱的夜晚，安德列亞斯（Andreas）正使勁地踩著那輛破舊卡車的油門，每一次急轉彎，都令坐在左側副駕駛座的我神經緊繃，等待著任何可能的打滑或失速。我不自覺地撐住雙腿，直到車輛再次回到和緩的晃動並沿著直道加速。還有很長的路要走，賽普勒斯秋日乾燥的丘陵與灰塵飛揚的橄欖園在我們的車頭燈下閃過，我們可不能讓員警等太久。

我的同伴的真實名字並非安德列亞斯，我也不打算分享太多他的外貌或背景（其原因你很快就會明白），只能說他很年輕，仍是會對於在深夜裡疾馳於空曠鄉間感到興奮的年紀。他是賽普勒斯鳥盟（BirdLife Cyprus）的成員，這是國際鳥盟（BirdLife International）在當地的合作夥伴。就像其他少數來自這地中海島國的保育人士一樣，面對全球候鳥面臨的最迫切問題之一——為了食用目的的濫捕，他採取了相對直接的回應。

我們朝向南方行駛，一彎暗橙色的新月在東方升起，與之輝映的是尼古西亞（Nicosia）之外的凱里尼亞山脈（Kyrenia Mountains）邊坡上由明亮閃爍的燈光組成的新月與星星圖樣——那是一面長達數百米的巨大土耳其國旗。這副景象是賽普勒斯混亂的政治局勢再明顯不過的象徵。經歷了幾代的和平共處，一九七四年，一場試圖將該島與希臘統一的政變，引爆了島上希臘裔和土耳其裔賽普勒斯人之間的衝突，這隨即引發了兩波土耳其的入侵與攻擊，導致該島北部的三分之一被土耳其所控制。戰爭結束後，數十萬的難民按照民族與宗教分居：信奉希臘正教的希族賽人大多遷移到南邊的賽普勒斯共和國；信奉伊斯蘭教的土族賽人則流入了「北賽普勒斯土耳其共和國」（Turkish Republic of Northern Cyprus）佔領的地區——這是個除了土耳其外，沒有其他國家承認的政治實體。時至今日，在停戰四十多年後，聯合國維和部隊的人員仍然巡邏於這片由帶刺鐵絲網包圍、以確保兩區分隔的緩衝地帶「綠區」之中；而那面巨大旗幟上的白漆在白天的陽光下閃爍、在黑夜的燈火中被點亮，俯視著邊界另一端的尼古西亞。

儘管政治局勢複雜，如今的賽普勒斯島卻是一個熱門的旅遊勝地。賽普勒斯共和國是歐盟的成員國，當地寬闊的沙灘和清澈的海水吸引著來自歐洲各地的度假人潮，觀光客們遊歷特羅多斯山（Troödos Mountains），或品嘗賽普勒斯的傳統菜餚「meze」作為晚餐。賽普勒斯位處地中海東部末端、靠近土耳其南部和黎巴嫩西部，因此該島也是將中歐、非洲和中東連接在一起的重要遷徙線樞紐，數以百萬計的猛禽、水禽、鶺鴒、鳩鴿、鶲鴝和雀鳥，每年都會經過這裡兩次——但牠們當中有許多再也沒能離開。

到了夜裡，非法捕鳥的人在橄欖園、或充滿異國情調的相思樹林中展開霧網（其中後者更經過了精心灌溉和照料，為疲憊的南徙候鳥們在這片原本乾涸的大地上創造了一片看似誘人的綠洲。）接著捕鳥人打開數位錄音機，將歐歌鶇（song thrush）或黑頂林鶯的歌聲透過刺耳的擴音喇叭朝向夜空播送，這與我和同事們在阿拉斯加誘捕鳴禽以幫牠們戴上地理定位器時所使用的方法相同。然而，當飛過的鳥兒為了回應呼喚而紛紛從黑暗中降落，隨著時間推移、在霧網周圍的灌叢中愈聚愈多，牠們面臨的是完全不同的命運。當熹微的暮光漸漸轉為黎明，捕鳥人和幾個助手開始往樹林中投擲一把把小石子，將疲憊的鳥兒驅趕至網中，牠們將在那裡被殺死，然後被一隻隻堆放在染血的桶子裡。其他的候鳥在灌叢和矮樹間覓食時，則會被牢牢黏在「鳥膠棍」（lime sticks）上——這種極其黏稠的天然黏膠由蜂蜜和某種當地漿果熬製而成，必須用力撕扯才能將黏住的鳥兒取下，並在棍子上留下一些皮膚與羽毛。無論是如何被捕獲的，在長日將盡之時，這些鳥兒都會被放入熱油中烹煮、撒上鹽、然後被祕密地端上當地家庭與餐廳的桌上——通常是整隻上桌的，其光裸的頭部仍然附著在身上。這道菜在賽普勒斯被稱為「油煎小鳥」（*ambelopoulia*），饕客們小口咬下，在幾口之間品嘗這連骨頭帶內臟的酥脆滋味。

在賽普勒斯，「油煎小鳥」和捕捉鳴禽是一項古老的傳統。當地代代相傳的捕鳥技術主要以鳥膠棍進行，儘管看似殘忍，這種做法卻不會像愈來愈受捕鳥人歡迎的霧網那樣，無情而高效地一次捕獲大量鳥類。儘管賽普勒斯島只有康乃狄克州三分之二的大小，「油煎小鳥」的獵捕對當地遷徙鳥類造成的傷害卻很驚人，鳥盟曾於二〇一六年估計，每年有一百三十萬至三百二十萬隻鳥類在賽普勒斯被捕鳥人所殺，使得這座小島成為地中海區域其中一個鳥類屠殺最嚴重的地方。事實上，若按人均計算，考量其相對較少的人口數量，賽普勒斯確實是鳥類受害最慘重的地方。除此之外，在地中海區域的十二個最糟糕的鳥類屠殺地點當中，就有三個位於賽普勒斯，而這三個地點每年可造成多達兩百三十萬隻鳴禽的死亡。然而，賽普勒斯絕非唯一的死亡陷阱。敘利亞每年非法殺害三百九十萬隻鳥類；黎巴嫩一年的屠殺數量為兩百四十萬隻；到了埃及，則又有另外五百四十萬隻鳥類被殺害。（甚至，鳥盟的研究人員坦承，這些地方的真實死亡數量可能是上述數字的兩倍。）

如果你覺得這樣的殺戮發生在敘利亞和埃及等充滿戰火與紛擾的地區並不是什麼新鮮事的話，那麼請思考一下下列事實：在歐洲，對鳥類來說最危險的地方實際上是和諧文明的義大利。每年約有五百六十萬隻鳴禽在此遇害，牠們被製成了各種傳統佳餚，像是「*mumbuli*」，即炙烤小鳥，或是「*polenta e osei*」，傳統作法是在玉米麵糊上面擺放整隻烤小鳥。在法國，則有另外五十萬隻鳥類被拆吃入腹，例如，許多鶇受到成串鮮紅色的花楸（rowan）莓果的吸引，之後便被簡單的馬毛套索困住勒死。這是鄰近比利時邊境的阿登（Ardennes）地區獨有的捕鳥技術，每年約有十萬隻鶇命喪於此，而法國當局對此視而不見。

其中最著名的，便是法國人長久以來一直喜愛的圃鵐（ortolan bunting）。這種六英寸長的小鳥有著桃色的胸部、淺黃色的喉部、以及暗色的鬍鬚狀斑紋，長得十分好看，黃色的眼圈使牠面帶一副有點驚恐的表情。然而，法國人傳統上推崇的是圃鵐的肉，而非牠們的外表。每年八、九月，這些圃鵐在飛往非洲的途中被抓獲，然後被關在一片漆黑之中，以破壞牠們的自然節律（過去也曾透過弄瞎牠們的雙眼以達同樣的效果）。這些小鳥不斷進食，直到牠們體內充滿脂肪，然後被淹死在雅瑪邑白蘭地（Armagnac brandy）中、拔毛、並整隻放入熱騰騰的陶製「法國砂鍋」（*Casserole*）當中烘烤。享用時，用餐者用一塊白色大餐巾包裹住頭和肩膀，據說是為了「躲避神的目光」，但實際上是為了留住香氣並防止油花四濺——用門牙咬下鳥頭，然後咀嚼鳥的整個身體，讓滾燙的油脂與肉汁在口中交織碰撞，然後將骨頭及其他一切全都嚼碎。這道料理被認為是法國傳統美食的精華縮影。一九九六年，即將死於癌症的法國前總統法蘭索瓦・密特朗（François Mitterrand）在他的最後一餐中吃了兩隻圃鵐，在那之後便拒絕進食其他任何東西，直到他在八天之後去世。已故的安東尼・波登（Anthony Bourdain）[1]曾將圃鵐稱為「禁忌珍饈的滿貫全壘打」[2]，並講述了一次他與其他美食家們共進非法晚餐的經驗：「每一口咬下去，薄薄的骨頭和層層的脂肪、皮、肉、內臟便緊密地壓縮、融合在一起，那是令人狂喜的滋味、多樣而絕妙的古老風味——無花果、雅瑪邑白蘭地、深色的肉微微帶著一點我自己鮮血的鹹味，因為我的嘴被尖銳的骨頭紮破了。」[3] 圃鵐自一九九九年起便被法國列為受保護物種，至少名義上是這樣，但這項法律基本上被忽視了，尤其是在法國西南部、瀕臨大西洋的朗德省（Landes），那裡是食用圃鵐文化最為盛行的地方。那裡的捕鳥人使用一種叫做「*matole*」的裝置，中間的籠裡關了一隻活的圃鵐作為鳥媒，周圍則有多達三十或更多個小型的掉落式鋼絲網籠，內有穀物作為誘餌。直到最近，每年仍有多達三十萬隻圃鵐被捕捉，每隻鳥在黑市裡可以賣到高達一百五十歐元（約一百七十五美元）。儘管近年來這樣的殺戮已經有所趨緩，但圃鵐的族群數量早已一落千丈，尤其是那些在西歐繁殖、遷徙途經法國的族群，牠們自一九八〇年代以來已經下降了超過百分之八十，下降速度比歐洲其他任何鳴禽都快。

而這只是被獵殺的眾多物種之一而已。保育人士估計，整體而言，每年約有一千一百萬至三千六百萬隻鳥類在遷徙通過地中海盆地的期間死亡，其中包括鳴禽、涉禽、雁鴨、鵪鶉、鸛、猛禽，基本上任何有羽毛的東西。整個地區只有兩個國家，直布羅陀和以色列，相對而言比較沒有這個問題。上述估計還需要納入合法狩獵所殺死的候鳥數量，那不僅有水禽等傳統上的狩獵物種，也包含了大量的鳴禽。儘管歐盟在一九七九年頒布的《鳥類指令》（Birds Directive）——歐盟最古老的保育法律，一般來說禁止了此類殺戮，但歐盟也發布了所謂的「排除效果」（derogations），基本上就是豁免。確切的數字無從得知，但鳥盟估計，另外還有一百四十萬隻鳥類被合法地獵殺，包括近五十萬隻雀鳥和近三十萬隻鶇。當賽普勒斯加入歐盟時，便曾為了能繼續使用散彈槍狩獵六種鶇作為傳統聖誕大餐的權利進行過協商。綜上所述，有時很難想像一隻鳥到底怎麼樣才能活著離開歐洲。

隨著歐洲幾乎所有遷徙鳥類的族群量都急遽下墜，也敲響了保育人士們心底的警鐘，他們正積極地反對這樣的殺戮行為，至少在賽普勒斯，保育人士在過去幾年中取得了巨大的進展。先前無動於衷的有關當局，例如英國軍隊，在其駐紮的兩個大型英屬基地中，捕鳥行為一度十分猖獗，而現在英國軍隊已經投入大量人力積極巡邏，並運用夜視鏡和具備紅外線攝影機的高科技無人機作為輔助。這種轉變在很大程度上似乎歸功於組織良善的寫信運動，這些來自保育人士的陳情書信淹沒了英國國防部，據報昔日的查爾斯王子也響應了這項運動。鳥盟悄悄地進行了一項橫跨數百公里的實地考察，調查霧網與鳥膠棍的使用情形，追蹤狩獵活動並通報給賽普勒斯的執法部門；而另一個名為「反禽鳥屠殺委員會」（Committee Against Bird Slaughter, CABS）的團體則更進一步，向賽普勒斯以及整個地中海區域的捕鳥人發起了本質上是遊擊行動的保育戰。來自英國皇家鳥類保護協會的野生動物犯罪專家穿上迷彩吉利服、架設起隱藏式攝影機，以影像證據讓捕鳥者受到嚴厲的罰款和懲處。這就是為什麼我在過去幾天一直跟隨著安德列亞斯，與他一同閃進橄欖園、躡手躡腳摸進民宅後方，以檢查後院的樹上是否有鳥膠棍，同時還得提防吠叫的狗，或者可能具備武裝的捕鳥人突然出現時的憤怒反應。當我在二〇一八年抵達當地時，一切似乎正在朝著對鳥類有利的方向發展，但賽普勒斯過去也曾經歷過這樣的情況：在一九九〇年代，島上捕捉鳴禽的數量估計達到驚人的每年一千萬隻，但在二十一世紀初期，在歐盟考慮是否接納賽普勒斯作為成員國的期間，賽普勒斯政府強力掃蕩了當地的捕鳥活動，反盜獵小組被派往田野；到了〇五至〇六年，通過鳥盟的標準化調查量測可知，捕鳥活動的發生率下降了將近百分之八十。保育人士們小心翼翼地慶祝自己成功地扭轉了局勢，但在二〇〇四年、賽普勒斯確保歐盟成員國資格之後，積極執法的氛圍消減了不少，而一些最激進的捕鳥者則轉移到了英屬基地中，因為在那裡賽普勒斯共和國政府無權管轄。這樣的狀況在德凱利亞（Dhekelia）基地尤為明顯，該基地位於南部沿海、拉納卡（Larnaca）的附近，有一座名叫皮拉角（Cape Pyla）的半島伸入了地中海，漏斗狀的海岸線將南下前往非洲和中東的鳥類匯聚於此。

「每個人都以為這個問題能在幾年之內被解決。」塔索斯・希阿利斯（Tassos Shialis）在當天早些時候是這麼跟我說的。希阿利斯身材削瘦、留著深色鬍子，他曾經負責安德列亞斯的工作，進行過同樣的祕密反盜獵調查。不過他的身分早已失去匿名性，現在的他是鳥盟反盜獵運動的代表人物，經常在電視和報紙上露面。「但情況反而愈來愈糟，尤其是在基地裡，盜獵活動增長了很多。二〇一四年時我們退回到了二〇〇二年的水準，一年有約兩百五十萬隻鳥（被捕）。九〇年代時，英國皇家鳥類保護協會的人估計每年一千萬隻鳥，和那時候相比的話確實已經進步很多了，但現今存在著更多的威脅，包括旅遊業的發展、氣候變遷、棲息地喪失等等，這些都為鳥類的遷徙增添更多的阻礙。現在這個數字是不能接受的，儘管看起來比九〇年代低了許多。」

在賽普勒斯阻止捕鳥活動已然成為一場「打地鼠」遊戲，捕鳥人不斷改變策略和位置以逃避查緝。當賽普勒斯共和國政府首次強力執法時，捕鳥人轉移到了基地；如今基地做出應對，這些捕鳥人開始另覓新的獵場，範圍包括共和國境內、以及土耳其北部，如果線報屬實的話。

安德列亞斯高速轉過另一個彎，在朝著德凱利亞的英屬基地前進的路途上，多虧了腎上腺素我才能保持清醒。那天我們已經忙了十九個小時了。前一天早上，我搭了英國志工羅傑・利特（Roger Little）的便車，他前來賽普勒斯協助打擊非法捕鳥已經很多年。羅傑身材高大精實，一頭理得很短的灰髮，是一位退休的金融專家，當他感覺曼徹斯特聯足球俱樂部（Manchester United soccer club）需要一些來自遠方的精神支持的時候，便會穿著紅色襪子。不過大自然才是他真正的熱情所在。「不只有鳥類——是大自然，句點。」他這麼告訴我，在我們驅車前往鳥盟辦公室與安德列亞斯會面的途中。羅傑對於我使用他的全名並不介意，因為他每年只在賽普勒斯待五到六個星期；另一方面，安德列亞斯則是土生土長的賽普勒斯人，生活在他協助監管的社區當中。和其他許多致力於遏制捕鳥活動的島民一樣，他對於公開他的工作十分敏感，這既是出於安全考量（許多捕鳥人涉及組織犯罪，手榴彈、土製炸彈及縱火是他們常用的武器），也是因為低調行事有助於讓他的實地工作變得更加輕鬆和有效率。

每年秋天，鳥盟會在賽普勒斯南部（捕獵最昌盛的區域）搜尋捕鳥活動的蹤跡，在一個四百平方公里的範圍內，調查六十個隨機選擇的一平方公里的樣方。這是一項由英國皇家鳥類保護協會在二〇〇二年啟動的計畫，從二〇〇四年之後則由賽普勒斯鳥盟負責執行管理。我們那天早上的工作是調查一個位於拉納卡西部的沿海樣方。安德列亞斯負責開車，羅傑負責用一台平板電腦導航，裡面存著地圖、以及詳實記錄了所有已知捕鳥點的資料表。在他的大腿上還放著一個猛禽調查的紀錄板，假如當地人

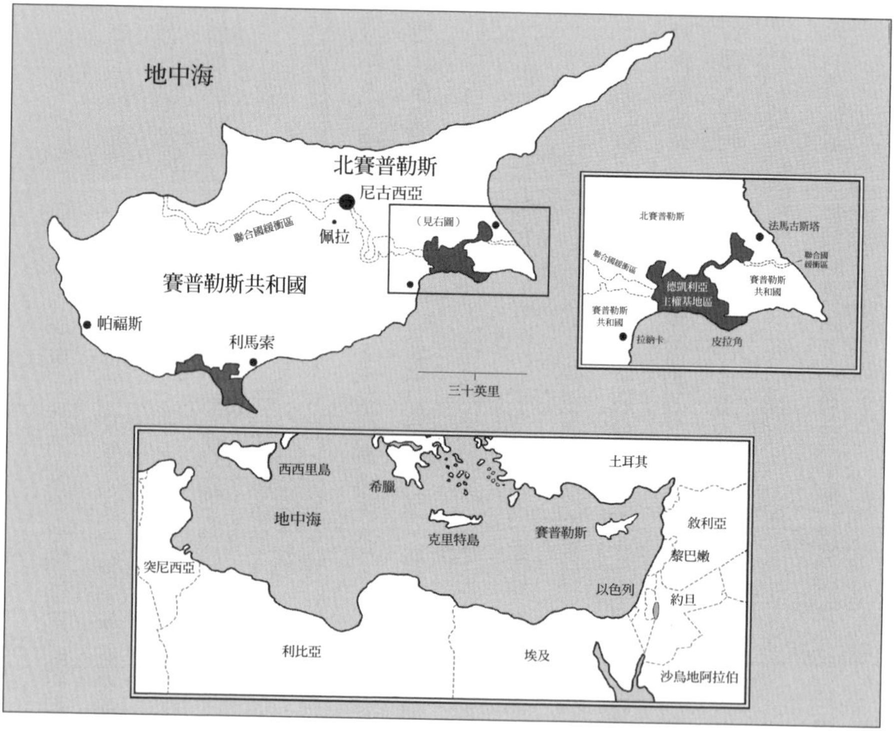

地中海
北賽普勒斯
尼古西亞
聯合國緩衝區
佩拉
（見右圖）
賽普勒斯共和國
帕福斯
利馬索
三十英里
北賽普勒斯
法馬古斯塔
聯合國緩衝區
聯合國緩衝區
德凱利亞主權基地區
賽普勒斯共和國
賽普勒斯共和國
拉納卡
皮拉角
西西里島
希臘
土耳其
地中海
克里特島
賽普勒斯
敘利亞
黎巴嫩
突尼西亞
以色列
約旦
利比亞
埃及
沙烏地阿拉伯

賽普勒斯和地中海東部。

或地主把我們攔住、想知道這幾個人拿著望遠鏡在鄉間小路上東張西望是在幹什麼，這東西便可以作為障眼法。「我比較喜歡隨機應變。」安德列亞斯告訴我。「如果那個人怒氣沖沖地朝車子衝過來，我就跟他說猛禽調查的故事；如果他只是好奇，我也許會跟他說我迷路了，問他附近某某地方怎麼走。人們喜歡給你指路——在那瞬間他們會成為專家，而這通常可以化解問題。」

我們在離海不足百碼的一片犁過的田邊停了下來。柔和的陽光穿透高空的卷雲，在地中海面閃爍著耀眼光芒，疾飛的雨燕在空中交錯而過。這麼多年來，鳥盟的這些調查以及反禽鳥屠殺委員會的突擊行動，讓保育人士們得以建立一個非常詳盡、關於已知捕鳥點的資料庫。我們穿過農田，踢起犁溝中的塵土，儘管幾年前這裡還是一個活躍的張網點，但我們這次能找到的唯一證據是一根從溪邊蘆葦叢中突出的生鏽金屬棒，那曾經是網桿的錨點。很長一段時間沒有人為活動的跡象了——攀附在金屬棒周圍的灌木已經生長了許多年，安德列亞斯於是這麼判斷。「這就是我想看到的。」他滿意地說。「荒廢的捕鳥點。」當我們再次回到車上時，他看見一隻體型纖細的隼從頭頂上飛過。「那是一隻美洲隼——羅傑，記下來。」如果有人需要這套說詞的話，沒有半隻猛禽的猛禽調查表是騙不了任何人的。

正午的太陽愈來愈熱。現在是十月初，在潮濕的低地，日間高溫通常在華氏八十多度左右。此時鳥類不怎麼活動，而任何捕鳥人早在幾個小時前就收工了。選擇這種時間點有其目的，安德列亞斯和羅傑其實並不想撞見任何捕鳥人。從他們的角度來看，最理想的狀況是能鎖定一個捕鳥的熱點，然後悄悄離開，並通報給賽普勒斯當局，然後捕鳥人就會被逮捕並起訴。一旦被捕鳥人發現，他們很可能會立刻打包走人並躲過法律制裁。而這還只是小事，反禽鳥屠殺委員會採取的是更正面衝突的做法，他們在夜間或清晨出動，那正是捕鳥人架陷阱和誘鳥的時候，如果可以的話，他們有時會直接扯掉鳥網、破壞鳥膠棍，然後釋放受困的鳥。可想而知，捕鳥人與這些行動人士之間的矛盾很容易便會升級成暴力。二〇一〇年，美國作家，同時也是個賞鳥狂人的強納森．法蘭森（Jonathan Franzen）在賽普勒斯為《紐約客》（*New Yorker*）撰寫一篇文章時，他和反禽鳥屠殺委員會的成員遭到賽普勒斯捕鳥人的襲擊，他死命狂奔才逃過一劫，但其他成員則被毆打的渾身是傷，還有一人被自己的相機砸得頭破血流。

當提到鳥膠棍（lime sticks）一詞時，其中的「lime」指的並不是大家所熟知的萊姆，這種綠色水果的名字起源於阿拉伯語或波斯語。在古印歐語中，「lime」的意思是「滑溜」或「黏糊；捕鳥人會熬煮一種黏糊糊的混合物，在某些地區，主要成分是煮過的冬青樹皮，其他地方則使用具有黏性的槲寄生果實，而在歐洲一些地區，如西班牙，人工合成的黏膠現在也很常見了。賽普勒斯人製作鳥膠時仍然普遍使用米拉別李（Syrian plum），安德列亞斯從樹上摘下了一串，遞給我。當被擠壓時，這些外皮堅硬、彈珠大小的水果會流出一種透明的、類似鼻涕的膠質。等我意識到時已經有點晚了，如果沒有大量沖水和咒罵，我幾乎沒辦法將這種膠質從我手指上去除。將這種膠質與蜂蜜以及其他數種添加物一起熬煮之後，一種驚人的天然強效黏著劑便誕生了。捕鳥者將其塗抹在長而直的木棍上（石榴樹的嫩枝是首選），這些棍子在陽光下曬乾之後，被聚集成綑，直立地插在專門編織的高籃子裡。當準備抓鳥時，他或她（賽普勒斯其中一個最臭名昭著的黏鳥者是位女性）會將棍子一根根從整團黏膠當中撥出來，然後水平地布置在樹木與灌叢間，那些經過精心修剪、在枝葉冠層中創造出來的破空區域。在賽普勒斯的一些地區，製作和販售鳥膠棍是一項家庭手工業，儘管多數的捕鳥人都會自己製作。

一隻在樹林中覓食的小鳥，只需要用翼羽或尾羽尖端、嘴喙、一根腳趾或者其他身體部位輕輕掃過鳥膠，就會被黏住。有些鳥的雙翅或腿在掙紮中脫臼，只能悲慘地掛在那裡，而其餘的鳥則不斷掙扎扭動試圖逃脫，直到全身多處都被黏住而動彈不得。有時候，一根兩英尺長的鳥膠棍可以黏到超過半打的鳥。當然，這項技術是完全沒有選擇性的——鳥盟記錄了一百五十五種被鳥膠棍黏住的鳥類，包含鶯和鶇，以及鷹、隼、蜂虎、夜鷹、伯勞、貓頭鷹等等物種。即使少數鳥類設法從鳥膠棍上脫困，牠們通常也因沾上了鳥膠而無法飛行、無法進食或飲水（如果嘴喙被黏住的話）。為了將鳥從棍上解下來，捕鳥人只能硬扯、撕裂牠們的羽毛和皮膚；突襲捕鳥點的保育人士有時候則會使用自己的唾液作為清潔劑，吸吮結塊的羽毛以去除最頑強的黏膠。對保育人士而言，這一切都顯得十分野蠻。鳥膠棍之友（Friends of the Limestick），當地一個支持黏鳥的團體，聲稱這是一項傳統。對此，一位反禽鳥屠殺委員會的負責人做出回應，他來自曾經燒死女巫的德國，他表示：「不是每種傳統都值得保留」。

隨著時間過去，我們在小路上轉向、迂迴前進。這裡有些路有鋪柏油、有些則是土路。我們開得十分緩慢，在一排排柑橘樹或橄欖樹之間仔細察看是否有設置鳥網的跡象。精心修剪的樹木和開闊的間距，可能顯示農民的盡心盡責，也可能是因為不希望他們的鳥網被樹枝纏住。安德列亞斯和羅傑特別留意著金屬桿和地釘，或是灌滿水泥、中間設有一支短桿的輪胎，那是可移動的網桿基座。如果注意到可疑之處，我們就下車，在附近搜尋羽毛、被棄置的死鳥或鳥頭。傳統作法是連網子上的非目標鳥種也一併殺死，而那只是因為比起與一隻死命掙紮的活鳥纏鬥，解下一隻死鳥方便得多。不只一次，當地車輛在經過我們時減速，車上的人充滿懷疑地瞪著我們，因為通常不會有外地人出現在這種地方。我們沒有發現任何使用中的網道（net-rides）——

這是個歐洲術語，但我們確實找到了一些老舊的鳥膠棍，看起來是捕鳥人離開前忘記回收的。由於鳥膠棍留在那裡會持續對鳥類造成危害，羅傑拿著這些棍子朝地面來回揮打，讓黏膠被枯草與泥土覆蓋，並把它們折成無害的小段。

許多橄欖園都有圍欄。其中一座的圍欄被裹上了綠色圍網，頂上還安裝了帶刺鐵絲，阻擋了任何看向內部的視野。「那很可疑。」安德列亞斯輕聲說。「這不是很令人好奇嗎？為什麼他們要這麼費心以防被人看見？」儘管盡了最大的努力，我們還是看不清楚圍欄裡面有什麼。羅傑記下了這個地點，打算之後再回來看看。賽普勒斯共和國唯一有關擅闖私人土地的法律，就是不能侵入像這樣用柵欄圍起來的地方。但是我們的警覺性卻開始升高，再往前走一點，他們注意到有根很長的金屬桿從一座座溫室旁邊伸了出來，比一旁孤伶伶的長角豆樹還要高出十英尺。那是天線嗎？也許是，但我們沒看到電線。「捕鳥人會豎起一根高高的竹桿，上面插著鳥膠棍，與側邊形成特定角度，用來捕捉蜂虎。」安德列亞斯說，但他沒辦法確定這是否也是那種陷阱。當我們離開時，一對蜂虎落在了鄰近的樹上，展示著長而似隼的翅膀，牠們赤褐及藍色的體羽在陽光下格外醒目，鈴聲般的鳴叫順著溫暖的空氣傳了過來。

我們沿著另一條小路行駛，一隻石雞（chukar）從我們面前竄了出來，安德列亞斯趕緊減速。在附近可以俯瞰整片橄欖園的山丘上，有一間小屋，安德列亞斯把車停在屋子裡的人看不見的地方，留下羅傑把風，他自己則溜下車、鑽進樹林裡並看向兩側。我跟著他穿過了掛滿藍黑色果實的低矮橄欖樹，我們聽見車子的聲音，安德列亞斯瞬間停下腳步，以示意我躲進一旁茂密的樹叢。那台車好像只是從遠處的柏油路經過而已，但安德列亞斯在繞了一圈之後回到了我們的車旁邊，然後停了下來。「鳥膠棍。」他低聲說，指向那座小山丘，我這才注意到在房子後面的一小棵長角豆樹上，有著一根奇怪的水平枝條。「借我你的手機，我忘記帶了，我要拍照。」他說。他沿著山坡的木製台階往上跑，在四周的矮樹之間察看、拍了幾張照片，然後帶我快速走下山坡。「那棵長角豆樹上有七根鳥膠棍，我覺得那間房子周圍的其他樹上還有更多。幸好，都還沒有抓到鳥。」他告訴羅傑，同時倒車出去、迅速離開現場。直到那座小屋消失在視野中，他才把剛才的照片傳給員警，接下來只能期盼警方會跟進調查。「七個不算多，但那裡可能還有更多。」

「警方配合嗎？」我問，我一直耳聞賽普勒斯的保育人士對這方面十分詬病。

「『複雜』真是個好詞。」羅傑冷冷地說道。在二〇〇〇年代初期，當賽普勒斯正在爭取加入歐盟時，該國負責執行野生動物相關法規的政府部門——狩獵與野生動物管理處（Game and Fauna Service）設有一個積極的反偷獵小組，並以嚴格取締捕鳥聞名；但到了最近幾年，鳥盟和其他保護組織都認為，該機構對於此類案件的關注愈來愈少了。（狩獵與野生動物管理處否認了這一點，指出在近期的法規調整中，相對於使用傳統的鳥膠，霧網的罰則被特別提高了。）政府態度的轉變，一部分原因來自於勢力龐大的狩獵遊說團體施加的政治壓力，另一部分則是因為員警們全都來自當地社區，而捕鳥人往往就是他們的親戚或朋友。還有一部分原因，如一些官員曾私下坦承的，某些盜獵者與暴力及組織犯罪有所關聯，當局有點害怕蹚上這灘渾水。無論原因為何，盜獵者有時似乎不必為違法行為承擔任何後果。安德列亞斯拿出他的平板電腦，放大了地圖上的一個位置標記——這是一個反禽鳥屠殺委員會在去年一月分發現的歐歌鶇捕捉點，整夜裡大聲地播放歐歌鶇的鳴唱聲。「然後你看那裡。」他指向地圖上不遠處的一棟建築物，「那是當地的警察局，距離不到兩百公尺。他們怎麼可能沒聽到那鬼東西吵了一整晚？」

在整個捕鳥季節裡，保育人士和捕鳥者就像貓捉老鼠。「捕鳥人才不笨，有時他們故意把幾根鳥膠棍設置在一些非常顯眼的地方——我想他們是為了預警，如果棍子消失了，他們就知道反禽鳥屠殺委員會在附近。」安德列亞斯說道。「有時候他們會在陷阱附近繫上非常細的線，如果線斷了，他們就知道有人來過。」

結束了一天的工作後，還有幾個小時我就要和安德列亞斯一起開車南下，與軍事基地的員警會合並進行夜間巡邏，而我的肚子開始叫了。佩拉・奧里尼斯村（Pera

Orinis）位於賽普勒斯中部的山區，距離尼古西亞約十五公里。我下榻在這裡的一間民宿，非常不錯，是由塔索斯和他的義大利女友薩拉（Sara）共同經營的，她是一位生物學家。佩拉的老城區街道很窄，以至於我來到這裡的第一晚，由於旅途的勞累，加上嘗試在勉強只夠我租來的小車通行的窄巷當中尋找方向，我為了避開右側距離車子只剩一兩英寸的石牆，左側的後照鏡被我直直撞上一扇開著的門。步行就不一樣了。我在柔和的暮色中行走，狹窄的街道就像是用淺灰色石頭砌成的迷人峽谷，房屋的門則是由深色、充滿年代感的木材製成，上面鑲著熟鐵製成的鉸鏈與板扣。在一個角落裡，四名老人圍在路邊一張小桌子旁，喝著一種叫法拉沛（frappe）的冰咖啡，他們正在玩賽普勒斯版本的雙陸棋，稱為「*tavli*」，清脆的棋聲咔噠作響；其中一位頭髮和鬍鬚花白的老先生，在我經過時抬起頭並露出了驚訝的神情，目送我消失在視線的盡頭。我轉進另一條巷子，從這裡可以通往村裡的廣場，廣場邊是古老的天使長米迦勒教堂以及隔壁的男子學校。一位父親在一旁觀看他兩個年幼的女兒玩耍。我對這裡寧靜祥和的一切感到震懾。在巨大卵石鋪成的凹凸路面上，我的腳步聲迴響著。

循著炭火和烤肉的香氣，我來到一間位於轉角處的小酒館。在它的開放格局中有一座啤酒冰櫃、一些古老的希臘電影明星海報，室外還有一個有遮蔭的庭院。這裡由一個留著短黑髮、戴著牛角鏡框的中年男子所經營，他的名字叫科斯塔斯（Costas）。我點了蘇夫拉奇（Souvlaki），一種把烤豬肉塊、新鮮番茄和小黃瓜包在整個皮塔餅裡並滴上檸檬汁的食物。「要等三十分鐘，兄弟。」科斯塔斯說。從我來到這座小鎮的第一天、塔索斯帶我來這裡吃晚餐以來，我和科斯塔斯就成了朋友。塔索斯有事先走了，所以當我吃著熱騰騰的烤肉串時，科斯塔斯坐下來和我聊天。鳥肉？噢，沒錯，非常好吃，在我們聊了大約一個小時後他這麼跟我說。「熱油，只有熱油。然後用海鹽，而不是……」他拿起鹽罐，撒了一點在手心裡，然後斷然搖頭，把它扔掉。「只能用海鹽。那太好吃了。」

這天夜裡，當科斯塔斯準備我的餐點時，他的哥哥坐在一旁的小桌子，也在等待著餐點，他邀請我和他一起喝啤酒。他比他弟弟還要沉默，彈了彈煙灰，用內雙眼皮底下的銳利眼神觀察著我。他的英語程度很基礎，我則對希臘語一無所知，但我們還是設法交流。我住在哪裡？天氣怎麼樣？我的工作是什麼？他是位員警。「我只管嚴重案件，就像偵探。」他說，轉動著另一支細長的煙。我為什麼來佩拉？「賞鳥」是最簡單的解釋，而正如前一晚他的弟弟一樣，這立即激起了他對油煎小鳥美妙滋味的遐想。「非常好吃。賽普勒斯沒有什麼鳥好看，對吧？我們吃牠們，吃很多、很多。」我問他是否擔心吃太多會導致鳥兒消失？他聳了聳肩，笑了。「太少了，價格高——十二隻鳥，八十歐元。以前只要六十，現在要八十。」他搖搖頭。這一切就是一場悲劇。供應減少，價格上升，但上升的價格對一些捕鳥人來說反而起了刺激。可是油煎小鳥不是犯法的嗎？我問道。又是一個表情複雜的聳肩，但這次他收斂了笑容。毫無疑問，他知道我和那個鳥盟的麻煩製造者塔索斯住在一起。他的餐點好了，他把它端到庭院裡吃，這次他並沒有邀請我加入。

獵捕候鳥絕非地中海區域獨有的問題。每年，數百萬隻鳥類在北歐、尤其是高加索地區被非法殺害，其中一些鳥類，像水禽，射殺牠們不僅僅是為了食用，也是為了休閒娛樂；其他如在法國被吊死的鵪，則完全是為了食用目的而獵捕。猛禽仍然是歐洲大部分地區的狩獵目標，像是在蘇格蘭裝上衛星發報器的四十一隻金鵰，在二〇〇四年至二〇一六年之間消失得無影無蹤，連一點屍體或設備的殘骸都找不到，幾乎可以肯定牠們是被那些那些憎恨猛禽捕食紅松雞（Red grouse）的人殺害並處理掉了。

亞洲，毫無意外地，也是許多候鳥的死亡陷阱。畢竟，鳥網與陷阱很可能是琵嘴鷸走向滅絕的主要原因。當琵嘴鷸已經成為國際候鳥保育的標誌，卻有另一種亞洲的鳥類——金鵐（yellow-breasted bunting）數量下降得更多、更快，但相對較少受到關注。

作為法國著名的圃鵐的親戚，金鵐遼闊的繁殖範圍西起芬蘭、東至俄羅斯遠東地區，在這片約六百萬平方英里（一千五百七十萬平方公里）的範圍中繁殖的個體不計其數。科學家曾經用「過剩」一詞來傳達其族群數量的規模。雄鳥有著令人驚嘆的羽色——檸檬黃的胸、黑色的臉、栗色的頭部與背部，肩膀上帶有大膽的白色線條；雌鳥和幼鳥的羽色則不例外地更加微妙與複雜，布滿棕色條紋，看起來在藏紅花茶中被浸泡過一樣。每一年，來自這整個區域的金鵐，絕大多數都會匯聚在中國沿海，沿途形成數量龐大的鳥群，在南下遷徙途中、以及在東南亞更為侷限的度冬地裡，聚集的總數可達數百萬隻。

由於金鵐豐富的數量、喜群居的習性和豐滿美味的肉質，牠們成了過去為了溫飽的獵人們的理想目標。但近幾十年來，隨著中國一批有著可支配收入的中產階級形成，野味成了一種社會地位象徵，而非僅僅作為一種蛋白質來源，使得此時鳥類屠殺的速度加快到了前所未見的程度。像油煎小鳥一樣，金鵐在中國成為了奢侈品，一隻六英寸的小鳥可以賣到高達三十到四十美元。科學家在二〇〇一年估計，僅僅在廣東省，每年就有多達一百萬隻金鵐被吃下肚。中國自一九九七年起便禁止為了販售而殺死野生鳥類，但這項法律實際上並未被遵守，而早在一九八〇年代，就已經觀察到了金鵐繁殖族群的下降。自二〇〇〇年以來，族群崩潰則普遍發生在分布範圍內幾乎所有地方，其速度與規模令人恐懼。如今，金鵐的分布範圍已經向東收縮了三千英里以上。按照目前的速度，曾經作為世界上最普遍的陸鳥之一的金鵐將會在幾年內滅絕。一個由科學家組成的國際研究團隊在二〇一五年警告：「在分布範圍相當的鳥類中，金鵐數量下降的規模與速度是前所未有的，唯一的例外是當年的旅鴿。」

對北美洲人來說，吃鳴禽的想法令人震驚和厭惡，但這只顯示了我們的健忘——畢竟，正如先述金鵐文章中提到的，我們可是把旅鴿吃到了瀕臨滅絕的邊緣。鐵路系統與電報線的結合使商業捕鳥人和商人能夠找到逐水草而居的旅鴿群落、屠殺牠們，然後輕鬆地把鳥運往市場，正如當年僅從紐約普拉茨堡鎮（Plattsburgh）的一個營巢地便售出並發貨了一百八十萬隻旅鴿。歷史上提到十九世紀到二十世紀初的美國商業狩獵時期，通常聚焦在當時對雁鴨等較典型狩獵物種的大量獵殺，如北達科他州的一名獵人，只用幾小時就屠殺了七百磅重的水禽，包括四十六隻加拿大雁和三十七隻沙丘鶴（sandhill crane）；或者是一八七〇年前後在長島海灣（Long Island Sound）的一名槍手，僅用一支巨大的雙管四口徑散彈槍裡的一發彈藥，就打死或致殘了一百二十七隻潛鴨（scaup）。

成噸的松雞和鶴鶉被以鐵路運輸，例如在一八七四年，就有約三萬隻的草原榛雞（prairie chicken）與一萬五千隻山齒鶉（bobwhite）從內布拉斯加州（Nebraska）被運出。到了十九世紀末，隨著旅鴿和松雞的數量變得愈來愈稀少，獵人和商人將目標轉向了鷸鴴類，最主要是極北杓鷸和美洲金斑鴴（American golden-plover）。由於鷸鴴家族的肉都很好吃，加上很容易用假鳥引誘，於是所有的鷸鴴類都暴露在了槍口下。體型小也難逃一劫，就連重量僅有半盎司的姬濱鷸也被射殺，並被以「泥鷸」（mud peep）這個名稱在市場上銷售。

就連鳴禽也是常見的獵物。沒有什麼比一本名為《市場助手》（*The Market Assistant*）的書能更好地帶我們一窺當年的盛況了。該書於一八六七年出版，作者為一位名叫湯瑪士・F・德・伍伊（Thomas F. De Voe）的紐約屠夫，他在副標題中兌現了承諾：「紐約、波士頓、費城和布魯克林的公共市場中出售的每件人類食品的簡要說明」。各種野味的介紹佔用了幾個很長的章節，記載了從浣熊、臭鼬，到馴鹿、大角羊，以及各種水禽、火雞、松雞和鷸鴴，牠們哪些在商店中常見、哪些罕見、哪些好吃、出現在什麼季節等等。除此之外，德・伍伊還詳盡介紹了數十種鳥類，從啄木鳥到麻雀，都是美國東部市場裡常見的食材。有些物種，像「蘆葦鳥」，也就是長刺歌雀，在特定季節裡數量豐富，被數以百萬計地運往市中心；其牠的物種則比較零星，像是被稱為「灰濱雀」的海濱沙鵐，「夏季有時候會在市場上看到，但牠的肉質相當一般，有點腥。」[4] 德・伍伊警告道。

只有少數幾種鳥被授予此類警語。撲動鴷（northern flicker），德・伍伊叫牠「高洞」或是「金翅啄木鳥」，曾經「秋天在我們市場上很常見，那時候牠們很肥，肉十分美味……我曾經打過幾百隻，有時候一個下午可以從同一棵樹上打下二十到三十隻。」[5]草地鷚則是「幾乎和鵪鶉一樣美味，但不那麼豐腴肥大。」[6]然後他回想起他打過好多隻「在紐約現今的第二十四街附近。」[7]在《市場助手》中提到的許多其他鳴禽還包括了角百靈（horned lark）、黃腹鷚（American pipit）；雪鵐（snow bunting）（「白色雪鳥……在一月或二月時特別肥美，肉質深受美食家讚賞。」[8]）；紅頭啄木（red-headed woodpecker）（「與金翅啄木鳥一樣好吃，但體型比較小。」[9]）；雪松太平鳥（cedar waxwing）（「偶爾能在市場上發現大量。牠們的肉是咬一口就沒了的精緻食物，只適合在秋季食用。」[10]）；灰貓嘲鶇（gray catbird）（「體型非常小，但肉質鮮甜美味。」[11]）；棕脇鵖鵐、草鵐、松雀；黃嘴美洲鵑和黑嘴美洲鵑（black-billed cuckoo）（「牠們的肉滿甜的，但對於一隻看起來這麼大的鳥來說，肉相對很少。」）；以及紫紅朱雀（purple finch）（「狀況良好時非常美味。」[12]）隱士夜鶇的肉也是甜的，德·伍伊寫道：「但就算再怎麼餓，也不值得浪費你一發子彈。」

令人驚訝的是，在一頁又一頁關於美國鳴禽口感優劣的描述之中，德·伍伊其實經常拋下客觀報導者的角度替鳥類發聲。他提到太平鳥肉的美味，並寫道：「我認為牠們不應該被殺死，因為牠們消滅的害蟲可能比其他任何鳥類都多。」[13]具備那個年代少有的生態學洞見，他感嘆「成千上萬的鳥類被肆意捕殺，只為了娛樂或是幾個便士。這些被殺掉的鳥類在活著的時候可以消滅無數的昆蟲、蒼蠅、蠕蟲、蛞蝓等等。」[14]他懇請讀者不要購買橙腹擬黃鸝（Baltimore oriole），除非是為了收藏，並避免在春季購買旅鶇，因為那是牠們繁殖配對的季節。[15]「不管怎樣，我認為對人類來說，這些鳥兒活著比死了更有用。」他辯駁道[16]。

旅鶇（American robin）是比較餐桌上各種小鳥的標準——牠好吃、常見、相對便宜。舉例而言，德．伍伊說冠藍鴉吃起來不錯，但「風味不如旅鶇。」[17]而撲動鴷則「不像旅鶇那麼嫩。」[18]對於後者，他寫道：「這些有名的鳥在我們的市場裡大量販售，而每年的九到十月，各路獵人會再射下好幾千隻，那是牠們最肥美最好吃的時候。」[19]在南方，旅鶇是烹飪和市場交易的重要獵捕目標。過去在田納西州中部，數十萬隻度冬的旅鶇會聚集在夜棲地，二十世紀初的獵人們以團隊形式獵殺牠們。當其中一人手持火炬爬上樹頂，其他人則揮舞棍棒與長竿、將睡夢中的旅鶇驚飛。接下來，被火光所吸引的旅鶇會被抓住、去掉頭部並塞進袋子裡。通常一組人馬每晚能抓到三百到四百隻旅鶇，而一位觀察者指出「許多時候，有超過百名手持火把的獵人參與工作」[20]，將死去的旅鶇填滿一輛輛貨車。旅鶇狩獵在整個南方都十分盛行，許多州將牠們歸類為狩獵物種，以至於奧杜邦學會（National Association of Audubon Societies, 現今National Audubon Society的前身）與當地的老師們合作，在小學創立社團並教育兒童如何「同情」鳥類。該項努力在後來成為了大獲成功的青少年奧杜邦計畫（Junior Audubon program）。

如德・伍伊所指出的，另外一種被大量販售的鳴禽是長刺歌雀。一九一二年，麻州的鳥類學家愛德華・豪伊・福布希（Edward Howe Forbush）前往南加州的低地地區（Low Country），以親眼目睹一年一度的「米雀」大殺戮，那是遷徙期間、一身棕色條紋秋羽的長刺歌雀在過去的別稱。福布希寫道，當年僅從喬治敦（Georgetown）一個城市就運出了大約六萬打、將近七十五萬隻的長刺歌雀。「槍手以每打二十五美分的價格賣給商人，商人再以每打七十五分到一美元的價格販售。在牠們數量最鼎盛的時期，這些鳥被大量運往紐約、費城、巴黎等地的大型市場，以供富有奢靡的美食主義者享用。」[21]

幾個州提供了零星的保護措施。加州在一八九五年實施了針對旅鶇長達八個月的禁獵令，儘管對於其他加州商業狩獵的目標物種，從紅翅黑鸝到美洲家朱雀（house finch）等，這一層保護並不存在。直到一九一八年，隨著聯邦的《候鳥條約》（Migratory Bird Treaty Act）通過，才讓旅鶇、長刺歌雀、雪松太平鳥、以及大部分其他野生鳥類受到了法律的保護，北美商業狩獵的時代自此落幕。那年的八月十八日，

《紐約時報》的頭條為「新的獵禽法禁止食用目的的狩獵」[22]。「根據加拿大條約，現在不得出售或供給任何候鳥。」（「Migratory」一詞有點誤導性，儘管最初排除了一些猛禽，該法案目前保護北美所有的原生鳥類，僅有的例外是非遷徙性的狩獵物種，牠們受各州法律所保護；以及像家麻雀和疣鼻天鵝〔mute swan〕等外來種。）

歐洲採取了一條非常不同的路線。早期有一些協議，像是一九〇二年在巴黎由十一個歐洲大國簽署的《國際保護農業益鳥公約》（International Convention for the Protection of Birds Useful to Agriculture），被認為是保護野生動物的第一個多邊協定，儘管它也單獨挑出了一些不值得受到保護的「害鳥」，像是許多猛禽、鷺科、鴉科和潛鳥等。英國在二十世紀上半葉通過了一系列有時相互矛盾的法律，它們最後都被一九五四年的《鳥類保護法》所取代，該法為多種野生鳥類提供了強力的保障（但通常不包括烏鴉和喜鵲等「害鳥」）。而該法又很大程度上被一九八一年制定的《野生動物和鄉村法》所取代，後者目前仍然是英國最主要的鳥類保護法律。綜觀整個歐洲，控制性規範便是歐盟的最初於一九七九年通過的《鳥類指令》，該法令於二〇〇九年進行過修訂，是歐盟環境法律當中最古老的。

正是《鳥類指令》的力量，以及如果賽普勒斯要加入歐盟，必須開始履行成員國的職責，因此二〇〇〇年代初期該國捕鳥活動便有所減少。儘管歐盟從未公開表示，如果賽普勒斯不解決捕鳥問題，就不能加入歐盟，但根據報導，賽普勒斯共和國在檯面下面臨著很大的壓力。「委員會從來沒有表示過『賽普勒斯不能加入（歐盟），除非這個問題解決。』」賽普勒斯鳥盟的負責人馬丁・荷利卡（Martin Hellicar）告訴我。「我們多希望他們能這麼要求，但他們並沒有，而我了解規矩就是這樣。但在檯面下，我們從很多來源得知，當時是有很大的壓力。」蓋伊・肖羅克（Guy Shorrock）說。他是英國皇家鳥類保護協會的資深調查員，從二〇〇〇年開始在賽普勒斯執行反盜獵工作。他還記得最一開始，他與同事和政府單位之間的合作相當愉快，不論是共和國的狩獵與野生動物管理處，還是英屬基地的長官。「在執法工作開始後，隨著賽普勒斯加入歐盟，捕鳥活動有了很顯著的下降，下降了約百分之七十到八十。我們以為一切都在朝著正確的方向前進。」

然而，隨著時間過去，也許是在二〇〇四年獲得歐盟成員國資格之後，當局的壓力減緩了，而捕鳥活動也捲土重來了。那個有效的官方反盜獵小組顯然被解散了，愈來愈多大規模的捕鳥活動出現在英屬基地裡，捕鳥人甚至重塑了那裡的地景，以大大提升他們的捕捉效率。此時，二〇一一年，第一屆歐洲非法捕殺鳥類會議在賽普勒斯的拉納卡召開，並起草了所謂的「拉納卡宣言」（Larnaca Declaration），呼籲歐洲人「承諾對非法殺戮零容忍，並積極參與打擊這種非法活動。」[23]——然而殺戮再次增加，尤其是在德凱利亞基地。賽普勒斯政府收到了來自鳥類保育人士以及國內輿論的壓力（大量裝滿請願書和憤怒信件的郵包寄到了國防部），但相較於反盜獵執法時有時會遇到的暴力妨礙，英屬基地指揮官發現自己面臨的問題，有時候甚至相當具有「爆炸性」。

我在房間裡吃了希臘烤肉串，躺了一會兒，努力保持清醒，然後在凌晨兩點時與安德列亞斯在鳥盟辦公室會面，出發前往德凱利亞。英國人在賽普勒斯有著漫長而錯綜複雜的歷史。從一八七八年到一九一四年，該島是英國的保護國；從一九一四年到一九二五是一個軍事佔領區；從一九二五到一九六〇年（這個時期出現了愈來愈多對英國軍隊的暴力事件）則是一個直轄殖民地。即使在賽普勒斯獨立後，英國仍然控制著當地兩個大型的軍事基地——德凱利亞和亞克羅提利（Akrotiri）。兩者的總面積約一百平方英里，擁有自己的司法管轄和執法部門，被稱為主權基地區（Sovereign Base Area）。但這些主權基地區並不符合「軍事基地」在一般人心目中的形象，兩座基地基本沒有圍欄，公路系統縱橫交錯，其中點綴著希族塞人的村莊。這些村莊嚴格來說屬於共和國的一部分，但居民經常租用基地的土地進行耕種，導致此處的安全形勢異常地漏洞百出，特別是在夜裡，當捕鳥人開始行動的時候。更糟的是，基地的存在至今仍是賽普勒斯人極度憤怒和不滿的根源，因此多年來英國軍方曾試圖對日益嚴重的捕鳥問題睜一隻眼閉一隻眼，以避免激化與當地人之間的矛盾。

「基地一直走在這條尷尬的路線上，他們知道自己在這裡不受歡迎，所以他們會盡一切可能避免與當地居民對抗。幾十年來，盜獵是他們完全避免觸碰的問題。」馬丁・荷利卡在一兩天前向我概述了這裡複雜的政治局勢。基地裡寬鬆的執法形成了一個破口，促使一種強度更勝以往的盜獵行為在此蓬勃發展。這些盜獵活動以組織犯罪作為基礎，正以保育人士口中的「工業規模」運作著。如果你認為捕鳥的利益對於幫派來說太過微不足道，那麼請參考基地警方的說法：一名成功捕鳥人的年收入可高達七萬歐元（約七萬八千美元）；而狩獵與野生動物管理處估計，賽普勒斯油煎小鳥產業的整體產值高達每年一千五百萬歐元（約一千六百八十萬美元）。隨著幫派活動的增加，德凱利亞基地的皮拉角已然成為（如蓋伊・肖羅克告訴我的）「賽普勒斯的黑洞，正如賽普勒斯是地中海的黑洞一樣。」

在過去十年的大部分時間裡，非政府保育組織一致地表示對於主權基地區內盜獵執法的失望。警方在取締捕鳥方面缺乏積極性，使得盜獵者可以在基地內恣意行動。然而，接下來的人事變動，加上鳥類保育組織帶來的、來自英國本土的龐大公眾壓力，以及基地運作的相關法律（由英國制定，但通常配合賽普勒斯共和國的法令）變更，種種因素的共同作用下，導致在我造訪的兩年之前，整體情況發生了戲劇性的轉變。為解決盜獵問題，基地當局已經投入人力和資源，他們現在可以開出高額罰款、要求現金保釋、並沒收捕鳥人使用的車輛。此外，由於基地周邊村莊的居民經常租借基地土地用於耕種，如果承租人被抓到盜獵，租賃協議便可以被否決，這也是一個強有力的威懾手段。

因此，當我和安德列亞斯在夜晚急馳穿越賽普勒斯、直奔那個「黑洞」時，我心中作為鳥類保育人士的那部分，抱持著謹慎但持續上升的樂觀情緒。凌晨四點，安德列亞斯在一棟建築物前的幾棵棕櫚樹下停了車，這棟長而低矮的磚房上面鋪著橘色的瓦片，周圍是高高的鐵絲網圍欄，頂部裝有雙排帶刺鐵絲——這裡是德凱利亞主權基地區警察局。我們快速地通過了警局大門，然後被護送著穿越走廊、抵達尼可斯・阿蘭布里蒂斯（Nicos Alambritis）督察的辦公室。他是一位身材魁梧的賽普勒斯警官，頭髮剪得很短，鬍子修得很整齊，和所有他的反盜獵組員一樣，他穿著綠色T恤和迷彩褲子，以及一件黑色的戰術背心，上面大大地寫著白色的「員警」字樣。裝在編織槍套裡的黃色電擊槍是這些員警們僅有的武器，儘管捕鳥人往往攜帶著散彈槍或步槍。我們和阿蘭布里蒂斯屬下的一名警佐和兩名警員握手，他們都是賽普勒斯人，且都事先要求保持匿名——就像安德列亞斯一樣，他們巡邏的社區同時也是他們居住與生活的地方，且隨著反盜獵執法的加強，捕鳥人的暴力也在逐漸升級當中。

阿蘭布里蒂斯辦公桌後方的整面牆壁掛滿了德凱利亞主權基地區的衛星照片，其上套疊著一百多個綠色或紅色的幾何形狀，大多聚集在皮拉角海岸附近。「這些是相思樹。」阿蘭布里蒂斯說道，他的手揮過那些地圖上的區塊——那是引入的澳洲樹種在基地的分布狀況。這種植物有時被稱為柳葉相思（golden-wreath wattle），被捕鳥人種在這片乾旱的環境裡以吸引南遷的候鳥。相思樹造林意味著一片佔據幾百英畝的巨大人工林取代了當地原生的灌木林地（phrygana），一種低矮、叢生、且日漸受到威脅的地中海濱海植物群落，蘊藏著許多稀有的野花物種。相思樹林的存活仰賴著綿延千里的黑色塑膠管線，它們蜿蜒著穿越整個岬角，將水從非法鑿的井中引到樹林進行澆灌。要是有人還懷疑賽普勒斯油煎小鳥產業的經濟影響力，只需看看皮拉角的捕鳥人為了商業鳴禽網捕而改造景觀所做出的巨大努力即可。

這裡的「網捕」即是關鍵。儘管鳥膠棍在後院很有效，但它並不適合皮拉角所進行的大規模誘捕，這裡的捕鳥人使用霧網（這是非法的，但被作為「漁」網走私到賽普勒斯）。相思林之間坐落著長長的小徑，在歐洲被稱為網道，沿著網道可以展開長達數百公尺的鳥網。據鳥盟表示，這是地中海區域最大、最集中的誘捕點。但隨著逮捕和起訴人數的大幅增加，當局發現皮拉角和整個基地的捕鳥活動急劇下降。在二〇一七年，基地警方起訴了八十多起捕鳥案件；在二〇一八年春季，這個數字下降到三十五起；到了我造訪的那個秋天，儘管每晚都有巡邏，卻只有五人被逮捕。但執法力度的加強也遭遇到了反彈，而其中一些甚至充滿暴力，反禽鳥屠殺委員會的一些成員遭到槍擊，他們的車輛被撞並被炸毀。（「他們沒有在車內有人時攻擊——目前還沒有。」安德列亞斯告訴我。）僅在二〇一七年，一名林業單位的員工及其家人的房屋和四輛汽車被燒毀；一枚炸彈損壞了狩獵監督官的家；有人騎著摩托車，在凌晨三點，把一枚手榴彈扔進了基地員警總部的院子裡，許多窗戶被炸毀、碎片噴的到處都是，並炸傷了一名剛走進屋的員警（奇蹟般地只受了輕傷）。在賽普勒斯，用扔炸彈來解決問題是當地幫派的一項特點，一些幫派成員將他們過去的軍事技能運用到了這項任務中。

「丟手榴彈的那個人知道自己在做什麼。」當我們從英屬基地的警察局裡走出來，經過那場爆炸發生的地方時，一位被我稱呼為伊奧戈斯（Yiorgos）的員警這麼說。「他拿著手榴彈倒數，所以它一落地就立刻爆炸了。」我和安德列亞斯擠進伊奧戈斯那台沒掛牌的巡邏車後座，員警尼可拉斯（Nicholas，另一個化名）坐在他的副駕，他們屬於其中一個輪班的小組。伊奧爾戈斯說，到目前為止，那天晚上只發現一個正在進行的捕鳥活動，我們會繞過那個地方，因為蓋伊・肖羅克和英國皇家鳥類保護協會的一位同事已經在現場架設了隱蔽的監視攝影機，希望能錄下罪證確鑿的影像證據，有助於基地警方在實行逮捕之後起訴他們。肖羅克和他的同事已經穿著偽裝的吉利服潛伏在基地裡好一陣子了，他們將隱蔽的攝影機放置在各個已知和疑似的捕鳥點附近，其錄下的片段大大地提高了定罪率。他告訴我，就在前一年，他們拍到了十九個捕鳥人的作業，其中大多都是在圈子裡佔有一席之地的主要營運者。面對影像證據，十九個人都認了罪，而那些仍在活動的捕鳥人已經開始戴上面罩以掩蓋自己的身分，並開始用金屬探測器尋找隱藏的鏡頭。由於基地原則上遵循英國法律，因此在英國無處不在的監視攝影機，在這裡也不會引起任何法律問題。肖羅克說，但共和國的情況就大不相同，在那裡，監視攝影機拍到的畫面在法庭上是不被接受的。（他們在那年秋天拍到的影片中，一個捕鳥團隊正在果園裡操作霧網，他們解下並殺死抓到的鳴禽，屍體最終裝滿了幾個塑膠購物袋。結果三名男子被判緩刑，十年內禁止在基地狩獵，並要支付巨額的罰款——如果他們再被抓到，便要立即入獄並面臨更長的刑期。）

我們沿著布滿車轍的小路、顛簸地穿越基地，伊奧戈斯負責開車——又是個年輕而趾高氣昂的駕駛，喜歡在疾駛過彎路時關掉頭燈，一路開到丘陵的制高點上、緊急煞車——車窗開著，側耳聆聽——捕鳥人往往使用一種簡單的裝置，一台MP3播放機、一個汽車電池、幾條長線和喇叭，便可以將黑頂林鶯、歐歌鶇和其他目標物種的錄音播放到夜空中。經歷了一整晚的飛行，疲憊的候鳥們聽見這些呼喚，便會降落在這些聽起來像是擠滿了同類，也因此必定很安全的綠洲。而隨著第一道曙光破曉而出，捕鳥人會抓起一把把光滑的海灘鵝卵石（通常是為了這個目的專門運來的）扔進樹木與灌叢間，將這些鳥類驅趕到網中。

為了誘鳥而播放的錄音同時也向警方暴露了捕鳥人的位置。但我們停下了好幾次，卻都是一片寂靜。「甚至沒有人在播鵪鶉的叫聲。」尼古拉斯說。捕捉遷徙性的鵪鶉是合法的，牠們和鳴禽一樣在每年秋天從歐洲飛往非洲，但是透過錄音來引誘牠們就不合法了。伊奧戈斯發動卡車並打開車燈，開下一座谷地。隨時警戒著四周風吹草動的人可能不只有我們，謹慎的捕鳥人會觀察基地中通常到了夜裡便靜悄悄的山丘，尋找遠處是否有燈光或發動機的聲音；有些播音裝置具有遠程遙控功能，因此捕鳥人可以與鳥網保持一段安全距離，一旦有任何員警出現的跡象便可立即關掉。

我們距離拉納卡的燈火很遠，頭頂上是一片璀璨的星光。大犬座高掛在夜空中，而天狼星是牠頭上的一個明亮小點。一隻蒼鴞（barn owl）被我們從一座老舊哨所裡驚飛；灰色的、鬼魅般的夜鷹時不時從我們車頭燈的光束中飄過。我們和另一個巡邏隊會合，那邊的三名警員整晚都沒有發現可疑的事情。「我們開始無聊了，是真的很無聊。」其中一人告訴我。「這當然是件好事，但有時真的太安靜了。」

伊奧戈斯也持相同意見。「現在只剩下少數幾個捕鳥點，而且我們已經在其中大部分地點都放置了攝影機，有時整夜什麼都沒有。我們正在倒數黑頂林鶯捕獵季結束的日子。」

「但歐歌鶇的季節馬上就要來了。」安德列亞斯提醒他。在晚秋，捕鳥人將注意力從黑頂林鶯和其他小鳥（屆時已經遷徙到非洲）轉向了在歐亞大陸西部繁殖並在地中海與中東度冬的歐歌鶇。在聖誕大餐時享用牠們是賽普勒斯的另一項傳統。射殺歐歌鶇是合法的，但用霧網捕捉則不是，而這為那個季節增添了工作量。「我老婆前幾天問我，什麼時候我們才能在同一張床上一起醒來。」其中一位警員說道。

我們再次分頭行動。在越過一個關卡後，我們從土路轉到了一條柏油路上，伊奧戈斯像往常一樣關掉了車燈，但就在漸漸暗下的車頭燈向左掃過之際，它們最後的光芒照亮了兩台車——一輛轎車和一輛皮卡車，它們首尾相接地停在前方約一百碼的路邊。伊奧戈斯立刻把頭燈打開，開車越過他們。我瞥見車內的人，他們的面孔被微弱的橘色香煙火光映亮。然後伊奧戈斯快速地打了一個三點式轉向，他說：「那樣很可疑。」確實可疑，那台皮卡車已經開走並正在加速駛離，但被伊奧戈斯擋住了去路。他和尼可拉斯下了車，開始盤問那台車內的乘客。

「你們在這裡做什麼？」尼可拉斯問道，安德列亞斯輕聲地為我翻譯。

「我們在這裡……嗯……因為我們本來就在這裡。」那名司機這麼回答，而這種不合情理的答案不太可能消除員警們的懷疑。他們要求三名男子下車，尼古拉斯檢查他們的文件，而伊奧戈斯則查看車的內部，他找到了一個電子播音器和幾組喇叭。這三個人聲稱那些設備是他們用來聽音樂的，這實在不太可能。不過，擁有這些設備本身並不構成犯罪，所以除了讓他們離開之外別無他法。

「你覺得皮卡車裡有捕鳥網嗎？」我目送著他們離開，一面詢問伊奧戈斯。

「很難說。他們通常會把鳥網和網桿藏在捕鳥點附近，所以他們可能不會隨身帶著設備。不過，開車那個人的名字我很熟悉，但我不記得是從捕鳥還是毒品相關案件看到的，我需要查一下。」

東方天際已經隱約透出一抹魚肚白。我們顛簸地行駛在一條凹凸不平的土路上沿著一個陡峭懸崖的邊緣攀升，拉納卡灣在我們身後呈半圓形向西邊延伸，城市最後的燈火在黑暗中閃爍。海面平靜而漆黑，我試著不要往「酒色般的海洋」這種形容地中海風情的陳腔濫調去想，然而荷馬（Homeric）描繪出的形象就是如此貼切。巨大的沙色石灰岩被侵蝕風化得坑坑窪窪，形成了錯綜複雜的路障，在顏色更深的灌木叢間柔和地閃耀著，彷彿它們從即將到來的黎明那裡借來了某種蘊藏的光。

山頂上，阿蘭布里蒂斯督察和其他七八名基地員警正抽著煙聊天，他們的夜間巡邏已經結束。其中兩個人正在操作一架無人機，當它在數百英尺的高空時，是幾乎看不見也聽不見的，直到有人指出我才發現它的存在。當我看到無人機遙控器上的電腦螢幕時，我意識到我正看著的是紅外線下的我們，每個小小的身影在寒冷的深藍色地面上移動時都散發著黃白色的光。駕駛無人機的警員按下開關，將鏡頭放得愈來愈大，直到螢幕上只剩下我一個人的頭和上半身。我回頭看了一眼，但我已經看不見無人機了，它再次隱身於濛濛亮起的天空當中。就像英國皇家鳥類保護協會使用監視攝影機，基地的員警也一直在使用無人機調查，並獲取了巨大的成果。阿蘭布里蒂斯督察早些時候向我們展示了一段非常清晰的影片（在可見光下拍攝，而非紅外線），影片中的老先生正在打開並清理他的一張霧網，他已經因為使用霧網而被基地員警逮捕了很多次。

「這個人非常固執。」阿蘭布里蒂斯在談到這位老人時說道。「你會為他感到難過，因為他就是這樣長大的，而捕鳥是他跟他祖父學的。那是當時的生存方式，但到了現在這就只是一個廉價的藉口，畢竟你在市場就能買到雞肉了。這一次，他得要去坐牢了。」坐牢的風險，加上對違規情節最嚴重者的罰款高達六千歐元（約六千七百美元），還有沒收車輛以及取消租約等嚴格的懲罰，終於使得捕鳥行為變得不那麼值得冒險了。賽普勒斯鳥盟後來表示，整體而言，二〇一九年在該島上的捕鳥活動已經減少至十七年以來最低的水準。

儘管如此，這對英國來說仍然是一個政治敏感的議題。英屬基地的指揮官確實在移除相思樹人工林方面取得了一些初步成功，但在二〇一六年的十月，他們祕密派出了一百五十名士兵以移除岬角上更多的相思樹，但是被當地居民發現了——附近的木法古村（Xylofagou），一個支持捕鳥的重鎮，在凌晨三點敲起了教堂的鐘，驚醒居民，其中的數百人圍攻了士兵，在一場緊張的對峙中把他們關押了六七個小時。如今，基地的領導階層承認，物理去除這些相思樹是不可能的。「我們不能讓士兵與當地人起衝突，因為那將會演變成嚴重的公關危機。」警察局副局長喬・沃德（Jon Ward），基地員警的分區指揮官，他是這麼告訴我的。「那群頑固的人會竭盡所能來反對我們正在做的事情。」然而，即使這些樹木碰不得，它們的水分供給卻不是。在大約一年之前，該基地已經開始拆除長達數公里的非法灌溉管線（名義上是為了保護賽普勒斯稀缺的水資源），進而導致大量的相思樹枯萎死亡。（英國皇家鳥類保護協會正在進行自己的測繪，他們認為基地所移除的相思樹比官方宣稱的五十英畝要少得多，移除的灌溉水管也遠少於聲稱的一百公里。「但最起碼，他們已經清掉了一大堆管線。」蓋伊・肖羅克說。「大量的相思樹正在枯死，所以它們對鳥兒不再具有那麼大的吸引力，對於捕鳥人來說也不怎麼理想，這是件好事。」）

近二十年來一直致力於解決這個問題的肖羅克，認為現在的總體情況比幾年前要光明許多。「到了二〇一七年，我們很快地發現，當初架設攝影機的位置變得非常難找——七個我們一年前有抓到人的捕鳥點全都處於閒置狀態。這是一個保育有成的故事，否則數十萬隻飛往非洲的鳥類將永遠無法抵達目的地。現在真正的問題是，該如何維持這股壓制的力量。」但是，儘管英屬基地上的捕鳥強度已經減弱，也有跡象表明賽普勒斯共和國其他地方的捕鳥強度增加了，就像顆氣球一樣，一個地方被擠壓，便會在另一個地方膨脹。更糟糕的是，由於在二〇一七年生效的相關法規修正，共和國對鳥膠棍的罰則已被削弱了不少，如今在秋季捕鳥的高峰期，如果有捕鳥者被抓到攜帶多達七十二支鳥膠棍的話（這在傳統上被視為是小規模獵捕的門檻），最多只需繳納不痛不癢的兩百歐元罰款。（如果捕鳥者持有鳥隻、或擁有超過七十二支鳥膠棍的話，則會受到額外的處罰，但即便如此，這些罰則也不構成太大的威懾力。）

「國內情況非常令人沮喪。」肖羅克說。「他們曾經有一支看起來相當高效的反盜獵小組，與反禽鳥屠殺委員會合作得非常好、抓了很多人，但似乎缺乏解決問題的政治意願。」在我的賽普勒斯旅程接近尾聲的時候，我獲得了與共和國的狩獵與野生動物管理處處長潘泰利斯·哈吉耶魯（Pantelis Hadjiyerou）見上一面的機會。他在尼古西亞的辦公室的牆上裝飾著一張獅子毛皮，對此他煞費苦心地強調他並沒有開槍；另一面牆上掛著的則是歐洲棕熊的毛皮，那是他相當自豪的收藏品。我驚訝地看到他桌子後面陳列著一隻林鴛鴦（wood duck）的剝製標本，原來他曾在紐澤西州完成他的研究所學業，並在週末時到我的老家鄉賓州打獵。」

他告訴我，對賽普勒斯鳥類而言最大的威脅並不是捕鳥，而是開發。「對鳥類、對一切都是如此。不幸的是，你對此無能為力。」他否認了一切關於狩獵與野生動物管理處在反偷獵行動上有所退縮的說法。哈吉耶魯表示，就在前一天，他屬下的官員才剛抓到一個攜帶兩張鳥網和一台播音器的捕鳥人；如果該嫌犯被定罪，罰款將達到九千六百歐元（一萬〇七百五十美元）；如果沒有在三十天內繳納，罰款將提高至原本的一．五倍。至於談到罰則的減輕和鳥網的設置再次增加等等的問題，他則堅稱，對於鳥類的真正威脅，既不是鳥膠棍，也不是「規模小而且是為了自家食用而進行的傳統網捕」。

這是一次禮貌但不怎麼熱切的談話。四十五分鐘後，我感謝他抽空受訪，並問了最後一個問題：他是否認為賽普勒斯的捕鳥活動會有消失的一天？

「也許透過某種辦法對捕鳥活動進行規範，才有可能。」他回答道，語氣比先前多了一點活力。「如果人們只捕捉一定配額的黑頂林鶯來食用，那麼非法捕捉就會停止。」他說現在百分之八十的捕鳥活動已經結束，但油煎小鳥的價格卻上漲了，因此，對於那些還在持續活動的捕鳥人來說，繼續盜獵的動力反而更大了。他說黑頂林鶯是一種數量增加的物種——這是真的，國際自然保護聯盟（International Union for the Conservation of Nature）估計全球的黑頂林鶯族群數量最少有一億隻，並且正在增加當中。

「所以讓人完全不要捕鳥，是沒有什麼生態學依據的。」他繼續說道。「誤抓其他物種導致混獲（bycatch）問題？所以不能使用鳥網或鳥膠棍，必須使用有選擇性的獵具——也許可以用BB槍射擊？人們總是會想要吃油煎小鳥，如果它是非法的，那麼總會有一些盜獵事件發生。所以說，還不如用槍來打獵。畢竟捕鳥是永遠也不可能根絕的事。」

也許「黑頂林鶯尤利西斯」（Ulysses the Blackcap）可以改變這一切。隔天早上，我來到了尼古西亞的阿薩拉薩公園（Athalassa Park），這是一個美好的週末，天空明亮，微風輕拂，沿著小徑推嬰兒車或騎自行車的家庭擠滿了人行道。賽普勒斯鳥盟佔據了樹蔭下的一堆野餐桌，正在舉辦定期的賞鳥推廣日。塔索斯正在幫忙懸掛色彩繽紛的橫幅，其他工作人員和志工們身著時尚的鈷藍色襯衫，和印在上面的組織標誌——一隻特有的賽普勒斯鵖（Cyprus Wheatear）十分搭配，他們忙著分發免費的冷飲、鳥類主題的著色書以及活動宣傳單。孩子們正在為一張鮮艷奪目的紅鶴海報著色，或者在花盆上彩繪，成品可以讓他們帶回家作為鳥屋；大人們則佩戴「黑頂林鶯尤利西斯」的琺瑯翻領徽章，牠是該組織的反盜獵卡通吉祥物，曾出現在一系列有關鳥類遷徙和盜獵威脅的熱門動畫中。馬丁・荷利卡和他的幾位年輕員工正在湖邊的單筒望遠鏡旁輪班導覽，三十到四十名大人與小孩將浮在水面的賞鳥小屋擠得水洩不通。在秋季乾燥的天氣裡，這座湖看起來有些悲傷，它寬闊而泥濘的堤岸因水位下降而露出了枯死的樹木。從某方面來說，這個推廣活動辦得太成功了，才能吸引這麼多人來到湖畔，那些比較害羞的鳥類早被嚇得不知躲到哪裡去了，但仍有為數不少的白冠雞（Eurasian coot）、紅冠水雞（common moorhen）、鸕鶿（cormorant）與白鷺（egret）留了下來，讓那些在使用單筒望遠鏡時需要一些幫助的夥伴們也可以有很好的鳥類觀察體驗。一隻雌性的澤鵟（marsh harrier）——全身大致是紅棕色的，但有著淺黃色的頭頂與肩膀——牠從樹冠的邊緣飄過，乘著纖長而上舉的翅膀在空中來回搖晃。

若想要擺脫地中海的盜獵黑洞這個惡名，除了透過加強執法，人口結構的改變同樣可能為賽普勒斯帶來轉機。「我不認為捕鳥有可能完全消失。」在我們看著孩子們踩在矮凳上，透過單筒望遠鏡觀察白鷺的時候，荷利卡對我說。「那樣的野心太大了，大概有點不切實際。我們的目標是希望捕鳥活動能夠被減緩至一個不會對環境造成太大衝擊的程度。而在賽普勒斯共和國，我們看見了年輕世代在態度上的轉變，而我們宣揚保育意識的努力也獲得了回應，這些都讓我們感到非常振奮。」儘管黑市交易帶來一千五百萬歐元的免稅收入，油煎小鳥的吸引力在某些地區可能已經逐漸衰退，因為隨著都市化的進程，賽普勒斯人與農村傳統的聯繫也日益稀薄。愈來愈多的賽普勒斯人認為，為了一盤小鳥而支付高價的想法不免有點荒謬且過時。

但是，若捕殺候鳥不僅是在日益都市化的社會中逐漸式微的傳統，而是對於鄉村居民來說，一項無法替代的重要收入來源時，又將會發生什麼情況呢？當保育的要求與窮困的所需相互衝突，牽涉其中的物種，其命運又將何去何從呢？為此，我不得不進行最後一趟旅行，前往我曾經造訪過的最偏遠的地方之一，看看一個關於殺戮與救贖的故事。牽涉其中的，是一個最令人驚嘆、卻最鮮為人知的鳥類遷徙奇觀。或許如它所看起來的那樣，正是因為太過美好，才令人難以置信。

註釋

1 譯註：知名美國廚師、作家、主持人。

2 Anthony Bourdain, *Medium Raw* (New York: HarperCollins, 2010), xiii.

3 Ibid., xv.

4 Thomas F. De Voe, *The Market Assistant*(New York: Hurd and Houghton, 1867), 168.

5 Ibid., 175– 176.

6 Ibid., 175.

7 Ibid.

8 Ibid., 176.

9 Ibid.

10 Ibid., 178.

11 Ibid.

12 Ibid.

13 Ibid., 178.

14 Ibid., 146.

15 Ibid., 176.

16 Ibid., 175.

17 Ibid., 177.

18 Ibid., 175.

19 Ibid.

20 P. P. Claxton, quoted in T. Gilbert Pearson, "The Robin," *Bird-Lore* 11, no. 5(Oct. 1, 1910): 208.

21 Edward Howe Forbush, *Birds of Massachusetts and Other New England States*, vol. 2(Norwood, MA: Norwood Press, 1927), 417.

22 *New York Times*, Aug. 18, 1918, 14.

23 Larnaca Declaration, July 7, 2011, http://www.moi.gov.cy/moi/wildlife/wildlife_new.nsf/web22_gr/F5BC37B27C945EBCC22578410043F43F/$file/Larnaca% 20% 20Declaration.pdf.

第十章

好事成雙

坐在車上顛簸晃動了幾個小時，我們沿著一條坑窪泥濘的單行道穿越丘陵地帶，緊張地看著太陽漸漸落下。千溝萬壑爭流於綿延起伏的山稜之間，在奶油色的夕陽光下，被森林覆蓋的那加丘陵（Naga Hills）顯得十分美麗。然而，撇除美景不談，此處位於印度東北部，距離緬甸邊境不遠，盜匪和武裝叛亂分子在這個偏遠而紛亂的角落裡橫行。我們被一再警告，必須在天黑之前離開這裡。

我們對於還要多遠才會抵達目的地是毫無頭緒，那是一座名叫旁提（Pangti）的村莊，又或者，我們真的能在日落前抵達嗎？我們駛過的這條破爛土路甚至不存在於任何一份我們所擁有的印度東北部地圖上。幾週前，當我盯著Google Earth裡這片區域的衛星影像時，我只能艱難地從茂密的樹冠間隙追蹤著時不時現形的道路走向。更糟的是，我們四周的天空中幾乎看不到什麼鳥類，這不僅僅是賞鳥行程中常見的希望落空而已。我和同事們來到那加蘭邦（Nagaland），是為了尋找傳聞中地球上最大規模的猛禽群聚，我想知道，這個剛被世人所知、地球上最驚人的遷徙奇觀之一，如何揭示了其背後令人震驚的保育悲歌，而它又是如何在極短的時間內搖身一變，成了令人驚喜的保育成功案例。有鑑於世界各地候鳥的不利境地，我需要一點好消息。

根據現有的各種說法，天空中應該布滿了體態輕盈、有著鐮刀般修長雙翼的紅腳隼（Amur falcon），牠們正進行著史詩般的遷徙（從東亞到非洲南部，可能是所有猛禽當中最遠的），並在此稍做停留。然而，幾個小時過去了，除了幾隻燕子，我們在空中幾乎沒看到什麼東西。「我不知道。應該要有很多、很多隼才對。」年輕的鳥類學家阿比杜爾．拉赫曼（Abidur Rahman）說道，他前一年秋天曾經來過這個地區。他因擔憂而眉頭深鎖，「這裡應該是隼的高速公路才對。」此時我們正沿著多揚水庫（Doyang Reservoir）移動，這是一個水力發電蓄水池，通常會有上萬隻紅腳隼在此棲息，但我們今天只看到了四隻。

那天早上進入那加蘭邦的時刻無可置疑。我們已經在阿薩姆邦（Assam）行駛了好幾個小時，這個在印度文化上極具代表性的邦坐擁廣闊的雅魯藏布江（Brahmaputra River）流域，北部則被喜馬拉雅山脈的山麓環繞，其雪白的山峰偶爾會顯現在地平線上。我們的司機穿梭在奔騰不息的噪音、色彩、人車與牲口之間，包含汽車、機車、腳踏車，還有牛、山羊、狗、驢子、牛車，還有三輪嘟嘟車和由精瘦結實的男人們拉著的傳統人力車。我們經過了一群群女學生，她們或步行或騎車，身著色彩鮮艷的紗麗或制服連衣裙；男學生則穿著筆挺的制服襯衫與領帶，以顏色來區分年級。首先是一群綠松色的少女，另一群則是檸檬黃，接著是一群群穿著白襯衫和栗色領帶的小男孩們。在一大群穿著綠色格子裙的年輕女孩後面，一隊較年長的男孩們兩兩並排騎著腳踏車，他們剛燙好的鈷藍色襯衫在涼爽的早晨空氣中就像是一個模子刻出來的一樣。

從太空上就能看見阿薩姆邦和那加蘭邦之間鮮明的邊界，一側是平坦的阿薩姆邦低地，幾乎完全被開墾為稻田，另一側則是鬱鬱蔥蔥的那加蘭邦山地，兩者之間的蜿蜒的界線彷彿地圖上的等高線一樣，將第一個海拔上升精確地描繪了出來。但我們甚至不需要看等高線地圖，這條路就已經說明了一切。當我們離開阿薩姆的默拉帕尼鎮（Merapani）、通過一個警察檢查哨，並穿過了一條小河時，小橋的一側本來是一條體面的柏油路，另一側卻變成了飽經風霜、坑坑窪窪的一條爛路。季風洪水幾乎將路基完全掏空，一片片碎石板路面脆弱地懸在深淵之上，僅能剛好容納我們的車輪通過。我們繞過了巨大的沖刷口，不久便來到一處巨大的崩塌地，數百英尺的山坡連同道路一起被削去，只留下一道橙棕色的裸土傷疤。無所畏懼的當地人只是用推土機在不穩定的邊坡上又挖了另一條路，現在倒成了一片被翻攪的泥濘，一輛大卡車卡在中間，車體嚴重向左傾斜。在同一台推土機的幫助之下，當大卡車終於脫困的時候，一大堆小型車輛（包括我們的車在內）就像是止不住的水龍頭一樣，瘋狂掙扎打滑著從這個新開的狹縫魚貫而過，誰都不願意在這個邊坡上多停留一秒，就怕類似的事件再度發生。從車窗往下看，只能看見數百英尺的峭壁，我只能努力不去想我們的輪胎離滑溜的懸崖邊緣有多近。

道路並不是過了邊境之後唯一改變的事情。我們在阿薩姆邦隨處可見的印地語標示和無所不在的印度教宗教形象都消失了，這裡的一切都以英語書寫，這是那加蘭邦的官方語言，也是這個邦數十年來嘗試獨立的許多方式之一，這裡是印度中一個明顯挑戰著印度傳統特質的地方。無獨有偶，我們所經過的人們與邊界另一側幾公里之外的阿薩姆邦人在外貌和服裝上也都有著明顯的不同。那加人（Naga）是一個藏緬語族群，這裡沒有紗麗，也沒有留著長鬍子、戴著白頭巾的穆斯林男人。許多年長的那加婦女穿著被稱為「梅赫拉」（mekhala）的傳統長裙，搭配白色襯衫與色彩繽紛的披肩（通常會裹在頭上），其上的圖案因村莊、部落和社會地位而異。但最引人注目的是男人們，我們經過的許多男人，不論是走在路邊的、騎機車「三貼」的、或是攀在卡車保險桿上的，他們清一色都有武裝，各個背著小口徑步槍或雙管獵槍。

就在太陽沒入地平線之際，我們終於抵達了旁提村，精疲力竭但如釋重負。這個村莊由大約五百戶人家組成，坐落在一個易守難攻的寬闊山脊上，這是那加人的典型特徵，那加部落世世代代以來都有獵人頭的習俗，並不斷地與鄰近部落交戰。今日的另一個「不印度」的轉折則是，他們之中絕大多數都是浸信會教徒。接待我們的恩扎姆．措波（Nzam Tsopoe）是這個村莊的助理教師，他依次地問候我們每個人——用他的雙手將我們的一隻手包裹起來，微微頷首。在接下來的一週裡，他和他的妻子將與我們分享這間三房的小屋。措波太太從泥土地板的廚房裡端出了晚餐——掛在明爐上方以煙燻烘乾了數週的美味豬肉、幾鍋糯米飯、扁豆糊、長豆莢、以及蒸南瓜。我們一邊吃飯，一邊嘗試著舒緩備受折騰的筋骨。

然而，這裡有個更迫切的問題。措波先生向我們介紹了兩個年輕人，他說他們將在早上擔任我們的嚮導。「隼在這裡嗎？」我們問。「有多少隻？」

「嗯，一、兩千隻吧。」其中一個年輕人回答道。這其中一定有什麼誤會，但沒有。與我們所期望的鋪天蓋地有所不同，他說根本沒有多少鳥在棲息地裡。通常在九月結束的季風，今年卻在一週又一週的降雨和洪水之後，一路延續到了十月，其西南風阻礙了從東北方遷徙而來的紅腳隼。經過兩年的計畫和數天疲憊的舟車勞頓，這趟旅程的一切似乎都是徒勞無功的。

我睡得很不好，一部分是因為那加人不使用床墊，我的木板床上只墊了一條薄棉被當墊子，但主要的原因是，一切為了來到旁提所做的努力似乎全白費了。

我和幾個朋友被那加蘭邦紅腳隼的故事所吸引而來到此地。在過去幾年間，在這個僻靜且鮮為人知的地方發生的這些故事不脛而走，似乎美好得不像是真的：保育人士在偶然之下發現了一個前所未知、有可能是世界上最大的猛禽群聚地，但意識到當

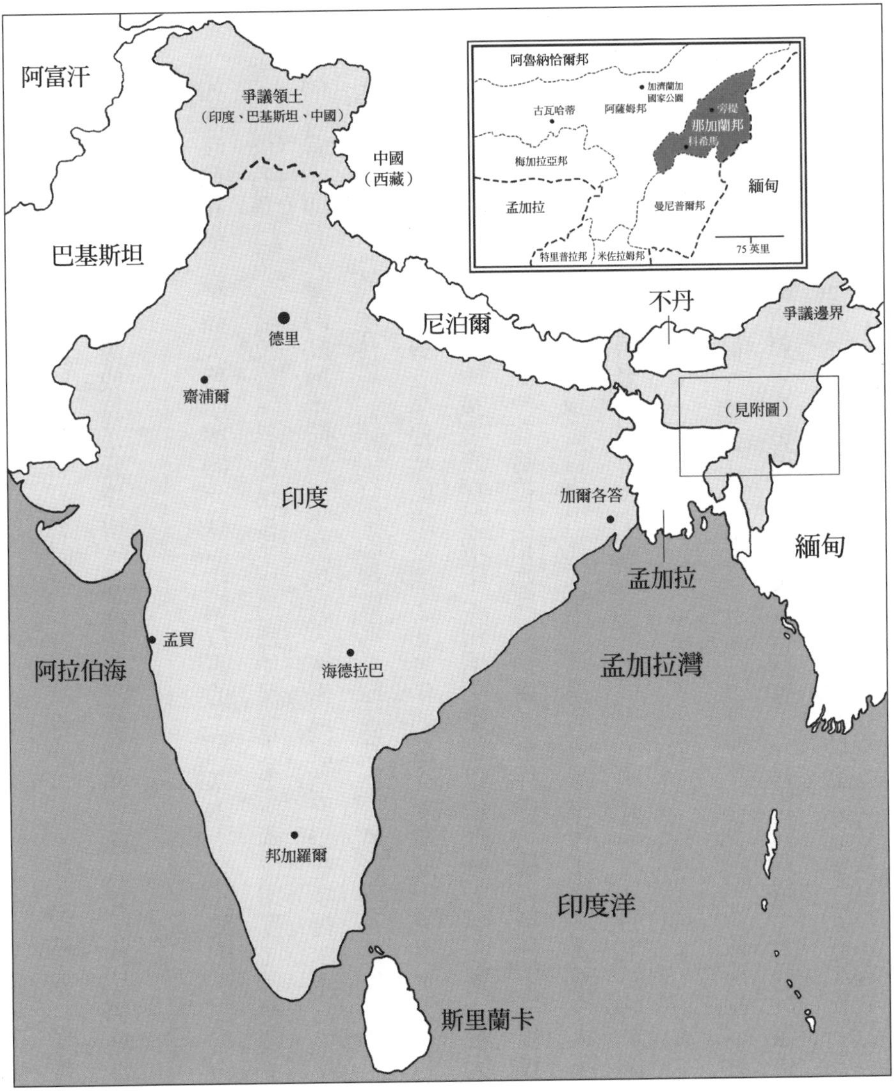
阿富汗
爭議領土
（印度、巴基斯坦、中國）
中國
（西藏）
巴基斯坦
阿魯納恰爾邦
加濟蘭加
國家公園
古瓦哈蒂
阿薩姆邦
穹榿
那加蘭邦
科希馬
梅加拉亞邦
孟加拉
緬甸
曼尼普爾邦
75 英里
特里普拉邦
米佐拉姆邦
不丹
爭議邊界
尼泊爾
德里
齋浦爾
（見附圖）
印度
加爾各答
緬甸
孟加拉
孟買
海德拉巴
阿拉伯海
孟加拉灣
邦加羅爾
印度洋
斯里蘭卡

那加蘭邦和印度東北部。

地獵人正以極不永續的速度屠殺牠們。然而在大約一年的時間內，當地社群決定擁護保護和保存的觀念——獵場成為了庇護所、獵人成為了警衛和巡護人員、村民們則準備迎接賞鳥人。

如同我們在接下來幾天所了解的一樣，這個故事的主軸基本上是正確的。二〇一二年，一位名為巴諾·哈拉魯（Bano Haralu）的那加保育人士與兩位印度同事證實了這樣的傳言，即有大量的紅腳隼開始以十萬隻計、密密麻麻地聚集在多揚水庫的沿岸（原因仍然成謎），僅僅在這一個山谷中的總數就可能達到一百萬隻或者更多。她們還發現當地漁民會把漁網掛在隼停棲的樹之間，在每年的遷徙高峰期，只需十天左右便殺死了約十四萬隻紅腳隼。接著將屍體取下，用明火燻製以便保存，然後運到較大的城鎮販售以換取急需的現金。在哈拉魯和她同事拍攝的影片中，獵人撕扯下一隻隻糾纏在網上的紅腳隼，男孩們被數百隻已死或垂死鳥兒的重量壓彎了腰。這些令人不安的影像快速在世界各地憤怒的保育人士之間發酵。很快，印度國內外的主要鳥類保護團體，如孟買自然歷史學會（Bombay Natural History Society）和國際鳥盟，譴責了這樣的殺戮行為，與此同時，網路上的請願書如雪片般飛來，強烈要求政府採取行動，全球各地的觀眾們也對這些影像做出了驚恐的反應。「我曾經目睹一大群這種小隼飛進南非的克拉多克（Cradock）小鎮棲息過夜。」一位觀眾在YouTube上留言寫道。「當時有好幾萬隻，令我感到十分敬畏。我無法相信牠們在印度竟然像這樣被屠殺，地獄裡肯定有專門為這些混蛋保留的位置。」

當然，現實總是更複雜一些，在道德上也並不是非黑即白。事實上，旁提村以及附近其他村莊（大部分捕獵者居住的地方）均在極短的時間內同意放棄狩獵。這些村莊在短短一年多時間裡經歷了艱難的轉型，伴隨著嚴重的經濟後果。他們放棄紅腳隼肉所帶來的收入，一部分是因為這麼做是對的，一部分是因為當局明確表示他們不會再對這些非法殺戮視而不見，還有一部分則是因為保育人士告訴他們旅遊業可以彌補損失。

但就如同我們發現的，僅僅是要抵達旁提村，對膽小的人來說就不是件易事，於是不出所料，這裡幾乎沒有什麼遊客。在濕冷的夜裡，我躺在木床上，在漆黑之中不禁思索：當窮人做出極為痛苦的抉擇，並期待著一個可能需要數年才能實現的結果（如果成功的話），事情會如何發展呢？

凌晨三點，我們僵硬地從床上爬起來，熱水、即溶咖啡和茶已經在等候著我們。與阿比杜爾和我們的司機一同翻山越嶺的，是我的朋友凱文．路格林（Kevin Loughlin），他是「野性自然旅行社」（Wildside Nature Tours）的老闆，正在探索將美國遊客帶到旁提村看猛禽的可行性。為此，凱文需要自願當白老鼠的人，那就是我、由蔡司集團（Zeiss Sports Optics）贊助的加州鳥類藝術家凱薩琳・漢彌爾頓（Catherine Hamilton），以及加州賞鳥人彼得・特魯布拉德（Peter Trueblood）和他住在馬里蘭的表兄弟布魯斯・埃文斯（Bruce Evans）。布魯斯因為簽證問題而延遲了一天，但會在第二天加入我們。

到水庫附近的主棲地的車程需要四十五分鐘，出於當下的時間和心情，沒有人有多餘的精力或意願進行交談。有一兩次，我們被森林中名為麂（muntjac）的小型鹿在黑暗中發出的爆炸性警戒「吠叫」嚇了一跳。我們步行走過最後的半公里路，仍然保持著沉默，從高高的象草（elephant grass）和彎曲的竹林底下穿過。天氣涼爽，微風輕拂，天上一顆星星也沒有，但很快地我能看見一座四十英尺高的木製瞭望塔的輪廓，這座塔是為了來訪的賞鳥人所新建的。隨著我們走近湖邊，瞭望塔也在略顯明亮的天空中升起。我們爬上一個剛好能容納我們的有屋頂的平台上，等待著。

除了嘈雜的蛙聲和導遊們的低語之外，就只有一種乾燥的沙沙聲，我原本認為是微風吹過竹林的聲響。但當凱薩琳舉起望遠鏡，透過清晨的微光窺視時，她倒吸了一口氣。

「哦，我的天啊。看、快看！」

望遠鏡揭示了我們肉眼無法看到的東西——昏暗的空中充滿了數以萬計的紅腳

隼，牠們如同密密麻麻的蟲群從數百公尺外的棲息地升起，在我們頭頂上蔓延開來。隨著光線的增加，鳥的數量也增加了，低語般的拍翅聲現在已升騰為無所不在的嘈雜喧囂。沒有人說話，這次不是因為失望，而是敬畏。

「所以……遠遠超過一千隻。」當我終於說得出話時，我說：「或許……五萬隻？而且那還只是空中的數量。」

「也許是那個的兩倍。」凱薩琳嘶啞地低語。凱文黏在了相機觀景窗上，盡可能利用愈來愈亮的光線；彼得則只是睜大雙眼注視著。在接下來的一個小時裡，紅腳隼形成的巨大浪潮會從棲息地升起，鳥兒的翅膀與活動使我們置身於一團混亂之中，然後牠們再次沉寂下來，直到空中空無一物。然後，某個事件會讓牠們再次動起來，其中某一次是一隻叢林鴉（jungle crow）朝著樹頂俯衝。牠們會迸發出成千上萬的新漣漪，長著修長纖細雙翼的鳥兒們在空中層層疊疊，沿著逆時針方向盤旋起來。這種運動具有催眠效果，令人迷失方向，我發現自己慢慢地、不知不覺地朝著這股潮流的方向傾斜，陷入某種共鳴的漩渦之中。

我曾目睹一些世界上最為壯觀的猛禽群聚，其中最著名的莫過於全球最大規模的猛禽遷徙，每年秋天都會通過墨西哥東部維拉克魯茲州狹窄的沿海平原。就像我之前提到的，經過專業訓練的計數員在那裡一天之內數到五十萬隻鳥飛過，並不是什麼前所未聞的事情。那些鳥儘管數量眾多，但在天空中看起來通常只比飛蚊大不了多少，牠們被強大的熱氣流帶入朦朧的熱帶空氣中，飛行於雙筒望遠鏡輔助下的視力極限邊緣。牠們也不會停留，科學家認為，許多猛禽在以最快速度穿越墨西哥和中美洲時，甚至不會停下來覓食。而只有在那加蘭邦，才會有如此大量的猛禽在一個地區聚集長達數週，創造出我們正在目睹的令人目不暇給的奇觀。橫亙整片地景，像是被微風推動的煙霧一般，由成千上萬隻隼形成的薄幔般「鷹柱」從各個棲息地冉冉升起、隨風彎曲，捕捉著早晨的第一股熱氣流。這個過程持續了好幾個小時，每一批鳥群的離開都看似清空了棲息地，但當我們透過望遠鏡觀察，樹上仍像之前一樣沉甸甸地停滿了隼。

紅腳隼是一種纖細的、鴿子大小的小型猛禽，略大於美洲隼。雄鳥呈灰色，背面較暗，腹面較淺，雪白的翼下覆羽優雅而對比鮮明，大腿和尾下覆羽則呈現一抹明亮的紅褐色。雌鳥和幼鳥則非常不同，牠們白色的腹面有著黑色條紋，胸部染著一抹微黃，臉部則像大多數隼類一樣長著明顯的「鬍子」。不論年齡或性別，紅腳隼的腿和腳都是鮮豔的胭脂紅色，因此在很長一段時間裡，牠們和外型非常相似的紅足隼（red-footed falcon）被歸為同一個物種。不同於分布在歐亞大陸西部和中部的紅足隼，紅腳隼繁殖於中國東部、北韓、西伯利亞和蒙古部分地區的森林或草原邊緣，牠們從這片面積相當於美國本土三分之一的區域裡出發，展開世界上最長的猛禽遷徙之一，目的地是南非，單程約有八千英里。

其他一些從印度東部通過的候鳥採取最直接的路線，不顧一切的阻礙。正如我們所見，斑頭雁的飛行高度可超過誇張的海拔四英里半，在前往印度南部的途中翻越喜馬拉雅山脈；瀆凫一樣沿著這條世界上最高的遷徙路徑飛行，牠們的高度紀錄僅比斑頭雁低了一點點。紅腳隼則避開這種缺氧又受凍的途徑，牠們轉往東方和南方，繞過青藏高原的邊緣，穿過中國東南邊的低山、越南北部和寮國，接著朝西北方向通過緬甸，最後進入了印度的這個角落。但在避開了一項破紀錄的遷徙挑戰之後，牠們又面臨著另一個更加艱鉅的考驗，因為在離開印度後，牠們將要飛越所有猛禽遷徙紀錄中最大片的水域，以抵達兩千四百英里之外、遠在印度洋另一端的非洲。在陸地上，熱氣流和氣流偏轉（deflection current）有助於猛禽的遷徙，讓牠們可以滑翔數個小時並節省能量，但這項優勢在海上幾乎不存在，這意味著紅腳隼必須在橫越大海的途中不斷拍翅，而這要花上四到五天。如果牠們想要生存下來，那麼就必須在離開陸地以前加滿油箱。

為此，從十月底到十一月初，遷徙中的紅腳隼會在那加蘭邦停留幾個星期。每年的這個時候，季風剛過，地底下的世界也沸騰了起來，無數的白蟻群落正在為交配季節做準備。這些白蟻與在亞洲其他地方或非洲的親戚不同，牠們不會建造地面上的蟻丘，一年中大部分時間都生活在人們看不見的地方。而到了秋天，工蟻啃咬出通往地表的隧道，從中湧現出億萬隻長著翅膀、一英吋長、具有繁殖能力的成蟲，被稱為有翅型（alate）。當牠們大規模地升空進行婚飛（mating flight）時，透明的翅膀在陽光照射下，在空氣中閃閃發光。這些富含脂肪的白蟻可說是食蟲性的隼在冒險渡海之前的完美大餐，紅腳隼當然不會放過。[1]

長久以來，紅腳隼似乎都會在遷徙途中停留在印度東北部進食白蟻，但在二〇〇〇年，多揚水庫的興建完成卻徹底地改變了這個情況，不管對紅腳隼還是當地居民都產生了影響。雖然那加人生活在山頂的聚落，但他們的梯田、果園和稻田主要位於山谷中，以旁提村為例，田地大多沿著多揚河（Doyang River）狹窄的氾濫平原分布。儘管這座佔地六千五百英畝的水庫為該地區帶來了眾所期盼的電力，但也淹沒了許多農田，包括旁提村居民耕種的兩千英畝土地。在山坡上新開墾的田地生產力較低，其作物還經常受到野象的踐踏。（有些村莊甚至動用炸藥來嚇阻或殺死大象。）數百名當地人轉而從事漁業，儘管湖面以下許多未砍伐的樹木毀壞了他們的漁網。但漁民們也注意到了一些他們以前從未見過的事情——現在到了秋天，每晚都有數量驚

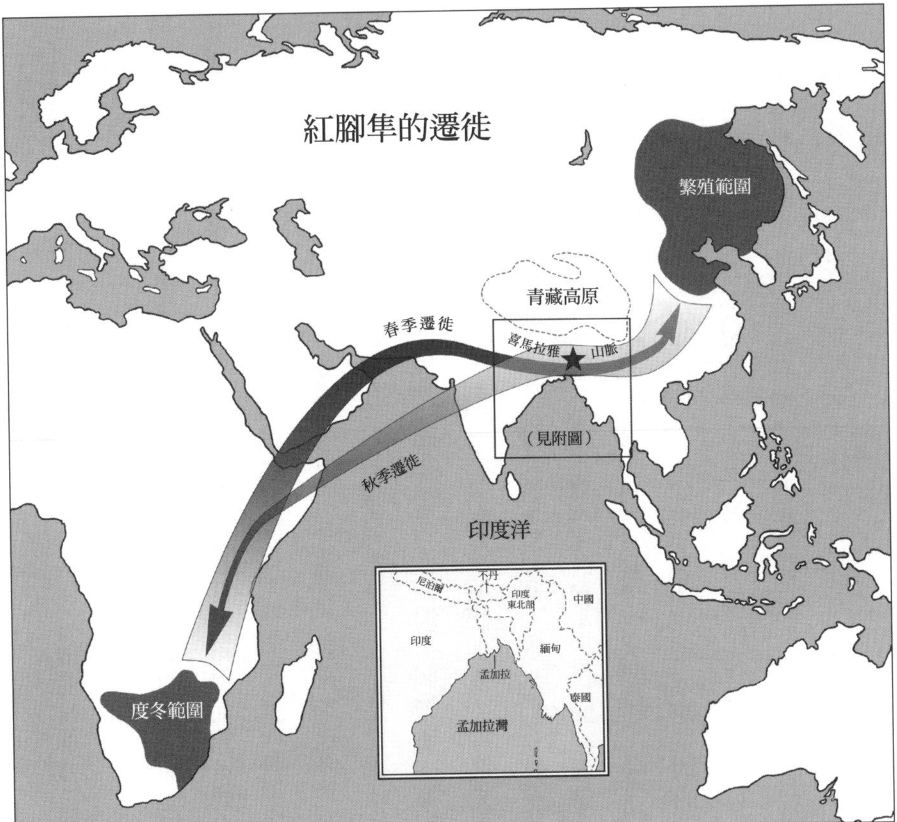

每年秋天，數百萬隻紅腳隼從中國、蒙古和俄羅斯出發，繞過喜馬拉雅山脈，聚集在印度東北部補給食物，然後展開猛禽中距離最長的跨海遷徙，以前往非洲南部。

人的紅腳隼聚集在水庫沿岸的小樹林裡，牠們到了白天才分散開來捕食白蟻和其他昆蟲。

關於紅腳隼為什麼開始在水庫周圍聚集，並形成如此密集的夜棲地，以及這是否與地區性微氣候、鄰近於飲用水或者獵物豐富的地區有關，不得而知。與大多數猛禽不同，紅腳隼在繁殖季節以外的時候具有高度社交性，牠們在遷徙時形成龐大的群體，其中經常伴隨著大量的黃爪隼（lesser kestrel）；在非洲南部的度冬地，牠們每晚也總是成百上千地聚在一起夜棲，然而在多揚聚集的數量，卻不是世上任何地方可以比擬的，也不同於那加人以前見過的任何場景，儘管他們對這個物種已經相當熟悉。魚網破損、田地淹水（且大多都是虔誠的浸信會教徒）的那加人，因此不得不簡單而粗暴地將這些鳥兒看作來自天堂的糧食。到了二〇〇三年，漁民們在紅腳隼停棲的樹附近和湖畔峽谷之間拉起了單絲網，隔天早上再回來收穫上百隻的紅腳隼。「二〇一〇年四月，我和一些鳥友第一次來到這個地區，那時我第一次聽說了這樣的屠殺。」巴諾・哈拉魯一邊為我們倒酒（這是違法的，因為那加蘭邦官方是禁酒的），一邊回憶道。當時她正在幫那加蘭邦政府編著一本名為《那加蘭邦鳥類》（*Birds of Nagaland*）的書。「但當地人說，你們來錯季節了。他們說他們剛收穫了『巨量』的鳥，裝鳥的袋子堆積如山。我說拜託，別開玩笑了，不可能有那麼多！但我賞鳥的朋友說，不，那一定是紅腳隼。」

第一天天黑後，我們仍然很難消化早上看到的景象。巴諾原本計畫在我們到達時與我們碰面，但她有事耽擱了。她住在加爾各答（Kolkata）的哥哥剛被診斷出罹患癌症，而她自己也剛從位於那加蘭邦最大城市迪馬普爾（Dimapur）的家中趕來，距離東部還有幾個小時的車程。我們在村裡的一間小木屋和她碰面，那裡是她創立的非營利組織——那加蘭邦野生動物與生物多樣性保育基金會（Nagaland Wildlife and Biodiversity Conservation Trust）的總部。我們擺脫寒冷的夜色，走進了一個溫暖的房間，相鄰著的是一間小小的廚房，熱騰騰的爐灶與冒著氣泡的燉鍋正散發著美味但陌生的食物香氣。

巴諾本身就是那加人，她的基因中或多或少地融入了社會運動的種子。她的父親泰波弗里亞．哈拉魯（Thepofoorya Haralu）在一九六二年中印邊境戰爭期間擔任政府官員，因此獲得了一項印度最高等級的公民榮譽勳章。她的母親露西（Lhusi）是印度紅十字會那加蘭分部的創始人，她是一位熱心的社會工作者，也是一位著名的和平運動人士，她一直主管著那加蘭和平中心（Nagaland Peace Centre），直到二〇一五年去世。巴諾在一所修道院學校接受教育（她告訴我們：「那裡面滿是愛爾蘭修女」），然後在新德里唸了研究所，她在接下來的二十年中成為了一位備受尊敬的廣播記者，並擔任英語傳媒《東方鏡報》（*Eastern Mirror*）的編輯。現在的她已經五十多歲，自二〇〇九年離開電視新聞界以來，她便將重心放在了保育工作上。

那些有關紅腳隼大屠殺的評論在她腦海中揮之不去，雖然直到兩年後的二〇一二年十月，她才再度回到這裡調查。與她同行的同事有拉姆基・斯里尼瓦森（Ramki Sreenivasan），一位在邦加羅爾（Bangalore）工作的自然攝影師，幾個月前才與人共同創立了印度自然保育協會（Conservation India）；沙山克・達爾維（Shashank Dalvi），一位專精於印度東北部的賞鳥人與研究人員；以及羅科赫比・庫奧蘇（Rokohebi Kuotsu），一位年輕的那加博物學家，出身於旁提村南方約五十英里的村落。他們在多揚河畔度過的第一個早晨，便震驚地發現數千隻紅腳隼肩挨著肩擠在水庫附近的下垂電線上。在拍攝鳥的過程中，她們遇到兩位那加婦女扛著一些她們起初以為是殺好的雞，但當她仔細看時，發現是約莫六十隻已經拔了毛的猛禽。兩位婦女說，她們正要把這些鳥送到水壩底部的水力發電工人宿舍。「而當我們還在那裡觀察電線上的鳥時，他們又帶著第二批鳥回來了。」巴諾說道。

巴諾與她的團隊相當擔心。他們開車來到了旁提村，「我們在幾乎每戶人家裡都看到了紅腳隼，那太令人震撼了。」數百隻拔掉羽毛的隼從頭部被串起，吊掛在火爐上冒著煙，還有數百隻暫時逃過一劫的隼被關在作為臨時囚籠的拉鍊蚊帳中，等待相同的末路到來。巴諾與她的朋友們很快地發現，捕捉和販售紅腳隼，在旁提村是個普遍的家庭產業。

「你不知道該從哪裡開始、該做什麼、該說什麼、該如何不冒犯到人、如何不把場面弄僵。」巴諾對我們說。他們打電話給地方政府，促使他們下達官方命令，加強對鳥類的正式保護；林業部門為此部署了警衛，並執行了幾項逮捕。幾位歐洲科學家追蹤著首批裝上衛星發報器的紅腳隼當中的一隻，他們急得像是熱鍋上的螞蟻，因為最新的衛星定位顯示該鳥位於多揚地區。「我們也很恐慌，因為我們不想看到這隻鳥死在這裡，絕對不想。我們做了一切所能做的，拆掉網子之類的，但接下來，那隻鳥的訊號顯示牠已經離開殺戮區域了。我們想，太好了，我們現在可以和這個村落的人們分享這件美好的事——有一隻鳥得救了。這可以告訴全世界，因為你們在這一季停止了狩獵，這隻鳥已經獲得了自由。」

在接下來的數個月裡，保育人士與村莊領袖們會面，向他們介紹了紅腳隼的全球遷徙。除了當地的野生動物基金會和印度自然保育協會之外，該項工作還得到了包括國際鳥盟、野生動物保護學會、德高望重的孟買自然歷史學會、英國皇家鳥類保護協會、以及其他多個組織單位的支持。他們一起在旁提村和周邊社區中成立生態俱樂部，頒發「紅腳隼大使護照」給那些承諾保護鳥類的人們，並發起了一場本土運動，類似的運動已經成功保護了許多其他地區的受威脅物種，其中包括組織紅腳隼慶祝節日、邀請政府要員頒布《世界紅腳隼之都》的宣言，伴隨著學生合唱團創作的紅腳隼讚歌歌聲，並發放「紅腳隼之友」的徽章給村民。浸信會牧師被說服宣講支持紅腳隼保育的內容，並進行特別的教會儀式，以《利未記》第十一章第十三節至第十九節為文本：「雀鳥中你們當以為可憎、不可吃的乃是……。」前捕鳥人和獵人們成立了紅腳隼棲息地聯盟（AFRAU, Amur Falcon Roost Area Union），該聯盟派駐了警衛和經過認證的導遊，並與棲息地的地主合作建造了像我們所參觀的那種瞭望塔。

二〇一三年，來自印度和匈牙利的國際科學家團隊來到此地（後者具備研究紅腳隼的近親——紅足隼的經驗），他們與前獵人合作，在水庫附近捕獲了三隻隼：一隻被命名為那加（Naga）的成年雄鳥，以及兩隻被命名為沃卡（Wokha）和旁提的成年雌鳥。這些隼被繫上了微型的衛星發報器，被一路追蹤至南非——沃卡的訊號在此失聯，但到了第二年的春天，旁提和那加仍持續被追蹤著，牠們被發現回到了中國北部的不同區域，沿著內蒙古的邊緣，在那裡安頓下來築巢。這兩隻被標記的紅腳隼在發報器失去訊號之前又進行了三次非凡的來回旅程，這不僅讓我們對世界上最壯觀的遷徙之一有了更深入的了解，也進一步地促進了當地人的自我認同感和所有權意識，連那加蘭邦的報紙都興沖沖地報導了這些鳥的最新行蹤。

然而這一切都不能掩蓋一個事實，那就是旁提以及鄰近的村莊，如阿莎（Ashaa）和桑格羅（Sungro），在停止捕獵之後都受到了經濟打擊。巴諾說，村民本來能以一百盧比的價格出售四隻隼，等於一．五美元多一點，相當於該地區大約半天的工資。假設每年約有十四萬隻隼被獵捕（這是一個非常保守的估計，只涵蓋了遷徙高峰期的十天），那麼停止捕獵紅腳隼意味著每年損失約三百五十萬盧比——大約五萬六千美元。在這樣一個偏遠、財政困難的地區，這是一筆巨款，特別是許多人需要用這些錢支付子女的學費。

「那是一筆巨大的損失。」巴諾承認。然而，一些人看到了發展旅遊業的潛力。旁提村的幾個家庭對他們的房屋進行了裝修，使其可以作為旅客的寄宿家庭。我們所住的措波家，他們在側院裡建了一座有兩個隔間的西式廁所，配有沖水馬桶（需要借助水桶的一點小忙，但比當地典型的茅坑已是一大進步），以及一個附帶水槽的泥土地面洗手間。印度野生動物信託基金（Wildlife Trust of India）才剛在旁提村為遊客建了一個小旅館，但在我們拜訪時還沒裝修好準備開始營業。

其中一位對於禁獵難以適應的人是恩楚莫．奧多（Nchumo Odyuo），他是措波家的鄰居，曾是一名捕鳥人，現在則活躍於保護聯盟，成為我們在旁提期間的主要導遊。失去販售紅腳隼的收入對他來說很艱難，在某個早晨他這麼告訴我，當時我們正看著數百隻紅腳隼飛到一個離主要棲息地幾英里遠的小柚木園邊緣棲息。牠們輕盈地在空中旋轉翻滾，頂著晴朗的藍天盤旋，在陽光下梳理羽毛，偶爾落到地上捕捉大螳螂或蚱蜢。

恩楚莫和妻子除了家中的幾個孩子，還有兩個年長一點的孩子在城裡的寄宿學校就讀。對於像旁提這樣的偏鄉來說，想要接受國中以上的教育，到大城市去是他們唯一的選擇。這個村莊在水庫興建完成後已經失去了許多良田，因此當紅腳隼開始聚集，捕捉牠們便看似是上天的旨意。男人和男孩們已經在用彈弓與槍射擊這些隼，但事實證明，漁網是一種更為高效的獵捕方法。捕鳥人們待在水庫邊緣的漁民工寮中，到了傍晚時分，恩楚莫和其他人便會爬上靠近棲息地的小樹，將繫有繩子的石頭扔過高枝，以將他們的漁網升至樹上。其他的網則架在狹窄的河谷中，沿著紅腳隼飛行的方向一路延伸至水裡。到了隔天早上，每個五十英尺長的漁網都將滿載著一百五十隻或更多掙扎、扭動著的隼。每個星期，數以萬計的隼被帶回村莊、拔毛和燻製，然後其中的大部分被送到像沃卡這樣的大城鎮出售。這嚴格來說是非法的，但就和那加蘭邦的其他大部分狩獵活動一樣，法律幾乎嚇阻不了任何人。在我們造訪的期間，我很少看到哪個在森林中的男人是沒有配槍、哪個男孩沒有手拿彈弓的。

但紅腳隼是不同的。所有一切的關注、輿論的焦點、過去鬆散的執法突然地增加，也難怪殺戮就這麼突然地停止了。「起初（居民們）非常生氣，因為政府並沒有賠償我們。」恩楚莫說。「但漸漸地，我們開始明白了。」

「你懷念抓紅腳隼的日子嗎？」我問道。

「我們稱牠們為『埃尼努姆』（*eninum*），是『雙、愛』的意思，因為牠們喜歡——」他兩手緊靠在一起比劃著。「就像牠們那樣。」他指著兩隻並排停棲著的年輕個體。「我很高興這些隼受到了保護，但……」他沉默了下來，而我挑起了眉毛。恩楚莫緊張地笑了笑：「我確實希望能再吃上一次！牠們真的超好吃。」

過去的紅腳隼捕獵幾乎讓當地社區的所有居民受益，而現在這套基於旅遊業的新典範，卻只嘉惠了更狹窄的群體。隔天在湖畔塔樓觀賞晨間飛行時，德文・梅塔（Deven Mehta）這樣告訴我們。德文是印度野生動物研究所（Wildlife Institute of India）的初級研究員，正在研究紅腳隼的食性。他向我展示了數十個裝滿酒精的樣本瓶，其中裝著從棲息地收集而來的紅腳隼吐出的食繭。隨後，他會把構成易碎食繭的幾丁質顆粒篩選出來，放在解剖顯微鏡下仔細檢視，希望能了解紅腳隼除了白蟻以之外還吃些什麼。儘管他承認，對於辨識昆蟲的身體部位，他還有很多需要學習的。

德文說，曾經很多人都從紅腳隼身上賺到了錢，但現在的主要受益者是像恩楚莫這樣的嚮導；或是像恩楚莫的叔叔札尼莫（Zanimo）這樣的地主，他擁有瞭望塔那塊地的產權，那天早上他帶了新鮮的香蕉來迎接我們；以及像措波這樣的家庭，他們有足夠的額外現金投資於創建寄宿家庭的業務。就像那些如今風化的標牌所宣稱，旁提村也許是「紅腳隼之都」，但德文認為，缺乏涵蓋社區全體的公平性，是對未來紅腳隼保育的一大威脅。即便有了獎勵措施，也不能確保人們會做出最佳的長期決策。德文說，自從上個紅腳隼季節以來，札尼莫已經砍掉了棲息地邊緣的樹，種下了柚木樹苗。這是一種常見的混農林業做法，但如果紅腳隼因此放棄旁提村並另擇其他干擾較少的地方棲息，那顯然會威脅到整個當地產業的運作。

儘管旁提村不在熱門旅遊路線上，我們仍驚喜地發現自己並不是此地唯一的遊客。在我們造訪期間，一些來自外地的印度人小團體（從他們缺乏裝備來判斷，大多不是賞鳥人），三三兩兩地出現在了瞭望塔上；一位印度的紀錄片製作人和他的朋友來這裡待了幾天；一群來自邦加羅爾鳥類論壇（BNGBirds）的熱情鳥友也待了幾天，那是一個印度南部的大型線上賞鳥社群。我和其中一個人，烏爾哈斯．阿南德（Ulhas Anand），聊了起來，發現我們有幾位共同鳥友，是他之前住在費城時認識的。「在邦加羅爾賞鳥非常棒，有幾個地區鳥很多，但沒有什麼比得上這種景象。」他指著眾多從棲息地冒出的紅腳隼說道。然後，他就不見了——有人在湖邊發現了一隻罕見的灰頭紅尾伯勞（Philippine shrike）[2]，大喊著要他過去看看。

在世界上大部分的野外環境裡，保育人士哀嘆道路的存在，但巴諾・哈拉魯等人卻認為，那加蘭邦糟糕的道路狀況（通常被認為是全印度最糟糕的），是保育和支撐在其背後的旅遊業的主要障礙。「看看我們的路況。」她說，「整個星球上最爛的道路就在這裡。我覺得那加蘭邦的道路爛到從月球上都看見，實在太爛了。」紅腳隼遷徙的高峰期正好與北方阿薩姆邦的加濟蘭加國家公園（Kaziranga National Park）季節性、雨季後的開放時間相吻合，該公園是聯合國教科文組織世界遺產景點，吸引著來自世界各地的遊客，而他們造訪的理由相當充分。一週後，我望著加濟蘭加綠草如茵的氾濫平原，並用雙筒望遠鏡進行大範圍掃視，我數到了五十九隻瀕危的印度犀牛（Indian one-horned rhino），許多吃著草的野象、水牛、野豬和沼鹿（swamp deer），以及在我們頭頂盤旋的玉帶海鵰（Pallas's fish eagles）。將這兩個地點結合在一起，無疑會成為生態旅遊時的必然選項——如果兩地之間的交通只需在鋪設良好的道路上行駛幾小時，而非現在遊客所面臨的八到九小時的碎骨馬拉松的話。

對於有意前往旅遊的人來說，往往不僅是為了世上最壯觀的猛禽奇觀而已。作為亞洲持續時間最長的游擊戰場，那加蘭邦一度對外來者（包括其他印度人）封閉了數十年，儘管現在相關限制放寬了，由於當地的崎嶇地形和糟糕路況，那加蘭邦在世人眼中仍充滿了神祕色彩。於是，政府的觀光部門將部落文化包裝成賣點，包括全年各主要城鎮舉辦的、可以欣賞當地傳統服飾與舞蹈的多個大型慶典，並在每年十二月奇薩瑪村（Kisama）舉辦的為期十天的犀鳥節（Hornbill Festival）中將節慶氛圍推至最高潮。美食愛好者也發現了那加蘭邦及其美食，不同部落的傳統菜餚各不相同，像在旁提村能品嘗到的就是洛塔族（Lotha）的特色料理。那加蘭邦特產還包括了魔鬼椒（*bhut jolokia*），以其破表的史高維爾辣度單位（Scoville heat-unit）評級著名，儘管巴諾否定了那加菜通常很辣的觀點。當然，措波為我們準備的食物只有一點點辣，而且全都非常美味。

儘管那加蘭邦已不再與印度其他地區隔絕，但來訪者仍需向警方登記，且任何一張不熟悉的面孔都是令當地人印象深刻的新鮮事，更不用說一群美國人了（我們在旅程中深有體會）。第一天從阿薩姆州過來後，我們（根據法律要求）在沿途第一個較大社區的警察局停了下來。那是一棟位於高高山頂上的三層樓建築，當阿比杜爾拿著我們的護照消失在警局裡時，許多下了班的警察聚集在樓上宿舍的窗前，帶著明顯的困惑向下打量著我們。阿比杜爾並沒有馬上回來，我們一邊嚼著點心，一邊在多雲的高空中搜尋著猛禽的身影。終於，我們聽見一輛機車在坑窪的道路上彈跳著、朝著我們疾駛而來，一個肌肉結實、穿著T恤、頭髮兩側推高的男人火速將機車停好，飛奔進警局內——外國人進入管區，指揮官在假日被叫來處理這個新鮮而令人困惑的情況。又過了很長一段時間，最後阿比杜爾帶著我們的護照回來了，後面還跟著指揮官，他想和我們合照，以向家人展示。

然而，應對緊張的政治局勢並非總是那麼輕鬆。數日後的某一天，我們再次在凌晨三點起床，發現天空陰沉沉的，全世界被籠罩在薄霧之中。凱薩琳感冒了，選擇留在村裡。這是個明智的決定，因為薄霧後來轉化為毛毛雨，然後變成了小雨，導致早上的觀察行程泡了湯。更糟的是，我們發現這幾輛由印度聯繫人提供的、我們以為是四輪傳動的車，實際上都是後輪驅動的冒牌貨，根本無法應付從水庫上來的這條又長又陡如今又滑溜溜的泥巴路。整個過程就是我們把車子往前推幾英尺、被輪胎噴濺得滿身泥巴，然後把大石頭塞在輪胎後面，以防車輛往後滑，如此往復這個令人筋疲力盡的過程超過一小時，緩慢掙扎著爬回山上。

當疲憊不堪的我們終於回到坡頂，抵達位於通往旁提的主要道路上的紅腳隼棲息地聯盟歡迎站，卻只見二十多位身穿迷彩服的印度士兵和一輛尚未熄火的巨大塔塔牌卡車，車斗裡架著一挺五〇口徑機槍。士兵們看到我們後的驚訝，很快就轉變為一場自拍大亂鬥，軍官們咧嘴笑著，將手機遞給我們的司機以與我們合影。然而，紅腳隼棲息地聯盟的嚮導們看著我們的冷酷表情，和他們身上歡快的紅色T恤顯得格外不協調。阿薩姆步槍隊（Assam Rifles）是一支準軍事警察部隊，被指控多年來在那加蘭邦犯下了無數的侵犯人權行為，包括屠殺和酷刑虐待。這些行動受到一九五八年一項法律的支持，賦予他們全權在任何情況下在這些所謂的保護區內逮捕、拘留或槍殺幾乎任何人。聯盟的嚮導們明顯不悅地瞪著士兵，以及我們。

「也許我們不應該表現得那麼親密，各位。」我用嘴角悄聲地說，似乎沒完沒了的拍照狂歡還在繼續。

「有什麼問題嗎？」彼得問道。

「想想北愛爾蘭的英國軍隊。」我低聲說道，他的笑容漸漸消失。雙方的氛圍十分緊張，儘管和平進程長達數十年，步槍隊仍繼續與從漏洞百出的邊境滲透至緬甸的毛派叛亂者交戰著。就在我們抵達的前一兩週，印度軍方聲稱已擊斃了四十名越過邊境的武裝分子，案發地距離我們訪問的地區不到五十公里。

我們終於擺脫了困境，渴望有機會梳洗一下，然後吃一頓很晚的早餐。但當我們中午回到措波家時，一個三十出頭、非常瘦削的男人正站在屋外門廊上等著我們，他的頭髮梳得整整齊齊，穿著一套有明顯摺痕的灰色西裝，儘管房子四周現在被一片橘色的泥濘之海所包圍，他腳上的黑鞋卻仍然十分乾淨。一位身穿白色連身裙、塗著猩紅色口紅的年輕女子坐在凱薩琳旁邊，女子的頭髮梳理得很整齊，害羞地低著頭，而凱薩琳則明顯面帶緊張。

那是一個近乎荒謬的場景。此時的雨已經傾盆而下，我們站在雨中，一時不知如何是好。那個男人跳了起來，向我伸出手，問道：「您好，怎麼稱呼？」疲憊不堪、失去耐心且有點被嚇到的我，短暫地握了一下他的手，然後逕自走進門廊下躲雨。我簡短地回應他：「史考特，你是？」當凱薩琳的表情逐漸變得驚慌，那人微笑著告訴我們，他效力於科希馬（Kohima）的一個特殊情報部門（警察或軍事單位，我們無從知曉），被指派調查一份關於未遵守協議的高度可疑外國人的報告。儘管我們在抵達時已經向警方登記過了，但我們似乎並未向正確的警察登記。我們不應該在進入那加蘭邦後就停留在第一個城鎮，而是應該繞路幾個小時前往縣政府的所在城鎮沃卡。他顯然不相信凱薩琳對於我們為何出現在那裡的解釋。鳥？真的嗎？他已經花了幾乎整個早上的時間審問她，態度詭異地混合著過度友善的玩笑與赤裸裸的威脅：講真的，你們為什麼來這裡？也許我應該因為沒有登記而逮捕你們——哈哈哈，沒有啦，開個玩笑而已——除非我現在真的把你們帶去科希馬關起來，哈哈哈。

過去曾有西方人前往那加蘭邦加入叛亂分子的案例，因此他的懷疑可能並非完全沒有根據。他要求我們出示護照——不，不要正本，當我們掏出證件時他說道，請給我影本，只收影本。我們都準備了很多份護照影本在身上（一種明智的預防措施，以免證件被偷或者弄丟），除了彼得，他的護照備分是存在筆記型電腦裡的電子掃描檔案。但村裡沒有影印機，也沒有辦法把掃描檔案列印出來。當該名探員建議彼得和他們一同前往科希馬，而去那裡的單程交通時間就要花費至少一天時，彼得理所當然地猶豫了。到了這個時候，我們的訪客已經沒有開玩笑的感覺了，場面陷入了僵局；基於某種原因，他對彼得真正的那本護照沒有興趣，而是一心一意地想要一份影本。在彼得打開自己的筆記型電腦向探員展示掃描檔案的同時，我正在清空一個隨身碟，以便探員將電子檔帶走。而又出於某種只有他和官僚之神知道的原因，此舉突然就讓這個男人滿意了，油膩的微笑再次出現，伴隨著更多的握手致意，然後他（和他那位在整個訪問期間沒說一句話或進行眼神交流的妻子）猛然撐開一把黑色大傘，消失在雨中。

「那太他媽奇怪了。」凱文說，目送著他們開車離去。「又奇怪又可怕。」凱薩琳說。「有一段時間，我真的以為你們回來時會發現我已經被逮捕了。你不知道看到你們回來我有多高興。」

考慮到這些困難，那加蘭邦偏遠地區的外來客會如此稀少，也就不足為奇了。雖然並非與外界隔絕（手機到處可見，且旁提的一些家庭裝有衛星電視碟形天線），但村民們很少見到來自外地的人。在黎明的潮濕寒冷過後的某個風和日麗的下午，措波先生帶著我們在旁提村裡四處走走，這激起了我們沿途遇到的洛塔人各式各樣的反應，從害羞偷瞄到主動擁抱都有。街道和巷弄朝著各種方向蜿蜒生長，反覆穿行於櫛比鱗次的房屋、石砌高牆與花團錦簇之間。蘭花、萬壽菊（marigold）、秋海棠（begonia）、金雞菊（coreopsis）以及其他各種花卉，將村子的每個角落渲染成五顏六色的調色盤。毯子和棉被在金屬屋頂上晾曬，藥草、豆子、辣椒和米穀粉在陽光下風乾。許多房子的牆上掛著麂的頭骨，那是祈求狩獵好運的圖騰。措波先生指著一個短角的厚重頭骨給我們看，那是來自一頭大額牛（mithun），一種至今仍漫遊在那加丘陵上的巨大半野生牛種。「那真是一頓大餐，去年的新年大餐！」他自豪地告訴我們。

房屋的種類繁多，從富有的政府官員建造的金碧輝煌的四層樓華廈，到帶有編織竹蓆牆壁和泥土地板的傳統那加房屋。我們被一位主婦和她的母親邀請進入了後者之一，就像我們遇到的每個人一樣，她們對凱薩琳特別大驚小怪，她一次又一次地被告知她是旁提村任何人所見過的第一個西方女性。一隻小貓跟著我們進了屋子，在燃燒的火爐旁喵喵直叫，牠頭頂的竹製網架上放著肉和蔬菜，在永恆的煙霧中被燻製著。一塵不染的鍋碗瓢盆排列在牆上，房間的另一側是一座同樣用竹子編織的睡台，以及這個家庭的財物。來到室外，洗好的衣物在竹製陽台上隨風飄蕩，當我們遠眺旁提村周圍壯麗的群山萬壑時，陽台被重量壓得微微彎曲。

白色和綠色的巨大尖頂浸信會教堂佔據了山頂，而天主教堂和神召會教堂就顯得樸素多了。那加文化原本屬於泛靈信仰，自一八三〇年代開始猛烈地反抗英國的控制。抗爭在接下來的半個世紀尤其暴力，一位學者曾稱英國與那加人的衝突，是英國殖民印度的殘酷歷史中最為血腥的篇章。旁提也難逃一劫，一八七五年，一個測量小組在此被襲擊，其指揮官遭到殺害，在那之後英國軍隊便報復性地燒毀了這個村莊。然而，自十九世紀中葉便在這個區域傳教的美國浸信會傳教士起初進展緩慢，卻在二十世紀迅速地成長；諷刺的是，獨立後的印度新政府驅逐外國傳教士的決定，竟成了皈依比例爆炸性成長的導火索。有些學者認為，這是對於政府廣受批評的針對教會和牧師的攻擊，那加人做出的直接反應；根據一位專家的觀點，那加人的大規模皈依是「全亞洲最大規模的基督教人口成長，僅次於菲律賓」[3]。這就是那加蘭邦潛在的怪異之處，以至於到了今天，即使是從緬甸過來的毛派激進分子也大多都是浸信會教徒。

當天早些時候，一群婦女聚集在措波家裡準備「唱歌」。她們將一樣的猩紅色披肩綁在腰間或頭上，下身穿著海軍藍色的梅赫拉，上面編織著銀色和深紅色的帶狀花紋。就像亞洲的大部分地區一樣，米是這裡的主食，必須先以舂搗去除稻穀，然後將米粒磨碎成粉末。於是，六個女人面對面排成兩列，一側三個人，中間隔著一個六英尺長、原木雕刻而成的低矮磨臼，沿著磨臼平坦的上表面可以看見三個深深的凹槽，每個凹槽都有一個咖啡罐大小。其中一個女人將米倒入這些凹槽中，然後六個女人舉起比自己還高的沉重木杵，開始唱起一首充滿節奏的洛塔語歌曲，一邊將木杵的尾端猛擊至磨臼的凹槽裡，兩側的女人不偏不倚地、以完美的時機交錯擊打著。每首歌結束時，她們會停下來，將搗碎的米穀粉舀進一個大大的、一端開口的三角形籃子裡，其中一個女人會將籃子抱在腰間，背著風，開始有韻律地搖擺，一邊將稻殼和塵土篩到竹蓆上。她的動作同樣配合歌曲的節拍，幾隻雞在她腳邊跑來跑去，尋找著掉落的穀粒。

剛開始「唱歌」時，每個人都還有點拘謹和正式，女人們比平時還要盛裝打扮，主要是為了取悅我們。但隨著工作的進行，她們放鬆了下來，在歌曲的間隙開開玩笑，或用精心折疊的香蕉葉長條製成的拋棄式杯子飲水。其中一位比較愛表現的女士在搗完米之後找來了一把破舊的吉他，她一邊（沒在調上但很熱情地）彈奏著，一邊帶領大家唱起洛塔語的讚美詩。

關於那加人更為傳統的過去，其標誌仍然存在於許多人的後院裡——墓碑。在穿過村莊的途中，我們停下來閱讀了喬奇奧・洛塔（Chonchio Lotha）的墓誌銘，他去世於一九四七年七月三十一日。墓碑上刻著對這段危險的狩獵生涯的紀念，包含一些簡單的圖形：五隻老虎、兩隻花豹、一頭大像，以及，六個人頭，以紀念死者的作戰技巧。儘管英國在一九四〇年代便禁止了獵人頭，該風俗仍然持續被實行至一九六〇至七〇年代（但至少並不常見），直至完全絕跡。然而，獵人頭的名聲仍然流傳著，即使到了今天，當你告訴印度其他地區的人你要去「那些落後的獵頭族的領地」時，他們很可能還是會露出雙眼圓睜的驚愕表情作為回應。

最後，我們來到了措波先生父母的家，他九十八歲的母親現在已經失明，而他一百〇二歲的父親儘管身體虛弱但反應敏銳，由一位年輕的親戚陪伴著。兩名老者都坐在塑膠椅子上，肩上披著村中獨有的深紅與黑色條紋圖案的披肩，在自家的竹編牆邊享受著陽光。「我的父親是個偉大的獵人。」措波先生多次強調，並向我們展示了他父親多年前殺死的幾頭鹿的頭骨和鹿角。第二次世界大戰期間，當日本入侵印度時，老措波曾為在西南方約四十英里的科希馬進行血腥圍城的英國和印度軍隊運送過食物。（一些那加人在戰爭中扮演了更直接的角色，我不禁想知道之前在墓碑上看到的那些雕刻人頭是否是日本人的，甚至可能是英國人的，因為有些那加人站在大日本帝國那一邊，並將其視為通往獨立的途徑。）措波先生從房子的一角出現，手裡拿著他父親手工製作的、長八英尺的長矛，帶有經過拋光（且仍然非常鋒利）的葉形矛尖。那加人在戰爭中使用這種長矛，以及一種方頭、類似砍刀的劍，被稱為那加劍

（dao），這些武器也被用於狩獵之中。在介紹過程中一直面帶微笑的老先生突然變得神情嚴肅，他雙手握著長槍，向我們示範他是如何使用它的，而他的兒子則指出了父親右手上的白色疤痕，那是多年前他在森林裡與一隻突然襲擊的老虎搏鬥時所留下的。

如今，這樣的遭遇已不太可能會發生了。老虎基本上已經從那加蘭絕跡了，儘管偶爾會有零星的個體從北邊阿薩姆邦或東南邊緬甸的更安全穩定的族群中游盪過來。這樣的事情在二〇一六年發生過一次，當時一隻老虎在阿薩姆邊境附近的山上殺死了一頭牛和兩隻豬，結果被當地居民追捕並射殺。我們在保育基金會總部會見巴諾的那天晚上，來自野生生物保護學會印度分會的一群年輕生物學家也加入了我們，他們當時正在那加蘭邦進行哺乳動物調查。他們說，迄今為止的結果相當令人沮喪。狩獵已經大大地減少了野生動物的數量，儘管還有麂和幾頭大象，但旁提附近的居民告訴計畫成員，他們已經有超過十五年沒有看到老虎的蹤跡了。但是巴諾告訴我們，時代正在改變。時長六個月的季節性禁獵已經開始實施，空氣槍也被禁止了，儘管我們仍然看到許多孩子拿著橡膠彈弓，並且不禁注意到了鳴禽的稀缺，尤其在靠近村莊的地方。

即便是被茂密森林所覆蓋的那加蘭邦本身，或多或少也形成了一種假象。確實，與印度大部分地區相比，那加蘭邦的森林覆蓋率極高，幾乎沒有大規模的農業開墾（像我們在阿薩姆邦遇到的那種一望無際的稻田）；但我們很快就意識到，眼前所見的所有森林基本上都是幼齡、矮小的初級演替物種，相比於阿薩姆和阿魯納恰爾（Arunachal Pradesh）等鄰近邦的巨大公園和保護區，那加蘭邦完全沒有老熟的林地，就連理論上應受保護的保護區都很少。相反地，這裡的森林顯現出了數代以來小規模、不斷遷移的刀耕火種的影響，這種方法在當地被稱為輪耕（jhum）；此外，還有無盡的柚木種植園，遠看起來像森林，但其實只是枝葉繁茂的單一作物，並且在幾十年內就會被採伐收穫。儘管巴諾認為，如果按照傳統方式實施，並確保開墾和耕種之間有較長的休耕期的話，輪耕可以作為一種可持續的農法；然而，那些休耕期不斷地縮短，並且在輪耕和柚木種植之間不斷轉換，使得最終似乎沒有成熟的、自然運作的森林存在了。再加上那加人熱衷於射殺幾乎所有會動的東西，使紅腳隼的數量以及當地在保育方面取得的成功更加令人驚訝。

儘管在旁提最壯觀的是隼群早晨起飛的景象，在旅程最後一天的傍晚，我們再度回到了棲息區域，希望能看到飛回來過夜的紅腳隼。當我們徒步下山，來到未被洪水淹沒的山谷時，天空呈現蒼白而朦朧的藍，地平線上布滿了蓬鬆的積雲。石鵖，這種圓鼓鼓的鳴禽從喜馬拉雅山脈降遷下來度冬，身披斑駁的棕色非繁殖羽的雄鳥高高地停棲在象草上；其他鳥兒則在昏暗的光線中飛來飛去，包含像嘲鶇一樣瘦長、通體褐色的灰頭鉤嘴鶥（white-browed scimitar-babbler）、成對的黑喉紅臀鵯（Red-vented Bulbul）呈炭黑色，尾巴下方帶有一抹深紅；以及一群群活躍的黃腹扇尾鶲（yellow-bellied fairy-fantail），圓圓的頭和長長的尾巴，檸檬黃色的臉上戴著黑色的面罩。我們穿過被推倒的茂密植被所形成的小徑，那是野象走過的痕跡，或許那天早上我們聽到的穿過湖面的號角聲，就是從這裡傳來的。

這次我們爬上了另一座瞭望塔，這座塔距離湖面比較遠，但視野開闊，可以看到覆蓋了大部分平原的象草和灌木叢。在我們身後的是一間間漁民的茅草小屋，過去曾是捕鳥人在紅腳隼遷徙期間留宿的地方，現在則是紅腳隼棲息地聯盟警衛的營地。日落後大約四十五分鐘，紅腳隼開始湧入，起初每分鐘數百隻，然後是數千隻，在西方地平線上逐漸縮小的橙色和紫色光帶的輝映之中，如同一張流動的帷幕，一股股由翅膀與運動組成的洪流，從各個方位匯聚而來，而我們正處於洪流的交匯之處，就像黑洞將一切都引向自己。紅腳隼以一種平穩而慵懶的節奏拍著翅膀，大部分都在朝著準備棲息的樹木滑去，早晨數以萬計的翅膀撲騰發出的震顫聲響，現在被一種近乎詭譎的寂靜所取代。很快地，遠處山脊的輪廓便消失在黑暗中，取而代之的是在山頂閃閃發光的遙遠村莊的燈火，而紅腳隼的數量仍在繼續增加中。

就目前來說，紅腳隼已經安全了，不僅是在旁提，還包括那加蘭邦全境，保育人士在過去的幾個遷徙季節中甚至沒發現任何一隻被誘捕的鳥。隨著人們對紅腳隼的興趣在整個印度東北部擴散，有關相鄰邦存在著其他重要棲息地的報導也開始出現，像是在阿薩姆邦和曼尼普爾（Manipur），這些地方的人們也開始做出努力以終止狩獵活動，保護並歡慶紅腳隼的到來。在那加蘭邦內，其他的村莊開始爭奪起了「紅腳隼之都」的稱號，聲稱他們也擁有令人印象深刻的紅腳隼群聚。正如我們所看到的，旅遊業仍在緩慢地發展當中，凱文計畫在下一個秋季帶著一群美國人回來（並為他們的床準備床墊），以支持這個新興的產業。

高懸在頭頂的月亮此時已接近正圓，隨著夜幕降臨，棲息地裡的動靜有增無減。當無數的紅腳隼回來過夜時，白色的圓盤隨著黑色剪影的流動而閃爍、顫動，牠們填飽了肚子，而本能已經在催促著牠們前往全球旅程的下一站了。至少在這個地方、至少在這個時刻、至少對這個寶貴的物種來說，這趟旅程不再像幾年之前那麼危險了。

註釋

1 近期的研究指出，數以百萬計的蜻蜓也會在每年秋天從印度遷徙到非洲，因此紅腳隼，以及其他一些在印度和非洲之間遷徙的鳥類，如藍胸佛法僧（European roller）、數種蜂虎、杜鵑、黃爪隼和燕隼（hobby），可能得以在遷徙沿途捕食這些蜻蜓；而蜻蜓則可能捕食盛行風所攜帶的數萬億隻更小型的昆蟲。這條空中食物鏈穿過天際直達非洲的海岸。

2 譯註：灰頭紅尾伯勞（*Lanius cristatus lucionensis*）是紅尾伯勞的一個亞種，因為主要的度冬地在菲律賓，也被稱為 Philippine shrike。

3 Richard M. Eaton, "Comparative History as World History: Religious Conversion in Modern India," *Journal of World History* 8(1997): 245.

後記

凌晨一點，這在任何人的標準中都算早，但在阿拉斯加中部的夏天裡，這時間看起來一點都不像在半夜。此時的天空呈現一片柔和的灰色，亮得足以輕鬆閱讀，而這已經是此地在這個時節裡最黑暗的時刻了。這幫了大忙，因為此刻我和朋友們正蹣跚地走出我們在托克拉特（Toklat）宿舍的房間，這裡位於一條長達九十英里、將德納利國家公園一分為二的碎石子路的中間。我們揉去眼裡的睡意，開始倒咖啡、準備早餐，為接下來一整天的工作製作三明治。這是我們為期兩週的野外工作的第八天，而我們開了很久的車才抵達當天的調查地點。

距離我們發起這項德納利的候鳥研究已經有五年了，而距離那場令我同事伊恩·史登豪斯以及我們其他人至今餘悸猶存的灰熊襲擊事件，也已經過去了五年。多年以來，我們的團隊已經遇見過德納利的許多野生動物，包含駝鹿、馴鹿、以及更多的熊。但更重要的是，我們開始更進一步地了解，從阿拉斯加中部向外延伸的候鳥遷徙路徑，是如何將這座國家公園與世界其他地方聯繫在一起：狐色帶鵐遷徙到喬治亞、黑頂白頰林鶯遷徙到亞馬遜、斯氏夜鶇遷徙到玻利維亞、黑頭威森鶯則遷徙到了中美洲。

不過，這個夏天似乎有點奇怪，我們的遭遇可說是屋漏偏逢連夜雨。一個多星期以來，我們一直嘗試再捕獲[1]一些有腳環的極北柳鶯（Arctic warbler）。這種體態修長的綠褐色鳴禽有一道淺色眉線，唱著一種斷斷續續、好似機關槍般的金屬顫音：「序序序序序序序序！」這是一種起源於舊大陸的物種，只在阿拉斯加中部和西部繁殖，並在東南亞的某處度冬，大概是婆羅洲或菲律賓。從沒有人一路追蹤牠們到非繁殖地，或者在非繁殖地找到過任何一隻在阿拉斯加繫放的個體。就在工作開始的第一個早上，我們一架好霧網，就捉到了去年夏天繫上地理定位器的十五隻鳥當中的一隻；然而，在接下來的七天裡，當我們井然有序地穿越山谷、以一百公尺為間隔架設霧網並播音引誘時，儘管這套精確的誘捕網格覆蓋了整座山谷裡的柳林，我們卻一無所獲。也就是說，我們捉到了好幾十隻極北柳鶯，但都不是有標記的個體。柳鶯們很分散、四處移動，並未展現出我們通常預期從鳥類身上看到的棲地忠誠性（site fidelity）。

這也許是天氣的緣故。阿拉斯加當時正經歷著有史以來最嚴重的熱浪，安克拉治的氣溫首次達到華氏九十度，這樣的高溫持續著，日復一日，而這波熱浪也將這一年、或前後數年在阿拉斯加發生的一連串奇怪的氣候變化推向了最高潮。在前一年冬季，白令海和楚科奇海（Chukchi Sea）的水溫比正常值高了華氏二十度，導致海冰提前了好幾個月融化，一位氣候專家描述了該情況，稱阿拉斯加周圍的海域就像正在「烘烤」[2]一般。不論他是否有意要講一個無聊的笑話，那確實非常貼切，即使是在阿拉斯加山脈、海拔四千英尺的高山上工作的我們，也被熱浪壓得喘不過氣來。而在該州各地蔓延的野火帶來的陣陣濃煙，則讓一切變得更糟糕，其中包含一場發生在費爾班克斯（Fairbanks）城外的野火，甚至威脅到了我們的計畫主持人卡蘿・麥金泰爾（Carol McIntyre）的家。兩個星期以來，她和丈夫一直生活在「二級疏散通知」的陰影之下，這意味著他們必須隨時做好逃離家園的準備。因此她並沒有和我們一起在國家公園中抓鳥，而是和她的丈夫雷（Ray）一起將兩人的物品搬出家門、找地方臨時安置他們的雪橇犬、清出防火通道、砍掉灌叢，然後焦急地看著消防人員執行引火回燒（back burn）和空中灑水，以防那片一萬英畝規模的大火迫近他們的社區。

因為熱浪的影響，我們看到的野生動物數量並不如預期。白靴兔（snowshoe hare）正處於數量上升的週期，天剛亮時，沿途每英里能看見幾十隻，牠們啃食著國家公園管理局撒在路上、用以抑制來來往往的旅遊巴士揚起塵埃的氯化鈣。由於白靴兔的數量正在上升，牠們的主要天敵——猞猁（lynx）也是如此，我們遇到了幾隻。不過，除此之外，我們就沒有看到什麼其他動物了，只有寥寥無幾的熊，和偶爾能在高高的山坡上看到的一群白大角羊（Dall sheep）。高溫驅使一小群公馴鹿進入托克拉特營地，牠們在園區裡的維修棚、小木屋和管理局員工住房之間尋求庇蔭。當我們走下宿舍的門廊時總會往兩側看看，因為馴鹿喜歡躲在建築物的陰影下休息，我們不只一次嚇到了其中的一兩隻，令牠們在一陣慌亂的蹄聲中逃竄。在這世界的一隅，猛然出現一隻巨大、棕色、快速移動的動物，真的會把人嚇得心跳加速。

我們野外工作的第一天，那是個下著雨的涼爽早晨，尚未受到熱浪的侵襲。我們遇到了一頭巨大的公駝鹿，牠在我們下方幾碼處的一個陡峭河岸上嚼食著柳樹枝葉。牠剛好位於我們前進的方向上，因此很幸運地，是我們先發現了牠——在阿拉斯加，每年駝鹿傷人的案例比熊還多。也因為這樣，我們得以從一個很好的角度、在安全距離之外好好觀察牠。這隻駝鹿是我在阿拉斯加工作數十年來所見過的最大個體之一，牠那被絨毛覆蓋、尚未完全生長的鹿角已經超過了六英尺寬。只見這隻巨獸的駝峰、頸部和頭部在灰綠色的樹叢裡升起，柳樹枝葉隨著牠的撕扯而搖擺翻動、露出銀白毛絨的葉背，看起來就像駝鹿正在與驚滔駭浪搏鬥一般，綠色的浪尖在牠的背上破碎並滑落。牠又走了幾步，然後就不見了，就像是被灌木叢吞噬了一樣，消失得無影無蹤。「這麼大的東西，怎麼就、就這樣不見了？」我的朋友喬治・格雷斯（George Gress）悄聲說道。

這提醒了我們，當身處於灌木叢時，我們實際上能看見的東西是如此地有限。「我討厭這種狀況。」伊恩在和我一起繞過那隻公駝鹿時低聲說道。我們和喬治與塔克分別，然後朝著各自負責的方向前進，開始在一條新的穿越線上架網。糾結的柳樹從頭頂上展開，我們的每一步都被其扭曲而交纏的枝幹撞擊著小腿、絆住腳踝。我們每隔幾碼便會大聲喊叫，以向駝鹿、熊、或者任何更大型而危險的生物通知我們的到來。這就是我們能做的一切了，除了那罐掛在腰間的防熊噴霧，它被放在快拔皮套中，以確保在必要時刻能不受雨衣的阻礙而被取出。

伊恩至今仍無法忘記五年前那場驚險的遭遇、那隻向我們衝過來的灰熊以及牠的幼崽，那是我們在德納利進行繫放的第一個夏天。他有時候會覺得熊似乎跟他有仇，儘管相關證據並不充分。例如，在隔年夏天，當我們在之前那次襲擊發生的同一片區域工作時，我們又遇到了很可能是同一隻母熊和她彼時已經幾乎長成的幼熊。伊恩、卡蘿和我當時跪在潮濕的苔原中一塊摺疊起來的防水布周圍，還正在為剛剛捕獲的黑頂白頰林鶯戴腳環時，卡蘿猛然地轉過頭——「有熊！」——時至今日我仍然不解她到底是如何感知到牠們的，我想，大概是在灰熊的國度裡工作三十多年的經驗磨礪了人的本能吧。儘管牠們在兩百碼外，卻正快速地朝著我們的方向過來，低著頭，以那種大型熊類獨有的滾動步態行進著。德納利的熊被稱為托克拉特灰熊，牠們的毛皮呈現醒目的、稻草般的淺黃色，而這兩隻在晨光的照耀下像金子一樣閃閃發光，牠們的臉和腿的下半部則是巧克力般的棕色。我扔掉了手裡的林鶯，大夥兒胡亂地把東西塞進背包，並在卡蘿的指示下，簡單地把防水布的四個角抓在一起，像是聖誕老人的禮物袋，然後我們半抬半拖地，把它連同裡面的工具一起運往苔原上幾百碼之外的卡車，並與熊的前進方向保持著直角。

「不要跑，不要跑。」當我們慌亂地穿過灌木叢時，卡蘿幾次這樣說。

「我沒有跑。」我有些惱火地說，緊張的情勢令我焦躁不安。

「我是在對我自己說。」卡蘿回答道。

現在兩頭熊距離我們僅有一百碼了，牠們走到了一座山坡前，轉頭就往山下走，然後——可惡——牠們又朝著可以攔截我們的方向前進了，儘管牠們似乎完全沒有注意到我們。我們和熊的路徑正在快速地收束，而我們別無選擇，只能加緊腳步。當我們終於回到車上時，兩頭熊正從我們下方僅僅十五到二十碼處經過。那頭幼熊在碎石子路的中央停下，回頭看了我們一眼，但母熊並沒有理會我們。

「你看到了嗎？」伊恩用他格拉斯哥的口音問道。「她用那種毛毛的眼神看我。」

在這個熱到冒煙的季節裡，我們沒有遇到像當年那樣的緊急情況。某個早晨，我們開車往東行駛，這才終於看見了幾頭熊，那是一頭母熊與兩隻已經很大的幼熊，就在黑貂山口（Sable Pass）的路旁幾碼處，但此時我們安全地坐在車裡，可以無後顧之憂地享受牠們的陪伴。此時是凌晨三點，太陽即將升起，而我們抵達了研究地點，這是一條狹長的、長滿柳樹和雲杉的低窪地帶，一條名為霍根溪（Hogan Creek）的小溪從中流淌而過。

濕冷的空氣裡瀰漫著一絲薄霧。當我們沿著幾百公尺長的茂密樹林，組裝金屬網桿並展開四五張霧網時，我的手指凍得發疼。我們開始播放鳥音，在幾張網中播的是黑頂白頰林鶯那近乎狗哨般的高頻顫音，在其他網中則播的是灰頰夜鶇的嘈雜笛音。前一年，我們的團隊在這裡繫放了這兩個物種，如果牠們在漫長的遷徙中存活下來，並回到了相同的領域，我們將會捕捉牠們，以了解牠們遷徙的祕密。

很快便有了收穫。不到半個小時，我們就捕獲了三隻黑頂白頰林鶯和一隻灰頰夜鶇——都沒有腳環，可惜了。年復一年，大多數鳴禽都會對自己的繁殖地表現出相當程度的忠誠性，但這並非絕對，領域範圍也可能會變動。我們的霉運似乎注定要繼續下去。一個小時以後，我們拔起地釘，並把鳥網移至下游更遠處，而在那裡，我們有了重大的發現。伊恩發出了興奮的呼喊聲，那並不是他對剛捕獲的黑頂白頰林鶯雄鳥身上錯綜複雜的美麗紋樣所發出的驚呼（在其脇部與背部的白色底色上，優雅的人字斑紋層層疊疊形成了長長的條紋圖樣；而正如其名中的「黑頂」，牠的頭頂像戴了一頂墨黑色的帽子，臉上還有黑色的鬍鬚狀斑紋），而完全是因為鳥背上那小小黑黑的地理定位器。很快，我們又在同一張網中同時捕獲了另外兩隻被繫放過的林鶯（牠們互相追逐、追進了網裡）；然後，我們抓到了一隻攜帶衛星定位記錄器的夜鶇——被證實是一個特別珍貴的收穫，這隻公鳥是我們在二〇一五年，也就是灰熊事件發生的那年首次繫放的，我們在隔年回收了牠的地理定位器，並於二〇一七年在同一棲地裡再捕獲了這隻個體。隔年夏天，當牠回到霍根溪度過第四個繁殖季時，我們為牠繫上了當時最新的一款衛星定位記錄器，而如今，在牠與我們的第五次相遇之後，我們將可更加精確地描繪出牠的旅程。

在一星期的空手而回和希望落空之後，我們感到十分振奮，尤其當艾蜜莉把灰頰夜鶇的衛星定位器連接到她的電腦上時，一部關於這隻鳥過去十個月歷程的長篇故事在螢幕裡的Google Earth上展開，化為一條橫跨地球的螢光綠線段。直到去年九月初，灰頰夜鶇仍然停留在德納利，但到了該月中旬，牠便展翅啟程，經過了育空地區的白馬市。牠飛過英屬哥倫比亞的卡西亞山（Cassair Mountains），繞過加拿大大草原

（Canadian prairies）的北緣，然後在十月五日出現在明尼蘇達州的阿克利（Akley），沿著名字令人莞爾的第十鴉翼湖（Tenth Crow Wing Lake）移動。十天後，灰頰夜鶇在肯塔基州西部的俄亥俄河（Ohio River）沿岸的林地中休息；又過了三天，牠出現在密西西比州亞祖郡（Yazoo County）的大黑河（Big Black River）沼澤窪地中。一週過後，牠通過了墨西哥灣和西加勒比海，來到了巴拿馬貝拉瓜斯省（Veraguas Province）的雨林中，轉向正東，沿著地峽抵達南美洲，接著轉向東南，最終於十一月三十日抵達委內瑞拉偏遠的拉內布利納國家公園（Serrania De La Neblina National Park）。在飛行了六千五百英里之後，灰頰夜鶇在接下來的四個半月裡似乎都在一片面積僅有九十英畝的雨林裡休息，直到四月中旬再次啟程北返。

我很難說清當時最強烈的情緒是什麼。我很興奮，興奮於有機會一睹這個深藏已久、橫跨半個地球的旅程及其展示出的非凡細節；我很感激，感激一個鳥類個體在五年間一次又一次地為我們提供了一扇窺探該物種亙古以來是如何活動的窗口；我感到純然的敬畏，當我了解這麼嬌小而看似脆弱的動物竟可以跨越無盡的距離與時間，將地球最北端的蒼茫苔原，和地球上另一個偏遠角落裡的潮濕雨林連繫在一起，並串連起兩者之間的所有大地和廣闊海洋。

又或許是……景仰？是的，就是這樣。那是對於一種生物的景仰。儘管我們在牠的道路上設置了重重阻礙，鳥類依舊對風、對遠方的地平線、對自身的基因以及四季更迭保持著信念——那是對於耐力和韌性的景仰，儘管我既無法媲美、也無法完全理解，但當我直面這樣的力量時，卻會感到無法言喻的震撼：那是對於這一隻不凡的個體、以及數十億隻像牠一樣的鳥類的景仰，這些生物遵循著牠們古老的節律，僅僅透過飛行，便將分散各處且陷入困境的野地編織成一個無縫的整體。但願牠們永遠如此。

注釋

1 譯註：標記和再捕獲是生態學上常用的一種調查方法，透過捕獲族群中的部分個體，將其標記後放回，之後再次捕獲已標記個體時，便可以追蹤個體隨時間的變化；或是利用再捕獲的機率估計族群數量、存活率等等。

2 Rick Thoman, quoted in Susie Cagle, "Baked Alaska," *The Guardian*, July 3, 2019, https://www.theguardian.com/us-news/2019/jul/02/alaska-heat-wildfires-climate-change.

致謝

雖然這本書花了多年時間進行研究和撰寫，但其根源都可以追溯到我最早的記憶之一，以及鳥類與鳥類遷徙對我一生所產生的深遠影響。這是一種本能，即便我的父母並非完全能理解，但至少他們是支持的。

我一如既往地對賓州的鷹山保護區懷抱感激，其在我幼年時激發了我對鳥類遷徙的興趣，並使我在三十年前以一名志願猛禽繫放者一頭栽入遷徙研究的世界。自那時以來，我一直努力以各種方式回報，那裡的工作人員不僅是我的好友，更對我無盡的問題永遠耐心回答。我特別感謝庫茲敦大學（Kutztown University）與鷹山的合作，讓我得以查閱線上科學期刊，這對一個不隸屬於任何機構的作家來說，原本可能會是一項巨大的挑戰。

彼得．馬拉博士，曾任史密森尼候鳥中心主任，現任喬治城大學喬治城環境計畫主任，一直是在候鳥生態學和許多方面的研究提供我見解的寶貴資源。我對他以及康乃爾鳥類學實驗室的肯・羅森伯格（Ken Rosenberg）博士表示感激，感謝能夠提前窺見他們關於大陸鳥類種群減少的研究，並感謝彼得的建議，讓史密森尼當時正在研究的黑紋背林鶯的滯後效應變得更引人入勝，且事實正是如此。感謝納森・庫柏博士及其團隊，儘管在巴哈馬和密西根的大部分時間都非常辛苦，但他們依然非常熱情好客。

在中國，必須特別感謝北京師範大學的張正旺教授和雷維蟠博士，在我訪問黃海地區的時候所提供的幫助。感謝特尼斯・皮爾斯瑪及其全球遷徙網絡的同仁們（克里斯・哈索、馬修・史雷梅克〔Matthew Slaymaker〕、亞德里安・波以爾、梁嘉善）在我在南堡期間的接待。感謝保爾森基金會的石建斌博士、牛紅衛和王曉燕在江蘇提供的後勤支持，以及李靜、楊子友、章麟、陳騰逸、李東明，他們是我在野外的好夥伴。感謝北京自然（Birding Beijing）的泰瑞・湯森對於中國的保育情形所提供的見解。溫蒂與漢克鮑爾森非常慷慨地分享他們在中國從事保育的經驗，我特別感謝他們抽出時間加入我們在野外的調查活動。

在我安排那加蘭的旅行初期，感謝已經從鷹山保護區退休的基斯・比爾德斯坦（Keith Bildstein）博士和著名的猛禽專家比爾・克拉克（Bill Clark）的支持；曾任孟買自然歷史學會主任的阿薩德・拉曼尼（Asad Rahmani）博士是一個至關重要的聯繫人。感謝我在野性自然旅行社的好友凱文・路格林，及其一路上對於紅腳隼探險計畫的支持。我們對於蔡司集團對凱薩琳・漢彌爾頓的贊助，以及其為團隊提供光學設備表示感激。非常感謝遇見印度（Encounters India）的阿密特・山卡拉（Amit Sankhala）在旅行後勤方面，包括車輛與司機等等的協助，以及我們的導遊，印度叢林旅遊（Jungle Travels India）的阿比杜爾・拉赫曼，他一直非常地和善。特別感謝措波一家人及旁提村的人們，尤其是恩楚莫・奧多及其家人，感謝他們的熱情款待與對那加文化的深入介紹。更重要的是，感謝巴諾・哈拉魯花了兩年的時間來安排這次的訪問，在她處裡家庭危機時還特別抽出時間到旁提與我們會面。

在猛禽研究基金會（Raptor Research Foundation）的會議上竟偶遇科羅拉多州立大學的克里斯・文納姆，並得知了在布特谷的斯溫氏鵟的近況，這真是太巧了。感謝漢彌爾頓學院的克里斯・布里格斯、傳奇人物彼得・布魯姆，以及梅莉莎・杭特當時的幫助與熱情款待，以及布萊恩・伍德布里奇在二十多年前的農藥危機期間，同意我加入阿根廷的田野工作。

感謝我的好友班・歐勒溫四世（Ben Olewine IV）非常樂意為我和國際鳥盟建立聯繫；國際鳥盟的吉姆・勞倫斯（Jim Lawrence）在非法捕殺鳥類和那加蘭的紅腳隼問題上提供了不少幫助。荷蘭鳥盟的伯納德・凡・吉莫登（Barend Van Gemerden）以及威廉・凡登・鮑斯徹（Willem Van den Bossche）非常慷慨地願意花時間幫我了解整個歐洲、地中海與中東地區在此議題上的嚴峻程度，並讓我與該領域的人士聯繫，特別是賽普勒斯鳥盟的塔索斯・希阿利斯與馬丁・荷利卡。我特別感謝賽普勒斯鳥盟的「安德列亞斯」允許我加入他與羅傑・利特的巡邏任務，並感謝主權基地區警隊的副局長喬・沃德允許我在警察巡邏期間陪同。

對於與我長期合作的版權代理Sterling Lord Literistic的彼得・瑪森（Peter Matson），我深深地感激。與W.W. Norton的副總裁兼總編輯約翰・格魯斯曼（John Glusman）以及助理編輯海倫・湯梅茲（Helen Thomaides）一起工作是相當愉快的經驗。我感謝他們在我構思期間所給予的不成比例的耐心。

我無法確定我的妻子艾米是怎麼有辦法忍受我的，但她就是如此，這是我最為感激的事。

本書的幾個部分的不同版本曾在幾個出版物中出現過。前言的一些元素是在《賞鳥文摘》（*Bird Watcher's Digest*）中第一次出現，而第一、三、四、七與第十章的部分內容則曾經在康乃爾大學的《鳥類生活》（*Living Bird*）刊出。第五章的縮減版曾在《奧杜邦》雜誌上發表。感謝「文摘」的唐恩・休伊（Dawn Hewitt）及我已故的好友比爾・湯姆森三世（Bill Thompson III），感謝鳥類生活的古斯・艾克索森（Gus Axelson）以及奧杜邦的編輯團隊，感謝他們的幫助與支持。

參考資料

每一章直接引用的作品在附註中皆有紀錄。寫作過程中參考的作品則在參考資料列出。

第一章

Battley, Phil F., Theunis Piersma, Maurine W. Dietz, Sixian Tang, Anne Dekinga, and Kees Hulsman. "Empirical Evidence for Differential Organ Reductions During Trans-oceanic Bird Flight." *Proceedings of the Royal Society of London B: Biological Sciences* 267, no. 1439(2000): 191– 195.

Bijleveld, Allert I., Robert B. MacCurdy, Ying-Chi Chan, Emma Penning, Rich M. Gabrielson, John Cluderay, Eric L. Spaulding, et al. "Understanding Spatial Distributions: Negative Density-dependence in Prey Causes Predators to Trade-off Prey Quantity with Quality." *Proceedings of the Royal Society of London B: Biological Sciences* 1828(2016): 20151557.

Brown, Stephen, Cheri Gratto-Trevor, Ron Porter, Emily L. Weiser, David Mizrahi, Rebecca Bentzen,

Megan Boldenow, et al. "Migratory Connectivity of Semipalmated Sandpipers and Implications for Conservation." *Condor* 119, no. 2(2017): 207– 224.

Gill, Robert E., T. Lee Tibbitts, David C. Douglas, Colleen M. Handel, Daniel M. Mulcahy, Jon C. Gottschalck, Nils Warnock, Brian J. McCaffery, Philip F. Battley, and Theunis Piersma. "Extreme Endurance Flights by Landbirds Crossing the Pacific Ocean: Ecological Corridor Rather Than Barrier?" *Proceedings of the Royal Society of London B: Biological Sciences* 276, no. 1656(2009): 447–457.

Gupta, Alok. "China Land Reclamation Ban Revives Migratory Birds' Habitat." Feb. 2, 2018. China Global Television Network. https://news.cgtn.com/news/3049544f30677a6333566d54/share_p.html.

International Union for the Conservation of Nature. *IUCN World Heritage Evaluations 2019*. Gland, Switzerland: IUCN, 2019.

McKinnon, John, Yvonne I. Yerkuil, and Nicholas Murray. "IUCN Situation Analysis on East and Southeast Asian Intertidal Habitats, with Particular Reference to the Yellow Sea(including the Bohai Sea)." Gland, Switzerland: International Union for the Conservation of Nature, 2012.

Melville, David S., Ying Chen, and Zhijun Ma. "Shorebirds Along the Yellow Sea Coast of China Face an Uncertain Future— A Review of Threats." *Emu-Austral Ornithology* 116, no. 2(2016): 100– 110.

Murray, Nicholas J., Robert S. Clemens, Stuart R. Phinn, Hugh P. Possingham, and Richard A. Fuller. "Tracking the Rapid Loss of Tidal Wetlands in the Yellow Sea." *Frontiers in Ecology and the Environment* 12, no. 5(2014): 267– 272.

Piersma, Theunis. "Why Marathon Migrants Get Away with High Metabolic Ceilings: Towards an Ecology of Physiological Restraint." *Journal of Experimental Biology* 214, no. 2(2011): 295– 302.

Stroud, D. A., A. Baker, D. E. Blanco, N. C. Davidson, S. Delany, B. Ganter, R. Gill, P. González, L. Haanstra, R. I. G. Morrison, T. Piersma, D. A. Scott, O. Thorup, R. West, J. Wilson, and C. Zöckler. "The Conservation and Population Status of the World's Waders at the Turn of the Millennium." In *Waterbirds Around the World*, ed. G. C. Boere, C. A. Galbraith, and D. A. Stroud, 643– 648. Edinburgh, UK: The Stationery Office, 2007.

Zoeckler, Christoph, Alison E. Beresford, Gillian Bunting, Sayam U. Chowdhury, Nigel A. Clark, Vivian Wing Kan Fu, Tony Htin Hla, et al. "The Winter Distribution of the Spoon-billed Sandpiper *Calidris pygmaeus.*" *Bird Conservation International* 26, no. 4(2016): 476– 489.

Zoeckler, Christoph, Evgeny E. Syroechkovskiy, and Philip W. Atkinson. "Rapid and Continued Population Decline in the Spoon-billed Sandpiper *Eurynorhynchus pygmeus* Indicates Imminent Extinction Unless Conservation Action is Taken." *Bird Conservation International* 20, no. 2(2010): 95– 111.

第11章

Bairlein, Franz. "How to Get Fat: Nutritional Mechanisms of Seasonal Fat Accumulation in Migratory Songbirds." *Naturwissenschaften* 89, no. 1(2002): 1– 10.

Barkan, Shay, Yoram Yom-Tov, and Anat Barnea. "Exploring the Relationship Between Brain Plasticity, Migratory Lifestyle, and Social Structure in Birds." *Frontiers in Neuroscience* 11(2017): 139.

——. "A Possible Relation Between New Neuronal Recruitment and Migratory Behavior in Acrocephalus Warblers." *Developmental Neurobiology* 74, no. 12(2014): 1194– 1209.

Biebach, H. "Is Water or Energy Crucial for Trans-Sahara Migrants?" In *Proceedings International Ornithological Congress*, 19(1990): 773– 779.

Chernetsov, Nikita, Alexander Pakhomov, Dmitry Kobylkov, Dmitry Kishkinev, Richard A. Holland, and Henrik Mouritsen. "Migratory Eurasian Reed Warblers Can Use Magnetic Declination to Solve the Longitude Problem." *Current Biology* 27, no. 17(2017): 2647– 2651.

Edelman, Nathaniel B., Tanja Fritz, Simon Nimpf, Paul Pichler, Mattias Lauwers, Robert W. Hickman, Artemis Papadaki-Anastasopoulou, et al. "No Evidence for Intracellular Magnetite in Putative Vertebrate Magnetoreceptors Identified by Magnetic Screening." *Proceedings of the National Academy of Sciences* 112, no. 1(2015): 262– 267.

Einfeldt, Anthony L., and Jason A. Addison. "Anthropocene Invasion of an Ecosystem Engineer: Resolving the History of Corophium volutator(Amphipoda: Corophiidae) in the North Atlantic." *Biological Journal of the Linnean Society* 115, no. 2(2015): 288– 304.

Elbein, Asher. "Some Birds Are Better Off with Weak Immune Systems." *New York Times*, June 26, 2018, D6.

Fuchs, T., A. Haney, T. J. Jechura, Frank R. Moore, and V. P. Bingman. "Daytime Naps in Night-migrating Birds: Behavioural Adaptation to Seasonal Sleep Deprivation in the Swainson's thrush, *Catharus ustulatus*." *Animal Behaviour* 72, no. 4(2006): 951– 958.

Gerson, Alexander R. "Avian Osmoregulation in Flight: Unique Metabolic Adaptations Present Novel Challenges." *The FASEB Journal* 30, no. 1 supplement(2016): 976.1.

——. "Environmental Physiology of Flight in Migratory Birds." PhD diss., University of Western Ontario, 2012.

——. and Christopher Guglielmo. "Flight at Low Ambient Humidity Increases Protein Catabolism in Migratory Birds." *Science* 333, no. 6048(2011): 1434– 1436.

Gill, Robert E., Jr., Theunis Piersma, Gary Hufford, Rene Servranckx, and Adrian Riegen. "Crossing the Ultimate Ecological Barrier: Evidence for an 11,000-kmlong Nonstop Flight from Alaska to New Zealand and Eastern Australia by Bartailed Godwits." *The Condor* 107, no. 1(2005): 1– 20.

Guglielmo, Christopher G. "Obese Super Athletes: Fat-fueled Migration in Birds and Bats." *Journal of Experimental Biology* 221, Suppl. 1(2018): jeb165753.

Hawkes, Lucy A., Sivananinthaperumal Balachandran, Nyambayar Batbayar, Patrick J. Butler, Peter B. Frappell, William K. Milsom, Natsagdorj Tseveenmyadag, et al. "The trans-Himalayan Flights of Bar-headed Geese(Anser indicus)." *Proceedings of the National Academy of Sciences* 108, no. 23(2011): 9516– 9519.

Hawkes, Lucy A., Beverley Chua, David C. Douglas, Peter B. Frappell, et al. "The Paradox of Extreme High-altitude Migration in Bar-headed Geese *Anser indicus.*" *Proc. Royal Society-B* 280(2013): 20122114. http://dx.doi.org/10.1098/rspb.2012.2114.

Hedenström, Anders, Gabriel Norevik, Kajsa Warfvinge, Arne Andersson, Johan Bäckman, and Susanne Åkesson. "Annual 10-month Aerial Life Phase in the Common Swift *Apus apus.*" *Current Biology* 26, no. 22(2016): 3066– 3070.

Hua, Ning, Theunis Piersma, and Zhijun Ma. "Three-phase Fuel Deposition in aLong-distance Migrant, the Red Knot(*Calidris canutus piersmai*), Before the Flight to High Arctic Breeding Grounds." *PLoS One* 8, no. 4(2013): e62551.

Jones, Stephanie G., Elliott M. Paletz, William H. Obermeyer, Ciaran T. Hannan, and Ruth M. Benca. "Seasonal Influences on Sleep and Executive Function in the Migratory White-crowned

Sparrow(*Zonotrichia leucophrys gambelii*)." *BMC Neuroscience* 11(2010).

Landys, Mėta M., Theunis Piersma, G. Henk Visser, Joop Jukema, and Arnold Wijker"Water Balance During Real and Simulated Long-distance Migratory Flight inthe Bar-tailed Godwit." *The Condor* 102, no. 3(2000): 645– 652.

Lesku, John A., Niels C. Rattenborg, Mihai Valcu, Alexei L. Vyssotski, Sylvia Kuhn, Franz Kuemmeth, Wolfgang Heidrich, and Bart Kempenaers. "Adaptive Sleep Loss in Polygynous Pectoral Sandpipers." *Science* 337, no. 6102(2012): 1654– 1658.

Liechti, Felix, Willem Witvliet, Roger Weber, and Erich Bächler. "First Evidence of a 200-day Non-stop Flight in a Bird." *Nature Communications* 4(2013): 2554.

Lockley, Ronald M. "Non-stop Flight and Migration in the Common Swift *Apus apus*." *Ostrich* 40, no. S1(1969): 265– 269.

Maillet, Dominique, and Jean-Michel Weber. "Relationship Between n-3 PUFA Content and Energy Metabolism in the Flight Muscles of a Migrating Shorebird: Evidence for Natural Doping." *Journal of Experimental Biology* 210, no. 3(2007): 413– 420.

McWilliams, Scott R., Christopher Guglielmo, Barbara Pierce, and Marcel Klaas-sen. "Flying, Fasting, and Feeding in Birds During Migration: A Nutritional and Physiological Ecology Perspective." *Journal of Avian Biology* 35, no. 5(2004): 377– 393.

Nießner, Christine, Susanne Denzau, Katrin Stapput, Margaret Ahmad, Leo Peichl, Wolfgang Wiltschko, and Roswitha Wiltschko. "Magnetoreception: Activated Cryptochrome 1a Concurs with Magnetic Orientation in Birds." *Journal of The Royal Society Interface* 10, no. 88(2013): 20130638.

O'Connor, Emily A., Charlie K. Cornwallis, Dennis Hasselquist, Jan-Åke Nilsson, and Helena Westerdahl. "The Evolution of Immunity in Relation to Colonization and Migration." *Nature Ecology & Evolution* 2, no. 5(2018): 841.

Piersma, Theunis. "Phenotypic Flexibility During Migration: Optimization of Organ Size Contingent on the Risks and Rewards of Fueling and Flight?" *Journal of Avian Biology*(1998): 511– 520.

—— and Robert E. Gill, Jr. "Guts Don't Fly: Small Digestive Organs in Obese Bar-tailed Godwits." *The Auk*(1998): 196– 203.

——, Gudmundur A. Gudmundsson, and Kristján Lilliendahl. "Rapid Changes in the Size of Different Functional Organ and Muscle Groups During Refueling in a Long-distance Migrating Shorebird." *Physiological and Biochemical Zoology* 72, no. 4(1999): 405– 415.

——, Renée van Aelst, Karin Kurk, Herman Berkhoudt, and Leo R. M. Maas. "A New Pressure Sensory Mechanism for Prey Detection in Birds: The Use of Principles of Seabed Dynamics?" *Proceedings of the Royal Society of London B: Biological Sciences* 265(1998): 1377– 1383.

Rattenborg, Niels C. "Sleeping on the Wing." *Interface Focus* 7, no. 1(2017): 20160082.

——, Bryson Voirin, Sebastian M. Cruz, Ryan Tisdale, Giacomo Dell'Omo, Hans-Peter Lipp, Martin Wikelski, and Alexei L. Vyssotski. "Evidence That Birds Sleep in Mid-flight." *Nature Communications* 7(2016): 12468.

Ritz, Thorsten, Salih Adem, and Klaus Schulten. "A Model for Photoreceptor-based Magnetoreception in Birds." *Biophysical Journal* 78(2000): 707– 718.

Schulten, Klaus, Charles E. Swenberg, and Albert Weller. "A Biomagnetic Sensory Mechanism Based on Magnetic Field Modulated Coherent Electron Spin Motion." *Zeitschrift für Physikalische Chemie* 111, no. 1(1978): 1– 5.

Scott, Graham R., Lucy A. Hawkes, Peter B. Frappell, Patrick J. Butler, Charles M. Bishop, and William K. Milsom. "How Bar-headed Geese Fly Over the Himalayas." *Physiology* 30, no. 2(2015): 107– 115.

Tamaki, Masako, Ji Won Bang, Takeo Watanabe, and Yuka Sasaki. "Night Watch in One Brain Hemisphere in Sleep Associated with the First-Night Effect in Humans." *Current Biology* 26(2016): 1190– 1194.

Treiber, Christoph Daniel, Marion Claudia Salzer, Johannes Riegler, Nathaniel Edelman, Cristina Sugar, Martin Breuss, Paul Pichler, et al. "Clusters of Iron-rich Cells in the Upper Beak of Pigeons are Macrophages Not Magnetosensitive Neurons." *Nature* 484, no. 7394(2012): 367.

Viegas, Ivan, Pedro M. Araújo, Afonso D. Rocha, Auxiliadora Villegas, John G. Jones, Jaime A. Ramos, José A. Masero, and José A. Alves. "Metabolic Plasticity for Subcutaneous Fat Accumulation in a Long-distance Migratory Bird Traced by 2H2O." *Journal of Experimental Biology* 220, no. 6(2017): 1072– 1078.

Wallraff, Hans G., and Meinrat O. Andreae. "Spatial Gradients in Ratios of Atmospheric Trace Gases: A Study Stimulated by Experiments on Bird Navigation." *Tellus B: Chemical and Physical Meteorology* 52, no. 4(2000): 1138– 1157.

Weber, Jean-Michel. "The Physiology of Long-distance Migration: Extending the Limits of Endurance Metabolism." *Journal of Experimental Biology* 212, no. 5(2009): 593– 597.

Weimerskirch, Henri, Charles Bishop, Tiphaine Jeanniard-du-Dot, Aurélien Prudor, and Gottfried Sachs. "Frigate Birds Track Atmospheric Conditions Over Monthslong Transoceanic Flights." *Science* 353, no. 6294(2016): 74– 78.

Wiltschko, Wolfgang, and Roswitha Wiltschko. "Magnetic Orientation in Birds." *Journal of Experimental Biology* 199, no. 1(1996): 29– 38.

Winger, Benjamin M., F. Keith Barker, and Richard H. Ree. "Temperate Origins of Long-distance Seasonal Migration in New World Songbirds." *Proceedings of the National Academy of Sciences* 111, no. 33(2014): 12115– 12120.

Zink, Robert M., and Aubrey S. Gardner. "Glaciation as a Migratory Switch." *Science Advances* 3, no. 9(2017): e1603133.

第三章

Anders, Angela D., John Faaborg, and Frank R. Thompson III. "Postfledging Dispersal, Habitat Use, and Home-range Size of Juvenile Wood Thrushes." *The Auk* 115, no. 2(1998): 349– 358.

Delmore, Kira E., James W. Fox, and Darren E. Irwin. "Dramatic Intraspecific Differences in Migratory Routes, Stopover Sites, and Wintering Areas, Revealed Using Light-level Geolocators." *Proceedings of the Royal Society B: Biological Sciences* 279, no. 1747(2012): 4582– 4589.

Delmore, Kira E., and Darren E. Irwin. "Hybrid Songbirds Employ Intermediate Routes in a Migratory Divide." *Ecology Letters* 17, no. 10(2014): 1211– 1218.

DeLuca, William V., Bradley K. Woodworth, Stuart A. Mackenzie, Amy E. M. Newman, Hilary A. Cooke, Laura M. Phillips, Nikole E. Freeman, et al. "A Boreal Songbird's 20,000 km Migration Across North America and the Atlantic Ocean." *Ecology*(2019): e02651.

Finch, Tom, Philip Saunders, Jesús Miguel Avilés, Ana Bermejo, Inês Catry, Javier de la Puente, Tamara Emmenegger, et al. "A Pan-European, Multipopulation Assess-ment of Migratory Connectivity in a

Near-threatened Migrant Bird." *Diversity and Distributions* 21, no. 9(2015): 1051– 1062.

Haddad, Nick M., Lars A. Brudvig, Jean Clobert, Kendi F. Davies, Andrew Gonzalez, Robert D. Holt, Thomas E. Lovejoy, et al. "Habitat Fragmentation and its Lasting Impact on Earth's Ecosystems." *Science Advances* 1, no. 2(2015): e1500052.

Hahn, Steffen, Valentin Amrhein, Pavel Zehtindijev, and Felix Liechti. "Strong Migratory Connectivity and Seasonally Shifting Isotopic Niches in Geographically Separated Populations of a Long-distance Migrating Songbird." *Oecologia* 173, no. 4(2013): 1217– 1225.

Hallworth, Michael T., and Peter P. Marra. "Miniaturized GPS Tags Identify Nonbreeding Territories of a Small Breeding Migratory Songbird." *Scientific Reports* 5(2015): 11069.

Hallworth, Michael T., T. Scott Sillett, Steven L. Van Wilgenburg, Keith A. Hobson, and Peter P. Marra. "Migratory Connectivity of a Neotropical Migratory Songbird Revealed by Archival Light-level Geolocators." *Ecological Applications* 25, no. 2(2015): 336– 347.

Koleček, Jaroslav, Petr Procházka, Naglaa El-Arabany, Maja Tarka, Mihaela Ilieva, Steffen Hahn, Marcel Honza, et al. "Cross-continental Migratory Connectivity and Spatiotemporal Migratory Patterns in the Great Reed Warbler." *Journal of Avian Biology* 47, no. 6(2016): 756– 767.

Lemke, Hilger W., Maja Tarka, Raymond H. G. Klaassen, Mikael Åkesson, Staffan Bensch, Dennis Hasselquist, and Bengt Hansson. "Annual Cycle and Migration Strategies of a Trans-Saharan

Migratory Songbird: A Geolocator Study in the Great Reed Warbler." *PLoS One* 8, no. 10(2013): e79209.

Pagen, Rich W., Frank R. Thompson III, and Dirk E. Burhans. "Breeding and Postbreeding Habitat Use by Forest Migrant Songbirds in the Missouri Ozarks." *The Condor* 102, no. 4(2000): 738– 747.

Priestley, Kent. "Virginia's Wild Coast." *Nature Conservancy*, Dec. 2014/Jan. 2015.https://www.nature.org/magazine/archives/virginias-wild-coast-1.xml.

Rivera, J. H. Vega, J. H. Rappole, W. J. McShea, and C. A. Haas. "Wood Thrush Postfledging Movements and Habitat Use in Northern Virginia." *The Condor* 100, no. 1(1998): 69– 78.

Rohwer, Sievert, Luke K. Butler, and D. R. Froehlich. "Ecology and Demography of East– West Differences in Molt Scheduling of Neotropical Migrant Passerines." In *Birds of Two Worlds: The Ecology and Evolution of Migration*, edited by Russell Greenberg and Peter P. Marra, 87– 105. Baltimore: Johns Hopkins University Press, 2005.

Rohwer, Sievert , Keith A. Hobson, and Vanya G. Rohwer. "Migratory Double Breeding in Neotropical Migrant Birds." *Proceedings of the National Academy of Sciences* 106, no. 45(2009): 19050– 19055.

Stanley, Calandra Q., Emily A. McKinnon, Kevin C. Fraser, Maggie P. Macpherson, Garth Casbourn, Lyle Friesen, Peter P. Marra, et al. "Connectivity of Wood Thrush Breeding, Wintering, and Migration Sites Based on Range-wide Tracking." *Conservation Biology* 29, no. 1(2015): 164– 174.

Tonra, Christopher M., Michael T. Hallworth, Than J. Boves, Jessie Reese, Lesley P. Bulluck, Matthew Johnson, Cathy Viverette, et al. "Concentration of a Widespread Breeding Population in a Few Critically Important Nonbreeding Areas: Migratory Connectivity in the Prothonotary Warbler." *Condor*(2019). https://doi.org/10.1093/condor/duz019.

Vitz, Andrew C., and Amanda D. Rodewald. "Can Regenerating Clearcuts Benefit Mature-forest Songbirds? An Examination of Post-breeding Ecology." *Biological Conservation* 127, no. 4(2006): 477– 486.

Watts, Bryan D., Fletcher M. Smith, and Barry R. Truitt. "Leaving Patterns of Whimbrels Using a Terminal Spring Staging Area." *Wader Study* 124(2017): 141– 146.

Watts, Bryan D., and Barry R. Truitt. "Decline of Whimbrels Within a Mid-Atlantic Staging Area(1994– 2009)." *Waterbirds* 34, no. 3(2011): 347– 351.

第四章

Cabrera-Cruz, Sergio A., Jaclyn A. Smolinsky, and Jeffrey J. Buler. "Light Pollution is Greatest Within Migration Passage Areas for Nocturnally-migrating Birds Around the World." *Scientific Reports* 8, no. 1(2018): 3261.

Cohen, Emily B., Clark R. Rushing, Frank R. Moore, Michael T. Hallworth, Jeffrey A. Hostetler, Mariamar Gutierrez Ramirez, and Peter P. Marra. "The Strength of Migratory Connectivity for Birds En Route to Breeding Through the Gulf of Mexico." *Ecography* 42, no. 4(2019): 658– 669.

Golet, Gregory H., Candace Low, Simon Avery, Katie Andrews, Christopher J. McColl, Rheyna Laney, and Mark D. Reynolds. "Using Ricelands to Provide Temporary Shorebird Habitat During Migration." *Ecological Applications* 28, no. 2(2018): 409– 426.

Hausheer, Justine E. "Bumper-Crop Birds: Pop-Up Wetlands Are a Success in California." *Cool Green Science*, Jan. 29, 2018. https://blog.nature.org/science/2018/01/29/bumper-crop-birds-pop-up-wetlands-are-a-success-in-california/.

Horton, Kyle G., Cecilia Nilsson, Benjamin M. Van Doren, Frank A. La Sorte, Adriaan M. Dokter, and Andrew Farnsworth. "Bright Lights in the Big Cities: Migratory Birds' Exposure to Artificial Light." *Frontiers in Ecology and the Environment* 17, no. 4(2019): 209– 214.

Horton, Kyle G., Benjamin M. Van Doren, Frank A. La Sorte, Emily B. Cohen, Hannah L. Clipp, Jeffrey J. Buler, Daniel Fink, Jeffrey F. Kelly, and Andrew Farnsworth."Holding Steady: Little Change in Intensity or Timing of Bird Migration Over the Gulf of Mexico." *Global Change Biology* 25, no. 3(2019): 1106– 1118.

Inger, Richard, Richard Gregory, James P. Duffy, Iain Stott, Petr Voříšek, and Kevin J. Gaston.

"Common European Birds are Declining Rapidly While Less Abundant Species' Numbers are Rising." *Ecology Letters* 18, no. 1(2015): 28– 36.

La Sorte, Frank A., Daniel Fink, Jeffrey J. Buler, Andrew Farnsworth, and Sergio A. Cabrera-Cruz. "Seasonal Associations with Urban Light Pollution for Nocturnally Migrating Bird Populations." *Global Change Biology* 23, no. 11(2017): 4609– 4619.

Lin, Tsung-Yu, Kevin Winner, Garrett Bernstein, Abhay Mittal, Adriaan M. Dokter, Kyle G. Horton, Cecilia Nilsson, Benjamin M. Van Doren, Andrew Farnsworth, Frank A. La Sorte, et al. "MistNet: Measuring Historical Bird Migration in the U.S. Using Archived Weather Radar Data and Convolutional Neural Networks." *Methods in Ecology and Evolution*(2019): 1– 15. https://doi.org/10.1111/2041– 210X.13280.

McLaren, James D., Jeffrey J. Buler, Tim Schreckengost, Jaclyn A. Smolinsky, Matthew Boone, E. Emiel van Loon, Deanna K. Dawson, and Eric L. Walters. "Artificial Light at Night Confounds Broad-scale Habitat Use by Migrating Birds." *Ecology Letters* 21, no. 3(2018): 356– 364.

Powell, Hugh. "eBird and a Hundred Million Points of Light." *Living Bird* no. 1(2015). https://www.allaboutbirds.org/a-hundred-million-points-of-light/.

Reif, Jiří, and Zdeněk Vermouzek. "Collapse of Farmland Bird Populations in an Eastern European Country Following its EU Accession." *Conservation Letters* 12, no. 1(2019): e12585.

Reynolds, Mark D., Brian L. Sullivan, Eric Hallstein, Sandra Matsumoto, Steve Kelling, Matthew Merrifield, Daniel Fink, et al. "Dynamic Conservation for Migratory Species." *Science Advances* 3, no. 8(2017): e1700707.

Sullivan, Brian L., Jocelyn L. Aycrigg, Jessie H. Barry, Rick E. Bonney, Nicholas Bruns, Caren B. Cooper, Theo Damoulas, et al. "The eBird Enterprise: An Integrated Approach to Development and Application of Citizen Science." *Biological Conservation* 169(2014): 31– 40.

Sullivan, Brian L., Christopher L. Wood, Marshall J. Iliff, Rick E. Bonney, Daniel Fink, and Steve Kelling. "eBird: A Citizen-based Bird Observation Network in the Biological Sciences." *Biological Conservation* 142, no. 10(2009): 2282– 2292.

Van Doren, Benjamin M., Kyle G. Horton, Adriaan M. Dokter, Holger Klinck, Susan B. Elbin, and Andrew Farnsworth. "High-intensity Urban Light Installation Dramatically Alters Nocturnal Bird Migration." *Proceedings of the National Academy of Sciences* 114, no. 42(2017): 11175– 11180.

Watson, Matthew J., David R. Wilson, and Daniel J. Mennill. "Anthropogenic Light is Associated with Increased Vocal Activity by Nocturnally Migrating Birds." *Condor* 118, no. 2(2016): 338– 344.

Zuckerberg, Benjamin, Daniel Fink, Frank A. La Sorte, Wesley M. Hochachka, and Steve Kelling. "Novel Seasonal Land Cover Associations for Eastern North Amer-ican Forest Birds Identified Through Dynamic Species Distribution Modelling." *Diversity and Distributions* 22, no. 6(2016):

717– 730.

第五章

Angelier, Frédéric, Christopher M. Tonra, Rebecca L. Holberton, and Peter P. Marra. "Short-term Changes in Body Condition in Relation to Habitat and Rainfall Abundance in American Redstarts *Setophaga ruticilla* During the Non-breeding Season." *Journal of Avian Biology* 42, no. 4(2011): 335– 341.

Bearhop, Stuart, Geoff M. Hilton, Stephen C. Votier, and Susan Waldron. "Stable Isotope Ratios Indicate That Body Condition in Migrating Passerines is Influenced by Winter Habitat." *Proceedings of the Royal Society of London B: Biological Sciences* 271, no. Suppl 4(2004): S215–S218.

Conklin, Jesse R., and Phil F. Battley. "Carry-over Effects and Compensation: Late Arrival on Non-breeding Grounds Affects Wing Moult But Not Plumage or Schedules of Departing Bar-tailed Godwits *Limosa lapponica baueri*." *Journal of Avian Biology* 43, no. 3(2012): 252– 263.

Cooper, Nathan W., Michael T. Hallworth, and Peter P. Marra. "Light-level Geolocation Reveals Wintering Distribution, Migration Routes, and Primary Stopover Locations of an Endangered Long-distance Migratory Songbird." *Journal of Avian Biology* 48, no. 2(2017): 209– 219.

Cooper, Nathan W., Thomas W. Sherry, and Peter P. Marra. "Experimental Reduction of Winter Food Decreases Body Condition and Delays Migration in a Long-distance Migratory Bird." *Ecology* 96, no. 7(2015): 1933– 1942.

Finch, Tom, James W. Pearce-Higgins, D. I. Leech, and Karl L. Evans. "Carry-over Effects from Passage Regions are More Important Than Breeding Climate in Determining the Breeding Phenology and Performance of Three Avian Migrants of Conservation Concern." *Biodiversity and Conservation* 23, no. 10(2014): 2427– 2444.

Gamble, Douglas W., and Scott Curtis. "Caribbean Precipitation: Review, Model and Prospect." *Progress in Physical Geography* 32, no. 3(2008): 265– 276.

Gunnarsson, Tomas Grétar, Jennifer A. Gill, Jason Newton, Peter M. Potts, and William J. Sutherland. "Seasonal Matching of Habitat Quality and Fitness in a Migratory Bird." *Proceedings of the Royal Society of London B: Biological Sciences* 272(2005): 2319– 2323.

Marra, Peter P., Keith A. Hobson, and Richard T. Holmes. "Linking Winter and Summer Events in a Migratory Bird by Using Stable-carbon Isotopes." *Science* 282, no. 5395(1998): 1884– 1886.

Marra, Peter P., and Richard T. Holmes. "Consequences of Dominance-mediated Habitat Segregation in American Redstarts During the Nonbreeding Season." *The Auk* 118, no. 1(2001): 92– 104.

Norris, D. Ryan, Peter P. Marra, T. Kurt Kyser, Thomas W. Sherry, and Laurene M. Ratcliffe. "Tropical

Winter Habitat Limits Reproductive Success on the Temperate Breeding Grounds in a Migratory Bird." *Proceedings of the Royal Society of London B: Biological Sciences* 271, no. 1534(2004): 59–64.

Ockendon, Nancy, Dave Leech, and James W. Pearce-Higgins. "Climatic Effects on Breeding Grounds are More Important Drivers of Breeding Phenology in Migrant Birds than Carry-over Effects from Wintering Grounds." *Biology Letters* 9, no. 6(2013): 20130669.

Rhiney, Kevon. "Geographies of Caribbean Vulnerability in a Changing Climate: Issues and Trends." *Geography Compass 9*, no. 3(2015): 97–114.

Rockwell, Sarah M., Joseph M. Wunderle, T. Scott Sillett, Carol I. Bocetti, David N. Ewert, Dave Currie, Jennifer D. White, and Peter P. Marra. "Seasonal Survival Estimation for a Long-distance Migratory Bird and the Influence of Winter Precipitation." *Oecologia* 183, no. 3(2017): 715–726.

Schamber, Jason L., James S. Sedinger, and David H. Ward. "Carry-over Effects of Winter Location Contribute to Variation in Timing of Nest Initiation and Clutch Size in Black Brant(*Branta bernicla nigricans*)." *The Auk* 129, no. 2(2012): 205–210.

Senner, Nathan R., Wesley M. Hochachka, James W. Fox, and Vsevolod Afanasyev. "An Exception to the Rule: Carry-over Effects Do Not Accumulate in a Longdistance Migratory Bird." *PLoS One* 9, no. 2(2014): e86588.

Sorensen, Marjorie C., J. Mark Hipfner, T. Kurt Kyser, and D. Ryan Norris. "Carry-over Effects in a

Pacific Seabird: Stable Isotope Evidence that Pre-breeding Diet Quality Influences Reproductive Success." *Journal of Animal Ecology* 78, no. 2(2009): 460– 467.

Studds, Colin E., and Peter P. Marra. "Nonbreeding Habitat Occupancy and Population Processes: An Upgrade Experiment with a Migratory Bird." *Ecology* 86, no. 9(2005): 2380– 2385.

Wunderle, Joseph M., Jr., and Wayne J. Arendt. "The Plight of Migrant Birds Wintering in the Caribbean: Rainfall Effects in the Annual Cycle." *Forests* 8, no. 4(2017): 115.

Wunderle, Joseph M., Jr., Dave Currie, Eileen H. Helmer, David N. Ewert, Jennifer D. White, Thomas S. Ruzycki, Bernard Parresol, and Charles Kwit. "Kirtland's Warblers in Anthropogenically Disturbed Early-successional Habitats on Eleuthera, the Bahamas." *Condor* 112, no. 1(2010): 123–137.

Wunderle, Joseph M., Jr., Patricia K. Lebow, Jennifer D. White, Dave Currie, and David N. Ewert. "Sex and Age Differences in Site Fidelity, Food Resource Tracking, and Body Condition of Wintering Kirtland's Warblers(*Setophaga kirtlandii*) in the Bahamas." *Ornithological Monographs* 80, no. 2014(2014): 1– 62.

Zwarts, Leo, Rob G. Bijlsma, Jan van der Kamp, and Eddy Wymenga. *Living on the Edge: Wetlands and Birds in a Changing Sahel.* Zeist, the Netherlands: KNNV Publishing, 2009.

第六章

Andres, Brad A., Cheri Gratto-Trevor, Peter Hicklin, David Mizrahi, RI Guy Morrison, and Paul A. Smith. "Status of the Semipalmated Sandpiper." *Waterbirds* 35, no. 1(2012): 146– 149.

Bearhop, Stuart, Wolfgang Fiedler, Robert W. Furness, Stephen C. Votier, Susan Waldron, Jason Newton, Gabriel J. Bowen, Peter Berthold, and Keith Farnsworth. "Assortative Mating as a Mechanism for Rapid Evolution of a Migratory Divide." *Science* 310, no. 5747(2005): 502– 504.

Bilodeau, Frédéric, Gilles Gauthier, and Dominique Berteaux. "The Effect of Snow Cover on Lemming Population Cycles in the Canadian High Arctic." *Oecologia* 172, no. 4(2013): 1007– 1016.

Chambers, Lynda E., Res Altwegg, Christophe Barbraud, Phoebe Barnard, Linda J. Beaumont, Robert J. M. Crawford, Joel M. Durant, et al. "Phenological Changes in the Southern Hemisphere." *PloS one* 8, no. 10(2013): e75514.

Chambers, Lynda E., Linda J. Beaumont, and Irene L. Hudson. "Continental Scale Analysis of Bird Migration Timing: Influences of Climate and Life History Traits— a Generalized Mixture Model Clustering and Discriminant Approach." *International Journal of Biometeorology* 58, no. 6(2014): 1147– 1162.

Corkery, C. Anne, Erica Nol, and Laura Mckinnon. "No Effects of Asynchrony Between Hatching and

Peak Food Availability on Chick Growth in Semipalmated Plovers(*Charadrius semipalmatus*) near Churchill, Manitoba." *Polar Biology* 42, no. 3(2019): 593– 601.

Cornulier, Thomas, Nigel G. Yoccoz, Vincent Bretagnolle, Jon E. Brommer, Alain Butet, Frauke Ecke, David A. Elston et al. "Europe-wide Dampening of Population Cycles in Keystone Herbivores." *Science* 340, no. 6128(2013): 63– 66.

Eggleston, Jack, and Jason Pope. *Land Subsidence and Relative Sea-level Rise in the Southern Chesapeake Bay Region*. US Geological Survey Circular 1392. Reston, VA: US Geological Survey, 2013. http://dx.doi.org/10.3133/cir1392.

Fischer, Hubertus, Katrin J. Meissner, Alan C. Mix, Nerilie J. Abram, Jacqueline Austermann, Victor Brovkin, Emilie Capron, et al. "Palaeoclimate Constraints on the Impact of 2 C Anthropogenic Warming and Beyond." *Nature Geoscience* 11, no. 7(2018): 474.

Ge, Quansheng, Huanjiong Wang, This Rutishauser, and Junhu Dai. "Phenological Response to Climate Change in China: A Meta-analysis." *Global Change Biology* 21, no. 1(2015): 265– 274.

Helm, Barbara, Benjamin M. Van Doren, Dieter Hoffmann, and Ute Hoffmann. "Evolutionary Response to Climate Change in Migratory Pied Flycatchers." *Current Biology*(2019). https://doi.org/10.1016/j.cub.2019.08.072.

Hiemer, Dieter, Volker Salewski, Wolfgang Fiedler, Steffen Hahn, and Simeon Lisovski. "First Tracks of

Individual Blackcaps Suggest a Complex Migration Pattern." *Journal of Ornithology* 159, no. 1(2018): 205– 210.

Ims, Rolf A., John-Andre Henden, and Siw T. Killengreen. "Collapsing Population Cycles." *Trends in Ecology and Evolution* 23, no. 2(2008): 79– 86.

Iverson, Samuel A., H. Grant Gilchrist, Paul A. Smith, Anthony J. Gaston, and Mark R. Forbes. "Longer Ice-free Seasons Increase the Risk of Nest Depredation by Polar Bears for Colonial Breeding Birds in the Canadian Arctic." *Proceedings of the Royal Society B: Biological Sciences* 281, no. 1779(2014): 20133128.

Kobori, Hiromi, Takuya Kamamoto, Hayashi Nomura, Kohei Oka, and Richard Primack. "The Effects of Climate Change on the Phenology of Winter Birds in Yokohama, Japan." *Ecological Research* 27, no. 1(2012): 173– 180.

Kwon, Eunbi, Emily L. Weiser, Richard B. Lanctot, Stephen C. Brown, H. River Gates, H. Grant Gilchrist, Steve J. Kendall, et al. "Geographic Variation in the Intensity of Warming and Phenological Mismatch Between Arctic Shorebirds and Invertebrates." *Ecological Monographs*(2019): e01383.

Lameris, Thomas K., Henk P. van der Jeugd, Götz Eichhorn, Adriaan M. Dokter, Willem Bouten, Michiel P. Boom, Konstantin E. Litvin, Bruno J. Ens, and Bart A. Nolet. "Arctic Geese Tune

Migration to a Warming Climate But Still Suffer From a Phenological Mismatch." *Current Biology* 28, no. 15(2018): 2467– 2473.

Langham, Gary M., Justin G. Schuetz, Trisha Distler, Candan U. Soykan, and Chad Wilsey. "Conservation Status of North American Birds in the Face of Future Climate Change." *PloS One* 10, no. 9(2015): e0135350.

La Sorte, Frank A., and Daniel Fink. "Projected Changes in Prevailing Winds for Transatlantic Migratory Birds Under Global Warming." *Journal of Animal Ecology* 86, no. 2(2017): 273– 284.

La Sorte, Frank A., Daniel Fink, Wesley M. Hochachka, Andrew Farnsworth, Amanda D. Rodewald, Kenneth V. Rosenberg, Brian L. Sullivan, David W. Winkler, Chris Wood, and Steve Kelling. "The Role of Atmospheric Conditions in the Seasonal Dynamics of North American Migration Flyways." *Journal of Biogeography* 41, no. 9(2014): 1685– 1696.

La Sorte, Frank A., Daniel Fink, and Alison Johnston. "Time of Emergence of Novel Climates for North American Migratory Bird Populations." *Ecography*(2019).

La Sorte, Frank A., Wesley M. Hochachka, Andrew Farnsworth, André A. Dhondt, and Daniel Sheldon. "The Implications of Mid-latitude Climate Extremes for North American Migratory Bird Populations." *Ecosphere* 7, no. 3(2016): e01261.

La Sorte, Frank A., Kyle G. Horton, Cecilia Nilsson, and Adriaan M. Dokter. "Projected Changes in

Wind Assistance Under Climate Change for Nocturnally Migrating Bird Populations." *Global change biology* 25, no. 2(2019): 589– 601.

Layton-Matthews, Kate, Brage Bremset Hansen, Vidar Grøtan, Eva Fuglei, and Maarten J. J. E. Loonen. "Contrasting Consequences of Climate Change for Migratory Geese: Predation, Density Dependence and Carryover Effects Offset Benefits of High-Arctic Warming." *Global Change Biology*(2019).

Lehikoinen, Esa, and Tim H. Sparks. "Changes in Migration." In *Effects of Climate Change on Birds*, edited by Anders Pape Møller, Wolfgang Fiedler, and Peter Berthold, 89– 112. Oxford and New York: Oxford University Press, 2010.

Lewis, Kristy, and Carlo Buontempo. "Climate Impacts in the Sahel and West Africa: The Role of Climate Science in Policy Making." *West African Papers* no. 2. Paris: OECD Publishing, 2016. http://dx.doi.org/10.1787/5jlsmktwjcd0-en.

Marra, Peter P., Charles M. Francis, Robert S. Mulvihill, and Frank R. Moore. "The Influence of Climate on the Timing and Rate of Spring Bird Migration." *Oecologia* 142, no. 2(2005): 307– 315.

Mettler, Raeann, H. Martin Schaefer, Nikita Chernetsov, Wolfgang Fiedler, Keith A. Hobson, Mihaela Ilieva, Elisabeth Imhof, et al. "Contrasting Patterns of Genetic Differentiation Among Blackcaps(*Sylvia atricapilla*) with Divergent Migratory Orientations in Europe." *PLoS One* 8, no.

11(2013): e81365.

Møller, Anders Pape, Diego Rubolini, and Esa Lehikoinen. "Populations of Migratory Bird Species That Did Not Show a Phenological Response to Climate Change are Declining." *Proceedings of the National Academy of Sciences* 105, no. 42(2008): 16195– 16200.

Monerie, Paul-Arthur, Michela Biasutti, and Pascal Roucou. "On the Projected Increase of Sahel Rainfall During the Late Rainy Season." *International Journal of Climatology* 36, no. 13(2016): 4373– 4383.

Newson, Stuart E., Nick J. Moran, Andy J. Musgrove, James W. Pearce-Higgins, Simon Gillings, Philip W. Atkinson, Ryan Miller, Mark J. Grantham, and Stephen R. Baillie. "Long-term Changes in the Migration Phenology of U.K. Breeding Birds Detected by Large-scale Citizen Science Recording Schemes." *Ibis* 158, no. 3(2016): 481– 495.

Prop, Jouke, Jon Aars, Bård-Jørgen Bårdsen, Sveinn A. Hanssen, Claus Bech, Sophie Bourgeon, Jimmy de Fouw, et al. "Climate Change and the Increasing Impact of Polar Bears on Bird Populations." *Frontiers in Ecology and Evolution* 3(2015): 33.

Samplonius, Jelmer M., and Christiaan Both. "Climate Change May Affect Fatal Competition Between Two Bird Species." *Current Biology* 29, no. 2(2019): 327– 331.

Senner, Nathan R. "One Species But Two Patterns: Populations of the Hudsonian Godwit(*Limosa haemastica*) Differ in Spring Migration Timing." *The Auk* 129, no. 4(2012): 670–682.

——, Maria Stager, and Brett K. Sandercock. "Ecological Mismatches Are Moderated by Local Conditions for Two Populations of a Long-distance Migratory Bird." *Oikos* 126, no. 1(2017): 61–72.

——, Mo A. Verhoeven, José M. Abad-Gómez, José A. Alves, Jos CEW Hooijmeijer, Ruth A. Howison, Rosemarie Kentie et al. "High Migratory Survival and Highly Variable Migratory Behavior in Black-Tailed Godwits." *Frontiers in Ecology and Evolution* 7(2019): 96.

——, Mo A. Verhoeven, José M. Abad-Gómez, Jorge S. Gutiérrez, Jos CEW Hooijmeijer, Rosemarie Kentie, José A. Masero, T. Lee Tibbitts, and Theunis Piersma. "When Siberia Came to the Netherlands: The Response of Continental Blacktailed Godwits to a Rare Spring Weather Event." *Journal of Animal Ecology* 84, no. 5(2015): 1164–1176.

Stange, Erik E., Matthew P. Ayres, and James A. Bess. "Concordant Population Dynamics of Lepidoptera Herbivores in a Forest Ecosystem." *Ecography* 34, no. 5(2011): 772–779.

Tarka, Maja, Bengt Hansson, and Dennis Hasselquist. "Selection and Evolutionary Potential of Spring Arrival Phenology in Males and Females of a Migratory Songbird." *Journal of Evolutionary Biology* 28, no. 5(2015): 1024–1038.

van Gils, Jan A., Simeon Lisovski, Tamar Lok, Włodzimierz Meissner, Agnieszka Ożarowska, Jimmy de

Fouw, Eldar Rakhimberdiev, Mikhail Y. Soloviev, Theunis Piersma, and Marcel Klaassen. "Body Shrinkage Due to Arctic Warming Reduces Red Knot Fitness in Tropical Wintering Range." *Science* 352, no. 6287(2016): 819– 821.

Weeks, Brian C., David E. Willard, Aspen A. Ellis, Max L. Witynski, Mary Hennen, and Benjamin M. Winger. "Shared Morphological Consequences of Global Warming in North American Migratory Birds." *Ecology Letters*(2019). https://doi.org/10.1111/ele.13434.

第七章

Anderson, Dick, Roxie Anderson, Mike Bradbury, Calvin Chun, Julie Dinsdale, Jim Estep, Kristio Fien, and Ron Schlorff. *California Swainson's Hawk Inventory: 2005– 2006, 2005 Progress Report*. Sacramento: California Department of Fish and Game, 2005.

Battistone, Carrie, Jenny Marr, Todd Gardner, and Dan Gifford. *Status Review: Swainson's Hawk(Buteo swainsoni) in California*. Sacramento: California Department of Fish and Wildlife, 2016.

Bechard, M. J., C. S. Houston, J. H. Saransola, and A. S. England. "Swainson's Hawk(*Buteo swainsoni*), version 2.0." In *The Birds of North America*, edited by A. F. Poole. Cornell Lab of Ornithology, Ithaca, NY, 2010. https://doi.org/10.2173/bna.265.

Bedsworth, Louise, Dan Cayan, Guido Franco, Leah Fisher, and Sonya Ziaja. *Statewide Summary Report, California's Fourth Climate Change Assessment*. Sacramento: California Governor's Office of Planning and Research, Scripps Institution of Oceanography, California Energy Commission, and California Public Utilities Commission, 2018. Publication number SUM-CCCA4– 2018– 013.

Bloom, Peter H. *The Status of the Swainson's Hawk in California, 1979*. Federal Aid in Wildlife Restoration, Project W-54-R-12, Nongame Wildlife. Investment Job Final Report 11– 8.0. Sacramento: California Department of Fish and Game, 1980.

Huning, Laurie S., and Amir AghaKouchak. "Mountain Snowpack Response to Different Levels of Warming." *Proceedings of the National Academy of Sciences* 115.43(2018): 10932– 10937.

Snyder, Robin E., and Stephen P. Ellner. "Pluck or Luck: Does Trait Variation or Chance Drive Variation in Lifetime Reproductive Success?" *American Naturalist* 191, no. 4(2018): E90– E107.

Whisson, D. A., S. B. Orloff, and D. L. Lancaster. "Alfalfa Yield Loss from Belding's Ground Squirrels." *Wildlife Society Bulletin* 27(1999): 178– 183.

第八章

Bolton, Mark, Andrea L. Smith, Elena Gómez-Díaz, Vicki L. Friesen, Renata Medeiros, Joël Bried, Jose

L. Roscales, and Robert W. Furness. "Monteiro's Storm-petrel *Oceanodroma monteiroi*: A New Species from the Azores." *Ibis* 150, no. 4(2008): 717– 727.

Brown, S., C. Duncan, J. Chardine, and M. Howe. "Red-necked Phalarope Research, Monitoring, and Conservation Plan for the Northeastern U.S. and Maritimes Canada." Manomet Center for Conservation Sciences, Manomet, MA. Version 1(2005). https://whsrn.org/wp-content/uploads/2019/02/conservationplan_rnph _v1.1_2010.pdf.

Caravaggi, Anthony, Richard J. Cuthbert, Peter G. Ryan, John Cooper, and Alexander L. Bond. "The Impacts of Introduced House Mice on the Breeding Success of Nesting Seabirds on Gough Island." *Ibis* 161, no. 3(2019): 648– 661.

Dias, Maria P., José P. Granadeiro, and Paulo Catry. "Do Seabirds Differ from Other Migrants in Their Travel Arrangements? On Route Strategies of Cory's Shearwater During its Trans-equatorial Journey." *PLoS One* 7, no. 11(2012): e49376.

Dilley, Ben J., Delia Davies, Alexander L. Bond, and Peter G. Ryan. "Effects of Mouse Predation on Burrowing Petrel Chicks at Gough Island." *Antarctic Science* 27, no. 6(2015): 543– 553.

Duncan, Charles D. "The Migration of Red-necked Phalaropes: Ecological Mysteries and Conservation Concerns." *Bird Observer* 23, no. 4(1996): 200– 207.

Ebersole, Rene. "How Intrepid Biologists Brought Balance Back to the Aleutian Islands." Atlas

Obscura, Aug. 6, 2019. https://www.atlasobscura.com/articles/fox-extermination-aleutian-islands-alaska.

Friesen, V. L., A. L. Smith, E. Gomez-Diaz, M. Bolton, R. W. Furness, J. González-Solís, and L. R. Monteiro. "Sympatric Speciation by Allochrony in a Seabird." *Proceedings of the National Academy of Sciences* 104, no. 47(2007): 18589– 18594.

Getz, J. E., J. H. Norris, and J. A. Wheeler. Conservation Action Plan for the Blackcapped Petrel(*Pterodroma hasitata*). International Black-capped Petrel Conservation Group, 2011. https://www.fws.gov/migratorybirds/pdf/management/focal-species/Black-cappedpetrel.pdf.

Hedd, April, William A. Montevecchi, Helen Otley, Richard A. Phillips, and David A. Fifield. "Trans-equatorial Migration and Habitat Use by Sooty Shearwaters Puffinus griseus from the South Atlantic During the Nonbreeding Season." *Marine Ecology Progress Series* 449(2012): 277– 290.

Holmes, Nick D., Dena R. Spatz, Steffen Oppel, Bernie Tershy, Donald A. Croll, Brad Keitt, Piero Genovesi, et al. "Globally Important Islands Where EradicatingInvasive Mammals Will Benefit Highly Threatened Vertebrates." *PloS One* 14, no. 3(2019): e0212128.

Howell, Steve N. G. *Petrels, Albatrosses and Storm-Petrels of North America*. Princeton, NJ, and Oxford: Princeton University Press, 2012.

——, Ian Lewington, and Will Russell. *Rare Birds of North America*. Princeton, NJ, and Oxford:

Princeton University Press, 2014.

Hunnewell, Robin W., Antony W. Diamond, and Stephen C. Brown. "Estimating the Migratory Stopover Abundance of Phalaropes in the Outer Bay of Fundy, Canada." *Avian Conservation and Ecology* 11, no. 2(2016): 11.

Marris, Emma. "Large Island Declared Rat-free in Biggest Removal Success." National Geographic Online, May 9, 2018. https://news.nationalgeographic.com/2018/05/south-georgia-island-rat-free-animals-spd/.

Newman, Jamie, Darren Scott, Corey Bragg, Sam McKechnie, Henrik Moller, and David Fletcher. "Estimating Regional Population Size and Annual Harvest Intensity of the Sooty Shearwater in New Zealand." *New Zealand Journal of Zoology* 36, no. 3(2009): 307– 323.

Nisbet, Ian C. T., and Richard R. Veit. "An Explanation for the Population Crash of Red-necked Phalaropes *Phalaropus lobatus* Staging in the Bay of Fundy in the 1980s." *Marine Ornithology* 43(2015): 119– 121.

Pollet, Ingrid L., April Hedd, Philip D. Taylor, William A. Montevecchi, and Dave Shutler. "Migratory Movements and Wintering Areas of Leach's Storm-Petrels Tracked Using Geolocators." *Journal of Field Ornithology* 85, no. 3(2014): 321– 328.

Reynolds, John D. "Mating System and Nesting Biology of the Red-necked Phalarope *Phalaropus lobatus*: What Constrains Polyandry?" *Ibis* 129(1987): 225– 242.

Rubega, M. A., D. Schamel, and D. M. Tracy. Red-necked Phalarope(*Phalaropus lobatus*), ver. 2.0. In *The Birds of North America*, edited by A. F. Poole and F. B. Gill.

Cornell Lab of Ornithology, Ithaca, NY, 2000. https://doi.org/10.2173/bna.538.

Ryan, Peter G., Karen Bourgeois, Sylvain Dromzée, and Ben J. Dilley. "The Occurrence of Two Bill Morphs of Prions *Pachyptila vittata* on Gough Island." *Polar Biology* 37, no. 5(2014): 727– 735.

Silva, Mauro F., Andrea L. Smith, Vicki L. Friesen, Joël Bried, Osamu Hasegawa, M. Manuela Coelho, and Mónica C. Silva. "Mechanisms of Global Diversification in the Marine Species Madeiran Storm-petrel *Oceanodroma castro* and Monteiro's Storm-petrel O. *monteiroi*: Insights From a Multi-locus Approach." *Molecular Phylogenetics and Evolution* 98(2016): 314– 323.

Silva, Mónica C., Rafael Matias, Vânia Ferreira, Paulo Catry, and José P. Granadeiro. "Searching for a Breeding Population of Swinhoe's Storm-petrel at Selvagem Grande, NE Atlantic, with a Molecular Characterization of Occurring Birds and Relationships within the Hydrobatinae." *Journal of Ornithology* 157, no. 1(2016): 117– 123.

Smith, Malcolm, Mark Bolton, David J. Okill, Ron W. Summers, Pete Ellis, Felix Liechti, and Jeremy D. Wilson. "Geolocator Tagging Reveals Pacific Migration of Red-necked Phalarope *Phalaropus lobatus* Breeding in Scotland." *Ibis* 156, no. 4(2014): 870– 873.

Weimerskirch, Henri, Karine Delord, Audrey Guitteaud, Richard A. Phillips, and Patrick Pinet. "Extreme Variation in Migration Strategies Between and Within Wandering Albatross Populations During their Sabbatical Year, and Their Fitness Consequences." *Scientific Reports* 5(2015): 8853.

Wong, Sarah N. P., Robert A. Ronconi, and Carina Gjerdrum. "Autumn At-sea Distribution and Abundance of Phalaropes Phalaropus and Other Seabirds in the Lower Bay of Fundy, Canada." *Marine Ornithology* 46(2018): 1– 10.

第九章

Andreou, Eva. "Cypriot and Bases Authorities Slammed by Anti-poaching NGOs." *Cyprus Mail*, July 7, 2017. https://cyprus-mail.com/2017/07/20/cypriot-bases-authorities-slammed-anti-poaching-ngos/?hilite=% 27poaching% 27.

Anon. "Explosion Outside Dhekelia Police Station." *Cyprus Mail*, June 13, 2017. https://cyprus-mail.com/2017/06/13/explosion-outside-dhekelia-police-station/#disqus_thread.

——. "Illegal Bird Trapping Begins to Fall. *KNEWS*, March 6, 2018. https://knews.kathimerini.com.cy/en/news/illegal-bird-trapping-begins-to-fall.

——. "The New Protection of Birds Act." *British Birds* no. 12(Dec. 1954): 409– 413.

Bicha, Karel D. "Spring Shooting: An Issue in the Mississippi Flyway, 1887– 1913." *Journal of Sport History* 5(Summer 1978): 65– 74.

BirdLife International. *A Best Practice Guide for Monitoring Illegal Killing and Taking of Birds.* Cambridge, UK: BirdLife International, 2015.

Brochet, Anne-Laure, Willem Van den Bossche, Sharif Jbour, P. Kariuki Ndang'ang'a, Victoria R. Jones, Wed Abdel Latif Ibrahim Abdou, Abdel Razzaq Al-Hmoud, et al. "Preliminary Assessment of the Scope and Scale of Illegal Killing and Taking of Birds in the Mediterranean." *Bird Conservation International* 26, no. 1(2016): 1– 28.

Brochet, Anne-Laure, Willem Van Den Bossche, Victoria R. Jones, Holmfridur Arnardottir, Dorin Damoc, Miroslav Demko, Gerald Driessens, et al. "Illegal Killing and Taking of Birds in Europe Outside the Mediterranean: Assessing the Scope and Scale of a Complex Issue." *Bird Conservation International*(2017): 1– 31.

Day, Albert M. *North American Waterfowl.* New York and Harrisburg, PA: Stackpole and Heck, 1949.

Eason, Perri, Basem Rabia, and Omar Attum. "Hunting of Migratory Birds in North Sinai, Egypt." *Bird Conservation International* 26, no. 1(2016): 39– 51.

European Union. "Directive 2009/147/EC Of the European Parliament and of the Council of 30 November 2009 on the Conservation of Wild Birds." *Official Journal* L 20 26.1.2010(2010): 7– 25.

Franzen, Jonathan. "Emptying the Skies." *The New Yorker*, July 26, 2010. https:// www.newyorker.com/magazine/2010/07/26/emptying-the-skies.

Greenberg, Joel. *A Feathered River Across the Sky*. New York: Bloomsbury, 2014.

Grinnell, Joseph, Harold Child Bryant, and Tracy Irwin Storer. *The Game Birds of California*. Berkeley: University of California Press, 1918.

Hajiloizis, Mario. "Up to 300 British Soldiers 'Trapped' by Xylofagou Residents." *SigmaLive*, Oct. 20, 2016. https://www.sigmalive.com/en/news/local/149580/up-to-300-british-soldiers-trapped-by-xylofagou-residents.

Jenkins, Heather M., Christos Mammides, and Aidan Keane. "Exploring Differences in Stakeholders' Perceptions of Illegal Bird Trapping in Cyprus." *Journal of Ethnobiology and Ethnomedicine* 13, no. 1(2017): 67– 77.

Jiguet, Frédéric, Alexandre Robert, Romain Lorrillière, Keith A. Hobson, Kevin J. Kardynal, Raphaël Arlettaz, Franz Bairlein, et al. "Unravelling Migration Connectivity Reveals Unsustainable Hunting of the Declining Ortolan Bunting." *Science Advances* 5, no. 5(2019): eaau2642.

Kamp, Johannes, Steffen Oppel, Alexandr A. Ananin, Yurii A. Durnev, Sergey N. Gashev, Norbert Hölzel, Alexandr L. Mishchenko, et al. "Global Population Collapse in a Superabundant Migratory Bird and Illegal Trapping in China." *Conservation Biology* 29, no. 6(2015): 1684– 1694.

Mark, Philip. "Xylofagou Residents Stop British Soldiers from Cutting Trees." *Cyprus Mail*, Oct. 20, 2016. https://cyprus-mail.com/old/2016/10/20/stop-soldiers-from-cutting-trees/.

McLaughlin, Kelly. "Police Officer Injured in Explosion at British Military Base in Cyprus as Police Open Criminal Investigation." *Daily Mail*, June 13, 2017. https://www.dailymail.co.uk/news/article-4598670/Small-blast-British-station-Cyprus-criminal-motive-seen.html.

Paterniti, Michael. "The Last Meal." *Esquire* 129, May 1998, 112– 117.

Psyllides, George. "Cyprus a Bird 'Trapper's Treasure Island,' According to Survey." *Cyprus Mail*, Aug. 21, 2015. https://cyprus-mail.com/old/2015/08/21/cyprus-a-bird-trappers-treasure-island-according-to-survey/.

Shialis, Tassos. "Update on Illegal Bird Trapping Activity in Cyprus." BirdLife Cyprus(March 2018). https://www.impel-esix.eu/wp-content/uploads/sites/2/2018/07/BirdLife-Cyprus_Spring-2017-trapping-report_Final_for-public-use.pdf.

United States Entomological Commission, Alpheus Spring Packard, Charles Valentine Riley, and Cyrus Thomas. *First Annual Report of the United States Entomological Commission for the Year 1877: Relating to the Rocky Mountain Locust and the Best Methods of Preventing Its Injuries and of Guarding Against Its Invasions, in Pursuance of an Appropriation Made by Congress for this Purpose*. Washington, DC: US Government Printing Office, 1878.

第十章

Anderson, R. Charles. "Do Dragonflies Migrate Across the Western Indian Ocean?" *Journal of Tropical Ecology* 25, no. 4(2009): 347– 358.

Anon. "From Slaughter to Spectacle— Education Inspires Locals to Love Amur Falcon." *BirdLife International*, Jan. 29, 2018. https://www.birdlife.org/worldwide/news/slaughter-spectacle-education-inspires-locals-love-amur-falcon.

Banerjee, Ananda. "The Flight of the Amur Falcon." LiveMINT, Oct. 29, 2013. https://www.livemint.com/Politics/34X8t639wdF1PPhlOuhBlJ/The-flight-of-the-Amur-Falcon.html.

Barpujari, S. K. "Survey Operations in the Naga Hills in the Nineteenth Century and Naga Opposition Towards Survey." *Proceedings of the Indian History Congress* 39(1978): 660– 670.

Baruth, Sanjib. "Confronting Constructionism: Ending India's Naga War." *Journal of Peace Research* 40(2003): 321– 338.

Chaise, Charles. "Nagaland in Transition." *India International Centre Quarterly* 32(2005): 253– 264.

Das, N. K. "Naga Peace Parlays: Sociological Reflections and a Plea for Pragmatism." *Economic and Political Weekly* 46(2011): 70– 77.

Dixon, Andrew, Nyambayar Batbayar, and Gankhuyag Purev-Ochir. "Autumn Migration of an Amur

Falcon *Falco amurensis* from Mongolia to the Indian Ocean Tracked by Satellite." *Forktail* 27(2011): 86– 89.

Glancey, Jonathan. *Nagaland*. London: Faber and Faber, 2011.

Kumar, Braj Bihari. *Naga Identity*. New Delhi: Concept Publishing, 2005.

Parr, N., S. Bearhop, D. Douglas, J. Y. Takekawa, D. J. Prosser, S. H. Newman, W. M. Perry, S. Balachandran, M. J. Witt, Y. Hou, Z. Luo, and L. A. Hawkes."High Altitude Flights by Ruddy Shelduck *Tadorna ferruginea* During Trans-Himalayan Migrations." *Journal of Avian Biology* 48(2017): 1310– 1315.

Sinha, Neha. "A Hunting Community in Nagaland Takes Steps Toward Conservation." *New York Times*, Jan. 3, 2014. https://india.blogs.nytimes.com/2014/01/03/a-hunting-community-in-nagaland-takes-steps-toward-conservation/.

Symes, Craig T., and Stephan Woodborne. "Migratory Connectivity and Conservation of the Amur Falcon *Falco amurensis*: A Stable Isotope Perspective." *Bird Conservation International* 20(2010): 134– 148.

Thomas, John. *Evangelizing the Nation*. London and New York: Routledge, 2016.

國家圖書館出版品預行編目資料

候鳥長征：一場飛越世界的奧德賽之旅 / 史考特．韋登索（Scott Weidensaul）著；江匀楷, 林穆明, 艾儒 譯. -- 初版. -- 臺北市：商周出版, 城邦文化事業股份有限公司出版：英屬蓋曼群島商家庭傳媒股份有限公司城邦分公司發行, 民112.12
面； 公分. --（科學新視野；192）
譯自：A World on the Wing: The Global Odyssey of Migratory Birds
ISBN 978-626-318-947-8（平裝）
1. CST: 鳥類 2. CST: 鳥類遷徙
388.8 112019181

線上版讀者回函卡

候鳥長征：一場飛越世界的奧德賽之旅

原著書名／A World on the Wing: The Global Odyssey of Migratory Birds
作者／史考特．韋登索（Scott Weidensaul）
譯者／江匀楷、林穆明、艾儒
企劃選書／梁燕樵
責任編輯／嚴博瀚

版權／吳亭儀、林易萱
行銷業務／周丹蘋、賴正祐
總編輯／楊如玉
總經理／彭之琬
事業群總經理／黃淑貞
發行人／何飛鵬
法律顧問／元禾法律事務所 王子文律師
出版／商周出版
城邦文化事業股份有限公司
臺北市中山區民生東路二段141號9樓
電話：(02) 2500-7008 傳真：(02) 2500-7759
E-mail：bwp.service@cite.com.tw
發行／英屬蓋曼群島商家庭傳媒股份有限公司城邦分公司
臺北市中山區民生東路二段141號11樓
書虫客服服務專線：(02) 2500-7718．(02) 2500-7719
24小時傳眞服務：(02) 2500-1990．(02) 2500-1991
服務時間：週一至週五09:30-12:00．13:30-17:00
郵撥帳號：19863813 戶名：書虫股份有限公司
讀者服務信箱E-mail：service@readingclub.com.tw
歡迎光臨城邦讀書花園 網址：www.cite.com.tw
香港發行所／城邦（香港）出版集團有限公司
香港九龍九龍城土瓜灣道86號順聯工業大廈6樓A室
電話：(852) 2508-6231 傳眞：(852) 2578-9337
E-mail：hkcite@biznetvigator.com
馬新發行所／城邦（馬新）出版集團 Cité (M) Sdn. Bhd.
41, Jalan Radin Anum, Bandar Baru Sri Petaling,
57000 Kuala Lumpur, Malaysia
電話：(603) 9057-8822 傳眞：(603) 9057-6622
Email：services@cite.my

封面設計／廖韡
排版／新鑫電腦排版工作室
印刷／韋懋印刷有限公司
經銷商／聯合發行股份有限公司
電話：(02) 2917-8022 傳眞：(02) 2911-0053
地址：新北市231新店區寶橋路235巷6弄6號2樓

■2023年（民112）12月初版
定價 800 元

Printed in Taiwan
城邦讀書花園
www.cite.com.tw

ISBN 978-626-318-947-8